| 제2판 |

해석 개론

INTRODUCTION TO ANALYSIS

KM 경문사

연습문제 번호 앞에 표시가 있는 문제는 동영상 풀이를 제공합니다.

YouTube ⊕ 채널 탐색 에서 “경문사”를 검색하시면

동영상 풀이를 볼 수 있습니다.

머리말

2013년에 초판 《해석개론》을 발간한 지 4년 만에 개정판을 발간하게 되었다. 지난 4년간 《해석개론》을 교재로 하여 강의를 하다 보니 교재에서 수학적 표기의 오류뿐만 아니라 설명이 다소 미흡한 부분도 여러 곳을 발견하였다. 필자의 안식년을 활용하여 그동안 표시해 두었던 오류를 모두 수정하고 다양한 자료에서 얻은 연습문제들을 보완하여 《해석개론, 제2판》을 완성하게 되었다.

해석학은 수학 및 수학교육 전공 학생들에게 필수 교과목이며 또한 수학적 논리가 필수적인 공학전공의 학생들과 경상계열의 학생들에게도 중요한 과목으로 자리 잡고 있다. 해석학은 이론의 엄밀성과 정교함을 갖고 있는 반면 기존의 미적분학과는 다른 수준 높은 증명법과 복잡한 계산법의 내용을 담고 있어서 많은 학생들이 어려움을 겪고 있는 과목이기도 하다.

본 교재는 일변수 함수와 관련된 해석학의 내용을 거의 빠짐없이 다루었으며 해석학을 처음 접하는 학생들이 증명을 쉽게 이해할 수 있도록 TIP을 통하여 증명의 핵심을 짚어주고 풀이법을 설명함으로써 전체적인 흐름을 쉽게 이해할 수 있도록 하였다. 제2판에서는 기존의 《해석개론》에 제시하였던 720여 문항에 100여개의 정선된 연습문제를 추가로 제시하고 일부 연습문제에 대한 동영상 풀이를 제공하여 수학을 전공하는 학생들에게 해석학의 개념을 확실히 다질 수 있는 토대를 제공할 뿐만 아니라 임용고사를 준비하는 학생들에게 도움을 주고자 노력하였다.

본 교재를 출간하는데 문제를 풀어보고 내용을 검토해 준 제자 김소라와 이기엽에게 감사의 마음을 전한다. 그리고 집필과정에서 힘들고 지칠 때 격려와 응원을 해 준 고마운 친구들에게도 감사의 마음을 전한다.

여러 가지 어려운 여건에서 불구하고 본 교재의 출간에 정성을 다해주신 경문사 사장님께도 감사의 마음을 전한다.

2017년 3월

저자

학 습 목 표

- 수학에서 가장 기본이 되는 집합과 함수를 정의하고 성질을 알아본다.
- 무수히 많은 명제가 참임을 증명할 때 사용하는 수학적 귀납법을 살펴보고 자연수 집합의 특징을 설명하는 정렬원칙을 이해한다.
- 체의 공리를 알아보고 이를 이용하여 실수의 대수적 성질과 순서적 성질을 이해한다.
- 완비성공리를 이해하고 이를 이용하여 아르키메데스 정리와 유리수와 무리수의 조밀성을 확인한다.
- 절댓값을 이용하여 구간을 정의하고 한 점의 근방에 대하여 이해한다.

• 장별 학습목표

해당 장에서 다루는 내용에 대해 구체적으로 알려줌으로써 동기부여를 이루어 집중할 수 있게 한다.

미리보기

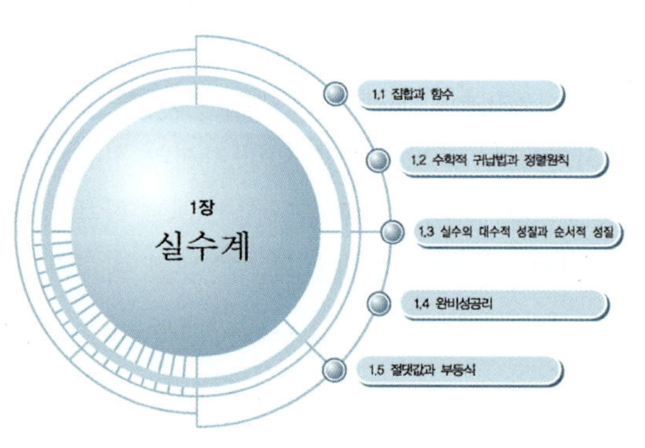

• 장별 미리보기

해당 장에서 다루는 내용을 도식화하여 내용의 흐름을 파악할 수 있게 한다.

이 장에서는 해석학을 학습하는 데 기본이 되는 집합의 성질을 알아본다. 수학적 귀납법을 이용하여 무수히 많은 명제가 참임을 엄밀하게 증명하는 방법을 이해하고 정렬원칙을 살펴본다. 실수집합에 완비성공리를 도입하고 완비성공리를 바탕으로 증명에 자주 사용되는 아르키메데스 정리와 실수의 조밀성을 이해한다. 절댓값을 이해하고 이를 이용하여 삼각부등식과 코시-슈바르츠 부등식을 증명한다.

• 도입글

해당 장의 내용을 왜 배워야 하는지, 어떤 내용을 중점으로 살펴보는지에 대해 알려준다.

TIP •

해석학을 처음 접하는 학생들이 증명을 쉽게 이해할 수 있도록 핵심이 무엇인가를 짚어준다.

TIP 정의 1.2의 (1)을 이용하여

$A\cap(B\cup C)\subset(A\cap B)\cup(A\cap C),\ A\cap(B\cup C)\supset(A\cap B)\cup(A\cap C)$

임을 증명하고 정의 1.2의 (2)를 적용한다.

절별 연습문제 •

해당 절이 끝날 때마다 본문에서 익힌 내용을 정선된 문제를 통해 개념을 확실히 다질 수 있는 토대를 제공한다.

1.1 연습문제

1. 세 집합 A, B, C에 대하여

$$A\cup(B\cap C)=(A\cup B)\cap(A\cup C)$$

임을 증명하여라.

2. A와 B가 X의 부분집합이면

$$(A\cap B)^c=A^c\cup B^c$$

임을 증명하여라.

3. 드모르간의 법칙을 사용하여 A, B, C가 X의 부분집합일 때 다음을 증명하여라.

(1) $C-(A\cup B)=(C-A)\cap(C-B)$

(2) $C-(A\cap B)=(C-A)\cup(C-B)$

연습문제 풀이 동영상 •

연습문제 번호 앞에  표시가 있는 문제는 동영상 풀이를 제공한다.

16. $a+\frac{1}{a}\in\mathbb{Z}$인 실수 a와 모든 $n\in\mathbb{N}$에 대하여

$$a^n+\frac{1}{a^n}\in\mathbb{Z}$$

임을 증명하여라.

17. $a_1=1,\ a_2=2,\ a_3=3$이고 $n\geq 4$인 자연수 n에 대하여 $a_n=a_{n-1}+a_{n-2}+a_{n-3}$이면 모든 $n\in\mathbb{N}$에 대하여

절별 연습문제 풀이 •

책의 마지막에 연습문제 풀이를 제공한다.

연습문제 풀이

1.1절 연습문제

1. $x\in A\cup(B\cap C)$

$\Rightarrow x\in A$ 이거나 $x\in B\cap C$

$\Rightarrow x\in A$ 이거나 ($x\in B$이고 $x\in C$)

$\Rightarrow$ ($x\in A$ 이거나 $x\in B$)이고 ($x\in A$ 이거나 $x\in C$)

$\Rightarrow x\in A\cup B$이고 $x\in A\cup C$

$\Rightarrow x\in(A\cup B)\cap(A\cup C)$

따라서

$A\cup(B\cap C)\subset(A\cup B)\cap(A\cup C)$ 이다.

$x\in(A\cup B)\cap(A\cup C)$

하지만 $X\notin P(A)$이고 $X\notin P(B)$이므로 $X\notin P(A)\cup P(B)$이다. 따라서 $P(A\cup B)\neq P(A)\cup P(B)$이다.

9. (1) $y\in f(A)$이면 적당한 $x\in A$가 존재하여 $f(x)=y$이다. $A\subset B$이므로 $x\in B$이고 따라서 $y=f(x)\in f(B)$이다.

(3) $A\cap B\subset A$이므로 (1)에 의하여 $f(A\cap B)\subset f(A)$이다. $A\cap B\subset B$이므로 (1)에 의하여 $f(A\cap B)\subset f(B)$이다. 따라서 $f(A\cap B)\subset f(A)\cap f(B)$이다.

모든 장의 내용은 기본적으로 1장의 내용을 기초로 한다. 2장의 수열의 극한은 7장의 급수와 8장의 함수열을 학습하는 데 배경이 되며, 3장의 함수의 극한은 4장의 연속, 5장의 미분과 6장의 리만적분의 엄밀한 개념을 이해하는 데 토대가 된다.

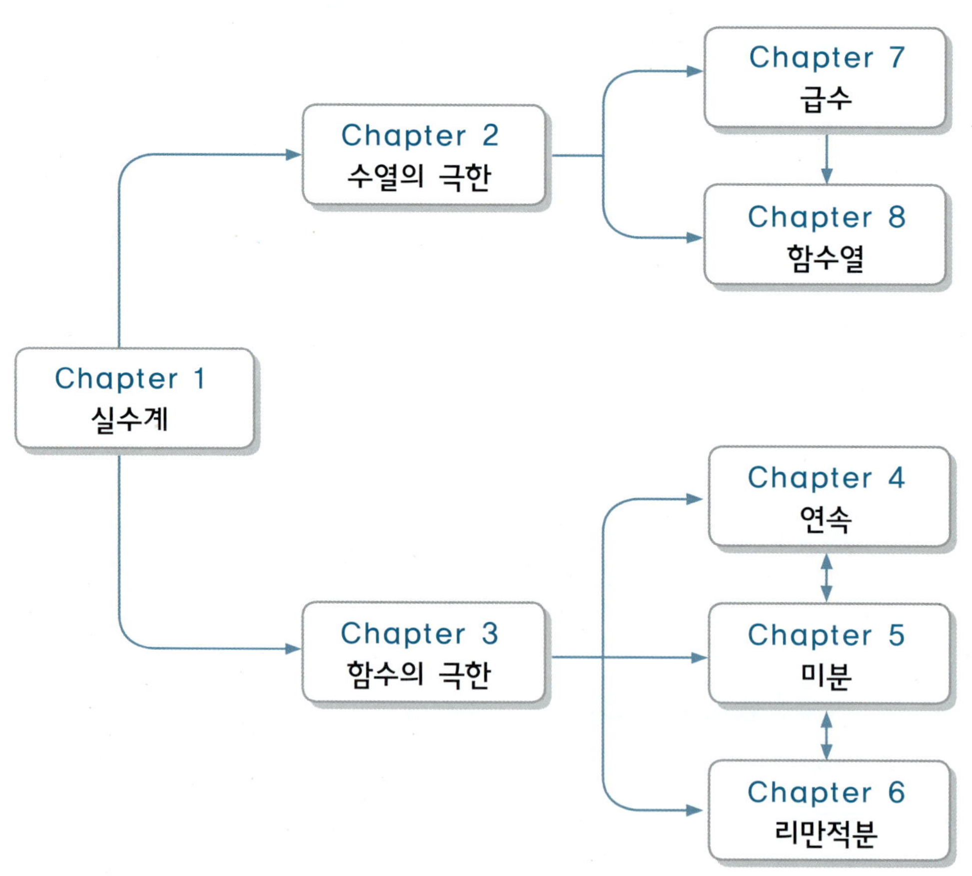

차례

1장 실수계

2장 수열의 극한

3장 함수의 극한

4장 연속

5장 미분

6장 리만적분

7장 급수

8장 함수열

실수계

학습목표

- 수학에서 가장 기본이 되는 집합과 함수를 정의하고 성질을 알아본다.
- 무수히 많은 명제가 참임을 증명할 때 사용하는 수학적 귀납법을 살펴보고 자연수 집합의 특징을 설명하는 정렬원칙을 이해한다.
- 체의 공리를 알아보고 이를 이용하여 실수의 대수적 성질과 순서적 성질을 이해한다.
- 완비성공리를 이해하고 이를 이용하여 아르키메데스 정리와 유리수와 무리수의 조밀성을 확인한다.
- 절댓값을 이용하여 구간을 정의하고 한 점의 근방에 대하여 이해한다.

미리보기

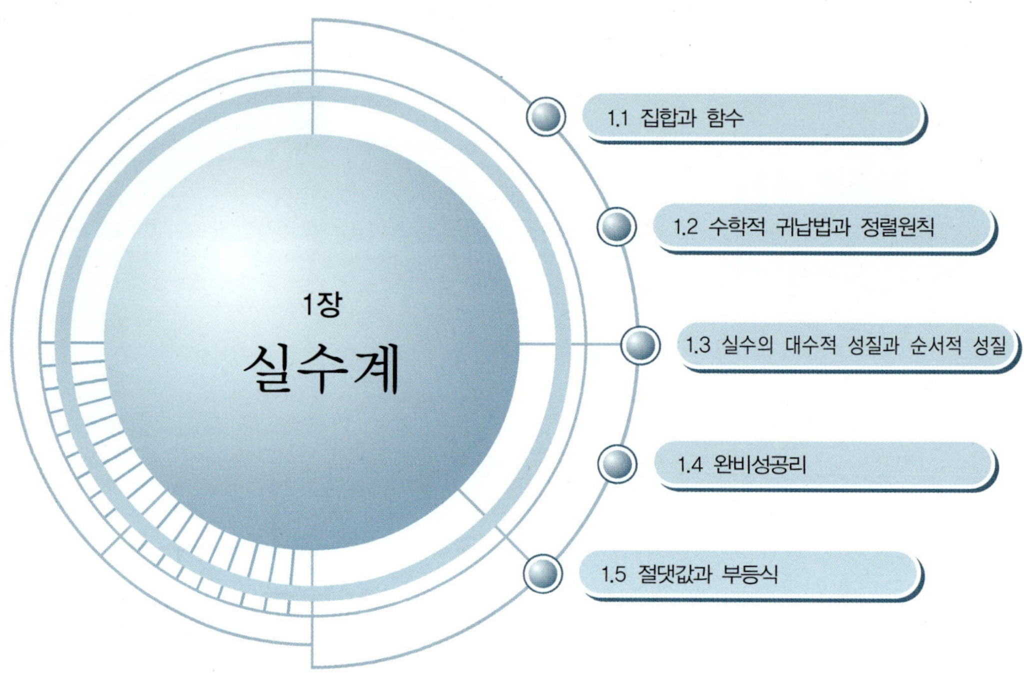

이 장에서는 해석학을 학습하는 데 기본이 되는 집합의 성질을 알아본다. 수학적 귀납법을 이용하여 무수히 많은 명제가 참임을 엄밀하게 증명하는 방법을 이해하고 정렬원칙을 살펴본다. 실수집합에 완비성공리를 도입하고 완비성공리를 바탕으로 증명에 자주 사용되는 아르키메데스 정리와 실수의 조밀성을 이해한다. 절댓값을 이해하고 이를 이용하여 삼각부등식과 코시-슈바르츠 부등식을 증명한다.

1.1 집합과 함수

집합에 대한 연구는 19세기 말 칸토어(G. Cantor)에 의하여 본격적으로 연구되기 시작하였으며 오늘날 수학의 거의 모든 분야는 집합에 대한 이론을 기초로 하고 있다.

정의 1.1

집합이란 어떤 성질을 만족하는 대상(definable objects)의 모임을 말한다.

x가 집합 A의 원소이면 x는 A에 속한다고 하고 $x \in A$로 나타내며 x가 집합 A의 원소가 아니면 x는 A에 속하지 않는다고 하고 $x \notin A$로 나타낸다. 만일 집합에 속한 원소가 하나도 없는 경우 이 집합을 **공집합**이라 하고 $\varnothing$으로 나타낸다.

집합에 관련된 기본적인 정의는 다음과 같다.

정의 1.2

A와 B를 집합이라 하자.

(1) A의 모든 원소가 B에 속하면 A를 B의 **부분집합**이라 하고 $A \subset B$로 나타낸다.

(2) $A \subset B$이고 $B \subset A$이면 A와 B는 같다고 하고 $A = B$로 나타낸다.

(3) A와 B의 **합집합**은 $A \cup B$로 나타내고

$$A \cup B = \{x : x \in A \text{이거나 } x \in B\}$$

로 정의한다.

(4) A와 B의 **교집합**은 $A \cap B$로 나타내고

$$A \cap B = \{x : x \in A \text{ 이고 } x \in B\}$$

로 정의한다.

(5) A에서 B를 뺀 **차집합**을 $A - B$로 나타내고

$$A-B=A\cap B^c=\{x : x\in A \text{이고 } x\notin B\}$$

로 정의한다.

(6) $A\cap B=\varnothing$ 이면 A와 B는 **서로소**(disjoint)라 한다.

(7) A의 모든 부분집합들로 만들어지는 집합을 A의 **멱집합**(the power set of A)이라 하고 $\wp(A)$로 나타낸다.

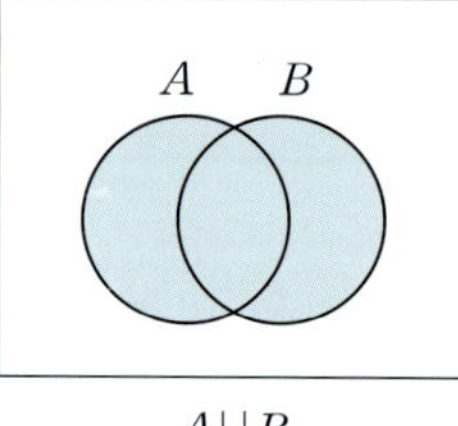

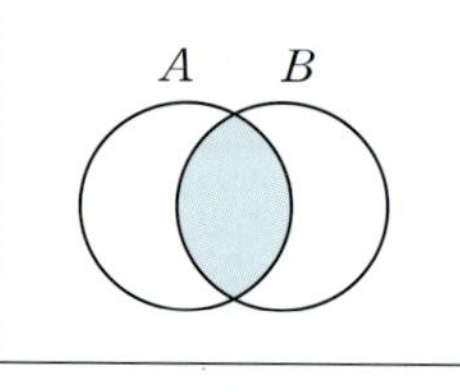

$A\cap B$

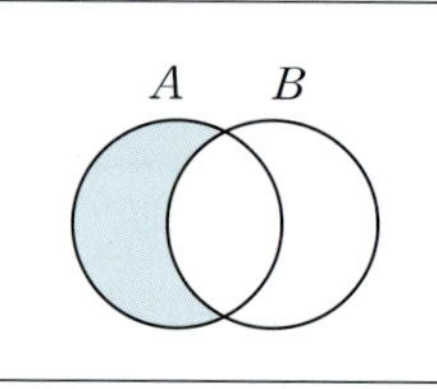

$A-B$

정의 1.2로부터 다음의 집합 연산을 얻을 수 있다.

정리 1.3 집합의 **분배법칙**(distribution law)

임의의 세 집합 A, B, C에 대하여 다음이 성립한다.

(1) $A\cap(B\cup C)=(A\cap B)\cup(A\cap C)$

(2) $A\cup(B\cap C)=(A\cup B)\cap(A\cup C)$

정의 1.2의 (1)을 이용하여

$$A\cap(B\cup C)\subset(A\cap B)\cup(A\cap C),\ A\cap(B\cup C)\supset(A\cap B)\cup(A\cap C)$$

임을 증명하고 정의 1.2의 (2)를 적용한다.

증명 | (1) $x\in A\cap(B\cup C)\Rightarrow x\in A$ 이고 $x\in B\cup C$

$\Rightarrow x\in A$ 이고 ($x\in B$ 이거나 $x\in C$)

$\Rightarrow$ ($x\in A$ 이고 $x\in B$)이거나 ($x\in A$ 이고 $x\in C$)

$\Rightarrow x\in A\cap B$이거나 $x\in A\cap C$

$\Rightarrow x\in(A\cap B)\cup(A\cap C)$

따라서 $A\cap(B\cup C)\subset(A\cap B)\cup(A\cap C)$이다.

$x\in(A\cap B)\cup(A\cap C)\Rightarrow x\in A\cap B$이거나 $x\in A\cap C$

$\Rightarrow$ ($x\in A$ 이고 $x\in B$)이거나 ($x\in A$ 이고 $x\in C$)

$\Rightarrow x \in A$ 이고 ($x \in B$이거나 $x \in C$)

$\Rightarrow x \in A$ 이고 $x \in B \cup C$

$\Rightarrow x \in A \cap (B \cup C)$

따라서 $(A \cap B) \cup (A \cap C) \subset A \cup (B \cap C)$이다.

그러므로 $A \cap (B \cup C) = (A \cap B) \cup (A \cap C)$이다.

(2) 연습문제로 한다. ■

정리 1.3의 증명에서 사용한 '⇒'는 'imply'의 의미이다. 따라서 '$A \Rightarrow B$'는 A로부터 B가 성립한다는 의미로 설명된다.

정리 1.4 드모르간의 법칙(De Morgan's law)

A와 B가 X의 부분집합일 때 다음이 성립한다.

(1) $(A \cup B)^c = A^c \cap B^c$

(2) $(A \cap B)^c = A^c \cup B^c$

(1) 정의 1.2의 (1)을 이용하여 $(A \cup B)^c \subset A^c \cap B^c$와 $A^c \cap B^c \subset (A \cup B)^c$를 증명하고 정의 1.2의 (2)를 적용한다.

(2) 정의 1.2의 (2)를 이용하여 $(A \cap B)^c \subset A^c \cup B^c$와 $A^c \cup B^c \subset (A \cap B)^c$를 증명하고 정의 1.2의 (2)를 적용한다.

증명 | (1) $x \in (A \cup B)^c \Rightarrow x \notin A \cup B$

$\Rightarrow x \notin A$ 이고 $x \notin B$

$\Rightarrow x \in A^c$ 이고 $x \in B^c$

$\Rightarrow x \in A^c \cap B^c$

따라서 $(A \cup B)^c \subset A^c \cap B^c$이다.

$x \in A^c \cap B^c \Rightarrow x \in A^c$ 이고 $x \in B^c$

$\Rightarrow x \notin A$ 이고 $x \notin B$

$\Rightarrow x \notin A \cup B$

$\Rightarrow x \in (A \cup B)^c$

따라서 $A^c \cap B^c \subset (A \cup B)^c$ 이다.

그러므로 $(A \cup B)^c = A^c \cap B^c$ 이다.

(2) 연습문제로 한다. ■

일반적으로 자연수 전체의 집합을 $\mathbb{N}$, 정수 전체의 집합을 $\mathbb{Z}$, 유리수 전체의 집합을 $\mathbb{Q}$, 실수 전체의 집합을 $\mathbb{R}$로 표기한다. 이들 집합 사이의 포함 관계는 다음과 같다.

$$\mathbb{N} \subset \mathbb{Z} \subset \mathbb{Q} \subset \mathbb{R}$$

수학의 가장 중요한 개념 중의 하나는 함수이며 함수의 정의는 다음과 같다.

정의 1.5

두 집합 X와 Y가 공집합이 아닐 때 임의의 $x \in X$에 대하여 Y의 단 하나의 원소 y가 대응하면 이 대응규칙 f를 X에서 Y로의 **함수**(function)라 한다.

일반적으로 함수는 $f : X \to Y$로 나타내며 X를 f의 **정의역**(domain), Y를 f의 **공변역**(codomain), $f(X)$를 f의 **치역**(range)이라 한다.

예제 1.6 다음 함수의 정의역과 치역을 구하여라.

(1) $f(x) = \sqrt{x^2 - 1}$ (2) $g(x) = \sqrt[3]{x^2 - 1}$

풀이 | (1) $f(x)$의 정의역은

$$\begin{aligned} D &= \{x \in \mathbb{R} : x^2 - 1 \geq 0\} \\ &= \{x \in \mathbb{R} : x \geq 1\} \cup \{x \in \mathbb{R} : x \leq -1\} \end{aligned}$$

이고 치역은

$$R = \{y \in \mathbb{R} : y \geq 0\}$$

이다.

(2) $g(x)$의 정의역은 $D = \mathbb{R}$이고 치역은 $R = \{y \in \mathbb{R} : y \geq -1\}$이다. ■

정의 1.7

(1) $f : X \to Y$이고 $A \subset X$이면

$$f(A) = \{f(x) : x \in A\}$$

를 f에 의한 A의 **상**(image)이라 한다.

(2) $f: X \to Y$이고 $B \subset Y$이면

$$f^{-1}(B) = \{x \in X : f(x) \in B\}$$

를 f에 의한 B의 **역상**(inverse image)이라 한다.

예제 1.8 $f(x) = x^2 + 1$이라 하자.

(1) $A = \{x : -1 \le x \le 2\}$일 때 f에 의한 A의 상을 구하여라.

(2) $B = \{y : 0 \le y \le 5\}$일 때 f에 의한 B의 역상을 구하여라.

풀이 | (1) $f(A) = \{y : 1 \le y \le 5\}$

(2) $f^{-1}(B) = \{x : -2 \le x \le 2\}$ ■

특별한 성질을 갖고 있는 함수에는 다음과 같은 것들이 있다.

정의 1.9

$X, Y \subset \mathbb{R}$이고 $f: X \to Y$라 하자.

(1) $f(x_1) = f(x_2)$일 때마다 $x_1 = x_2$이면 f를 **단사함수**(injection)라 한다.

(2) $f(X) = Y$이면 f를 **전사함수**(surjection)라 한다.

(3) f가 단사함수인 동시에 전사함수이면 f를 **전단사함수**(bijection)라 한다.

예제 1.10 $f(x) = x^2 - 1$이면 f는 $X = \{x : x > 0\}$에서 $Y = \{y : -1 < y < \infty\}$로의 전단사함수임을 증명하여라.

TIP 정의 1.9의 (1)을 이용하여 f가 단사함수임을 보인다.
임의의 $y \in Y$에 대하여 이에 대응하는 $x \in X$가 존재함을 보이면 f는 전사함수이다.

증명 | (i) $f(x_1) = f(x_2)$이면 $x_1^2 - 1 = x_2^2 - 1$이므로 $(x_1 - x_2)(x_1 + x_2) = 0$이다. $x_1 + x_2 > 0$이므로 $x_1 = x_2$이다. 따라서 f는 단사함수이다.

(ii) $y \in Y$에 대하여 $y + 1 > 0$이므로 $x = \sqrt{y+1}$이라 하면 $x \in X$이고 $f(x) = y$이다. 따라서 f는 전사함수이다.

(i)과 (ii)에 의하여 f는 전단사함수이다. ■

$f: X \to Y$가 전단사함수이면 **역함수**(inverse function) $f^{-1}: Y \to X$가 존재한다.

두 함수의 **합성함수**는 다음과 같이 정의한다.

정의 1.11

만일 $f: X \to Y$이고 $g: Y \to Z$이면 합성함수

$$g \circ f: X \to Z$$

는 모든 $x \in X$에 대하여

$$(g \circ f)(x) = g(f(x))$$

로 정의한다.

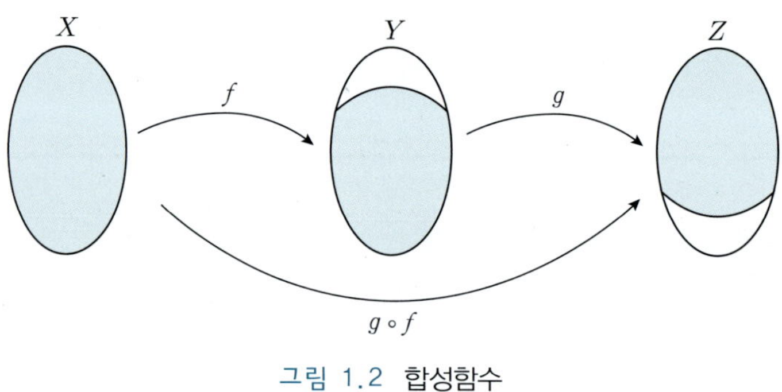

그림 1.2 합성함수

$f \circ g$와 $g \circ f$가 모두 정의된다고 하여도 일반적으로

$$f \circ g \neq g \circ f$$

이다.

예제 1.12 (1) $f(x) = (x+1)^4$, $g(x) = 3x - 1$일 때 $f \circ g$와 $g \circ f$를 구하여라.

(2) $p(x) = \sin x$, $q(x) = x^2 + 1$일 때 $p \circ q$와 $q \circ p$를 구하여라.

풀이 | (1) $(f \circ g)(x) = f(g(x)) = f(3x-1) = (3x)^4$이고

$(g \circ f)(x) = g(f(x)) = g((x+1)^4) = 3(x+1)^4 - 1$이다.

(2) $(p \circ q)(x) = p(q(x)) = p(x^2+1) = \sin(x^2+1)$이고

$(q \circ p)(x) = q(p(x)) = q(\sin x) = (\sin x)^2 + 1 = \sin^2 x + 1$이다. ■

정의 1.13

두 집합 A와 B에 대하여

$$A \times B = \{(a, b) : a \in A, b \in B\}$$

를 A와 B의 **카테시안 곱**(Cartesian product)이라 한다.

예제 1.14 $A = \{2, 3, 5\}$, $B = \{-1, 4\}$일 때 $A \times B$와 $B \times A$를 구하여라.

풀이 | $A \times B = \{(2, -1), (2, 4), (3, -1), (3, 4), (5, -1), (5, 4)\}$이고
$B \times A = \{(-1, 2), (-1, 3), (-1, 5), (4, 2), (4, 3), (4, 5)\}$이다. ■

예제 1.14에서 알 수 있듯이 일반적으로 $A \times B \neq B \times A$이다.

이제 함수의 정의와 카테시안 곱을 이용하여 함수의 그래프를 정의한다.

정의 1.15

$f : X \to Y$일 때 $X \times Y$의 부분집합 $\{(x, f(x)) : x \in X\}$를 f의 **그래프**(graph)라 한다.

수학의 간결한 표현법

해석학에서는 수학적 표현을 기호를 이용하여 간략하게 표현하기도 한다.

(1) $\forall$: 모든, 임의의(for any, for all, for every)

$\forall x \in \{1, 2, 3\}$: 집합 $\{1, 2, 3\}$의 모든 원소 x에 대하여

(2) $\exists$: 존재하여(there exists)

$\exists x \in A$: 집합 A의 적당한 원소 x가 존재하여

(3) $\exists!$: 유일하게 존재하여(there exists uniquely)

$\exists! y \in B$: 집합 B의 유일한 원소 y가 존재하여

1.1 연습문제

1. 세 집합 A, B, C에 대하여

$$A \cup (B \cap C) = (A \cup B) \cap (A \cup C)$$

임을 증명하여라.

2. A와 B가 X의 부분집합이면

$$(A \cap B)^c = A^c \cup B^c$$

임을 증명하여라.

3. 드모르간의 법칙을 사용하여 A, B, C가 X의 부분집합일 때 다음을 증명하여라.

(1) $C-(A \cup B) = (C-A) \cap (C-B)$

(2) $C-(A \cap B) = (C-A) \cup (C-B)$

4. A와 B가 X의 부분집합일 때

(1) $A \cap B = \varnothing$ 이면 $B \subset A^c$ 임을 증명하여라.

(2) $B \subset A^c$일 때 $A \cap B = \varnothing$ 이 성립하는가?

5. $X = \{2, 3, 5\}$ 일 때 X의 멱집합 $\wp(X)$를 구하여라.

6. A와 B가 $\mathbb{R}$ 의 부분집합이면 $\wp(A \cap B) = \wp(A) \cap \wp(B)$ 임을 증명하여라.

7. A와 B가 $\mathbb{R}$ 의 부분집합일 때 $\wp(A \cup B) = \wp(A) \cup \wp(B)$가 성립하는가?

8. 두 집합 A와 B에 대하여

$$A \triangle B = (A-B) \cup (B-A)$$

를 A와 B의 **대칭차집합**(symmetric difference)이라 정의한다. 이를 이용하여 다음을 증명하여라.

(1) $A \triangle B = B \triangle A$

(2) $A \triangle B = \varnothing$ 이기 위한 필요충분조건은 $A = B$이다.

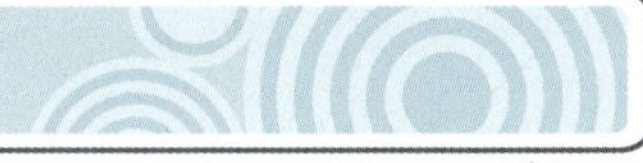

9. $f: X \to Y$이고 $A, B \subset X$일 때 다음을 증명하여라.

(1) $A \subset B$이면 $f(A) \subset f(B)$이다.

(2) $f(A \cup B) = f(A) \cup f(B)$

(3) $f(A \cap B) \subset f(A) \cap f(B)$

10. $A, B \subset \mathbb{R}$이고 $A \cup X = B \cup X$이며 $A \cap X = B \cap X$인 $\mathbb{R}$의 부분집합 X가 존재하면 $A = B$임을 증명하여라.

11. $A, B \subset \mathbb{R}$일 때 다음 명제가 참이면 증명하고 거짓이면 반예를 들어라.

(1) $A - (A - B) = B$

(2) $(A - B) \cup B = A$

12. $f: X \to Y$이고 $C, D \subset Y$일 때 다음을 증명하여라.

(1) $C \subset D$이면 $f^{-1}(C) \subset f^{-1}(D)$이다.

(2) $f^{-1}(C \cup D) = f^{-1}(C) \cup f^{-1}(D)$

(3) $f^{-1}(C \cap D) = f^{-1}(C) \cap f^{-1}(D)$

13. $f: X \to Y$이고 $A \subset X$이며 $B \subset Y$일 때

(1) $f^{-1}(f(A)) \neq A$인 예를 들어라.

(2) $f(f^{-1}(B)) \neq B$인 예를 들어라.

14. $f(x) = x^3 - 3$일 때 다음을 구하여라.

(1) $D = \{x : -1 \leq x \leq 2\}$일 때 $f(D)$

(2) $E = \{y : 2 < y < 6\}$일 때 $f^{-1}(E)$

15. $f(x) = \dfrac{1}{x^2 + 1}$일 때 다음을 구하여라.

(1) $f((0, 1))$

(2) $f^{-1}((0, 1))$

(3) $f((1, \infty))$

(4) $f^{-1}\left(\left(\dfrac{1}{2}, \infty\right)\right)$

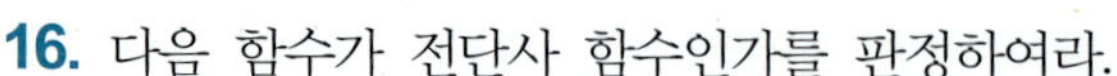

16. 다음 함수가 전단사 함수인가를 판정하여라.

(1) $f(x) = 2x^3 + 4$

(2) $g(x) = -x^2 + 2x, \quad x \in (-\infty, 1]$

(3) $h(x) = \dfrac{x}{x+2}$

(4) $k(x) = \begin{cases} 2x, & x < 1 \\ -3x, & 1 \le x \end{cases}$

17. 다음 함수들의 정의역과 치역을 구하여라.

(1) $f(x) = \sqrt[3]{x-1}$

(2) $g(x) = \sqrt{x-1}$

(3) $h(x) = \dfrac{1}{\sqrt[3]{x+1}}$

(4) $k(x) = \dfrac{1}{\sqrt{x+1}}$

(5) $l(x) = \begin{cases} -2, & -1 \le x < 0 \\ 2, & 0 \le x \le 1 \end{cases}$

(6) $m(x) = \dfrac{x}{x+2}$

18. (1) $f(x) = x^2 - 2$, $g(x) = \sin^2 x$일 때 $f \circ g$와 $g \circ f$를 구하여라.

(2) $p(x) = \dfrac{1}{x^2+1}$, $q(x) = \cos x^2$일 때 $p \circ q$와 $q \circ p$를 구하여라.

19. $f : A \to B$, $g : B \to C$일 때 다음을 증명하여라.

(1) $g \circ f$가 단사함수이면 f도 단사함수이다.

(2) $g \circ f$가 전사함수이면 g도 전사함수이다.

20. $f : A \to \wp(A)$일 때 f는 전사함수가 될 수 없음을 증명하여라.

21. $A = \{a : -1 \le a \le 3\}$, $B = \{b : 1 \le b \le 4\}$일 때 $A \times B$와 $B \times A$를 구하고 평면상에 나타내어라.

22. $n \in \mathbb{N}$에 대하여 $A_n = \left\{x \in \mathbb{R} : \dfrac{1}{n} - 1 < x < n\right\}$일 때 다음을 구하여라.

(1) $\bigcup_{n=1}^{100} A_n$

(2) $\bigcap_{n=1}^{100} A_n$

(3) $\bigcup_{n=1}^{\infty} A_n$

(4) $\bigcap_{n=1}^{\infty} A_n$

23. $n \in \mathbb{N}$에 대하여 $B_n = \left(0 - \frac{1}{n}, 1 + \frac{1}{n}\right]$일 때 다음을 구하여라.

(1) $\bigcup_{n=1}^{\infty} B_n$

(2) $\bigcap_{n=1}^{\infty} B_n$

(3) $\bigcup_{n=1}^{\infty} B_n^c$

(4) $\bigcap_{n=1}^{\infty} B_n^c$

24. $r \in \mathbb{Q}$에 대하여 $X_r = \mathbb{R} - \{r\}$일 때 다음을 구하여라.

(1) $\bigcup_{r \in \mathbb{Q}} X_r$

(2) $\bigcap_{r \in \mathbb{Q}} X_r$

25. $i, j \in \mathbb{R}$에 대하여 $A_{i,j} = \{n \in \mathbb{N} : j \cdot n < i\}$일 때 다음을 구하여라.

(1) $\bigcup_{i=1}^{\infty} \bigcap_{j=1}^{\infty} A_{i,j}$

(2) $\bigcap_{j=1}^{\infty} \bigcup_{i=1}^{\infty} A_{i,j}$

26. $n \in \mathbb{N}$에 대하여 $A_n \subset \mathbb{R}$ 일 때 다음 세 조건을 만족하는 집합 $B_1, B_2, \cdots$이 존재함을 증명하여라.

> (i) 모든 $n \in \mathbb{N}$에 대하여 $B_n \subset A_n$이다.
> (ii) $m \neq n$일 때 $B_m \cap B_n = \varnothing$이다.
> (iii) $\bigcup_{n=1}^{\infty} A_n = \bigcup_{n=1}^{\infty} B_n$

1.2 수학적 귀납법과 정렬원칙

이 절에서는 수학적 귀납법의 원리와 자연수의 정렬성에 대하여 알아보기로 한다.

만일 참임을 증명해야 하는 명제의 개수가 유한개이면 다소 시간이 걸리더라도 각각의 명제에 대하여 일일이 참임을 증명하면 된다. 하지만 참임을 증명하여야 할 명제의 개수가 무한개이면 각각의 명제가 참임을 일일이 보일 수 없다.

$n \in \mathbb{N}$에 대하여 $P(n)$이 명제일 때 수학적 귀납법은 모든 $P(n)$이 참임을 보여야 할 때 유용하게 사용된다.

> **수학적 귀납법 (I) : mathematical induction (I)**
>
> $n \in \mathbb{N}$에 대하여 $P(n)$이 명제라 하자. 만일
>
> (1) $P(1)$이 참이고
>
> (2) $P(k)$가 참이라 가정할 때 $P(k+1)$이 참이면
>
> 모든 $n \in \mathbb{N}$에 대하여 명제 $P(n)$은 참이다.

예제 2.1 모든 $n \in \mathbb{N}$에 대하여 $1+2+3+\cdots+n=\dfrac{n(n+1)}{2}$임을 증명하여라.

임의의 $n \in \mathbb{N}$에 대하여 등식이 성립하는 것을 보여야 하므로 수학적 귀납법을 사용한다. 완벽한 증명을 위하여 $P(k+1)$이 참임을 보일 때 $P(k)$가 참이라는 가정을 어디에 사용하였는가를 표기하는 것이 좋다.

증명| $n=1$일 때 식의 좌변의 값과 우변의 값이 모두 1이므로 등식이 성립한다.

이제 $n=k$일 때 등식이 성립한다고 가정하자.

즉, $1+2+\cdots+k=\dfrac{k(k+1)}{2}$이 성립한다고 가정하자.

$n=k+1$일 때,

$$\begin{aligned}1+2+\cdots+k+(k+1) &= \frac{k(k+1)}{2}+(k+1) \quad \text{(귀납법 가정에 의하여)}\\ &= \frac{(k+1)(k+2)}{2}\end{aligned}$$

이다.

따라서 모든 $n \in \mathbb{N}$에 대하여 $1+2+3+\cdots+n=\dfrac{n(n+1)}{2}$이다.

■

앞에서 언급한 바와 같이 수학적 귀납법은 무수히 많은 명제가 참임을 증명할 때 사용한다. 따라서 $n_0 \in \mathbb{N}$이고 $n \geq n_0$인 모든 자연수 n에 대하여 명제 $P(n)$이 참임을 증명할 때 수학적 귀납법 (I)을 약간 변형하여 사용한다. 즉, $P(n_0)$가 참임을 보이고 $k \geq n_0$일 때 $P(k)$가 참임을 가정하고 $P(k+1)$이 참임을 증명하면 된다.

예제 2.2 $n>3$인 모든 자연수 n에 대하여 $n!>2^n$임을 증명하여라.

TIP $n>3$인 모든 자연수 n에 대하여 부등식이 성립하는 것을 보여야 하므로 수학적 귀납법 (I)을 변형하여 증명한다.

증명 | $n=4$일 때 식의 좌변의 값은 $4!=24$이고 우변의 값은 $2^4=16$이므로 부등식이 성립한다.

이제 $k \geq 4$이고 $n=k$일 때 부등식이 성립한다고 가정하자.

즉, $k!>2^k$이 성립한다고 가정하자.

$n=k+1$일 때,

$$\begin{aligned}(k+1)! = (k+1)\,k! &> (k+1)2^k \qquad \text{(귀납법 가정에 의하여)}\\ &> 2\cdot 2^k\\ &= 2^{k+1}\end{aligned}$$

이다.

따라서 $n>3$인 모든 자연수 n에 대하여 $n!>2^n$이다. ■

다음 부등식은 해석학의 다양한 증명에 자주 사용되는 중요한 정리이다.

정리 2.3 베르누이 부등식(Bernoulli's inequality)

$h>-1$일 때 임의의 $n \in \mathbb{N}$에 대하여

$$(1+h)^n \geq 1+nh$$

이다.

증명 | $n=1$일 때 (우변)$=1+h$이고 (좌변)$=1+h$이므로 부등식이 성립한다.
이제 $n=k$일 때 부등식이 성립한다고 가정하자.
즉, $(1+h)^k \geq 1+kh$가 성립한다고 가정하자.
$n=k+1$일 때,

$$\begin{aligned}(1+h)^{k+1} &= (1+h)^k(1+h)\\ &\geq (1+kh)(1+h) \quad \text{(귀납법 가정에 의하여)}\\ &= 1+h+kh+kh^2\\ &\geq 1+h+kh\\ &= 1+(k+1)h\end{aligned}$$

이다. 따라서 모든 $n \in \mathbb{N}$에 대하여 $(1+h)^n \geq 1+nh$이다. ■

다음 예제를 수학적 귀납법 (I)로 증명할 수 있는가를 생각하여 보자.

예제 2.4 $n \in \mathbb{N}$에 대하여 a_n을 다음과 같이 정의하자.

$$a_1 = 1, \quad a_2 = 0,$$

$$a_n = \frac{a_{n-2}}{n(n-1)}, \quad n \geq 3$$

a_n을 구체적으로 추론하기 위하여 항들의 값을 차례로 구해보면

$$a_3 = \frac{a_1}{3 \cdot 2} = \frac{1}{3!}, \quad a_4 = \frac{a_2}{4 \cdot 3} = \frac{0}{4 \cdot 3} = 0,$$

$$a_5 = \frac{a_3}{5 \cdot 4} = \frac{1}{5!}, \quad a_6 = \frac{a_4}{6 \cdot 5} = \frac{0}{6 \cdot 5} = 0, \cdots$$

이다. 이 결과들로부터 a_n을 다음과 같이 유추할 수 있다.

$$a_n = \begin{cases} \dfrac{1}{n!}, & n \text{이 홀수} \\ 0, & n \text{이 짝수} \end{cases}$$

□

앞에서 언급한 바와 같이 이 결과는 a_n에 대한 추론이며 이 추론이 맞는가를 확인하기 위하여 수학적 귀납법이 필요하다. 하지만 이 예제의 경우 수학적 귀납법 (I)을

이용하기 위하여 a_n이 참임을 가정하였을 때 a_{n+1}이 참임을 보일 수 없다. 따라서 다음과 같은 좀 더 강력한 수학적 귀납법을 이용하여 증명을 한다.

수학적 귀납법 (II) : mathematical induction (II)

$n \in \mathbb{N}$에 대하여 $P(n)$이 명제라 하자. 만일

(1) $P(1)$이 참이고

(2) $n \le k$인 모든 자연수 n에 대하여 $P(n)$이 참이라 가정할 때 $P(k+1)$이 참이면

모든 $n \in \mathbb{N}$에 대하여 명제 $P(n)$은 참이다.

수학적 귀납법 (II)의 특징은 수학적 귀납법 (I)과 달리 $P(k+1)$이 참임을 증명하기 위하여 $P(1), P(2), \cdots, P(k)$ 모두가 참임을 가정한다는 데 있다.

예제 2.4 증명 | $n=1$일 때 등식은 당연히 성립한다.

이제 $n \le k$인 모든 자연수 n에 대하여 등식이 참이라 가정하자.

즉, $n \le k$인 모든 자연수 n에 대하여

$$a_n = \begin{cases} \dfrac{1}{n!}, & n\text{이 홀수} \\ 0, & n\text{이 짝수} \end{cases}$$

가 성립한다고 가정하자.

$n=k+1$일 때 두 가지 경우로 나누어 증명한다.

만일 $k+1$이 홀수이면 $k-1$도 홀수이므로

$$a_{k+1} = \frac{a_{k-1}}{(k+1)k} = \frac{1}{(k-1)!} \cdot \frac{1}{(k+1)k} \quad \text{(귀납법 가정에 의하여)}$$
$$= \frac{1}{(k+1)!}$$

이다.

만일 $k+1$이 짝수이면 $k-1$도 짝수이므로

$$a_{k+1} = \frac{a_{k-1}}{(k+1)k} = \frac{0}{(k+1)k} \quad \text{(귀납법 가정에 의하여)}$$
$$= 0$$

이다. 따라서 모든 $n \in \mathbb{N}$에 대하여

$$a_n = \begin{cases} \dfrac{1}{n!}, & n\text{이 홀수} \\ 0, & n\text{이 짝수} \end{cases}$$

이다. ■

예제 2.5 임의의 $n \in \mathbb{N}$에 대하여 b_n을 다음과 같이 정의하자.

$$b_1 = 1, \quad b_2 = 2,$$

$$b_{n+2} = \frac{1}{2}(b_{n+1} + b_n), \ n \geq 1$$

모든 $n \in \mathbb{N}$에 대하여 $1 \leq b_n \leq 2$임을 증명하여라.

TIP b_{n+2}의 값을 결정하기 위하여 b_n과 b_{n+1}을 이용하여야 하므로 수학적 귀납법 (II)를 이용하여 증명한다.

증명 | $n = 1$일 때 $1 \leq b_1 \leq 2$임은 자명하다.

$n \leq k$인 모든 자연수 n에 대하여 $1 \leq b_n \leq 2$가 성립한다고 하자.

그러면 $1 \leq b_{k-1} \leq 2$이고 $1 \leq b_k \leq 2$이므로 $2 \leq b_{k-1} + b_k \leq 4$이다. 따라서

$$1 \leq b_{k+1} = \frac{1}{2}(b_{k-1} + b_k) \leq 2$$

이다.

그러므로 모든 $n \in \mathbb{N}$에 대하여 $1 \leq b_n \leq 2$이다. ■

정렬원칙은 자연수집합의 특징을 잘 설명해주는 중요한 원칙이다.

자연수집합의 정렬원칙 (well-ordering principle of $\mathbb{N}$)

공집합이 아닌 $\mathbb{N}$의 부분집합 S는 **최소원소** m을 갖는다.

정렬원칙을 수학적으로 엄밀하게 설명하면 "S가 공집합이 아닌 $\mathbb{N}$의 부분집합이면

S의 적당한 원소 m이 존재하여 모든 $s \in S$에 대하여 $m \le s$가 성립한다"라고 표현할 수 있다.

정렬원칙은 자연수집합에서만 적용이 가능하며 정수집합이나 실수집합의 공집합이 아닌 부분집합 중에는 최소원소를 갖지 않는 부분집합이 존재하므로 적용할 수 없다.

예제 2.6 (1) $S_1 = \{ s \in \mathbb{N} : s$는 3으로 나누었을 때 나머지가 2인 수$\}$라 하면 S_1의 최소원소는 2이다.

(2) $S_2 = \{ s \in \mathbb{N} : s$는 7보다 작은 수$\}$라 하면 S_2의 최소원소는 1이다.

예제 2.7 정렬원칙을 이용하여 $0 < n < 1$인 $n \in \mathbb{N}$이 존재하지 않음을 증명하여라.

증명 | $0 < n < 1$인 $n \in \mathbb{N}$이 존재한다고 가정하면

$$A = \{ n \in \mathbb{N} : 0 < n < 1 \}$$

는 공집합이 아닌 $\mathbb{N}$의 부분집합이므로 정렬원칙에 의하여 최소원소 $m \in A$을 갖는다. $0 < m < 1$이므로 $0 < m^2 < m < 1$이다. $m \in \mathbb{N}$이므로 $m^2 \in \mathbb{N}$이고 따라서 $m^2 \in A$인데 이것은 A의 최소원소가 m이라는 사실에 모순이다. ■

1.2 연습문제

1. 모든 $n \in \mathbb{N}$에 대하여

$$1^3 + 2^3 + \cdots + n^3 = \frac{n^2(n+1)^2}{4}$$

임을 증명하여라.

2. 임의의 $n \in \mathbb{N}$에 대하여

$$2^{n-1} \le n!$$

임을 증명하여라.

3. $n \ge 7$인 모든 자연수 n에 대하여

$$n! > 3^n$$

임을 증명하여라.

4. $0 < a_1 < 2$이고 $n \in \mathbb{N}$에 대하여 $a_{n+1} = \sqrt{a_n + 1}$ 일 때 모든 $n \in \mathbb{N}$에 대하여

$$0 < a_n < 2$$

임을 증명하여라.

5. $x,\ y \in \mathbb{R}$ 일 때 모든 $n \in \mathbb{N}$에 대하여

$$x^n - y^n = (x-y)(x^{n-1} + x^{n-2}y + \cdots + y^{n-1})$$

임을 증명하여라.

6. (1) 모든 $n \in \mathbb{N}$에 대하여 $7^n - 2^n$이 5의 배수임을 증명하여라.

(2) 모든 $n \in \mathbb{N}$에 대하여 $3^{2n+2} + 8n - 9$가 16의 배수임을 증명하여라.

7. $n \in \mathbb{N}$에 대하여 명제 $P(n)$이 "$n^2 + 3n - 1$이 짝수이다."라 하자.

(1) 만일 명제 $P(n)$이 참이면 명제 $P(n+1)$도 참임을 증명하여라.

(2) 수학적 귀납법에 의하여 모든 $n \in \mathbb{N}$에 대하여 $P(n)$이 참이라고 할 수 있는가?

8. $0 \leq a < 1$일 때 모든 $n \in \mathbb{N}$에 대하여

$$1 - a^n \geq (1 - a)^n$$

임을 증명하여라.

9. $i \in \mathbb{N}$에 대하여 $a_i \in [0, 1]$일 때 모든 $n \in \mathbb{N}$에 대하여

$$1 - a_1 - a_2 - \cdots - a_n \leq (1 - a_1)(1 - a_2) \cdots (1 - a_n)$$

임을 증명하여라.

10. 모든 $n \in \mathbb{N}$에 대하여

$$\sum_{i=1}^{n} \frac{1}{i!} \leq 2$$

임을 증명하여라.

11. (1) $3(n+4)^2 \leq n^3$이 성립하는 최소의 $n_0 \in \mathbb{N}$를 구하여라.

(2) $n \geq n_0$인 모든 자연수 n에 대하여 $3(n+4)^2 \leq n^3$임을 증명하여라.

12. 모든 $n \in \mathbb{N}$에 대하여

$$(n+1)(n+2) \cdots 2n = 2^n \cdot 1 \cdot 3 \cdot 5 \cdot \cdots \cdot (2n-1)$$

임을 증명하여라.

13. $a_1 = 1$이고 $n \in \mathbb{N}$에 대하여 a_n이 다음과 같이 정의될 때 일반항을 추론하고 추론이 참임을 증명하여라.

(1) $a_{n+1} = \dfrac{a_n}{(n+1)(2n+1)}$

(2) $a_{n+1} = \dfrac{2n+1}{n+1} a_n$

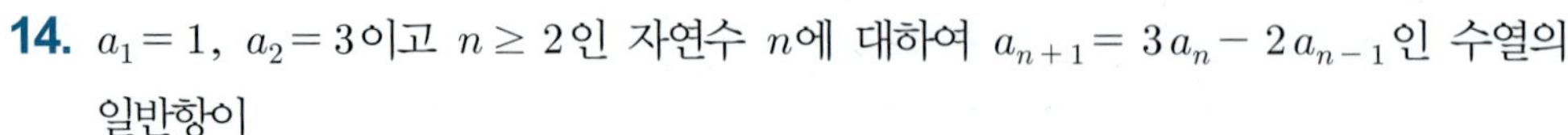

14. $a_1=1$, $a_2=3$이고 $n\geq 2$인 자연수 n에 대하여 $a_{n+1}=3a_n-2a_{n-1}$인 수열의 일반항이

$$a_n=2^n-1$$

임을 증명하여라.

15. $a_1=5$, $a_2=5$이고 $n\in\mathbb{N}$에 대하여 $a_{n+2}=a_{n+1}+6a_n$인 수열의 일반항이

$$a_n=3^n-(-2)^n$$

임을 증명하여라.

16. $a+\dfrac{1}{a}\in\mathbb{Z}$인 실수 a와 모든 $n\in\mathbb{N}$에 대하여

$$a^n+\frac{1}{a^n}\in\mathbb{Z}$$

임을 증명하여라.

17. $a_1=1$, $a_2=2$, $a_3=3$이고 $n\geq 4$인 자연수 n에 대하여 $a_n=a_{n-1}+a_{n-2}+a_{n-3}$이면 모든 $n\in\mathbb{N}$에 대하여

$$a_n\leq 2^n$$

임을 증명하여라.

18. $n\in\mathbb{N}$에 대하여 $P(n)$이 명제라 하자. 만일
(i) 모든 $n\in\mathbb{N}$에 대하여 $P(2^n)$이 참이고
(ii) $P(n)$이 참일 때 $P(n-1)$이 참이면
모든 $n\in\mathbb{N}$에 대하여 명제 $P(n)$이 참임을 증명하여라.

19. 문제 18을 이용하여 a_1, a_2, $\cdots$, a_n이 양의 실수들일 때 모든 $n\in\mathbb{N}$에 대하여

$$(a_1a_2\cdots a_n)^{1/n}\leq\frac{1}{n}(a_1+a_2+\cdots+a_n)$$

임을 증명하여라.

20. n_0가 정수일 때

(i) $P(n_0)$가 참이고

(ii) $n \geq n_0$인 모든 정수 n에 대하여 $P(n)$이 참일 때 $P(n+1)$이 참이면

$n \geq n_0$인 모든 정수 n에 대하여 $P(n)$이 참임을 증명하여라.

21. A가 공집합이 아닌 $\mathbb{Z}$의 부분집합이고 최소원소를 갖는다고 할 때 B가 공집합이 아닌 A의 부분집합이면 B는 반드시 최소원소를 가짐을 증명하여라.

22. 다음 각각의 명제에 대한 반례를 들어라.

(1) 공집합이 아닌 $\mathbb{N}$의 부분집합 S는 최대원소 m을 갖는다.

(2) 공집합이 아닌 $\mathbb{Z}$의 부분집합 S는 최소원소 m을 갖는다.

(3) 공집합이 아닌 $\mathbb{Q}$의 부분집합 S는 최소원소 m을 갖는다.

(4) 공집합이 아닌 $\mathbb{R}$의 부분집합 S는 최소원소 m을 갖는다.

23. 예제 2.7을 이용하여 홀수인 동시에 짝수가 되는 자연수는 존재하지 않음을 증명하여라.

24. '수학적 귀납법의 원리'는 다음과 같다.

> S가 $\mathbb{N}$의 부분집합일 때
>
> (i) $1 \in S$이고
>
> (ii) $n \in S$일 때 $n+1 \in S$이면
>
> $S = \mathbb{N}$이다.

정렬원칙을 이용하여 수학적 귀납법의 원리가 참임을 증명하여라.

25. 수학적 귀납법의 원리를 이용하여 정렬원칙을 증명하여라.

26. 수학적 귀납법을 이용하여 1보다 큰 모든 자연수는 소수이거나 소수의 곱으로 표현됨을 증명하여라.

1.3 실수의 대수적 성질과 순서적 성질

실수계의 존재성을 공리적으로 인정하는 방법을 이용하여 실수계를 구성하면 다음과 같다.

정의 3.1

A가 집합일 때 함수

$$F: A \times A \to A$$

를 A 위의 **이항연산**(binary operation)이라 한다.

체의 공리

실수의 집합 $\mathbb{R}$ 위에 정의된 두 이항연산 $+$와 $\cdot$은 다음을 만족한다.

(A_1) 덧셈에 대한 교환법칙

임의의 $a, b \in \mathbb{R}$에 대하여 $a+b=b+a$이다.

(A_2) 덧셈에 대한 결합법칙

임의의 $a, b, c \in \mathbb{R}$에 대하여 $a+(b+c)=(a+b)+c$이다.

(A_3) 덧셈에 대한 항등원의 존재성

임의의 $a \in \mathbb{R}$에 대하여 $0 \in \mathbb{R}$이 존재하여 $a+0=0+a=a$이다.

(A_4) 덧셈에 대한 역원의 존재성

임의의 $a \in \mathbb{R}$에 대하여 $-a \in \mathbb{R}$가 존재하여 $a+(-a)=(-a)+a=0$이다.

(M_1) 곱셈에 대한 교환법칙

임의의 $a, b \in \mathbb{R}$에 대하여 $a \cdot b = b \cdot a$이다.

(M_2) 곱셈에 대한 결합법칙

임의의 $a, b, c \in \mathbb{R}$에 대하여 $a \cdot (b \cdot c) = (a \cdot b) \cdot c$이다.

(M_3) 곱셈에 대한 항등원의 존재성

임의의 $a \in \mathbb{R}$에 대하여 $1 \in \mathbb{R}$이 존재하여 $a \cdot 1 = 1 \cdot a = a$이다. (단, $1 \neq 0$)

(M_4) 곱셈에 대한 역원의 존재성

0이 아닌 임의의 $a \in \mathbb{R}$ 에 대하여 $\frac{1}{a} \in \mathbb{R}$ 이 존재하여 $a \cdot \frac{1}{a} = \frac{1}{a} \cdot a = 1$ 이다.

(D) 분배법칙

임의의 $a,\ b,\ c \in \mathbb{R}$ 에 대하여 $a \cdot (b+c) = a \cdot b + a \cdot c$ 이다.

체의 공리에서 $(A_1), (A_2), (A_3), (A_4)$는 덧셈에 관한 공리이고 $(M_1), (M_2), (M_3), (M_4)$는 곱셈에 관한 공리이며 (D)는 덧셈과 곱셈이 연계된 공리이다.

0이 아닌 $a \in \mathbb{R}$ 의 곱셈에 대한 역원은 a^{-1}로 나타낸다.

이제 실수에 대한 체의 공리를 사용하여 몇 가지 대수적 성질을 알아보기로 한다.

정리 3.2

(1) 덧셈에 대한 항등원은 유일하다.

(2) 덧셈에 대한 역원은 유일하다.

증명 | (1) 0과 0′을 덧셈에 대한 항등원이라 하면 (A_3)에 의해 임의의 $x \in \mathbb{R}$ 에 대하여

$$x + 0 = x = x + 0'$$

이다. 이 식으로부터

$$0 = 0 + 0' = 0' + 0 = 0'$$

이므로 $0 = 0'$이다.

(2) $a \in \mathbb{R}$ 에 대하여 a_1과 a_2가 덧셈에 대한 역원이라 하자. 그러면 (A_4)에 의하여

$$a + a_1 = 0 = a + a_2$$

이다. 이 식과 (A_2), (A_3)에 의하여

$$\begin{aligned} a_1 &= a_1 + 0 \\ &= a_1 + (a + a_2) \\ &= (a_1 + a) + a_2 \end{aligned}$$

$$= 0 + a_2$$
$$= a_2$$

이므로 $a_1 = a_2$이다. ■

정리 3.3

(1) 곱셈에 대한 항등원은 유일하다.

(2) 곱셈에 대한 역원은 유일하다.

증명 | (1) 1과 $1'$을 곱셈에 대한 항등원이라 하면 (M_3)에 의하여 임의의 $x \in \mathbb{R}$에 대하여

$$x \cdot 1 = x = x \cdot 1'$$

이다. 이 식으로부터

$$1 = 1 \cdot 1' = 1' \cdot 1 = 1'$$

이므로 $1 = 1'$이다.

(2) $a \in \mathbb{R}$에 대하여 a_1과 a_2가 곱셈에 대한 역원이라 하면 (M_4)에 의하여

$$a \cdot a_1 = 1 = a \cdot a_2$$

이다. 이 식과 (M_2), (M_3)에 의하여

$$\begin{aligned} a_1 &= a_1 \cdot 1 \\ &= a_1 \cdot (a \cdot a_2) \\ &= (a_1 \cdot a) \cdot a_2 \\ &= 1 \cdot a_2 \\ &= a_2 \end{aligned}$$

이므로 $a_1 = a_2$이다. ■

정리 3.4

$a \in \mathbb{R}$에 대하여 다음이 성립한다.

(1) $a \cdot 0 = 0$

(2) $-(-a) = a$

(3) $(-1) \cdot a = -a$

증명 | (1) (A_3)와 (D)에 의하여 $a \cdot 0 = a \cdot (0+0) = a \cdot 0 + a \cdot 0$이다.

이 식의 양변에 $-(a \cdot 0)$을 더하면 $0 = a \cdot 0$이다.

(2) (A_4)에 의하여 $(-a)+a=0$이므로 a는 $-a$의 덧셈에 대한 역원이다. 정리 3.2의 (2)에 의하여 덧셈에 대한 역원은 유일하므로 $-(-a)=a$이다.

(3) (M_3), (D), (A_4)를 차례로 적용하면

$$
\begin{aligned}
a+(-1) \cdot a &= 1 \cdot a + (-1) \cdot a \\
&= (1+(-1)) \cdot a \\
&= 0 \cdot x \\
&= 0
\end{aligned}
$$

이다. 따라서 (A_4)에 의하여

$$(-1) \cdot a = -a$$

이다. ■

정리 3.5

$a,\ b \in \mathbb{R}$에 대하여 $a+x=b$를 만족하는 해 $x=(-a)+b$는 유일하게 존재한다.

TIP '유일하게 존재함'을 증명하려면 '존재성'과 '유일성'을 각각 증명하여야 한다.

증명 | (존재성)

체의 공리 (A_2), (A_4)와 (A_3)에 의하여

$$a+((-a)+b) = (a+(-a))+b = 0+b = b$$

이므로 $x=(-a)+b$는 $a+x=b$의 해이다.

(유일성)

$a+x'=b$일 때 $x=x'$임을 보임으로써 유일성을 증명한다.

$a+x'=a+x$의 양변에 $-a$를 더하면 체의 공리 (A_4)에 의하여

$$x' = 0+x' = (-a+a)+x' = -a+(a+x') = (-a+a)+x = 0+x = x$$

이므로 $x=x'$이다. ■

순서공리

$\mathbb{R}$ 에는 다음의 두 조건을 만족하는 공집합이 아닌 부분집합 P가 존재한다.

(1) 임의의 $x,\ y \in P$에 대하여 $x+y \in P$이고 $xy \in P$이다.

(2) 임의의 $x \in \mathbb{R}$ 에 대하여 다음 중 단 하나만 성립한다.

(i) $x \in P$ (ii) $x=0$ (iii) $-x \in P$

집합 P의 원소를 양의 실수라 하고 집합 $\{a : -a \in P\}$의 원소를 음의 실수라 한다. 순서공리를 이용하여 임의의 두 실수 사이의 대소 관계를 다음과 같이 정의한다.

정의 3.6

임의의 $a, b \in \mathbb{R}$ 에 대하여

(1) $a-b \in P$이면 a는 b보다 크다 또는 b는 a보다 작다고 하고 $a>b$ 또는 $b<a$로 나타낸다.

(2) $a-b \in P \cup \{0\}$이면 a는 b보다 크거나 같다 또는 b는 a보다 작거나 같다고 하고 $a \geq b$ 또는 $b \leq a$로 나타낸다.

순서공리와 대소의 정의로부터 다음 정리들을 얻을 수 있다.

정리 3.7

임의의 $a, b \in \mathbb{R}$ 에 대하여 다음 세 가지 경우 중 단 하나만 성립한다.

$$a>b, \qquad a=b, \qquad a<b$$

증명 | 순서공리 (2)에 의하여 $a-b \in P$ 또는 $a-b=0$ 또는 $-(a-b) \in P$ 이다. 정의 3.6에 의하여 $a>b$ 또는 $a=b$ 또는 $a<b$이다. ■

정리 3.7의 특별한 경우로 임의의 $a \in \mathbb{R}$ 는 $a>0,\ a=0,\ a<0$ 중 단 하나만 성립하게 되는데 이러한 성질을 **삼분성질**(trichotomy property)이라 한다.

정리 3.8

$a,\ b,\ c \in \mathbb{R}$ 에 대하여 다음이 성립한다.

(1) $a < b$ 이고 $b < c$ 이면 $a < c$ 이다.

(2) $a \geq b$ 이고 $a \leq b$ 이면 $a = b$ 이다.

증명 | (1) $a < b$이고 $b < c$이면 $b - a \in P$이고 $c - b \in P$이므로 순서공리 (1)에 의하여

$$(b - a) + (c - b) = c - a \in P$$

이다. 따라서 $a < c$ 이다.

(2) $a \neq b$라 가정하면 $a - b \neq 0$ 이다. 순서공리 (2)에 의하여 $a - b \in P$ 또는 $-(a - b) \in P$ 이다. 만일 $a - b \in P$ 이면 $a > b$이므로 $a \leq b$라는 가정에 모순이 된다. 만일 $-(a - b) \in P$ 라면 $a < b$이므로 $a \geq b$라는 가정에 모순이 된다. 따라서 $a = b$이다. ■

정리 3.9

$a,\ b,\ c \in \mathbb{R}$ 에 대하여 다음이 성립한다.

(1) $a < b$ 이면 $a + c < b + c$ 이다.

(2) $a < b$ 이고 $c > 0$ 이면 $ac < bc$ 이다.

증명 | (1) $(b + c) - (a + c) = b - a$이고 가정에 의하여 $b - a \in P$이다. 따라서

$$(b + c) - (a + c) \in P$$

이므로 $a + c < b + c$ 이다.

(2) $bc - ac = (b - a)c$ 이고 가정에 의하여 $b - a \in P$ 이고 $c \in P$ 이므로 순서공리 (1)에 의하여 $(b - a)c \in P$ 이다. 따라서 $bc - ac \in P$ 이므로 $ac < bc$ 이다. ■

공리 (axiom)란?

증명 없이 바르다고 누구나 인정하는 명제를 의미하는 것을 공리(axiom) 또는 공준(postulate)이라 한다. 특히, 수학에서는 이론의 기초로서 가정한 명제를 그 이론의 공리라 한다.

1.3 연습문제

1. $0 \neq a \in \mathbb{R}$ 와 $b \in \mathbb{R}$ 에 대하여 $ax = b$를 만족하는 해

$$x = \frac{1}{a} \cdot b = a^{-1}b$$

는 유일하게 존재함을 증명하여라.

2. $a, b \in \mathbb{R}$ 이고 $a = b$ 이면 임의의 $c \neq 0$에 대하여 $ac = bc$임을 증명하여라.

3. $x, y \in \mathbb{R}$ 이고 $x < y$이면 $-y < -x$ 임을 증명하여라.

4. $x, y \in \mathbb{R}$ 이고 $0 < x < y$이면 $0 < \frac{1}{y} < \frac{1}{x}$ 임을 증명하여라.

5. $x, y \in \mathbb{R}$ 이고 $0 < x < y$이면 $0 < \sqrt{x} < \sqrt{y}$ 임을 증명하여라.

6. $x, y \in \mathbb{R}$ 이고 $n \in \mathbb{N}$ 일 때 $0 < x < y$이면 $0 < x^n < y^n$ 임을 증명하여라.

7. a가 양의 실수이고 $a < 1$이면 $a^2 < a$임을 증명하여라.

8. $a \in \mathbb{R}$ 이고 $a \neq 0$ 이면 $a = \frac{1}{\frac{1}{a}}$ 임을 증명하여라.

9. $a, b \in \mathbb{R}$ 일 때 $-(a+b) = -a-b$ 임을 증명하여라.

10. $a, b \in \mathbb{R}$ 일 때 $-(ab) = (-a)b$ 임을 증명하여라.

11. $a, b, c, d \in \mathbb{R}$ 이고 $a < b$이고 $c < d$이면 $ad + bc < ac + bd$ 임을 증명하여라.

12. $0 \neq a \in \mathbb{R}$ 에 대하여 a^{-1}은 0이 될 수 없음을 증명하여라.

13. $0 \neq a \in \mathbb{R}$ 에 대하여 $(a^{-1})^{-1} = a$임을 증명하여라.

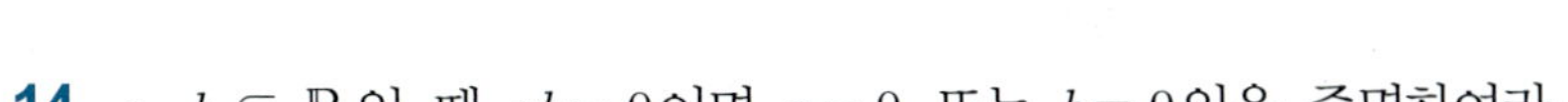

14. $a, b \in \mathbb{R}$ 일 때 $ab=0$이면 $a=0$ 또는 $b=0$임을 증명하여라.

15. $a, b, c, d \in \mathbb{R}$ 일 때 $b \neq 0$이고 $d \neq 0$이면 $\left(\frac{a}{b}\right) \cdot \left(\frac{c}{d}\right) = \frac{ac}{bd}$ 임을 증명하여라.

16. 순서공리를 이용하여 $0<1$임을 증명하여라.

17. $a,\ b,\ c \in \mathbb{R}$에 대하여 $a<b$이고 $c<0$이면 $ac>bc$임을 증명하여라.

18. a와 b가 양수일 때 $a^2<b^2$이기 위한 필요충분조건은 $a<b$임을 증명하여라.

19. $a, b \in \mathbb{R}$ 일 때 $ab>0$이면 a와 b가 모두 양수이거나 a와 b가 모두 음수임을 증명하여라.

20. $a, b, c, d \in \mathbb{R}$ 이고 $b>0,\ d>0$ 이며 $\frac{a}{b}<\frac{c}{d}$일 때 다음을 증명하여라.

(1) $ad<bc$

(2) $\frac{a}{b}<\frac{a+c}{b+d}<\frac{c}{d}$

1.4 완비성공리

3절에서 학습한 체의 공리와 순서공리를 만족하는 $\mathbb{R}$에 완비성공리를 도입하고자 한다. 이를 위하여 $\mathbb{R}$의 부분집합에 관련된 몇 가지 정의를 알아보기로 한다.

정의 4.1

$\varnothing \neq E \subset \mathbb{R}$이라 하자.

(1) 만일 $\alpha \in \mathbb{R}$가 모든 $x \in E$에 대하여

$$x \leq \alpha$$

이면 E는 **위로 유계**(bounded above)라 하고 α를 E의 **상계**(upper bound)라 한다.

(2) 만일 $\beta \in \mathbb{R}$가 모든 $x \in E$에 대하여

$$x \geq \beta$$

이면 E는 **아래로 유계**(bounded below)라 하고 β를 E의 **하계**(lower bound)라 한다.

(3) 만일 E가 위로 유계이면서 동시에 아래로 유계이면 E는 **유계**(bounded)라 한다.

예제 4.2 (1) $A = [0, 3]$이면 모든 $x \in A$에 대하여 $x \leq 4$이므로 A는 위로 유계이고 모든 $x \in A$에 대하여 $0 \leq x$이므로 A는 아래로 유계이다.
이때 4는 A의 상계이고 0은 A의 하계이다.

(2) $B = \left\{1 - \frac{1}{n} : n \in \mathbb{N}\right\}$이면 모든 $y \in B$에 대하여 $y \leq 1$이므로 B는 위로 유계이고 모든 $y \in B$에 대하여 $0 \leq y$이므로 B는 아래로 유계이다.
이때 1은 B의 상계이고 0은 B의 하계이다. ■

모든 실수의 부분집합이 반드시 위로 유계이면서 아래로 유계인 것은 아니다.

예제 4.3 (1) $C=\{x\in\mathbb{R} : x^3<2\}$이면 2는 C의 상계이지만 C는 하계를 갖지 않는다. 따라서 C는 위로 유계이지만 아래로 유계는 아니다.

(2) $D=\{x\in\mathbb{R} : x<-1$ 또는 $x>1\}$이면 D는 상계와 하계를 모두 갖지 않는다. 따라서 D는 위로 유계도 아니고 아래로 유계도 아니다. ■

위로 유계인 집합의 상계는 유일하지 않다. 예를 들어 예제 4.2의 (1)에서 4는 A의 상계이며 또한 5도 A의 상계이다. 즉 어떤 집합이 상계를 가지면 그 집합은 다양한 상계를 갖게 되며 하계의 경우도 상계와 동일하다.

이제 주어진 집합이 위로 유계일 때 상계들 중에서 가장 작은 최소상계와 아래로 유계일 때 하계들 중에서 가장 큰 최대하계를 다음과 같이 정의한다.

정의 4.4

$\varnothing\neq E\subset\mathbb{R}$이고 E가 위로 유계라 하자. 만일

(1) α가 E의 상계이며

(2) $\gamma<\alpha$인 어떤 $\gamma\in\mathbb{R}$도 E의 상계가 되지 않는다면

α를 E의 **최소상계**(least upper bound)라 한다.

만일 α가 E의 원소이면 α를 E의 **최대원소**(maximum element)라 한다.

정의 4.4의 조건 (2)의 의미는 α보다 작은 어떤 값도 E의 상계가 되지 않으므로 α가 가장 작은 상계임을 의미하는 것으로 이 표현은 "만일 E의 임의의 상계 β에 대하여 $\alpha\leq\beta$이면"으로 바꾸어도 된다.

정의 4.5

$\varnothing\neq E\subset\mathbb{R}$이고 E가 아래로 유계라 하자. 만일

(1) β가 E의 하계이며

(2) $\gamma>\beta$인 어떤 $\gamma\in\mathbb{R}$도 E의 하계가 되지 않는다면

β를 E의 **최대하계**(greatest lower bound)라 한다.

만일 β가 E의 원소이면 β를 E의 **최소원소**(minimum element)라 한다.

최소상계의 경우와 같이 정의 4.5의 조건 (2)의 의미는 β보다 큰 어떤 값도 E의 하계가 되지 않으므로 β가 가장 큰 하계임을 의미하는 것으로 이 표현은 "만일 E의 임의의 하계 α에 대하여 $\alpha \le \beta$이면"으로 바꾸어도 된다.

예제 4.6 (1) $A = [0, 3]$의 최소상계와 최대하계를 구하여라.
A는 최대원소와 최소원소를 갖는가?

(2) $B = \left\{1 - \frac{1}{n} : n \in \mathbb{N}\right\}$의 최소상계와 최대하계를 구하여라.
B는 최대원소와 최소원소를 갖는가?

풀이 | (1) A의 최소상계는 3이고 최대하계는 0이다. 두 원소 모두 A의 원소이므로 A는 최대원소와 최소원소를 갖는다.

(2) B의 최소상계는 1이고 최대하계는 0이다. 1는 B의 원소가 아니지만 0은 B의 원소이므로 B는 최대원소를 갖지 않지만 최소원소는 갖는다. ■

정리 4.7

(1) 공집합이 아닌 $\mathbb{R}$의 부분집합 A가 최소상계를 가지면 그 최소상계는 유일하다.

(2) 공집합이 아닌 $\mathbb{R}$의 부분집합 B가 최대하계를 가지면 그 최대하계는 유일하다.

TIP 최소상계의 존재성을 가정하였으므로 유일성만 증명하면 된다.
a와 b를 A의 최소상계라 할 때 $a \le b$이고 $b \le a$임을 증명하여 $a = b$임을 보인다.

증명 | (1) a와 b를 A의 최소상계라 하면 a와 b는 A의 상계이다. a가 A의 최소상계이므로 $a \le b$이다. 같은 방법으로 b가 A의 최소상계이므로 $b \le a$이다. 따라서 $a = b$이다.

(2) 연습문제로 한다. ■

최소상계는 **상한**(supremum)이라고도 하며 최대하계는 **하한**(infimum)이라고도 한다.

완비성공리 (completeness axiom)

(1) 공집합이 아닌 $\mathbb{R}$의 부분집합이 위로 유계이면 그 부분집합은 최소상계를 갖는다.

(2) 공집합이 아닌 $\mathbb{R}$의 부분집합이 아래로 유계이면 그 부분집합은 최대하계를 갖는다.

집합 A의 최소상계는 $\sup A$로 나타내며 최대하계는 $\inf A$로 나타낸다.

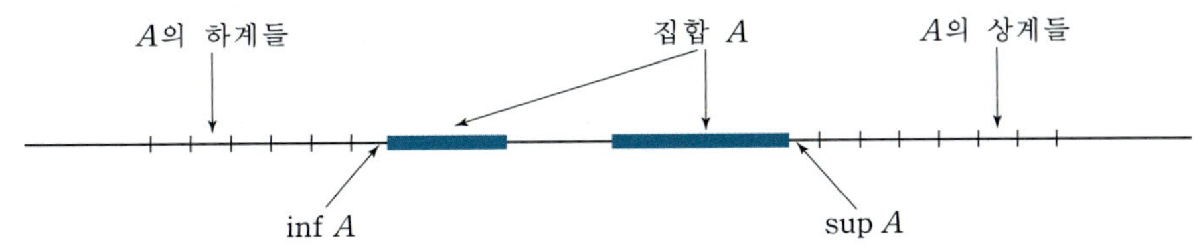

그림 1.3 최소상계와 최대하계

정리 4.8

A가 공집합이 아닌 $\mathbb{R}$의 부분집합이고 $\alpha \in \mathbb{R}$가 A의 상계일 때 다음은 동등하다.

(1) $\sup A = \alpha$이다.

(2) 임의의 $\epsilon > 0$에 대하여 $\alpha - \epsilon < a \leq \alpha$인 $a \in A$가 존재한다.

증명 | (1) ⇒ (2) : $\sup A = \alpha$이면 모든 $a \in A$에 대하여 $a \leq \alpha$이다.

만일 적당한 $\epsilon_0 > 0$에 대하여 $\alpha - \epsilon_0 < a \leq \alpha$인 $a \in A$가 존재하지 않는다고 가정하면 모든 $a \in A$에 대하여

$$a \leq \alpha - \epsilon_0$$

이므로 $\alpha - \epsilon_0$는 A의 상계이다. 이는 α가 A의 최소상계라는 가정에 모순이 된다.

따라서 임의의 $\epsilon > 0$에 대하여 $\alpha - \epsilon < a \leq \alpha$인 $a \in A$가 존재한다.

(2) ⇒ (1) : 임의의 $\epsilon > 0$에 대하여 $\alpha - \epsilon < a \leq \alpha$인 $a \in A$가 존재한다고 가정할 때 $\sup A \neq \alpha$이면 α가 A의 최소상계가 아니므로 $\alpha_1 < \alpha$인 A의 상계 α_1이 존재한다. $\epsilon_0 = \alpha - \alpha_1 > 0$이라 하면 가정에 의하여

$$\alpha_1 = \alpha - \epsilon_0 < a \leq \alpha$$

인 $a \in A$가 존재하고 이는 α_1이 A의 상계라는 사실에 모순이 된다.

따라서 $\sup A = \alpha$이다. ■

완비성공리를 이용하여 아르키메데스 정리를 증명할 수 있다. 아르키메데스 정리는 $\epsilon - N$, $\epsilon - \delta$를 이용하는 극한과 연속에 대한 엄밀한 증명의 토대를 제공하는 중요한 정리이다.

정리 4.9 아르키메데스 정리(Archimedean theorem)

서로 다른 두 실수 x와 y에 대하여 $x>0$이면 $nx>y$인 $n\in\mathbb{N}$이 존재한다.

증명 | 만일 $y\le 0$이면 $n=1$일 때 부등식은 성립한다.

이제 $y>0$이라 하고 $nx>y$인 $n\in\mathbb{N}$이 존재하지 않는다고 가정하자. 즉 모든 $n\in\mathbb{N}$에 대하여 $nx\le y$라 가정하자.

$$A=\{nx : n\in\mathbb{N}\}$$

라 하면 A는 공집합이 아닌 $\mathbb{R}$의 부분집합이고 y는 A의 상계이다. 따라서 완비성공리에 의하여 A의 최소상계가 존재하며 그 값을 α라 하자. 그러면 $\alpha-x$는 A의 상계가 될 수 없으므로

$$\alpha-x<mx\le\alpha$$

인 $mx\in A$가 존재한다. 그런데 $\alpha<(m+1)x$이고 $(m+1)x\in A$이므로 이것은 α가 A의 최소상계라는 가정에 모순이 된다. 그러므로 $nx>y$인 $n\in\mathbb{N}$이 존재한다.

■

아르키메데스 정리에서 x가 음수이면 y가 양일 경우 어떤 $n\in\mathbb{N}$을 곱해도 $nx>y$일 수가 없다. 따라서 아르키메데스 정리를 정확하게 적용하려면 $n\in\mathbb{N}$과 곱하는 수가 양수임을 반드시 확인하여야 한다.

정리 4.9에서 $x=\epsilon>0$, $y=1$이라 하면 다음 따름정리를 얻을 수 있다.

따름정리 4.10

임의의 $\epsilon>0$에 대하여 $\frac{1}{n}<\epsilon$인 $n\in\mathbb{N}$이 존재한다.

아르키메데스 정리를 이용하면 서로 다른 두 실수 사이에 유리수와 무리수가 존재함을 증명할 수 있다.

정리 4.11 유리수의 조밀성(density theorem of $\mathbb{Q}$)

$x,\ y \in \mathbb{R}$ 이고 $x < y$이면

$$x < r < y$$

인 $r \in \mathbb{Q}$ 이 존재한다.

TIP $0 \le x < y,\ x < 0 < y,\ x < y \le 0$ 의 세 경우로 나누어 증명한다.

증명 | (1) $0 \le x < y$ 인 경우

$y - x > 0$ 이므로 아르키메데스 정리에 의하여

$$n_0(y - x) > 1$$

인 $n_0 \in \mathbb{N}$ 가 존재한다.

$$A = \{k \in \mathbb{N} : k > n_0 x\}$$

라 하면 A는 공집합이 아닌 $\mathbb{N}$ 의 부분집합이다. 정렬원칙에 의하여

$$m - 1 \le n_0 x < m$$

인 $m \in \mathbb{N}$ 이 존재한다. 이 식을 다시 정리하면

$$n_0 x < m \le 1 + n_0 x < n_0 y$$

이므로 $x < \dfrac{m}{n_0} < y$ 이다. $r = \dfrac{m}{n_0}$ 이라 하면 $r \in \mathbb{Q}$ 이고 $x < r < y$ 이다.

(2) $x < 0$이고 $y > 0$인 경우

$x < 0 < y$ 이므로 $r = 0 \in \mathbb{Q}$ 이 존재한다.

(3) $x < y \le 0$인 경우

$0 \le -y < -x$ 이므로 (1)의 증명에 의하여 $-y < r < -x$ 인 $r \in \mathbb{Q}$ 이 존재한다.
따라서 $x < -r < y$ 이고 $-r \in \mathbb{Q}$ 이다. ■

유리수의 조밀성을 이용하여 무리수의 조밀성도 쉽게 유도할 수 있다.

정리 4.12 무리수의 조밀성(density theorem of $\mathbb{Q}^C$)

$x,\ y \in \mathbb{R}$ 이고 $x < y$이면

$$x < z < y$$

인 $z \in \mathbb{Q}^C$가 존재한다.

TIP 유리수의 조밀성을 이용하여 증명한다.

증명 | $x < y$이므로 $\frac{x}{\sqrt{2}} < \frac{y}{\sqrt{2}}$이다. 유리수의 조밀성에 의하여

$$\frac{x}{\sqrt{2}} < r < \frac{y}{\sqrt{2}}$$

인 $0 \neq r \in \mathbb{Q}$ 이 존재한다. $z = r\sqrt{2}$ 라 하면 $z \in \mathbb{Q}^c$이고 $x < z < y$ 이다. ■

유리수의 조밀성과 무리수의 조밀성으로부터 서로 다른 두 실수 사이에는 무수히 많은 유리수와 무리수가 있음을 알 수 있다. 또한 유리수와 무리수의 조밀성을 이용하여 엄밀하게 최소상계와 최대하계의 값을 검증할 수 있다.

예제 4.13 개구간 $(0, 1)$의 최소상계가 1임을 증명하여라.

TIP 1이 개구간 $(0, 1)$의 상계임을 설명하고 실수의 조밀성을 이용하여 1이 최소상계임을 증명한다.

증명 | 임의의 $x \in (0, 1)$에 대하여 $x < 1$이므로 1은 개구간 $(0, 1)$의 상계이다. 만일 $a < 1$이면 실수의 조밀성에 의하여 $a < x_0 < 1$인 $x_0 \in (0, 1)$가 존재한다. 따라서 $a < 1$인 어떤 a 도 개구간 $(0, 1)$의 상계가 될 수 없으므로 1이 개구간 $(0, 1)$의 최소상계이다. ■

중학교 과정에서 $x^2 = 2$를 만족하는 양의 x 값이 $\sqrt{2}$ 임을 학습하였다. 이제 완비성공리와 아르키메데스 정리를 사용하여 이러한 양의 해가 유일하게 존재함을 보일 수 있다.

정리 4.14

제곱하여 2가 되는 양의 실수 a가 유일하게 존재한다.

TIP '유일하게 존재함'을 증명하기 위하여 존재성과 유일성을 구별하여 증명한다.

증명 | (존재성)

$$S = \{x \in \mathbb{R} : x^2 \leq 2,\ x > 0\}$$

라 하면 $1 \in S$이므로 S는 공집합이 아닌 $\mathbb{R}$의 부분집합이고 위로 유계이다. 완비성공리에 의하여 S의 상한이 존재하며 이를 α라 하자. 즉 $\sup S = \alpha$라 하자.
만일 $\alpha^2 < 2$이면 $2 - \alpha^2 > 0$이고 $2\alpha + 1 > 0$이다. 아르키메데스 정리에 의하여

$$n(2 - \alpha^2) > 2\alpha + 1$$

인 $n \in \mathbb{N}$이 존재한다. 이로부터

$$2 - \alpha^2 > \frac{1}{n}(2\alpha + 1) \geq \frac{1}{n}\left(2\alpha + \frac{1}{n}\right)$$

이고 이를 정리하면

$$2 > \alpha^2 + \frac{2\alpha}{n} + \left(\frac{1}{n}\right)^2 = \left(\alpha + \frac{1}{n}\right)^2$$

이므로 $\alpha + \dfrac{1}{n} \in S$이 되어 모순이 된다.
만일 $\alpha^2 > 2$이면 $\alpha^2 - 2 > 0$이고 $2\alpha > 0$이다. 아르키메데스 정리에 의하여

$$n(\alpha^2 - 2) > 2\alpha$$

인 $n \in \mathbb{N}$이 존재한다. 이로부터

$$\alpha^2 - 2 > \frac{2\alpha}{n} > \frac{2\alpha}{n} - \left(\frac{1}{n}\right)^2$$

이고 이를 정리하면

$$\alpha^2 - \frac{2\alpha}{n} + \left(\frac{1}{n}\right)^2 = \left(\alpha - \frac{1}{n}\right)^2 > 2$$

이므로 $\alpha-\frac{1}{n}$ 이 S의 상계가 되어 모순이 된다. 따라서 $\alpha^2=2$이다.

(유일성)

$\beta^2=2$인 β가 존재한다고 하자. 만일 $\beta<\alpha$이면 $\beta^2<\alpha^2=2$가 되어서 모순이 된다. 만일 $\beta>\alpha$이면 $\beta^2>\alpha^2=2$가 되어 모순이 된다. 따라서 $\beta=\alpha$이다. ■

정리 4.14를 일반화하면 제곱하여 $\alpha>0$가 되는 실수는 반드시 유일하게 존재한다고 할 수 있다.

정리 4.15

제곱하여 2가 되는 유리수는 존재하지 않는다.

TIP 제곱하여 2가 되는 유리수가 존재한다고 가정하고 짝수의 성질을 이용하여 모순을 유도한다.

증명 | 제곱하여 2가 되는 유리수가 존재한다고 가정하고 그 유리수를 $a=\frac{p}{q}$ (단, p와 q는 서로소)라 하자. 그러면 $\left(\frac{p}{q}\right)^2=2$ 이므로 이를 정리하면

$$p^2=2q^2 \tag{1}$$

이다. 식의 우변이 짝수이므로 p^2도 짝수이어야 한다. 따라서 적당한 $n\in\mathbb{N}$이 존재하여 $p=2n$이고 이 값을 (1)에 대입하면

$$2n^2=q^2 \tag{2}$$

이다. 식의 좌변이 짝수이므로 q^2도 짝수이어야 한다. 따라서 적당한 $m\in\mathbb{N}$이 존재하여 $q=2m$이고 p, q는 모두 짝수이므로 서로소가 될 수 없다.
그러므로 제곱하여 2가 되는 유리수는 존재하지 않는다. ■

정리 4.14와 정리 4.15로부터 제곱하여 2가 되는 실수는 반드시 무리수임을 알 수 있다.

명제 A와 명제 B가 동등(equivalent)하다는 것은 A가 참이면 B가 참이 되고 역으로 B가 참이면 A가 참이 됨을 의미한다.

1.4 연습문제

1. 다음 각각의 집합에 대하여 최소상계와 최대하계를 구하여라.

(1) $A = \left\{1, \frac{1}{2}, \frac{1}{4}, \frac{1}{8}, \cdots\right\}$ (2) $B = \left\{\sin\frac{n\pi}{2} : n \in \mathbb{N}\right\}$

(3) $C = \left\{n\cos\frac{n\pi}{4} : n \in \mathbb{N}\right\}$ (4) $D = \left\{\frac{1}{n} + (-1)^n : n \in \mathbb{N}\right\}$

(5) $E = \{x^3 - 2 : -1 \le x \le 3\}$ (6) $F = \{x^2 - 1 : -1 \le x < 2\}$

(7) $G = \left\{x \in \mathbb{R} : \frac{1}{x^2+1} > \frac{1}{3}\right\}$ (8) $H = \left\{-\frac{1}{n} + (1 + (-1)^n)n^2 : n \in \mathbb{N}\right\}$

(9) $I = \{0.5, 0.55, 0.555, \cdots\}$ (10) $J = \left\{x + \frac{1}{x} : x > 0\right\}$

2. (1) $\left\{1 + \frac{1}{2n} : n \in \mathbb{N}\right\}$의 최대하계가 1임을 증명하여라.

(2) $[2, 5)$의 최소상계가 5임을 증명하여라.

3. $(1, 3]$의 최대하계는 $(1, 3]$ 내에 존재하지 않음을 증명하여라.

4. 공집합이 아닌 $\mathbb{R}$의 부분집합 A가 최대하계를 가지면 그 최대하계는 유일함을 증명하여라.

5. $a > 1$일 때 $A = \{a^n : n \in \mathbb{N}\}$는 위로 유계가 아님을 증명하여라.

6. c가 양수일 때 제곱하여 c가 되는 양의 실수가 유일하게 존재함을 증명하여라.

7. A가 위로 유계인 집합이고 $A_0 \subset A$이면 $\sup A_0 \le \sup A$임을 증명하여라.

8. 다음을 증명하여라.

(1) $\sup\{r \in \mathbb{Q} : r < \sqrt{2}\} = \sqrt{2}$ (2) $\inf\{r \in \mathbb{Q} : -\pi < r\} = -\pi$

9. A와 B가 공집합이 아닌 $\mathbb{R}$의 부분집합이고

$$A+B=\{a+b : a\in A,\ b\in B\}$$

일 때 다음을 증명하여라.

(1) A와 B가 위로 유계인 집합이면

$$\sup(A+B)=\sup A+\sup B$$

이다.

(2) A와 B가 아래로 유계인 집합이면

$$\inf(A+B)=\inf A+\inf B$$

이다.

10. A와 B가 공집합이 아닌 $\mathbb{R}$의 부분집합이고 아래로 유계인 집합이면

$$\inf(A-B)=\inf A-\inf B$$

가 성립하는가?

11. A와 B가 공집합이 아닌 $\mathbb{R}$의 부분집합이면

$$\sup(A\cup B)=\sup A+\sup B$$

가 성립하는가?

12. A가 공집합이 아닌 $\mathbb{R}$의 부분집합이고

$$B=\left\{-\frac{2}{3}a+1 : a\in A\right\}$$

일 때 $\sup B$와 $\inf B$를 구하여라.

13. 다음 명제가 참이면 증명하고 거짓이면 반례를 들어라.

(1) A와 B가 공집합이 아닌 $\mathbb{R}$의 부분집합이고 $A\subset B$이면

$$\inf A\leq \inf B$$

이다.

(2) A 와 B가 공집합이 아닌 $\mathbb{R}$ 의 부분집합이고 $A \subset B$이면

$$\sup A \leq \sup B$$

이다.

14. A와 B가 공집합이 아닌 $\mathbb{R}$ 의 부분집합일 때 다음을 증명하여라.

(1) $\sup(A \cup B) = \max\{\sup A, \sup B\}$

(2) $\inf(A \cup B) = \min\{\inf A, \inf B\}$

15. A가 공집합이 아닌 $\mathbb{R}$ 의 부분집합이고 a가 A 의 상계이며 $a \in A$ 이면

$$a = \sup A$$

임을 증명하여라.

16. B가 공집합이 아닌 $\mathbb{R}$ 의 부분집합이고 위로 유계라 하자. $b = \sup B$이고 $b \notin B$ 이면 B는 무한집합임을 증명하여라.

17. A와 B가 공집합이 아닌 $\mathbb{R}$ 의 유계인 양의 부분집합이고

$$C = \{ab : a \in A, b \in B\}$$

일 때 다음을 증명하여라.

(1) $\sup C = (\sup A)(\sup B)$ (2) $\inf C = (\inf A)(\inf B)$

18. A 와 B가 공집합이 아닌 $\mathbb{R}$ 의 유계인 부분집합이고

$$C = \{ab : a \in A, b \in B\}$$

일 때

$$\sup C \neq (\sup A)(\sup B)$$

인 예를 들어라.

19. $f, g : \mathbb{R} \to \mathbb{R}$일 때 다음을 증명하여라.

(1) $\sup\{f(x) + g(x) : x \in \mathbb{R}\} \leq \sup\{f(x) : x \in \mathbb{R}\} + \sup\{g(x) : x \in \mathbb{R}\}$

(2) $\inf\{f(x) : x \in \mathbb{R}\} + \inf\{g(x) : x \in \mathbb{R}\} \leq \inf\{f(x) + g(x) : x \in \mathbb{R}\}$

20. $f,\ g:\ \mathbb{R}\to\mathbb{R}$ 일 때

(1) $\sup\{f(x)+g(x):x\in\mathbb{R}\}\neq\sup\{f(x):x\in\mathbb{R}\}+\sup\{g(x):x\in\mathbb{R}\}$ 인 예를 들어라.

(2) $\inf\{f(x)+g(x):x\in\mathbb{R}\}\neq\inf\{f(x):x\in\mathbb{R}\}+\inf\{g(x):x\in\mathbb{R}\}$ 인 예를 들어라.

21. 완비성공리에서 "공집합이 아닌 $\mathbb{R}$ 의 부분집합"이라는 내용을 단순히 "$\mathbb{R}$ 의 부분집합"이라고 하면 어떻게 되는가?

22. $n\in\mathbb{N}$ 이고 $A=\{x_n:\ nx_n\le 1\}$ 이면

$$\inf A=0$$

임을 증명하여라.

23. S가 위로 유계인 집합이면

$$-\inf(-S)=\sup S$$

임을 증명하여라.

24. $\varnothing\neq A\subseteq\mathbb{R}$ 이고 $\inf A>0$이며 $\dfrac{1}{A}=\left\{\dfrac{1}{a}:\ a\in A\right\}$이면

$$\sup\left(\frac{1}{A}\right)=\frac{1}{\inf A}$$

임을 증명하여라.

25. $\varnothing\neq B\subseteq\mathbb{R}$ 이고 $\beta\in\mathbb{R}$ 가 B의 하계일 때 다음이 동등함을 증명하여라.

(1) $\inf B=\beta$ 이다.

(2) 임의의 $\epsilon>0$에 대하여 $\beta\le b<\beta+\epsilon$인 $b\in B$가 존재한다.

26. a가 양의 실수이면

$$\frac{1}{m}<a<m$$

인 $m\in\mathbb{N}$이 존재함을 증명하여라.

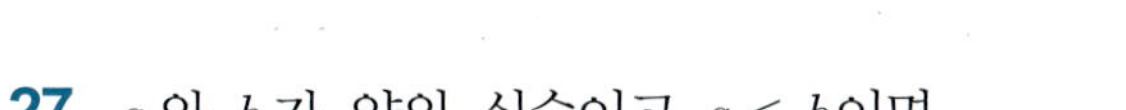

27. a와 b가 양의 실수이고 $a<b$이면

$$a<\frac{m}{3^n}<b$$

인 $m, n \in \mathbb{N}$ 이 존재함을 증명하여라.

28. 임의의 $x \in \mathbb{R}$ 에 대하여

$$n-1 \leq x < n$$

인 $n \in \mathbb{N}$ 이 유일하게 존재함을 증명하여라.

29. 제곱하여 3이 되는 유리수가 존재하지 않음을 증명하여라.

30. (1) $\mathbb{Q}$의 부분집합으로 최소상계가 무리수인 예를 들어라.

(2) $\mathbb{Q}^c$의 부분집합으로 최소상계가 유리수인 예를 들어라.

31. $c>0$ 이고 $x \in \mathbb{R}$ 이면

$$q < x < q+\frac{1}{c}$$

인 $q \in \mathbb{Q}$ 가 존재함을 증명하여라.

32. $c>0$이고 $a<b$이면

$$a<r \cdot c<b$$

인 $r \in \mathbb{Q}$ 이 존재함을 증명하여라.

33. $\mathbb{N}$ 은 위로 유계이지 않음을 증명하여라.

34. 공집합이 아닌 $\mathbb{Z}$ 의 부분집합 X가 위로 유계이면 X의 최소상계는 반드시 X의 원소임을 증명하여라.

1.5 절댓값과 부등식

$\mathbb{R}$ 을 기하학적으로 나타내면 실직선이다. 이 실직선 위의 점에 대한 절댓값과 두 점 사이의 거리를 알아보자.

정의 5.1

$a \in \mathbb{R}$ 에 대한 **절댓값**(absolute value)은

$$|a| = \begin{cases} a, & a \geq 0 \\ -a, & a < 0 \end{cases}$$

로 정의한다.

기본적으로 a에 대한 절댓값의 의미는 a 와 원점 사이의 거리를 의미한다. 또한 실직선 위의 두 점 a, b에 대하여

$$|a-b|$$

를 a와 b 사이의 **거리**(distance)라 한다.

예제 5.2 (1) $|3| = 3$, $|-7| = 7$

(2) $|x-1| = \begin{cases} x-1, & x-1 \geq 0 \\ -(x-1), & x-1 < 0 \end{cases}$

정리 5.3

$a, b \in \mathbb{R}$ 일 때 다음이 성립한다.

(1) $|ab| = |a||b|$

(2) $r > 0$ 일 때 $|a| \leq r$이기 위한 필요충분조건은 $-r \leq a \leq r$이다.

(3) $r > 0$ 일 때 $|a| \geq r$이기 위한 필요충분조건은 $a \leq -r$이거나 $a \geq r$이다.

(4) $-|a| \leq a \leq |a|$

증명 | (1) a와 b가 모두 양수이거나 모두 음수이면 $|ab| = ab = |a||b|$이다.

a가 양수이고 b는 음수이면 $|ab| = a(-b) = |a||b|$ 이다.

a가 음수이고 b는 양수이면 $|ab| = (-a)b = |a||b|$이다.

(2) $|a| \le r$이면 $a \le r$이고 $-a \le r$이며 이를 정리하면 $-r \le a \le r$이다.

역으로 $-r \le a \le r$이면 $a \le r$이고 $-a \le r$이며 이를 정리하면 $|a| \le r$이다.

(3) 연습문제로 한다.

(4) $a = 0$인 경우 부등식은 자명하게 성립하고 $a \ne 0$인 경우 (2)에 $r = |a|$를 대입하면 부등식이 성립한다. ■

삼각부등식 정리는 절댓값이 포함된 부등식들을 증명하는 데 매우 유용하게 사용된다.

정리 5.4 삼각부등식(triangle inequality)

$a, b \in \mathbb{R}$ 일 때

$$|a+b| \le |a| + |b|$$

이다.

증명 | 정리 5.3의 (4)에 의하여 $-|a| \le a \le |a|$이고 $-|b| \le b \le |b|$이다. 이 두 개의 부등식으로부터

$$-|a| - |b| \le a + b \le |a| + |b|$$

이고 이 결과에 정리 5.3의 (2)를 적용하면 $|a+b| \le |a| + |b|$이다. ■

일반적으로 따름정리는 결과가 그리 중요하지 않은 경우가 많으나 다음 따름정리는 부등식의 증명에서 많이 사용되는 중요한 정리이다.

따름정리 5.5

$a, b \in \mathbb{R}$ 일 때 다음이 성립한다.

(1) $|a-b| \le |a| + |b|$

(2) $||a| - |b|| \le |a-b|$

증명 | (1) 삼각부등식의 b에 $-b$를 대입하면

$$|a-b| = |a+(-b)| \le |a| + |-b| = |a| + |b|$$

이다.

(2) 삼각부등식에 의하여

$$|a| = |(a-b)+b| \le |a-b| + |b|$$

이므로

$$|a| - |b| \le |a-b| \tag{i}$$

이다. 같은 방법으로

$$|b| = |(b-a)+a| \le |b-a| + |a| = |a-b| + |a|$$

이므로

$$|b| - |a| \le |a-b|$$

이고 따라서

$$|a| - |b| \ge -|a-b| \tag{ii}$$

이다.

(i)과 (ii)에 의하여

$$-|a-b| \le |a| - |b| \le |a-b|$$

이고 정리 5.3의 (2)에 의하여 $||a|-|b|| \le |a-b|$이다. ■

코시-슈바르츠 부등식은 해석학에서 자주 사용되는 중요한 부등식이다.

정리 5.6 코시-슈바르츠 부등식 (Cauchy-Schwartz inequality)

$i = 1, 2, \cdots, n$에 대하여 $a_i, b_i \in \mathbb{R}$ 이면

$$(a_1 b_1 + a_2 b_2 + \cdots + a_n b_n)^2 \le (a_1^2 + a_2^2 + \cdots + a_n^2)(b_1^2 + b_2^2 + \cdots + b_n^2)$$

이다.

TIP 이차함수의 부등식과 관련된 판별식을 이용하여 증명한다.

증명 | 만일 $a_1 = a_2 = \cdots = a_n = 0$ 이면 부등식은 자명하게 성립한다.

이제 $a_1, a_2, \cdots, a_n$ 중 적어도 하나의 a_i는 0이 아니라고 가정하자.

$\sum_{i=1}^{n} a_i^2 = A$, $\sum_{i=1}^{n} b_i^2 = B$, $\sum_{i=1}^{n} a_i b_i = C$라 하면 $A > 0$이다. 임의의 실수 λ에 대하여

$$\begin{aligned} 0 \le \sum_{i=1}^{n} (\lambda a_i + b_i)^2 &= \sum_{i=1}^{n} \lambda^2 a_i^2 + 2\lambda \sum_{i=1}^{n} a_i b_i + \sum_{i=1}^{n} b_i^2 \\ &= A\lambda^2 + 2C\lambda + B \end{aligned}$$

이므로 판별식에 의하여 $C^2 - AB \le 0$이 성립한다. 따라서

$$(a_1 b_1 + a_2 b_2 + \cdots + a_n b_n)^2 \le (a_1^2 + a_2^2 + \cdots + a_n^2)(b_1^2 + b_2^2 + \cdots + b_n^2)$$

이다. ■

예제 5.7 a, b, c가 모두 양의 실수이고 $a + b + c = 1$이면

$$\sqrt{a} + \sqrt{b} + \sqrt{c} \le \sqrt{3}$$

임을 증명하여라.

TIP 적절하게 $a_1, a_2, a_3, b_1, b_2, b_3$를 정하고 코시-슈바르츠 부등식을 적용한다.

증명 | $a_1 = \sqrt{a}$, $a_2 = \sqrt{b}$, $a_3 = \sqrt{c}$라 하고 $b_1 = b_2 = b_3 = 1$이라 하자. 코시-슈바르츠 부등식에 의하여

$$\begin{aligned} (\sqrt{a} + \sqrt{b} + \sqrt{c})^2 &= (a_1 b_1 + a_2 b_2 + a_3 b_3)^2 \\ &\le (a_1^2 + a_2^2 + a_3^2)(b_1^2 + b_2^2 + b_3^2) \\ &= (a + b + c)(1 + 1 + 1) = 3 \end{aligned}$$

이므로 $\sqrt{a} + \sqrt{b} + \sqrt{c} \le \sqrt{3}$이다. ■

이제 $\mathbb{R}$의 부분집합인 구간을 정의하기로 한다.

정의 5.8

a, $b \in \mathbb{R}$ 이라 하자.

(1) $\{x \in \mathbb{R} : a < x < b\} = (a, b)$를 **개구간**(open interval)이라 한다.

(2) $\{x \in \mathbb{R} : a \leq x \leq b\} = [a, b]$를 **폐구간**(closed interval)이라 한다.
이때 a와 b를 구간의 **양 끝점**(end point)이라 한다.

(3) $\{x \in \mathbb{R} : a \leq x < b\} = [a, b)$와 $\{x \in \mathbb{R} : a < x \leq b\} = (a, b]$를 **반 개구간**(half-open interval) 또는 **반 폐구간**(half-closed interval)이라 한다.

예제 5.9 다음 집합을 구간으로 나타내어라.

(1) $\{x : |2x - 1| < 2\}$ (2) $\{x : |x + 2| \leq 3\}$

풀이 | (1) $|2x-1| < 2 \Leftrightarrow -2 < 2x - 1 < 2$

$$\Leftrightarrow -1 < 2x < 3$$

$$\Leftrightarrow -\frac{1}{2} < x < \frac{3}{2}$$

따라서 $\{x : |2x-1| < 2\} = \left(-\frac{1}{2}, \frac{3}{2}\right)$이다.

(2) $|x+2| \leq 3 \Leftrightarrow -3 < x + 2 \leq 3$

$$\Leftrightarrow -5 \leq x \leq 1$$

따라서 $\{x : |x+2| \leq 3\} = [-5, 1]$이다. ■

길이가 유한이 아닌 구간은 다음과 같이 정의한다.

정의 5.10

$a \in \mathbb{R}$ 이라 하자.

(1) $\{x \in \mathbb{R} : a < x\} = (a, \infty)$와 $\{x \in \mathbb{R} : x < a\} = (-\infty, a)$를 **열린 반직선**(open ray)이라 한다.

(2) $\{x \in \mathbb{R} : a \leq x\} = [a, \infty)$와 $\{x \in \mathbb{R} : x \leq a\} = (-\infty, a]$를 **닫힌 반직선**(closed ray)이라 한다.

정의 5.10에서 ∞와 $-\infty$는 단순히 기호이며 $\mathbb{R}$의 원소로 생각하지 않는다. 일반적으로 $\mathbb{R}$은 구간 $(-\infty, \infty)$로 나타낸다.

$\mathbb{R}$에서 구간은 다음의 10가지 형태 중의 하나이다.

$$\varnothing, \quad (a, b), \quad [a, b), \quad (a, b], \quad [a, b]$$
$$(a, \infty), \quad (-\infty, a), \quad [a, \infty), \quad (-\infty, a], \quad (-\infty, \infty)$$

∞와 $-\infty$에 관련된 연산은 다음과 같다.

(1) $\infty+\infty=\infty$, $\infty\cdot\infty=\infty$, $\infty\cdot(-\infty)=-\infty$

(2) x가 실수일 때 $x+\infty=\infty$, $x-\infty=-\infty$, $\dfrac{x}{\infty}=\dfrac{x}{-\infty}=0$

(3) $x>0$일 때 $x\cdot\infty=\infty$, $x\cdot(-\infty)=-\infty$

(4) $x<0$일 때 $x\cdot\infty=-\infty$, $x\cdot(-\infty)=\infty$

$\infty-\infty$, $-\infty+\infty$, $\dfrac{\infty}{\infty}$, $\dfrac{-\infty}{\infty}$, $\dfrac{\infty}{-\infty}$는 정의하지 않는다.

이제 실직선 위의 두 점의 원근 관계를 설명하기 위하여 ϵ-근방을 정의하고 이와 관련된 기본 성질을 알아보기로 한다.

정의 5.11

$a\in\mathbb{R}$일 때 $\epsilon>0$에 대하여

$$(a-\epsilon, a+\epsilon)$$

을 a의 **$\epsilon-$근방**(ϵ-neighborhood of a)이라 하고 이를 $N_\epsilon(a)$ 또는 $N(a, \epsilon)$으로 나타낸다.

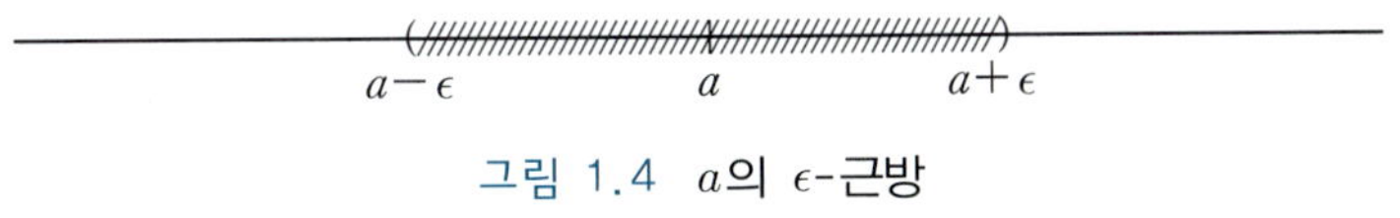

그림 1.4 a의 ϵ-근방

ϵ-근방의 정의를 절댓값과 부등식을 이용하여 나타내면 다음과 같다.

$$N_\epsilon(a) = \{x \in \mathbb{R} : |x-a| < \epsilon\}$$

정리 5.12

$x \in (a, b)$이면 적당한 $\delta > 0$가 존재하여 $N_\delta(x) \subset (a, b)$이다.

증명 | $x \in (a, b)$이므로 $a < x < b$이다. 이제

$$\delta = \frac{1}{2}\min\{|x-a|, |x-b|\} > 0$$

라 하면

$$a < x - \delta, \quad x + \delta < b \tag{1}$$

이다.

임의의 $y \in N_\delta(x)$에 대하여 $x - \delta < y < x + \delta$이고 (1)에 의하여

$$a < x - \delta < y < x + \delta < b$$

이므로 $y \in (a, b)$이다. 따라서 $N_\delta(x) \subset (a, b)$이다. ■

정리 5.13

a와 b가 서로 다른 실수이면 적당한 $\delta > 0$가 존재하여

$$N_\delta(a) \cap N_\delta(b) = \varnothing$$

이다.

TIP a와 b 사이의 거리의 $\frac{1}{3}$만큼을 $\delta > 0$로 선택한다.

증명 | a와 b가 서로 다른 실수이므로 $|a-b| > 0$이다. 이제 $\delta = \frac{1}{3}|a-b| > 0$이라 하자. 만일 $x \in N_\delta(a) \cap N_\delta(b)$이면 $x \in N_\delta(a)$이므로 $|x-a| < \delta$이고 또한 $x \in N_\delta(b)$이므로 $|x-b| < \delta$이다. 삼각부등식에 의하여

$$|a-b| \le |a-x| + |x-b| < \delta + \delta = 2\delta = \frac{2}{3}|a-b|$$

가 되어 모순이다. 따라서 $N_\delta(a) \cap N_\delta(b) = \varnothing$ 이다. ■

다음 정의는 함수의 극한을 논의할 때 중요하게 사용된다.

정의 5.14

$a \in \mathbb{R}$ 일 때 $\epsilon > 0$에 대하여

$$(a-\epsilon,\ a+\epsilon) - \{a\}$$

를 a의 **제거된 ϵ – 근방**(deleted ϵ-neighborhood of a)이라 한다.

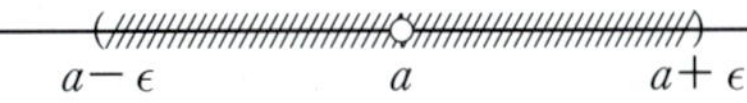

그림 1.5 제거된 a의 ϵ-근방

정리 5.15

$a \in \mathbb{R}$ 일 때 임의의 $\epsilon > 0$에 대하여 $0 \leq a < \epsilon$이면 $a = 0$이다.

TIP 귀류법을 이용하여 증명한다.

증명 | $a \neq 0$이라 가정하면 $a > 0$이다. 이제 $\epsilon_0 = \frac{1}{2} a > 0$라 하면 ϵ_0는 양수이고 $0 < \epsilon_0 < a$이므로 "임의의 $\epsilon > 0$에 대하여 $a < \epsilon$ 이어야 한다"는 가정에 모순이다. 따라서 $a = 0$이다. ■

따름정리 5.16

$a \in \mathbb{R}$ 이고 임의의 $\epsilon > 0$에 대하여 $|a| < \epsilon$이면 $a = 0$이다.

귀류법(proof by contradiction)

주어진 명제가 참임을 직접 증명하는 대신에 그 명제가 거짓이라고 가정하고 모순에 귀결한다는 것을 증명하여 주어진 명제가 참임을 보이는 증명법이다.

1.5 연습문제

1. 다음 방정식을 풀어라.

(1) $|x-1|+|x+3|=6$

(2) $|x+2|+|x+4|=7$

(3) $|x-3|+|x-5|=9$

(4) $|x-4|=|x-6|$

2. 다음 부등식을 풀어라.

(1) $|2x+3|<9$

(2) $|-3x+4|\geq 1$

(3) $|x^2+1|<2$

(4) $|x^2-2|\geq 9$

3. 다음 부등식을 풀어라.

(1) $|x+1|<|x-1|$

(2) $|2x-3|<|3x+4|$

(3) $3\leq |x-1|+|x+1|\leq 12$

(4) $2\leq |x|+|x-1|+|x-2|\leq 8$

4. 다음 조건을 만족하는 순서쌍 $(x,\ y)$들의 집합을 평면 위에 나타내어라.

(1) $|x|\leq |y|$

(2) $|x|+|y|\geq 1$

(3) $|x|\leq y^2$

(4) $|xy|\leq 1$

5. $a\in\mathbb{R}$ 이고

$$A=\{x:|x-1|+|x-4|=a\}$$

일 때 $A=\varnothing$ 이 되는 a 의 범위를 구하여라.

6. (1) $b=5$일 때 $B=\{x:|x-2|+|x-7|=b\}$를 구하여라.

(2) $b>5$일 때 $B=\{x:|x-2|+|x-7|=b\}$를 구하여라.

7. $a\in\mathbb{R}$ 이고 $r>0$일 때 $|a|\geq r$ 이기 위한 필요충분조건은 $a\leq -r$ 이거나 $a\geq r$ 임을 증명하여라.

8. $p\leq x\leq q$ 이고 $p\leq y\leq q$ 이면

$$|x-y|\leq q-p$$

임을 증명하여라.

9. x, y, $z \in \mathbb{R}$ 일 때 다음을 증명하여라.

(1) $|x+y+z| \leq |x|+|y|+|z|$　　(2) $|x-y| \leq |x-z|+|z-y|$

10. $n \in \mathbb{N}$ 이고 $a_1, a_2, \cdots, a_n \in \mathbb{R}$ 이면

$$|a_1+a_2+\cdots+a_n| \leq |a_1|+|a_2|+\cdots+|a_n|$$

임을 증명하여라.

11. $x, y \in \mathbb{R}$ 이면

$$|\sqrt{x^2+1}-\sqrt{y^2+1}| \leq |x-y|$$

임을 증명하여라.

12. A가 공집합이 아닌 $\mathbb{R}$의 부분집합이고 $p \in \mathbb{R}$ 일 때 p에서 집합 A까지의 거리 $d(p, A)$를

$$d(p, A) = \inf(p, A) = \inf_{x \in A} |p-x|$$

로 정의한다. $p=2$일 때 p에서 다음 각각의 집합까지의 거리를 구하여라.

(1) $A=\{1, 4\}$　　(2) $A=(0, 1)$

(3) $A=[0, 1]$　　(4) $A=[-1, 0] \cup (3, 5]$

13. x, $y \in \mathbb{R}$ 일 때 다음을 증명하여라.

(1) $\max\{x, y\} = \frac{1}{2}(x+y+|x-y|)$　　(2) $\min\{x, y\} = \frac{1}{2}(x+y-|x-y|)$

14. $x \in \mathbb{R}$ 이고 $n \in \mathbb{N}$ 이면

$$|\sin nx| \leq n|\sin x|$$

임을 증명하여라.

15. $i=1, 2, \cdots, n$에 대하여 $a_i \in \mathbb{R}$ 일 때 모든 $n \in \mathbb{N}$ 에 대하여

$$|\sin(\sum_{k=1}^{n} a_k)| \leq \sum_{k=1}^{n} |\sin a_k|$$

임을 증명하여라.

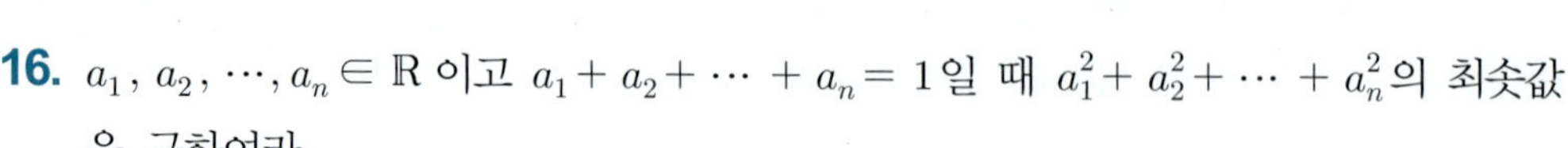

16. $a_1, a_2, \cdots, a_n \in \mathbb{R}$ 이고 $a_1 + a_2 + \cdots + a_n = 1$일 때 $a_1^2 + a_2^2 + \cdots + a_n^2$의 최솟값을 구하여라.

17. $i = 1, 2, \cdots, n$에 대하여 $a_i, b_i \in \mathbb{R}$ 이면

$$\left(\sum_{k=1}^{n}(a_k + b_k)^2\right)^{1/2} \le \left(\sum_{k=1}^{n} a_k^2\right)^{1/2} + \left(\sum_{k=1}^{n} b_k^2\right)^{1/2}$$

임을 증명하여라.

18. 다음을 증명하여라.

(1) a와 b가 양수이고 $ab = 1$이면 $a + b \ge 2$이다.

(2) a, b, c가 양수이고 $abc = 1$이면 $a + b + c \ge 3$이다.

19. a, b, c가 양수이면

$$9 \le (a + b + c)\left(\frac{1}{a} + \frac{1}{b} + \frac{1}{c}\right)$$

임을 증명하여라.

20. $a, b \in \mathbb{R}$ 이고 모든 $n \in \mathbb{N}$ 에 대하여 $a \le b + \frac{1}{n}$ 이면 $a \le b$ 임을 증명하여라.

21. $a, b \in \mathbb{R}$ 이고 임의의 $\epsilon > 0$에 대하여 $a < b + \epsilon$ 이면 $a \le b$ 임을 증명하여라.

22. 다음을 증명하여라.

(1) $n \in \mathbb{N}$ 에 대하여 $I_n = (n, \infty)$이면 $\bigcap_{n=1}^{\infty} I_n = \varnothing$ 이다.

(2) $n \in \mathbb{N}$ 에 대하여 $J_n = \left(0, \frac{1}{n}\right)$이면 $\bigcap_{n=1}^{\infty} J_n = \varnothing$ 이다.

23. $a, b \in \mathbb{R}$ 이고 $a \ne b$ 일 때 적당한 $\delta_1 > 0$과 $\delta_2 > 0$가 존재하여

$$N_{\delta_1}(a) \cap N_{\delta_2}(b) \ne \varnothing$$

이면 임의의 $x \in N_{\delta_1}(a) \cap N_{\delta_2}(b)$에 대하여 적당한 $\delta > 0$가 존재하여

$$N_{\delta}(x) \subset N_{\delta_1}(a) \cap N_{\delta_2}(b)$$

임을 증명하여라.

수열의 극한

학 습 목 표

- $\epsilon - N$을 이용하여 엄밀하게 수열의 수렴성을 정의하는 방법을 이해하고 정의를 이용하여 수렴성을 증명하는 방법을 이해하고 수열이 수렴하지 않는 경우도 엄밀하게 증명할 수 있음을 학습한다.
- 수렴하는 수열들의 사칙연산을 엄밀하게 증명하는 방법을 알고 수렴하는 수열의 성질을 이해한다.
- 수학적 귀납법을 이용하여 유계인 단조수열의 수렴성을 검증한다.
- 유계인 수열에서 수렴하는 부분수열에 관련된 다양한 정리를 학습한다.
- 코시수열을 정의하고 코시수열과 수렴하는 수열의 관계를 이해한다.
- 수열이 무한대로 발산하는 경우에 대한 엄밀한 정의를 학습한다.

미리보기

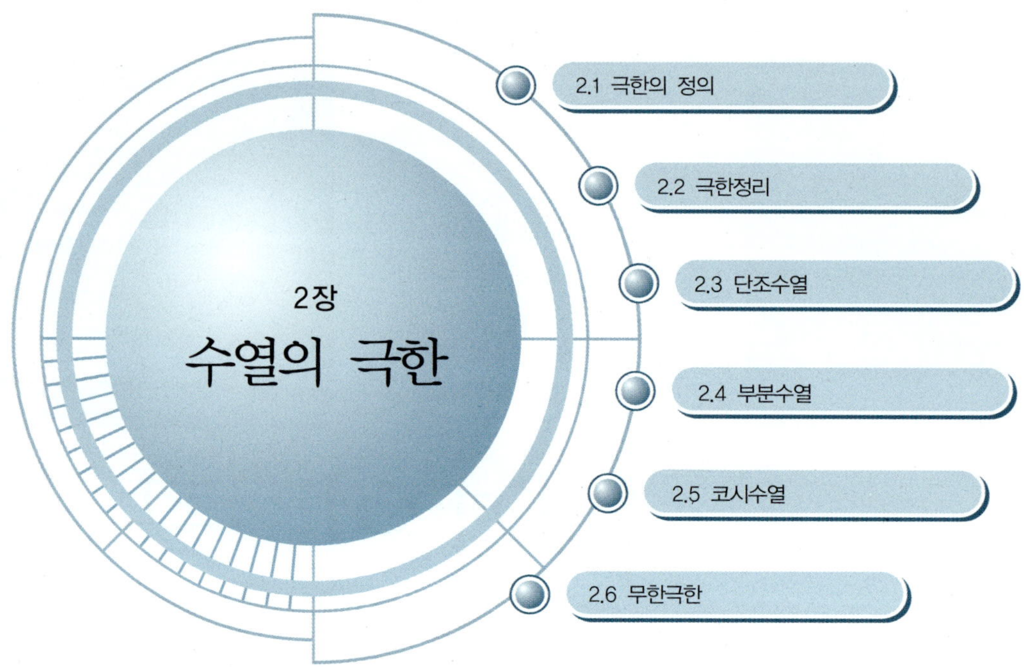

이 장에서는 수열의 수렴과 발산을 엄밀하게 증명하는 방법을 알아보기로 한다. $\epsilon - N$을 이용하여 수열의 수렴성을 엄밀하게 정의하고 이를 이용하여 수열이 수렴하지 않음도 증명할 수 있음을 보인다. 수렴하는 수열들의 사칙연산을 엄밀하게 증명하고 수렴하는 수열들이 갖고 있는 다양한 성질을 검증한다. 단조수열이 유계라는 조건을 갖는 경우 수학적 귀납법을 이용하여 증명하는 방법을 이해하고 유계인 수열에서 수렴하는 부분수열을 찾는 방법을 학습한다. 코시수열의 개념을 도입하고 이 개념이 수렴하는 수열과 동치임을 보인다. 수열의 극한이 무한대인 경우에도 엄밀한 수학적 정의가 가능함을 학습한다.

2.1 극한의 정의

이 절에서는 ϵ과 N을 이용하여 수열의 극한을 엄밀하게 정의하는 방법에 대하여 알아보기로 한다.

정의 1.1

$\mathbb{N}$에서 $\mathbb{R}$로의 함수

$$f : \mathbb{N} \to \mathbb{R}$$

를 **수열**(sequence)이라 하고 f를 $a_1,\ a_2,\ \cdots$ 또는 $\{a_n\}_{n=1}^{\infty}$ 또는 $\{a_n\}$으로 나타낸다. 이때 $f(m) = a_m$을 $\{a_n\}$의 m **번째 항**이라 한다.

예제 1.2 (1) $x \in \mathbb{R}$일 때 $\{x,\ x,\ x,\ \cdots\}$를 상수수열이라 한다.

(2) $a_1 = 1,\ a_2 = 2$이고 $n \in \mathbb{N}$에 대하여 $a_{n+2} = a_{n+1} + a_n$인 $\{a_n\}$을 **피보나치**(Fibonacci) **수열**이라 한다.

수열의 극한에 대한 엄밀한 정의는 다음과 같다.

정의 1.3

$a \in \mathbb{R}$이라 하자. 임의의 $\epsilon > 0$에 대하여 적당한 $N = N(\epsilon) \in \mathbb{N}$이 존재하여 $n \geq N$인 모든 자연수 n에 대하여

$$|a_n - a| < \epsilon$$

이 성립하면 $\{a_n\}$은 a로 **수렴한다**고 하고 이를 $\lim_{n \to \infty} a_n = a$로 나타낸다.

만일 $\{a_n\}$이 실수로 수렴하지 않으면 $\{a_n\}$은 **발산한다**고 한다.

정의 1.3에서 "$N = N(\epsilon)$"은 N의 값이 $\epsilon > 0$에 따라서 결정됨을 의미한다. 또한

"$n \geq N$"은 "$n > N$"으로 대체하여도 된다.

또한 정의 1.3으로부터 $\{a_n\}$이 a로 수렴한다면 $\{a_n\}$의 항들 중 유한개를 제외한 항들이 개구간 $(a-\epsilon,\ a+\epsilon)$에 속함을 의미한다.

예제 1.4 다음은 $\left\{\frac{1}{n}\right\}$의 그래프이다.

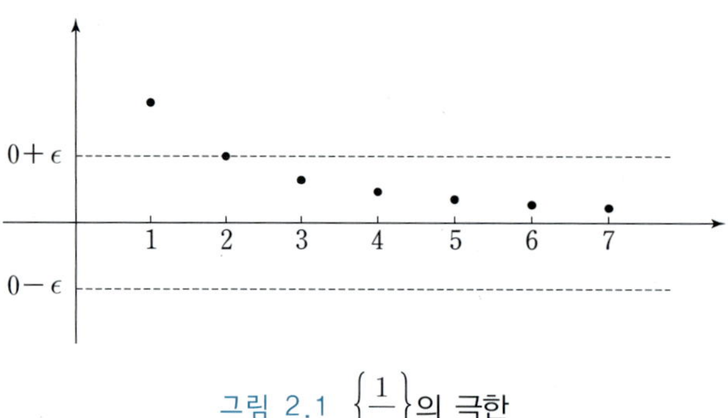

그림 2.1 $\left\{\frac{1}{n}\right\}$의 극한

이 그래프에서 알 수 있듯이 $\epsilon = \frac{1}{2}$이면 $n \geq 3$인 모든 자연수 n에 대하여 $x_n \in (0-\epsilon,\ 0+\epsilon)$이다. 또한 $\epsilon = \frac{1}{6}$이면 $n \geq 7$인 모든 자연수 n에 대하여 $x_n \in (0-\epsilon,\ 0+\epsilon)$이다. ■

이제 수열의 극한을 엄밀하게 증명하는 방법에 대하여 알아보기로 한다.

수열의 극한 증명방법 (I)

수열의 극한을 증명하고자 할 때 가장 중요한 것은 $n \geq N$인 모든 자연수 n에 대하여

$$|a_n - a| < \epsilon$$

이 성립하는 **$N \in \mathbb{N}$을 선택하는 것**이다. 이 N을 선택하려면 $|a_n - a|$를 정리하여

$$|a_n - a| \leq \frac{c}{n} \quad (\text{단, } c\text{는 양의 상수})$$

로 식을 유도하고 $n \geq N$일 때 $\frac{c}{n} \leq \frac{c}{N} < \epsilon$임을 이용하여 $N > \frac{c}{\epsilon}$인 $N \in \mathbb{N}$을 선택한다.

예제 1.5 $\lim_{n\to\infty}\frac{1}{n+2}=0$ 임을 증명하여라.

TIP

$$\left|\frac{1}{n+2}-0\right|=\frac{1}{n+2}<\frac{1}{n}$$

이므로 $\frac{1}{n}\le\frac{1}{N}<\epsilon$ 에서 $N>\frac{1}{\epsilon}$ 인 $N\in\mathbb{N}$을 선택한다.

증명 | 임의의 $\epsilon>0$ 에 대하여 $N>\frac{1}{\epsilon}$ 인 $N\in\mathbb{N}$ 을 선택한다. 그러면 $n\ge N$ 인 모든 자연수 n 에 대하여

$$\left|\frac{1}{n+2}-0\right|=\frac{1}{n+2}<\frac{1}{n}\le\frac{1}{N}<\epsilon$$

이므로 $\lim_{n\to\infty}\frac{1}{n+2}=0$ 이다. ■

예제 1.6 $\lim_{n\to\infty}\frac{3}{n^2+4}=0$ 임을 증명하여라.

TIP

$$\left|\frac{3}{n^2+4}-0\right|=\frac{3}{n^2+4}<\frac{3}{n^2}\le\frac{3}{n}$$

이므로 $\frac{3}{n}\le\frac{3}{N}<\epsilon$ 에서 $N>\frac{3}{\epsilon}$ 인 $N\in\mathbb{N}$을 선택한다.

증명 | 임의의 $\epsilon>0$에 대하여 $N>\frac{3}{\epsilon}$ 인 $N\in\mathbb{N}$ 을 선택한다. 그러면 $n\ge N$인 모든 자연수 n 에 대하여

$$\left|\frac{3}{n^2+4}-0\right|=\frac{3}{n^2+4}<\frac{3}{n^2}\le\frac{3}{n}\le\frac{3}{N}<\epsilon$$

이므로 $\lim_{n\to\infty}\frac{3}{n^2+4}=0$이다. ■

예제 1.7 $\lim_{n\to\infty}\frac{n+3}{2n+1}=\frac{1}{2}$ 임을 증명하여라.

TIP

$$\left|\frac{n+3}{2n+1}-\frac{1}{2}\right|=\left|\frac{5}{2(2n+1)}\right|<\frac{5}{2\cdot 2n}=\frac{5}{4n}$$

이므로 $\frac{5}{4n} \le \frac{5}{4N} < \epsilon$에서 $N > \frac{5}{4\epsilon}$인 $N \in \mathbb{N}$을 선택한다.

증명 | 임의의 $\epsilon > 0$에 대하여 $N > \frac{5}{4\epsilon}$인 $N \in \mathbb{N}$을 선택한다. 그러면 $n \ge N$인 모든 자연수 n에 대하여

$$\left|\frac{n+3}{2n+1}-\frac{1}{2}\right|=\left|\frac{5}{2(2n+1)}\right|<\frac{5}{2\cdot 2n}=\frac{5}{4n}\le\frac{5}{4N}<\epsilon$$

이므로 $\lim_{n\to\infty}\frac{n+3}{2n+1}=\frac{1}{2}$이다. ■

수열의 극한을 증명하는 과정에서 $|a_n - a|$를 정리하였을 때

$$|a_n - a| \le \frac{c}{n} \quad (\text{단, } c\text{는 양의 상수})$$

로 식이 유도되지 않는 경우도 있다. 이러한 경우 다음 방법을 적용한다.

수열의 극한 증명방법 (II)

수열의 극한을 증명할 때 $|a_n - a|$를 정리한 결과가 $|a_n - a| < \frac{c}{n-1}$인 경우이거나 $|a_n - a| < \frac{c}{\sqrt{n}}$인 경우 다음과 같이 $N \in \mathbb{N}$을 선택한다.

(1) $|a_n - a| < \frac{c}{n-1}$인 경우

$\frac{c}{n-1} \le \frac{c}{N-1} < \epsilon$이 성립함을 이용하여 $N > \frac{c}{\epsilon}+1$인 $N \in \mathbb{N}$을 선택한다.

(2) $|a_n - a| < \frac{c}{\sqrt{n}}$인 경우

$\frac{c}{\sqrt{n}} \le \frac{c}{\sqrt{N}} < \epsilon$이 성립함을 이용하여 $N > \frac{c^2}{\epsilon^2}$인 $N \in \mathbb{N}$을 선택한다.

예제 1.8 $\lim_{n\to\infty}\frac{2n}{n-1}=2$임을 증명하여라.

TIP

$$\left|\frac{2n}{n-1}-2\right|=\left|\frac{2}{n-1}\right|=\frac{2}{n-1}$$

이므로 $\dfrac{2}{n-1}\le\dfrac{2}{N-1}<\epsilon$ 에서 $N>\dfrac{2+\epsilon}{\epsilon}=\dfrac{2}{\epsilon}+1$ 인 $N\in\mathbb{N}$을 선택한다.

증명 | 임의의 $\epsilon>0$에 대하여 $N>\dfrac{2}{\epsilon}+1$ 인 $N\in\mathbb{N}$을 선택한다. 그러면 $n\ge N$인 모든 자연수 n에 대하여

$$\left|\frac{2n}{n-1}-2\right|=\left|\frac{2}{n-1}\right|=\frac{2}{n-1}\le\frac{2}{N-1}<\epsilon$$

이므로 $\displaystyle\lim_{n\to\infty}\frac{2n}{n-1}=2$이다. ■

예제 1.9 $\displaystyle\lim_{n\to\infty}(\sqrt{n+1}-\sqrt{n})=0$ 임을 증명하여라.

TIP

$$|\sqrt{n+1}-\sqrt{n}|=\frac{1}{\sqrt{n+1}+\sqrt{n}}<\frac{1}{\sqrt{n}}$$

이므로 $\dfrac{1}{\sqrt{n}}\le\dfrac{1}{\sqrt{N}}<\epsilon$ 에서 $N>\dfrac{1}{\epsilon^2}$ 인 $N\in\mathbb{N}$을 선택한다.

증명 | 임의의 $\epsilon>0$에 대하여 $N>\dfrac{1}{\epsilon^2}$ 인 $N\in\mathbb{N}$을 선택한다. 그러면 $n\ge N$인 모든 자연수 n에 대하여

$$|\sqrt{n+1}-\sqrt{n}|=\frac{1}{\sqrt{n+1}+\sqrt{n}}<\frac{1}{\sqrt{n}}\le\frac{1}{\sqrt{N}}<\epsilon$$

이므로 $\displaystyle\lim_{n\to\infty}(\sqrt{n+1}-\sqrt{n})=0$이다. ■

수열의 극한에 관련된 증명문제들은 증명방법 (I) 또는 증명방법 (II)를 이용하여 대부분 증명이 가능하지만 이러한 방법들로 증명하기 어려운 수열의 극한 증명문제도 존재한다.

다음의 예는 극한의 존재성을 증명하기 위하여 N의 값을 두 수 중 큰 값으로 선택하는 경우도 있음을 보여준다.

예제 1.10 $\displaystyle\lim_{n\to\infty}\frac{1}{2n^3-n-15}=0$임을 증명하여라.

TIP

$$\left|\frac{1}{2n^3-n-15}-0\right|=\left|\frac{1}{2n^3-n-15}\right|$$

에서 $2n^3-n-15$의 값은 n에 따라서 양의 값과 음의 값을 갖는다. 수학적 귀납법에 의하여 $n\geq 3$일 때 $n^3-n-15>0$이므로 $n\geq 3$인 자연수 n에 대하여

$$\left|\frac{1}{2n^3-n-15}\right|=\left|\frac{1}{n^3+(n^3-n-15)}\right|=\frac{1}{n^3+(n^3-n-15)}<\frac{1}{n^3}\leq\frac{1}{n}$$

이다. 따라서 $\frac{1}{n}\leq\frac{1}{N}<\epsilon$에서 $N>\frac{1}{\epsilon}$인 $N\in\mathbb{N}$을 선택한다.

이 결과는 $n\geq 3$일 때에만 얻을 수 있기 때문에 $N>\max\left\{3,\ \frac{1}{\epsilon}\right\}$인 $N\in\mathbb{N}$을 최종적으로 선택한다.

증명 | 임의의 $\epsilon>0$에 대하여 $N>\max\left\{3,\ \frac{1}{\epsilon}\right\}$인 $N\in\mathbb{N}$을 선택한다. 그러면 $n\geq N$인 모든 자연수 n에 대하여

$$\begin{aligned}\left|\frac{1}{2n^3-n-15}\right|=\left|\frac{1}{n^3+(n^3-n-15)}\right|&=\frac{1}{n^3+(n^3-n-15)}\\&<\frac{1}{n^3}<\frac{1}{n}\leq\frac{1}{N}\qquad(n\geq 3\text{이므로})\\&<\epsilon\qquad\left(n\geq N>\frac{1}{\epsilon}\text{이므로}\right)\end{aligned}$$

이므로 $\displaystyle\lim_{n\to\infty}\frac{1}{2n^3-n-15}=0$이다. ■

경우에 따라서는 극한의 존재성을 증명하기 위한 $N\in\mathbb{N}$의 값을 매우 복잡하게 선택할 수도 있다.

예제 1.11 $\displaystyle\lim_{n\to\infty}\frac{n^2+2}{4n^2-3}=\frac{1}{4}$임을 증명하여라.

$$\left|\frac{n^2+2}{4n^2-3}-\frac{1}{4}\right|=\left|\frac{11}{4(4n^2-3)}\right|<\epsilon$$

이 성립하려면 $\frac{11}{4\epsilon}<4n^2-3$이어야 하고 이를 정리하면 $\sqrt{\frac{1}{4}\left(\frac{11}{4\epsilon}+3\right)}<n$이다. 따라서

$\sqrt{\frac{1}{4}\left(\frac{11}{4\epsilon}+3\right)} < N$인 $N \in \mathbb{N}$을 선택한다.

증명 | 임의의 $\epsilon > 0$에 대하여 $\sqrt{\frac{1}{4}\left(\frac{11}{4\epsilon}+3\right)} < N$인 $N \in \mathbb{N}$을 선택한다. 그러면 $n \geq N$인 모든 자연수 n에 대하여

$$\left|\frac{n^2+2}{4n^2-3} - \frac{1}{4}\right| = \left|\frac{11}{4(4n^2-3)}\right| \leq \frac{11}{4(4N^2-3)} < \epsilon$$

이므로 $\lim_{n\to\infty} \frac{n^2+2}{4n^2-3} = \frac{1}{4}$ 이다. ■

모든 수열의 극한이 항상 존재하는 것은 아니다. $\{a_n\}$이 a로 수렴하지 않는다는 것은 다음과 같이 극한의 존재를 부정하여 엄밀하게 정의할 수 있다.

정의 1.12

만일 적당한 $\epsilon_0 > 0$와 모든 $N \in \mathbb{N}$에 대하여 $n \geq N$인 적당한 자연수 n이 존재하여

$$|a_n - a| \geq \epsilon_0$$

이면 $\{a_n\}$은 a로 **수렴하지 않는다**고 하고 $\lim_{n\to\infty} a_n \neq a$로 나타낸다.

예제 1.13 $\lim_{n\to\infty} (-1)^n$은 존재하지 않음을 증명하여라.

TIP 다음의 두 가지 방법으로 증명할 수 있다.
(방법 1) 극한이 존재한다고 가정하였을 때 $2 < 1$인 결과를 유도하여 가정이 잘못되었음을 증명한다.
(방법 2) 극한이 존재한다고 가정하였을 때 극한이 존재할 수 있는 영역이 없음을 증명한다.

증명 1 | $a \in \mathbb{R}$에 대하여 $\lim_{n\to\infty} (-1)^n = a$라 가정하면 $\epsilon_0 = \frac{1}{2} > 0$에 대하여 적당한 $N \in \mathbb{N}$이 존재하여 $n \geq N$인 모든 자연수 n에 대하여

$$|(-1)^n - a| < \epsilon_0$$

이다. 그런데 삼각부등식에 의하여

$$2 = |(-1)^N - (-1)^{N+1}| \le |(-1)^N - a| + |a - (-1)^{N+1}| < \epsilon_0 + \epsilon_0 = 1$$

이므로 모순이다. 따라서 $\lim_{n\to\infty} (-1)^n$ 은 존재하지 않는다. □

증명 2| $\{(-1)^n\}$ 의 극한이 존재한다고 가정하고 그 극한값을 a 라 하자.
$\epsilon = 1 > 0$ 일 때 적당한 $N \in \mathbb{N}$ 이 존재하여 $n \ge N$ 인 모든 자연수 n 에 대하여

$$|(-1)^n - a| < 1 \tag{1}$$

이다.
$n \ge N$ 인 자연수 중에서 짝수인 자연수 n 을 선택하면 (1)의 식은 $|1 - a| < 1$ 이므로 이를 정리하면 $0 < a < 2$ 이다. (2)
$n \ge N$ 인 자연수 중에서 홀수인 자연수 n 을 선택하면 (1)의 식은 $|-1 - a| < 1$ 이므로 이를 정리하면 $-2 < a < 0$ 이다. (3)
(2)와 (3)으로부터 얻은 두 개의 부등식 $0 < a < 2$ 와 $-2 < a < 0$ 을 동시에 만족하는 a 는 존재하지 않는다.
그러므로 $\lim_{n\to\infty} (-1)^n$ 은 존재하지 않는다. ■

[증명 2]에서 ϵ 의 값을 1보다 작은 다른 양수로 선택하여도 같은 방식으로 증명을 할 수 있지만 ϵ 의 값을 1보다 큰 양수로 선택하면 모순을 유도할 수 없다.

수열이 수렴하지 않음을 정의를 사용하여 증명하는 것은 쉽지 않다. 4절에서 부분수열을 학습하면 좀 더 일반적인 방법으로 수열이 수렴하지 않음을 증명할 수 있다.

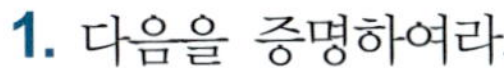

2.1 연습문제

1. 다음을 증명하여라.

(1) $\lim_{n\to\infty} \dfrac{2n}{n+2} = 2$

(2) $\lim_{n\to\infty} \dfrac{2\sqrt{n}}{n+3} = 0$

(3) $\lim_{n\to\infty} \dfrac{2n+3}{4n-1} = \dfrac{1}{2}$

(4) $\lim_{n\to\infty} \dfrac{-n^2}{3n^2+1} = -\dfrac{1}{3}$

(5) $\lim_{n\to\infty} \dfrac{\sin n}{n+3} = 0$

(6) $\lim_{n\to\infty} \dfrac{\cos n}{2n-5} = 0$

(7) $\lim_{n\to\infty} \dfrac{n-(-1)^n}{n} = 1$

(8) $\lim_{n\to\infty} \dfrac{2n+(-1)^n}{3n} = \dfrac{2}{3}$

2. $\lim_{n\to\infty} \dfrac{2n^3+1}{n^3+2n^2} = 2$임을 증명하여라.

3. $\lim_{n\to\infty} (\sqrt{3n+2} - \sqrt{3n+1}) = 0$임을 증명하여라.

4. $\lim_{n\to\infty} n\left(\sqrt{1+\dfrac{1}{n}} - 1\right) = \dfrac{1}{2}$임을 증명하여라.

5. $\lim_{n\to\infty} \dfrac{n^5-3n^4-9n^2-1}{7n^6+5n^4+3n^3+11} = 0$임을 증명하여라.

6. $\lim_{n\to\infty} \dfrac{2n^4-3}{3n^4-2} = \dfrac{2}{3}$임을 증명하여라.

7. $\lim_{n\to\infty} \dfrac{1}{2n^3-n-163} = 0$임을 증명하여라.

8. 다음 극한을 증명하여라.

(1) $\lim_{n\to\infty} \dfrac{1}{n^5+2n-17} = 0$

(2) $\lim_{n\to\infty} \dfrac{1}{n^5-2n-17} = 0$

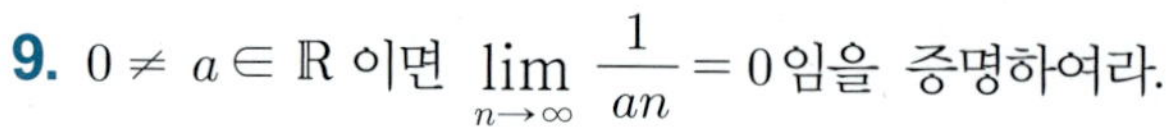

9. $0 \neq a \in \mathbb{R}$ 이면 $\lim_{n \to \infty} \frac{1}{an} = 0$ 임을 증명하여라.

10. $b \in \mathbb{R}$ 이면 $\lim_{n \to \infty} \frac{1}{b+n} = 0$ 임을 증명하여라.

11. 다음을 증명하여라.

(1) $\lim_{n \to \infty} a_n = a$ 이면 $\lim_{n \to \infty} a_{n+1} = a$ 이다.

(2) $k \in \mathbb{N}$ 이고 $\lim_{n \to \infty} a_n = a$ 이면 $\lim_{n \to \infty} a_{n+k} = a$ 이다.

12. $a > 1$ 인 상수이면 $\lim_{n \to \infty} \frac{1}{a^n} = 0$ 임을 증명하여라.

13. $\lim_{n \to \infty} \cos \frac{n\pi}{2}$ 가 존재하지 않음을 증명하여라.

14. $\lim_{n \to \infty} (1 - (-1)^n)$ 은 존재하지 않음을 증명하여라.

15. $\lim_{n \to \infty} \sin n$ 은 존재하지 않음을 증명하여라.

16. (1) $\lim_{n \to \infty} a_n = 0$ 이기 위한 필요충분조건이 $\lim_{n \to \infty} |a_n| = 0$ 임을 증명하여라.

(2) $0 \neq a \in \mathbb{R}$ 일 때 $\lim_{n \to \infty} a_n = a$ 이기 위한 필요충분조건은 $\lim_{n \to \infty} |a_n| = |a|$ 인가?

17. $[\ \cdot\ ]$ 가 가우스 함수일 때

(1) $\lim_{n \to \infty} a_n = a$ 이면 $\lim_{n \to \infty} [a_n] = [a]$ 가 성립하는가?

(2) $\lim_{n \to \infty} [a_n] = [a]$ 이면 $\lim_{n \to \infty} a_n = a$ 가 성립하는가?

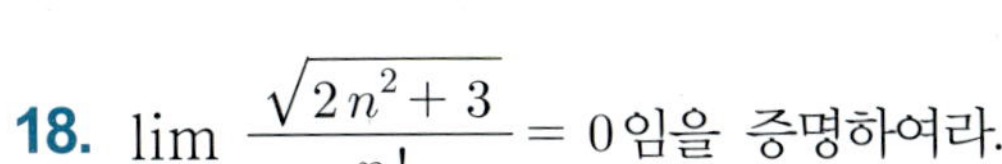

18. $\lim_{n \to \infty} \frac{\sqrt{2n^2+3}}{n!} = 0$임을 증명하여라.

19. 모든 $n \in \mathbb{N}$에 대하여 $\frac{1}{3} \leq |a_n - a_{n+1}|$이면 $\{a_n\}$은 발산함을 증명하여라.

20. $\lim_{n \to \infty} x_n = \sqrt{3}$이면 적당한 $N \in \mathbb{N}$이 존재하여 $n \geq N$인 모든 자연수 n에 대하여

$$x_n < 1.8$$

임을 증명하여라.

21. $\lim_{n \to \infty} y_n = \pi$이면 적당한 $N \in \mathbb{N}$이 존재하여 $n \geq N$인 모든 자연수 n에 대하여

$$3 < y_n$$

임을 증명하여라.

22. $\lim_{n \to \infty} a_n = 2$이면 적당한 $N \in \mathbb{N}$이 존재하여 $n \geq N$인 모든 자연수 n에 대하여

$$\frac{7}{4} < a_n < \frac{9}{4}$$

임을 증명하여라.

23. 모든 $n \in \mathbb{N}$에 대하여 $0 < 4 - 3a_n < \frac{5}{n}$이면 $\lim_{n \to \infty} a_n = \frac{4}{3}$임을 증명하여라.

2.2 극한정리

이 절에서는 수열의 극한과 관련된 다양한 정리를 알아보고자 한다.

정리 2.1

$\{a_n\}$이 수렴하면 그 극한은 유일하다.

$\lim_{n\to\infty} a_n = a$이고 $\lim_{n\to\infty} a_n = b$라 할 때 임의의 $\epsilon > 0$에 대하여

$$|a-b| < \epsilon$$

임을 보임으로써 $a=b$임을 증명한다.

증명 | $\lim_{n\to\infty} a_n = a$이고 $\lim_{n\to\infty} a_n = b$라 하자.

임의의 $\epsilon > 0$에 대하여 $\lim_{n\to\infty} a_n = a$이므로 적당한 $N_1 \in \mathbb{N}$이 존재하여 $n \geq N_1$인 모든 자연수 n에 대하여

$$|a_n - a| < \frac{\epsilon}{2}$$

이 성립한다. 또한 $\lim_{n\to\infty} a_n = b$이므로 적당한 $N_2 \in \mathbb{N}$가 존재하여 $n \geq N_2$인 모든 자연수 n에 대하여

$$|a_n - b| < \frac{\epsilon}{2}$$

이 성립한다. 이제 $N = \max\{N_1, N_2\}$라 하면 $n \geq N$인 모든 자연수 n에 대하여

$$\begin{aligned} |a-b| = |a - a_n + a_n - b| &\leq |a_n - a| + |a_n - b| \\ &< \frac{\epsilon}{2} + \frac{\epsilon}{2} \\ &< \epsilon \end{aligned}$$

이고 $\epsilon > 0$ 은 임의의 양수이므로 $a = b$ 이다. ■

이제 극한을 갖는 두 수열의 합, 차, 곱, 나눗셈에 대하여 알아보기로 한다.

정리 2.2

$\lim_{n\to\infty} a_n = a$ 이고 $\lim_{n\to\infty} b_n = b$ 이면 $\lim_{n\to\infty}(a_n + b_n) = a + b$ 이다.

삼각부등식에 의하여

$$|(a_n + b_n) - (a+b)| \le |a_n - a| + |b_n - b|$$

임을 이용하여 증명한다.

증명 | 임의의 $\epsilon > 0$ 에 대하여 $\lim_{n\to\infty} a_n = a$ 이므로 적당한 $N_1 \in \mathbb{N}$ 이 존재하여 $n \ge N_1$ 인 모든 자연수 n 에 대하여

$$|a_n - a| < \frac{\epsilon}{2}$$

이 성립한다. 또한 $\lim_{n\to\infty} b_n = b$ 이므로 적당한 $N_2 \in \mathbb{N}$ 가 존재하여 $n \ge N_2$ 인 모든 자연수 n 에 대하여

$$|b_n - b| < \frac{\epsilon}{2}$$

이 성립한다. 이제 $N = \max\{N_1, N_2\}$ 라 하면 $n \ge N$ 인 모든 자연수 n 에 대하여

$$\begin{aligned} |(a_n + b_n) - (a+b)| &\le |a_n - a| + |b_n - b| \\ &< \frac{\epsilon}{2} + \frac{\epsilon}{2} = \epsilon \end{aligned}$$

이므로 $\lim_{n\to\infty}(a_n + b_n) = a + b$ 이다. ■

정리 2.3

$\lim_{n\to\infty} a_n = a$ 이고 $\lim_{n\to\infty} b_n = b$ 이면 $\lim_{n\to\infty}(a_n - b_n) = a - b$ 이다.

TIP 삼각부등식에 의하여

$$|(a_n - b_n) - (a - b)| \leq |a_n - a| + |b_n - b|$$

임을 이용하여 증명한다.

증명 | 이 정리의 증명은 연습문제로 한다. ■

극한을 갖는 수열의 곱에 관한 정리를 유도하기 위하여 다음을 정의한다.

정의 2.4

적당한 상수 $M > 0$이 존재하여 모든 $n \in \mathbb{N}$에 대하여

$$|a_n| \leq M$$

이면 $\{a_n\}$을 **유계**(bounded)인 수열이라 한다.

정리 2.5

$\{a_n\}$의 극한이 존재하면 $\{a_n\}$은 유계이다.

극한의 성질을 이용하여 N번째 이후 항들의 상계를 찾고 이 값과 N번째 이전의 항들의 절댓값 중에서 가장 큰 값을 찾아야 한다. 이를 위하여 $\epsilon > 0$을 임의의 값으로 선택하는 대신에 $\epsilon = 1 > 0$로 한다.

증명 | $\{a_n\}$의 극한을 a라 하자.

$\epsilon = 1 > 0$에 대하여 $\lim_{n\to\infty} a_n = a$이므로 적당한 $N \in \mathbb{N}$이 존재하여 $n \geq N$인 모든 자연수 n에 대하여

$$|a_n - a| < \epsilon = 1$$

이 성립한다. 삼각부등식을 이용하면 $n \geq N$인 모든 자연수 n에 대하여

$$|a_n| - |a| \leq |a_n - a| < 1$$

이고 이를 정리하면

$$|a_n| < |a| + 1$$

이다. 이제

$$M = \max\{|a_1|, |a_2|, \cdots, |a_{N-1}|, |a| + 1\}$$

이라 하면 모든 $n \in \mathbb{N}$ 에 대하여 $|a_n| \le M$이므로 $\{a_n\}$은 유계이다. ■

정리 2.5의 역은 성립하지 않는다. 예를 들어 $\{(-1)^n\}$은 유계이지만 예제 1.13에서 증명한 바와 같이 극한이 존재하지 않는다.

정리 2.6

$\lim_{n\to\infty} a_n = a$ 이고 $\lim_{n\to\infty} b_n = b$ 이면 $\lim_{n\to\infty} a_n b_n = ab$ 이다.

TIP 수렴하는 수열은 유계이므로 적당한 $M > 0$ 이 존재하여 모든 $n \in \mathbb{N}$ 에 대하여 $|a_n| \le M$이고 삼각부등식에 의하여

$$\begin{aligned} |a_n b_n - ab| &\le |a_n b_n - a_n b| + |a_n b - ab| \\ &\le |a_n||b_n - b| + |b||a_n - a| \\ &\le M|b_n - b| + |b||a_n - a| \end{aligned}$$

임을 이용하여 증명한다.

증명 | $\lim_{n\to\infty} a_n = a$이므로 정리 2.5에 의하여 적당한 $M > 0$이 존재하여 모든 $n \in \mathbb{N}$ 에 대하여

$$|a_n| \le M$$

이 성립한다.

임의의 $\epsilon > 0$에 대하여 $\lim_{n\to\infty} a_n = a$이므로 적당한 $N_1 \in \mathbb{N}$ 이 존재하여 $n \ge N_1$인 모든 자연수 n에 대하여

$$|a_n - a| < \frac{\epsilon}{2(|b| + 1)}$$

이 성립한다. 또한 $\lim_{n\to\infty} b_n = b$ 이므로 적당한 $N_2 \in \mathbb{N}$ 가 존재하여 $n \ge N_2$인

모든 자연수 n 에 대하여

$$|b_n - b| < \frac{\epsilon}{2M}$$

이 성립한다. 이제 $N = \max\{N_1, N_2\}$ 라 하면 $n \ge N$ 인 모든 자연수 n 에 대하여

$$\begin{aligned} |a_n b_n - ab| &\le |a_n b_n - a_n b| + |a_n b - ab| \\ &\le |a_n||b_n - b| + |b||a_n - a| \\ &\le M|b_n - b| + |b||a_n - a| \\ &\le M\frac{\epsilon}{2M} + |b|\frac{\epsilon}{2(|b|+1)} \\ &< \frac{\epsilon}{2} + \frac{\epsilon}{2} = \epsilon \end{aligned}$$

이므로 $\lim_{n\to\infty} a_n b_n = ab$이다. ■

이 증명에서 $|a_n - a| < \frac{\epsilon}{2|b|}$ 대신에 $|a_n - a| < \frac{\epsilon}{2(|b|+1)}$이 되도록 한 이유는 $|b|$의 값이 0이 될 수 있기 때문이다.

예제 2.7 $\lim_{n\to\infty} a_n = 1$이면 $\lim_{n\to\infty} a_n^2 = 1$임을 증명하여라.

TIP $\lim_{n\to\infty} a_n = 1$이므로 $\{a_n\}$은 유계이다. 따라서 적당한 상수 $M > 0$이 존재하여 모든 $n \in \mathbb{N}$에 대하여 $|a_n| \le M$이고

$$|a_n^2 - 1| = |a_n + 1||a_n - 1| \le (M+1)|a_n - 1| < (M+1)\cdot\frac{\epsilon}{M+1} = \epsilon$$

의 관계를 이용하여 증명한다.

증명 | $\lim_{n\to\infty} a_n = 1$이므로 적당한 $M > 0$이 존재하여 모든 $n \in \mathbb{N}$에 대하여

$$|a_n| \le M$$

이 성립한다.

임의의 $\epsilon > 0$에 대하여 $\lim_{n\to\infty} a_n = 1$이므로 적당한 $N \in \mathbb{N}$이 존재하여 $n \ge N$인

모든 자연수 n에 대하여

$$|a_n - 1| < \frac{\epsilon}{M+1}$$

이 성립한다. 따라서 $n \geq N$인 모든 자연수 n에 대하여

$$|a_n^2 - 1| = |a_n + 1||a_n - 1| \leq (M+1)|a_n - 1| < (M+1) \cdot \frac{\epsilon}{M+1} = \epsilon$$

이므로 $\lim_{n\to\infty} a_n^2 = 1$이다. ■

극한을 갖는 수열의 나눗셈에 대한 정리를 증명하기 위하여 보조정리 2.8과 보조정리 2.9를 증명한다.

보조정리 2.8

$a \neq 0$이고 $\lim_{n\to\infty} a_n = a$이면 적당한 $N \in \mathbb{N}$이 존재하여 $n \geq N$인 모든 자연수 n에 대하여

$$\frac{1}{2}|a| < |a_n|$$

이다.

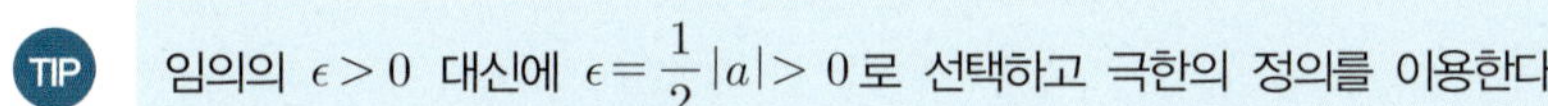

TIP 임의의 $\epsilon > 0$ 대신에 $\epsilon = \frac{1}{2}|a| > 0$로 선택하고 극한의 정의를 이용한다.

증명 | $\epsilon = \frac{1}{2}|a| > 0$에 대하여 $\lim_{n\to\infty} a_n = a$이므로 적당한 $N \in \mathbb{N}$이 존재하여 $n \geq N$인 모든 자연수 n에 대하여

$$|a_n - a| < \frac{1}{2}|a|$$

이 성립한다. 삼각부등식에 의하여

$$|a| - |a_n| \leq |a_n - a| < \frac{1}{2}|a|$$

이므로 $n \geq N$인 모든 자연수 n에 대하여

$$\frac{1}{2}|a| < |a_n|$$

이다. ■

보조정리 2.9

모든 $n \in \mathbb{N}$에 대하여 $a_n \neq 0$이고 $a \neq 0$이며 $\lim_{n\to\infty} a_n = a$ 이면

$$\lim_{n\to\infty} \frac{1}{a_n} = \frac{1}{a}$$

이다.

TIP 보조정리 2.8에 의하여

$$\left|\frac{1}{a_n} - \frac{1}{a}\right| = \left|\frac{a_n - a}{a_n a}\right| = \frac{1}{|a_n||a|}|a_n - a| \leq \frac{2}{|a|^2}|a_n - a|$$

임을 이용한다.

증명 | 임의의 $\epsilon > 0$ 에 대하여 $\lim_{n\to\infty} a_n = a$ 이고 $a \neq 0$ 이므로 보조정리 2.8에 의하여 적당한 $N_1 \in \mathbb{N}$ 이 존재하여 $n \geq N_1$ 인 모든 자연수 n 에 대하여

$$\frac{1}{2}|a| < |a_n|$$

이 성립한다. 또한 $\lim_{n\to\infty} a_n = a$ 이고 $a \neq 0$ 이므로 적당한 $N_2 \in \mathbb{N}$ 가 존재하여 $n \geq N_2$인 모든 자연수 n 에 대하여

$$|a_n - a| < \frac{|a|^2}{2}\epsilon$$

이 성립한다. 이제 $N = \max\{N_1, N_2\}$ 라 하면 $n \geq N$인 모든 자연수 n 에 대하여

$$\begin{aligned}\left|\frac{1}{a_n} - \frac{1}{a}\right| = \left|\frac{a_n - a}{a_n a}\right| = \frac{1}{|a_n||a|}|a_n - a| &\leq \frac{2}{|a|^2}|a_n - a| \quad (n \geq N_1 \text{ 이므로}) \\ &< \frac{2}{|a|^2} \cdot \frac{|a|^2}{2}\epsilon \quad (n \geq N_2 \text{이므로}) \\ &= \epsilon\end{aligned}$$

이므로 $\lim_{n\to\infty}\frac{1}{a_n}=\frac{1}{a}$이다. ■

$a_n \neq 0$일 때 $\frac{b_n}{a_n}=b_n\cdot\frac{1}{a_n}$이므로 정리 2.6과 보조정리 2.9를 이용하여 다음 결과를 얻을 수 있다.

정리 2.10

$0\neq a\in\mathbb{R}$ 이고 모든 $n\in\mathbb{N}$에 대하여 $a_n\neq 0$ 이고 $\lim_{n\to\infty}a_n=a$, $\lim_{n\to\infty}b_n=b$ 이면

$$\lim_{n\to\infty}\frac{b_n}{a_n}=\frac{b}{a}$$

이다.

예제 2.11 다음 극한을 구하여라.

(1) $\lim_{n\to\infty}\frac{3n-2}{4n+5}$ (2) $\lim_{n\to\infty}\frac{4n+3}{3n^2-2n+1}$

풀이| (1) $\lim_{n\to\infty}\frac{3n-2}{4n+5}=\lim_{n\to\infty}\frac{3-\frac{2}{n}}{4+\frac{5}{n}}$이다. $\lim_{n\to\infty}\left(3-\frac{2}{n}\right)=3$이고 $\lim_{n\to\infty}\left(4+\frac{5}{n}\right)=4$

이므로 정리 2.10에 의하여 $\lim_{n\to\infty}\frac{3n-2}{4n+5}=\frac{3}{4}$이다.

(2) $\lim_{n\to\infty}\frac{4n+3}{3n^2-2n+1}=\lim_{n\to\infty}\frac{\frac{4}{n}+\frac{3}{n^2}}{3-\frac{2}{n}+\frac{1}{n^2}}$이다. $\lim_{n\to\infty}\left(\frac{4}{n}+\frac{3}{n^2}\right)=0$이고

$\lim_{n\to\infty}\left(3-\frac{2}{n}+\frac{1}{n^2}\right)=3$이므로 정리 2.10에 의하여

$\lim_{n\to\infty}\frac{4n+3}{3n^2-2n+1}=0$이다. ■

정리 2.12

$a, b \in \mathbb{R}$ 일 때 $\lim_{n\to\infty} a_n = a$ 이고 모든 $n \in \mathbb{N}$ 에 대하여 $b \leq a_n$ 이면 $b \leq a$ 이다.

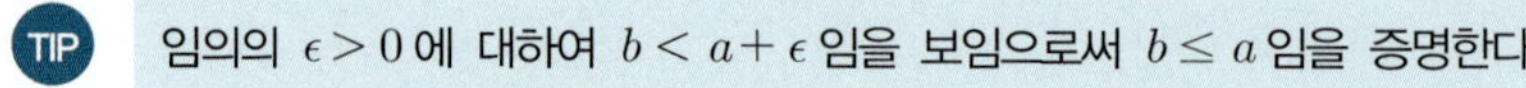

TIP 임의의 $\epsilon > 0$ 에 대하여 $b < a + \epsilon$ 임을 보임으로써 $b \leq a$ 임을 증명한다.

증명 | 임의의 $\epsilon > 0$ 에 대하여 $\lim_{n\to\infty} a_n = a$ 이므로 적당한 $N \in \mathbb{N}$ 이 존재하여 $n \geq N$ 인 모든 자연수 n 에 대하여

$$a - \epsilon < a_n < a + \epsilon$$

이 성립한다. 임의의 $n \in \mathbb{N}$ 에 대하여 $a_n \geq b$ 이므로 $n \geq N$ 인 모든 자연수 n 에 대하여

$$b \leq a_n < a + \epsilon$$

이고 따라서 $b < a + \epsilon$ 이다. $\epsilon > 0$ 은 임의의 양수이므로 $b \leq a$ 이다. ■

같은 방법으로 $\lim_{n\to\infty} a_n = a$ 이고 임의의 $n \in \mathbb{N}$ 에 대하여 $a_n \leq b$ 이면 $a \leq b$ 이다.

정리 2.13 압착정리 (squeezing theorem)

$L \in \mathbb{R}$ 일 때 모든 $n \in \mathbb{N}$ 에 대하여 $a_n \leq b_n \leq c_n$ 이고 $\lim_{n\to\infty} a_n = \lim_{n\to\infty} c_n = L$ 이면

$$\lim_{n\to\infty} b_n = L$$

이다.

TIP

$$-\epsilon < a_n - L \leq b_n - L \leq c_n - L < \epsilon$$

을 유도하여 $|b_n - L| < \epsilon$ 임을 증명한다.

증명 | 임의의 $\epsilon > 0$ 에 대하여 $\lim_{n\to\infty} a_n = L$ 이므로 적당한 $N_1 \in \mathbb{N}$ 이 존재하여 $n \geq N_1$ 인 모든 자연수 n 에 대하여

$$|a_n - L| < \epsilon$$

이 성립한다. 이 부등식을 정리하면 $n \geq N_1$ 인 모든 자연수 n에 대하여

$$-\epsilon < a_n - L \tag{1}$$

이다. $\lim_{n\to\infty} c_n = L$ 이므로 적당한 $N_2 \in \mathbb{N}$ 가 존재하여 $n \geq N_2$ 인 모든 자연수 n에 대하여

$$|c_n - L| < \epsilon$$

이 성립한다. 이 부등식을 정리하면 $n \geq N_2$ 인 모든 자연수 n 에 대하여

$$c_n - L < \epsilon \tag{2}$$

이다. 이제 $N = \max\{N_1, N_2\}$ 라 하면 $n \geq N$ 인 모든 자연수 n 에 대하여 (1)과 (2)에 의하여

$$-\epsilon < a_n - L \leq b_n - L \leq c_n - L < \epsilon$$

이고 이를 정리하면 $n \geq N$ 인 모든 자연수 n 에 대하여

$$|b_n - L| < \epsilon$$

이므로 $\lim_{n\to\infty} b_n = L$ 이다. ■

해석학에서 다루는 다양한 수열의 문제를 해결하기 위하여 다음 정리가 종종 사용된다.

정리 2.14 이항정리 (binomial theorem)

$a, b \in \mathbb{R}$ 이고 $n \in \mathbb{N}$ 일 때

$$(a+b)^n = \sum_{k=0}^{n} \binom{n}{k} a^k b^{n-k} = \binom{n}{0} b^n + \binom{n}{1} a b^{n-1} + \binom{n}{2} a^2 b^{n-2} + \cdots + \binom{n}{n} a^n$$

이다. 이때 $\binom{n}{k} = \dfrac{n!}{k!(n-k)!}$ 을 **이항계수** (binomial coefficient)라 한다.

정리 2.15

(1) $\lim_{n\to\infty} \sqrt[n]{n} = 1$이다.

(2) $a > 0$인 상수일 때 $\lim_{n\to\infty} \sqrt[n]{a} = 1$이다.

(1)은 이항정리와 압착정리를 이용하여 증명한다.
(2)는 압착정리와 아르키메데스 정리를 이용하여 증명한다.

증명 | (1) $n \in \mathbb{N}$에 대하여 $x_n = \sqrt[n]{n} - 1$이라 하면 모든 $n \in \mathbb{N}$에 대하여 $x_n \geq 0$이다.

$n \geq 2$일 때 이항정리에 의하여

$$n = (1 + x_n)^n \geq 1 + n x_n + \frac{n(n-1)}{2} x_n^2 \geq \frac{n(n-1)}{2} x_n^2$$

이고 이를 정리하면 $x_n^2 \leq \frac{2}{n-1}$이다. 따라서 모든 $n \in \mathbb{N}$에 대하여 $0 \leq x_n \leq \sqrt{\frac{2}{n-1}}$이고 압착정리에 의하여 $\lim_{n\to\infty} x_n = 0$이므로 $\lim_{n\to\infty} \sqrt[n]{n} = 1$이다.

(2) $a = 1$일 때 자명하게 성립한다.

$a > 1$일 때와 $0 < a < 1$일 때로 나누어 증명한다.

$a > 1$일 때 아르키메데스 정리에 의하여 $n_0 > a$인 $n_0 \in \mathbb{N}$가 존재한다.

따라서 $n \geq n_0$인 모든 자연수 n에 대하여

$$1 \leq \sqrt[n]{a} \leq \sqrt[n]{n}$$

이고 (1)과 압착정리에 의하여 $\lim_{n\to\infty} \sqrt[n]{a} = 1$이다.

$0 < a < 1$일 때 $a = \frac{1}{b}$이라 하면 $b > 1$이다. 따라서 정리 2.10과 (1)의 증명에 의하여

$$\lim_{n\to\infty} \sqrt[n]{a} = \lim_{n\to\infty} \sqrt[n]{\frac{1}{b}} = \lim_{n\to\infty} \frac{1}{\sqrt[n]{b}} = 1$$

이다. ■

2.2 연습문제

1. 다음 수열의 극한을 구하여라.

(1) $\left\{\dfrac{3n-2}{5n}\right\}$　　(2) $\left\{\dfrac{n+1}{4n-3}\right\}$

(3) $\left\{\dfrac{3n-1}{n^2+2n+3}\right\}$　　(4) $\left\{\dfrac{-2n^3+4}{n^3-3n-1}\right\}$

(5) $\left\{\sqrt{n^2+n}-n\right\}$　　(6) $\left\{(5^n-4^n)^{\frac{1}{n}}\right\}$

2. $a, b \in \mathbb{R}$ 일 때 다음을 증명하여라.

(1) $\lim_{n\to\infty} a_n = a$ 이고 $\lim_{n\to\infty} b_n = b$ 일 때 $\lim_{n\to\infty}(a_n - b_n) = a - b$ 이다.

(2) $\lim_{n\to\infty} a_n = a$ 이고 c 가 상수일 때 $\lim_{n\to\infty} ca_n = ca$ 이다.

3. $a_1,\ a_2,\ \cdots,\ a_n$ 이 양의 실수들일 때

$$\lim_{p\to\infty}\left((a_1^p + a_2^p + \cdots + a_n^p)\right)^{\frac{1}{p}}$$

을 구하여라.

4. (1) $\{a_n\}$ 과 $\{a_n + b_n\}$ 이 모두 수렴하면 $\{b_n\}$ 도 수렴하는가?

(2) $\{a_n\}$ 과 $\{a_n b_n\}$ 이 모두 수렴하면 $\{b_n\}$ 도 수렴하는가?

5. $\lim_{n\to\infty} a_n = 3$ 이면 $\lim_{n\to\infty}\dfrac{a_n + a_{n+1}}{2} = 3$ 임을 증명하여라.

6. (1) $\lim_{n\to\infty}\dfrac{a_n - a}{a_n + a} = 0$ 일 때 $\lim_{n\to\infty} a_n$ 을 구하여라.

(2) $\lim_{n\to\infty}\dfrac{a_n + a}{a_n - a} = 0$ 일 때 $\lim_{n\to\infty} a_n$ 을 구하여라.

7. $\lim_{n\to\infty} a_n = 1$ 이고 모든 $n \in \mathbb{N}$ 에 대하여 $|a_n - b_n| \le \dfrac{1}{n}$ 이면 $\lim_{n\to\infty} b_n = 1$ 임을 증명하여라.

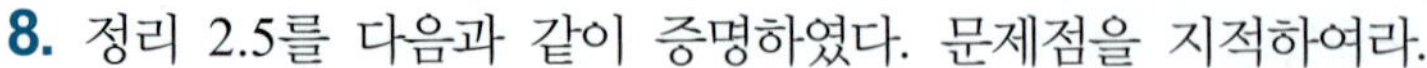

8. 정리 2.5를 다음과 같이 증명하였다. 문제점을 지적하여라.

> [정리] $\{a_n\}$의 극한이 존재하면 $\{a_n\}$은 유계이다.
>
> [증명]
>
> $$M = \max\{|a_1|, |a_2|, \cdots, |a_n|, \cdots\}$$
>
> 이라 하면 모든 $n \in \mathbb{N}$에 대하여 $|a_n| \le M$이므로 $\{a_n\}$은 유계이다.

9. $\{a_n\}$, $\{b_n\}$, $\{c_n\}$이 세 수열일 때 모든 $n \in \mathbb{N}$에 대하여

$$c_n = a_n b_n$$

이라 하자. 다음 질문에 대하여 참, 거짓을 판정하고 이유를 설명하여라.

(1) $\{a_n\}$과 $\{b_n\}$이 모두 수렴하지 않으면 $\{c_n\}$도 수렴하지 않는다.

(2) $\{a_n\}$과 $\{b_n\}$ 중 단 하나만 수렴하고 다른 하나는 수렴하지 않으면 $\{c_n\}$은 수렴하지 않는다.

10. $\lim_{n\to\infty} a_n = -3$이면 $\lim_{n\to\infty} a_n^2 = 9$임을 증명하여라.

11. $\lim_{n\to\infty} b_n = 2$이면 $\lim_{n\to\infty} b_n^3 = 8$임을 증명하여라.

12. 모든 $n \in \mathbb{N}$에 대하여 $c_n > 0$이고 $\lim_{n\to\infty} c_n = 5$이면 $\lim_{n\to\infty} \sqrt{c_n} = \sqrt{5}$임을 증명하여라.

13. $a, b \in \mathbb{R}$일 때 $\lim_{n\to\infty} a_n = a$이고 $\lim_{n\to\infty} b_n = b$이면

$$\lim_{n\to\infty} \min\{x_n, y_n\} = \min\{x, y\}$$

임을 증명하여라.

14. 모든 $n \in \mathbb{N}$에 대하여 $x_n \ge 0$이고 $\lim_{n\to\infty} (-1)^n x_n$이 존재하면 $\lim_{n\to\infty} x_n$도 존재함을 증명하여라.

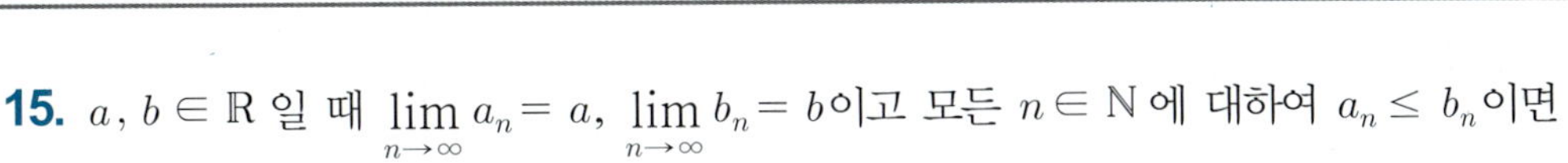

15. $a, b \in \mathbb{R}$ 일 때 $\lim_{n\to\infty} a_n = a$, $\lim_{n\to\infty} b_n = b$이고 모든 $n \in \mathbb{N}$에 대하여 $a_n \leq b_n$이면 $a \leq b$임을 증명하여라.

16. $\{a_n\}$이 유계인 수열이고 $\lim_{n\to\infty}(a_{n+1} - a_n) = a$이면 $a = 0$임을 증명하여라.

17. 다음 명제들은 모두 거짓이다. 반례를 들어라.

(1) $\lim_{n\to\infty} \sqrt[n]{a_n}$ 이 존재하면 $\{a_n\}$은 수렴한다.

(2) $\lim_{n\to\infty} 2^{a_n}$ 이 존재하면 $\{a_n\}$은 수렴한다.

(3) $a \in \mathbb{R}$ 일 때 $\lim_{n\to\infty}(a_{n+1} - a_n) = a$이면 $a = 0$이다.

18. $\lim_{n\to\infty}(n + \sqrt{n})^{1/n} = 1$임을 증명하여라.

19. $\lim_{n\to\infty}\left(\frac{1}{n^2+1} + \frac{2}{n^2+2} + \cdots + \frac{n}{n^2+n}\right) = \frac{1}{2}$임을 증명하여라.

20. $0 < a < 1$일 때 $\lim_{n\to\infty}((n+1)^a - n^a) = 0$ 임을 증명하여라.

21. 다음 명제들은 모두 거짓이다. 반례를 들어라.

(1) 모든 $n \in \mathbb{N}$에 대하여 $a < x_n$이고 $\lim_{n\to\infty} x_n = b$이면 $a < b$이다.

(2) 모든 $n \in \mathbb{N}$에 대하여 $x_n < y_n$이고 $\lim_{n\to\infty} x_n = a$, $\lim_{n\to\infty} y_n = b$이면 $a < b$이다.

22. $-1 < c < 1$이면 $\lim_{n\to\infty} c^n = 0$임을 증명하여라.

23. $n \in \mathbb{N}$에 대하여 $a_n \geq 0$ 일 때 적당한 $c \in (0, 1)$가 존재하여 모든 $n \in \mathbb{N}$에 대하여 $a_{n+1} \leq ca_n$이면 $\lim_{n\to\infty} a_n = 0$임을 증명하여라.

24. (1) $\lim_{n\to\infty} a_n = a$이면 $\lim_{n\to\infty} \frac{a_1 + a_2 + \cdots + a_n}{n} = a$ 임을 증명하여라.

(2) (1)의 역은 성립하는가?

25. $a \in \mathbb{R}$ 이면 $\lim_{n\to\infty} \frac{a^n}{n!} = 0$임을 증명하여라.

26. $n \in \mathbb{N}$ 에 대하여 $a_n \neq -3$ 이고 $\lim_{n\to\infty} \frac{2a_n - 1}{a_n + 3} = 0$ 이면 $\lim_{n\to\infty} a_n = \frac{1}{2}$ 임을 증명하여라.

27. (1) $\lim_{n\to\infty} \frac{a_n}{n} = 1$이면 $\{a_n\}$ 은 유계가 아님을 증명하여라.

(2) $\lim_{n\to\infty} \frac{a_n}{n} = 0$이면 $\{a_n\}$ 은 반드시 유계인가?

28. (1) $\lim_{n\to\infty} a_n = 0$이고 $\{b_n\}$이 유계이면 $\lim_{n\to\infty} a_n b_n = 0$임을 증명하여라.

(2) $a \neq 0$ 일 때 $\lim_{n\to\infty} a_n = a$ 이고 $\{b_n\}$ 이 유계이면 $\lim_{n\to\infty} a_n b_n$은 존재하는가?

29. $a > 1$이고 $b \in \mathbb{R}$ 이면 $\lim_{n\to\infty} \frac{n^b}{a^n} = 0$임을 증명하여라.

30. $n \in \mathbb{N}$ 에 대하여 $a_n = \frac{2^3 - 1}{2^3 + 1} \cdot \frac{3^3 - 1}{3^3 + 1} \cdot \cdots \cdot \frac{n^3 - 1}{n^3 + 1}$ 일 때 $\lim_{n\to\infty} a_n$ 을 구하여라.

31. $a \in \mathbb{R}$ 일 때 모든 $n \in \mathbb{N}$ 에 대하여 $a_n > 0$ 이고 $\lim_{n\to\infty} \frac{a_{n+1}}{a_n} = a$ 라 하자.

(1) $a < 1$이면 $\lim_{n\to\infty} a_n = 0$임을 증명하여라.

(2) $a = 1$일 때 $\lim_{n\to\infty} a_n$이 수렴하는 $\{a_n\}$ 의 예를 들어라.

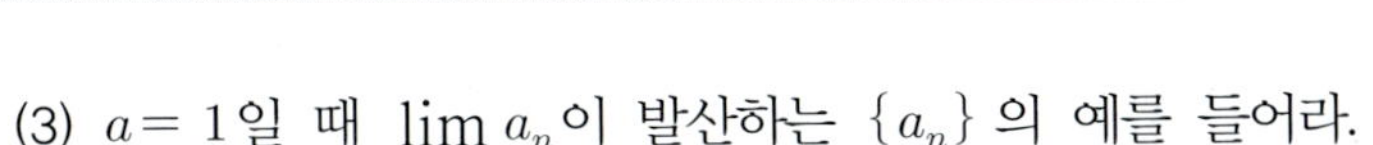

(3) $a=1$일 때 $\lim_{n\to\infty} a_n$이 발산하는 $\{a_n\}$의 예를 들어라.

(4) $\lim_{n\to\infty} \frac{n!}{n^n}$을 구하여라.

32. $a_1 > 0$이고 모든 $n \in \mathbb{N}$에 대하여 $a_{n+1} = \frac{n+1}{n} a_n$ 이면 $\{a_n\}$은 발산함을 증명하여라.

33. $[\cdot]$가 가우스 함수이고 $a = \frac{1}{2}$일 때 $n \in \mathbb{N}$에 대하여

$$a_n = \frac{[a] + [2a] + \cdots + [na]}{n^2}$$

이면 $\lim_{n\to\infty} a_n = \frac{1}{4}$임을 증명하여라.

2.3 단조수열

이 절에서는 단조성을 이용하여 수열의 수렴성을 판정하는 방법에 대하여 알아보기로 한다.

정의 3.1

(1) 모든 $n \in \mathbb{N}$에 대하여 $a_n \leq a_{n+1}$이면 $\{a_n\}$을 **단조증가수열**(monotone increasing sequence)이라 한다.

(2) 모든 $n \in \mathbb{N}$에 대하여 $a_n < a_{n+1}$이면 $\{a_n\}$을 **순증가수열**(strictly increasing sequence)이라 한다.

(3) 모든 $n \in \mathbb{N}$에 대하여 $a_n \geq a_{n+1}$이면 $\{a_n\}$을 **단조감소수열**(monotone decreasing sequence)이라 한다.

(4) 모든 $n \in \mathbb{N}$에 대하여 $a_n > a_{n+1}$이면 $\{a_n\}$을 **순감소수열**(strictly decreasing sequence)이라 한다.

주어진 수열이 단조증가수열이거나 단조감소수열이면 이를 간단히 **단조수열**(monotone sequence)이라 한다.

예제 3.2 (1) $\{n^2\}$, $\{e^n\}$은 각각 단조증가수열인 동시에 순증가수열이다.

(2) $\left\{\dfrac{3}{n}\right\}$, $\{-2n\}$은 각각 단조감소수열인 동시에 순감소수열이다.

(3) $\left\{\cos\dfrac{n\pi}{2}\right\}$는 단조수열이 아니다. ■

단조증가수열은 감소하지 않는 수열을 의미하고 순증가수열은 반드시 증가하는 수열을 의미한다. 두 증가수열의 의미상 차이를 알아보자.

만일 $\{a_n\}$이 $\{1, 1, 1, 1, \cdots\}$인 상수수열인 경우 이 수열은 단조증가수열이지만 순증가수열은 아니다. 또한 이 수열은 단조감소수열이라 할 수 있지만 순감소수열이라고는 할 수 없다.

예제 3.3 (1) 수열이 유계이면 수렴하는가?

(2) 수열이 단조증가하면 수렴하는가?

(3) 수열이 수렴하면 단조수열인가?

풀이 | (1) $\{(-1)^n\}$은 유계인 수열이지만 수렴하지 않는다.

(2) $\{n\}$은 단조증가하는 수열이지만 수렴하지 않는다.

(3) $\left\{\dfrac{(-1)^n}{n}\right\}$은 0으로 수렴하는 수열이지만 단조수열은 아니다. ■

다음 정리는 단조수열의 수렴성을 판정하는 정리이다.

정리 3.4 단조수렴정리 (monotone convergence theorem)

(1) $\{a_n\}$이 단조증가하고 위로 유계이면 $\{a_n\}$은 수렴한다.

(2) $\{a_n\}$이 단조감소하고 아래로 유계이면 $\{a_n\}$은 수렴한다.

TIP 완비성공리를 이용하여 $\{a_n\}$의 상한 또는 하한이 수열의 극한값임을 증명한다.

증명 | (1) $E=\{a_n : n\in\mathbb{N}\}$는 공집합이 아닌 $\mathbb{R}$의 부분집합이고 위로 유계이므로 완비성공리에 의하여 최소상계를 갖는다.

E의 최소상계를 a라 하고 $\lim\limits_{n\to\infty} a_n = a$임을 증명하고자 한다.

임의의 $\epsilon>0$에 대하여 최소상계의 정의에 의하여

$$a-\epsilon < a_N \le a$$

인 $a_N\in E$이 존재한다. $\{a_n\}$이 단조증가수열이므로 $n\ge N$인 모든 자연수 n에 대하여

$$a-\epsilon < a_N \le a_n \le a$$

이다. 따라서 $n\ge N$인 모든 자연수 n에 대하여

$$|a_n - a| < \epsilon$$

이므로 $\lim\limits_{n\to\infty} a_n = a$이다.

(2) 연습문제로 남긴다. ■

단조수렴정리에 의하여 $\{a_n\}$이 단조증가하고 유계인 수열이면

$$\lim_{n\to\infty} a_n = \sup\{a_n : n \in \mathbb{N}\}$$

임을 알 수 있다. 또한 단조수렴정리에서 $\{a_n\}$이 모든 $n \in \mathbb{N}$에 대하여 단조수열이 아니라 적당한 $N \in \mathbb{N}$이 존재하여 $n \geq N$인 모든 자연수 n에 대하여만 단조수열인 경우에도 같은 결과를 얻을 수 있다.

예제 3.5 임의의 $i \in \mathbb{N}$에 대하여 c_i가 0에서 9 사이의 정수일 때 수열의 n번째 항이

$$a_n = 0.c_1 c_2 c_3 \cdots c_n$$

이면 $\{a_n\}$은 수렴하는가?

풀이 | 임의의 $n \in \mathbb{N}$에 대하여

$$a_{n+1} - a_n = 0.00 \cdots 0c_{n+1} \geq 0$$

이므로 $\{a_n\}$은 단조증가한다. 또한 모든 $n \in \mathbb{N}$에 대하여

$$a_n \leq 1$$

이므로 $\{a_n\}$은 유계이다. 따라서 단조수렴정리에 의하여 $\{a_n\}$은 수렴한다. ■

예제 3.6 $a_1 = 1$이고 모든 $n \in \mathbb{N}$에 대하여

$$a_{n+1} = \sqrt{1 + a_n}$$

이면 $\{a_n\}$은 수렴하는가? 수렴한다면 그 극한을 구하여라.

TIP 수학적 귀납법을 사용하여 $\{a_n\}$이 단조증가이고 위로 유계임을 증명하고 단조수렴정리를 적용한다.

풀이 | (1) 수학적 귀납법을 사용하여 $\{a_n\}$이 단조증가수열임을 증명한다.

$n=1$일 때, $a_1=\sqrt{1}<\sqrt{1+\sqrt{1}}=a_2$이다.

$n=k$일 때 $a_k \le a_{k+1}$이라 가정하자.

$n=k+1$일 때

$$
\begin{aligned}
a_{k+1} = \sqrt{1+a_k} &\le \sqrt{1+a_{k+1}} \qquad \text{(귀납법 가정에 의하여)} \\
&= a_{k+2}
\end{aligned}
$$

이므로 모든 $n \in \mathbb{N}$에 대하여 $a_n < a_{n+1}$이다. 따라서 $\{a_n\}$은 단조증가한다.

(2) 수학적 귀납법을 사용하여 2가 $\{a_n\}$의 상계임을 보임으로써 $\{a_n\}$이 유계임을 증명한다.

$n=1$일 때 $a_1=1<2$이다.

$n=k$일 때 $a_k \le 2$라 가정하자.

$n=k+1$일 때

$$
\begin{aligned}
a_{k+1} = \sqrt{1+a_k} &\le \sqrt{1+2} \qquad \text{(귀납법 가정에 의하여)} \\
&< 2
\end{aligned}
$$

이므로 모든 $n \in \mathbb{N}$에 대하여 $a_n < 2$이다. 따라서 $\{a_n\}$은 유계이다.

그러므로 단조수렴정리에 의하여 $\{a_n\}$은 수렴한다.

이제 $\lim\limits_{n\to\infty} a_n = x$라 하면 $\lim\limits_{n\to\infty} a_{n+1} = x$이다. 따라서

$$
x = \lim_{n\to\infty} a_{n+1} = \lim_{n\to\infty} \sqrt{1+a_n} = \sqrt{1+x}
$$

이고 이를 정리하여 계산하면 $x=\dfrac{1\pm\sqrt{5}}{2}$이지만 x의 값은 양수들로 된 수열의 극한이므로 $x=\dfrac{1+\sqrt{5}}{2}$이다. ■

예제 3.6에서와 같이 주어진 수열이 유계이고 또한 단조수열임을 증명하기 위하여 수학적 귀납법을 사용하여 증명하는 것이 일반적이지만 항상 수학적 귀납법을 사용하는 것은 아니다.

예제 3.7 $a_1 = 4$이고 모든 $n \in \mathbb{N}$에 대하여

$$a_{n+1} = \frac{2}{3}a_n + \frac{3}{a_n}$$

이면

(1) $\{a_n\}$은 수렴함을 증명하여라.

(2) $\{a_n\}$의 극한을 구하여라.

증명 | (1) 수학적 귀납법을 이용하여 $a_n > 3$ 임을 증명한다.

$n = 1$일 때 $a_1 = 4 > 3$이다.

$n = k$일 때 $a_k > 3$이 성립한다고 하면 $1 > \frac{3}{a_k}$이다.

이 부등식의 양변에 $\frac{2}{3}(a_k - 3)$을 곱하면

$$\frac{2}{3}(a_k - 3) > \frac{2}{a_k}(a_k - 3) > \frac{1}{a_k}(a_k - 3) = 1 - \frac{3}{a_k}$$

이고 이 식을 정리하면

$$a_{k+1} = \frac{2}{3}a_k + \frac{3}{a_k} > 3$$

이다. 따라서 $\{a_n\}$은 아래로 유계이다.

또한 모든 $n \in \mathbb{N}$에 대하여 $9 - a_n^2 < 0$이므로

$$a_{n+1} - a_n = \frac{3}{a_n} - \frac{1}{3}a_n = \frac{9 - a_n^2}{3a_n} < 0$$

이다. 따라서 $\{a_n\}$은 단조감소한다.

그러므로 단조수렴정리에 의하여 $\{a_n\}$은 수렴한다.

(2) $\lim_{n\to\infty} a_n = a$라 하면

$$a = \lim_{n\to\infty} a_{n+1} = \lim_{n\to\infty}\left(\frac{2}{3}a_n + \frac{3}{a_n}\right) = \frac{2}{3}a + \frac{3}{a}$$

이다. 이 식을 정리하면 $a^2 = 9$이고 $a = \pm 3$이지만 a는 양수들로 된 수열의

극한이므로 $a=3$이다. ■

단조수렴정리의 역은 일반적으로 성립하지 않는다.

예제 3.8 $\{a_n\}$이 수렴하고 극한값이 $\{a_n\}$의 최소상계와 같다면 $\{a_n\}$은 반드시 단조증가수열인가?

풀이 |

$$\{a_n\} = \left\{0,\ -\frac{1}{2},\ 0,\ -\frac{1}{4},\ 0,\ -\frac{1}{6},\ \cdots\right\}$$

일 때 $\{a_n\}$의 극한값과 최소상계는 0이지만 $\{a_n\}$은 단조증가수열이 아니다. ■

다음 예제는 단조수렴정리를 이용하여 증명할 수 있는 가장 복잡한 형태의 수열이다.

예제 3.9 $\left\{\left(1+\dfrac{1}{n}\right)^n\right\}$이 수렴함을 증명하여라.

TIP 이항정리를 이용하여 $\left(1+\dfrac{1}{n}\right)^n$을 전개한다. 일반적으로 수열의 단조성을 증명할 때 수학적 귀납법을 사용하지만 이 수열의 경우는 전개된 항을 비교하여 증명한다.

증명 | $n \in \mathbb{N}$에 대하여 $a_n = \left(1+\dfrac{1}{n}\right)^n$이라 하자.

(1) 수열의 단조성

이항정리를 이용하여 a_n을 전개하면

$$\begin{aligned} a_n &= 1 + n1^{n-1}\left(\frac{1}{n}\right) + \frac{n(n-1)}{2!}1^{n-2}\left(\frac{1}{n}\right)^2 + \cdots + \frac{n(n-1)\cdots 1}{n!}1^0\left(\frac{1}{n}\right)^n \\ &= 1 + 1 + \frac{1}{2!}\left(1-\frac{1}{n}\right) + \frac{1}{3!}\left(1-\frac{1}{n}\right)\left(1-\frac{2}{n}\right) + \cdots \\ &\qquad + \frac{1}{n!}\left(1-\frac{1}{n}\right)\left(1-\frac{2}{n}\right)\cdots\left(1-\frac{n-1}{n}\right) \end{aligned}$$

이다. 같은 방법으로 a_{n+1}을 전개하면

$$a_{n+1} = 1 + 1 + \frac{1}{2!}\left(1-\frac{1}{n+1}\right) + \frac{1}{3!}\left(1-\frac{1}{n+1}\right)\left(1-\frac{2}{n+1}\right) + \cdots$$

$$+\frac{1}{n!}\left(1-\frac{1}{n+1}\right)\left(1-\frac{2}{n+1}\right)\cdots\left(1-\frac{n-1}{n+1}\right)$$
$$+\frac{1}{n+1!}\left(1-\frac{1}{n+1}\right)\left(1-\frac{2}{n+1}\right)\cdots\left(1-\frac{n}{n+1}\right)$$

이다.

a_n 과 a_{n+1} 의 모든 항들은 양수이며 a_n 은 $n+1$개의 항을 갖고 있고 a_{n+1}은 $n+2$개의 항을 갖고 있다. 또한 처음 두 항을 제외하고 a_n 과 a_{n+1}의 우변의 항들을 차례로 비교하면 a_{n+1}의 우변의 항의 값이 a_n 의 우변의 항의 값보다 크다. 따라서 $\{a_n\}$은 단조증가한다.

(2) 수열의 유계성

$n=1$일 때 $a_1=2<3$이다.

$n\geq 2$일 때 이항정리에 의하여

$$a_n = 1+n1^{n-1}\left(\frac{1}{n}\right)+\frac{n(n-1)}{2!}1^{n-2}\left(\frac{1}{n}\right)^2+\cdots+\frac{n(n-1)\cdots 1}{n!}1^0\left(\frac{1}{n}\right)^n$$
$$<1+1+\frac{1}{2!}+\frac{1}{3!}+\cdots+\frac{1}{n!}$$
$$<1+1+\frac{1}{2}+\frac{1}{2^2}+\cdots+\frac{1}{2^{n-1}}<3$$

이므로 $\{a_n\}$은 위로 유계이다.

따라서 단조수렴정리에 의하여 $\left\{\left(1+\frac{1}{n}\right)^n\right\}$은 수렴한다. ■

단조수렴정리와 유리수의 조밀성 그리고 무리수의 조밀성을 이용하여 다음 정리를 얻을 수 있다.

정리 3.10

(1) 임의의 실수는 유리수 수열의 극한으로 표현할 수 있다.

(2) 임의의 실수는 무리수 수열의 극한으로 표현할 수 있다.

TIP 유리수의 조밀성과 무리수의 조밀성을 이용하여 단조증가하면서 위로 유계가 되는 유리수 수열과 무리수 수열을 선택할 수 있음을 제시하는 것이 증명의 핵심이다.

증명 | $a \in \mathbb{R}$ 이라 하자. 유리수의 조밀성에 의하여

$$a-1 < r_1 < a$$

인 $r_1 \in \mathbb{Q}$ 이 존재한다. $\max\left\{r_1,\ a-\frac{1}{2}\right\} < a$ 에 유리수의 조밀성을 적용하면

$$\max\left\{r_1,\ a-\frac{1}{2}\right\} < r_2 < a$$

인 $r_2 \in \mathbb{Q}$ 가 존재하고 $r_1 < r_2 < a$ 이고 $|a-r_2| < \frac{1}{2}$ 이다.
같은 방법으로 $\max\left\{r_2,\ a-\frac{1}{3}\right\} < a$ 에 유리수의 조밀성을 적용하면

$$\max\left\{r_2,\ a-\frac{1}{3}\right\} < r_3 < a$$

인 $r_3 \in \mathbb{Q}$ 가 존재하고 $r_2 < r_3 < a$ 이고 $|a-r_3| < \frac{1}{3}$ 이다. 이 과정을 반복하면

$$|a-r_n| < \frac{1}{n}$$

인 단조증가하는 유리수 수열 $\{r_n\} \subset \mathbb{Q}$ 을 얻을 수 있다.
또한 $n \in \mathbb{N}$ 에 대하여 $r_n \le a$ 이므로 단조수렴정리에 의하여 적당한 $r \in \mathbb{R}$ 이 존재하여 $\lim_{n\to\infty} r_n = r$ 이다. 이제 $r=a$ 임을 보이고자 한다.
임의의 $\epsilon > 0$ 에 대하여 $\lim_{n\to\infty} r_n = r$ 이므로 적당한 $N_1 \in \mathbb{N}$ 이 존재하여 $n \ge N_1$ 인 모든 자연수 n 에 대하여

$$|r_n - r| < \frac{\epsilon}{2}$$

이 성립한다. 또한 아르키메데스의 정리에 의하여

$$\frac{1}{N_2} < \frac{\epsilon}{2}$$

인 $N_2 \in \mathbb{N}$ 가 존재한다. 이제 $N = \max\{N_1,\ N_2\}$ 라 하면 $n \ge N$ 인 모든 자연수 n 에 대하여

$$\begin{aligned} |r-a| &\le |r-r_n| + |r_n - a| \\ &< \frac{\epsilon}{2} + \frac{1}{n} < \epsilon \end{aligned}$$

이고 $\epsilon > 0$ 은 임의의 양수이므로 $r = a$ 이다.

(2)의 증명은 연습문제로 한다. ■

정리 3.11 축소구간정리(nested interval theorem)

모든 $n \in \mathbb{N}$ 에 대하여 $I_n = [a_n, b_n]$이 유계인 폐구간이고 $I_{n+1} \subset I_n$이며

$$\lim_{n\to\infty}(b_n - a_n) = 0$$

이면

$$\bigcap_{n=1}^{\infty} I_n = \{\alpha\}$$

인 $\alpha \in \mathbb{R}$ 가 존재한다.

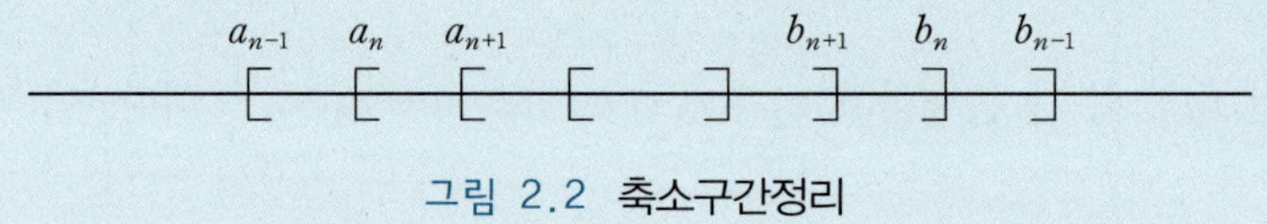

그림 2.2 축소구간정리

TIP $\{I_n\}$의 왼쪽 끝점들로 된 수열과 오른쪽 끝점들로 된 수열에 각각 단조수렴정리를 적용하여 증명한다.

증명 | $n \in \mathbb{N}$ 에 대하여 $I_{n+1} \subset I_n$이므로

$$a_n \le a_{n+1} \le b_{n+1} \le b_n$$

이다. 이때 $\{a_n\}$은 단조증가하고 위로 유계이므로 단조수렴정리에 의하여 $\{a_n\}$의 극한이 존재한다. 이제 $\lim_{n\to\infty} a_n = a$라 하면 모든 $n \in \mathbb{N}$ 에 대하여 $a \le b_n$이므로 $a \in I_n$ 이다. 같은 방법으로 $\{b_n\}$은 단조감소하고 아래로 유계이므로 단조수렴정리에 의하여 $\{b_n\}$의 극한이 존재한다. 이제 $\lim_{n\to\infty} b_n = b$라 하면 모든 $n \in \mathbb{N}$ 에 대하여 $a_n \le b$ 이므로 $b \in I_n$ 이다.

모든 $n \in \mathbb{N}$ 에 대하여 $a_n \le a \le b_n$이고 $a_n \le b \le b_n$ 이므로

$$|a - b| \le (b_n - a_n)$$

이다. 임의의 $\epsilon > 0$ 에 대하여 $\lim_{n\to\infty}(b_n - a_n) = 0$이므로 적당한 $N \in \mathbb{N}$ 이 존재하여 $n \ge N$인 모든 자연수 n에 대하여

$$|b_n - a_n| < \epsilon$$

이다. 그러므로 $n \geq N$인 모든 자연수 n에 대하여

$$|a - b| \leq |a_n - b_n| < \epsilon$$

이고 $\epsilon > 0$은 임의의 양수이므로 $a = b$이다. ■

2.3 연습문제

1. 다음 수열이 단조수열임을 증명하여라.

(1) $\{n^3 - n\}$

(2) $\{\sin(2n+1)\pi\}$

(3) $\left\{\dfrac{n-1}{n+1}\right\}$

(4) $\left\{\dfrac{n^n}{n!}\right\}$

(5) $\left\{\dfrac{n^2}{5^n}\right\}$

(6) $\left\{\dfrac{n!}{1\cdot 3\cdot \cdots \cdot (2n-1)}\right\}$

2. $\left\{\left(2+\dfrac{1}{n}\right)\left(2-\dfrac{1}{n}\right)\right\}$은 단조수열인가?

3. $0 < a_1 < b_1$이고 $n \in \mathbb{N}$에 대하여

$$a_{n+1} = \sqrt{a_n b_n}\,,\ \ b_{n+1} = \frac{a_n + b_n}{2}$$

일 때 다음을 증명하여라.

(1) $\{a_n\}$은 단조증가수열이다.

(2) $\{b_n\}$은 단조감소수열이다.

4. $\{a_n\}$이 단조증가수열이고 $n \in \mathbb{N}$에 대하여 $b_n = \dfrac{a_1 + a_2 + \cdots + a_n}{n}$이면 $\{b_n\}$도 단조증가수열임을 증명하여라.

5. $\{a_n\}$과 $\{b_n\}$이 모두 단조감소수열이고 $n \in \mathbb{N}$에 대하여

$$c_n = a_n + b_n, \quad d_n = a_n b_n$$

이면

(1) $\{c_n\}$은 단조감소수열인가? 이유를 설명하여라.

(2) $\{d_n\}$은 단조감소수열인가? 이유를 설명하여라.

6. $a_1 = 1$이고 $n \in \mathbb{N}$에 대하여 $a_{n+1} = \dfrac{1}{4}(2a_n + 3)$이면 $\{a_n\}$은 수렴함을 증명하여라.

7. $b_1 = 4$이고 $n \in \mathbb{N}$에 대하여 $b_{n+1} = \sqrt{5b_n - 6}$이면 $\{b_n\}$은 수렴함을 증명하여라.

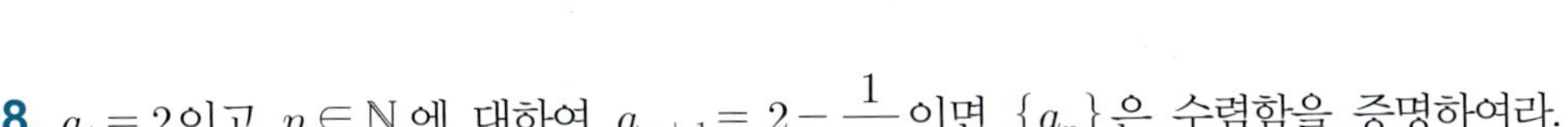

8. $a_1 = 2$이고 $n \in \mathbb{N}$에 대하여 $a_{n+1} = 2 - \dfrac{1}{a_n}$이면 $\{a_n\}$은 수렴함을 증명하여라.

9. $\{a_n\}$이 단조감소하고 아래로 유계인 수열이면 $\{a_n\}$은 수렴함을 증명하여라.

10. $n \in \mathbb{N}$일 때 $(2n+1)!! = (2n+1)(2n-1)(2n-3) \cdot \cdots \cdot 3 \cdot 1$이다.
$n \in \mathbb{N}$에 대하여 $a_n = \dfrac{n!}{(2n+1)!!}$ 이면 $\{a_n\}$은 수렴함을 증명하여라.

11. $\sqrt{2+\sqrt{2+\sqrt{2+\cdots}}}$ 의 값이 존재하는 이유를 설명하고 그 값을 구하여라.

12. $a_1 = 1,\ a_2 = 2$이고 $n \in \mathbb{N}$에 대하여 $a_{n+2} = \sqrt{a_{n+1}} + \sqrt{a_n}$이면 $\{a_n\}$은 수렴함을 증명하여라.

13. $n \in \mathbb{N}$에 대하여 $a_n = \dfrac{1}{2n+1} + \dfrac{1}{2n+2} + \cdots + \dfrac{1}{4n}$이면 $\{a_n\}$은 수렴함을 증명하여라.

14. $a_1 = 1$이고 $n \in \mathbb{N}$에 대하여 $a_{n+1} = \dfrac{1}{2}a_n$이면

(1) $\{a_n\}$이 수렴함을 증명하여라.

(2) $\{a_n\}$의 극한을 구하여라.

15. $n \in \mathbb{N}$에 대하여 $b_n = 1 + \dfrac{1}{2^2} + \dfrac{1}{3^2} + \cdots + \dfrac{1}{n^2}$일 때 다음을 증명하여라.

(1) 모든 $n \in \mathbb{N}$에 대하여 $b_n < 2$이다.

(2) $\{b_n\}$은 수렴한다.

16. $c_1 = 1$이고 $n \in \mathbb{N}$에 대하여 $c_{n+1} = \sqrt{2c_n}$이면 $\{c_n\}$은 수렴함을 증명하여라.

17. $d_1 = 2$이고 $n \in \mathbb{N}$에 대하여 $d_{n+1} = \dfrac{1}{d_n^{\ 2}}$이면 $\{d_n\}$은 수렴함을 증명하여라.

18. $e_1 = 1$ 이고 $n \in \mathbb{N}$ 에 대하여 $e_{n+1} = \dfrac{n}{n+1} e_n^2$ 이면

(1) $\{e_n\}$ 은 수렴함을 증명하여라.

(2) $\{e_n\}$ 의 극한을 구하여라.

19. $n \in \mathbb{N}$ 에 대하여 $a_n = \dfrac{3 \cdot 5 \cdot 7 \cdot \cdots \cdot (2n-1)}{2 \cdot 4 \cdot 6 \cdot \cdots \cdot (2n)}$ 이면 $\{a_n\}$ 은 수렴함을 증명하여라.

20. $0 < a < 1$ 이고 $n \in \mathbb{N}$ 일 때 다음을 증명하여라.

(1) $\{a^{\frac{1}{n}}\}$ 은 단조증가한다.

(2) $\{a^{\frac{1}{n}}\}$ 은 수렴한다.

21. $n \geq 3$ 일 때 $\{n^{1/n}\}$ 은 단조감소수열임을 증명하여라.

22. (1) 축소구간정리에서 구간 I_n 이 폐구간이 아닐 경우에도 $\bigcap_{n=1}^{\infty} I_n = \{\alpha\}$ 가 성립하는가?

(2) 축소구간정리에서 조건 "$\lim_{n\to\infty}(b_n - a_n) = 0$"이 없을 경우 $\bigcap_{n=1}^{\infty} I_n \neq \{\alpha\}$ 인 예를 들어라.

23. 임의의 실수는 무리수 수열의 극한으로 표현할 수 있음을 증명하여라.

24. 단조수렴정리를 이용하여 아르키메데스 정리를 증명하여라.

2.4 부분수열

앞 절에서 증명한 바와 같이 $\{(-1)^n\}$은 수렴하지 않지만 이 수열의 일부분인 홀수 번째 항만으로 수열을 만들거나 짝수 번째 항만으로 수열을 만들어 보면 그 수열들은 수렴함을 쉽게 알 수 있다.

정의 4.1

$\{a_n\}$에 대하여 자연수 수열 $\{n_k\}$가

$$n_1 < n_2 < \cdots < n_k < \cdots$$

이면 $\{a_{n_k}\}$를 $\{a_n\}$의 **부분수열**(subsequence)이라 한다.

예제 4.2 $\{a_n\} = \{(-1)^n\}$일 때

(1) $\{a_{2n}\} = \{1, 1, 1, 1, 1, \cdots\}$

(2) $\{a_{2n+1}\} = \{-1, -1, -1, -1, \cdots\}$

(3) $\{a_{3n}\} = \{-1, 1, -1, 1, \cdots\}$

들은 모두 $\{a_n\}$의 부분수열들이다.

수열과 부분수열의 첨자 관계

주어진 수열과 부분수열의 첨자 관계는 다음의 예를 통해 정리할 수 있다.

$$\begin{array}{lccccccccc} \{a_n\}: & a_1 & \underline{a_2} & \underline{a_3} & a_4 & a_5 & \underline{a_6} & a_7 & \cdots \\ & & \Downarrow & \Downarrow & & & \Downarrow & & \\ \{a_{n_k}\}: & & a_{n_1} & a_{n_2} & & & a_{n_3} & & \end{array}$$

그림 2.3 수열과 부분수열

$\{a_n\}$에서 a_2를 선택하여 이를 부분수열의 첫 번째 항으로 하였고 a_3를 선택하여 이를 부분수열의 두 번째 항으로 하였고 a_6를 부분수열의 세 번째 항으로 하였으므로

$a_2 = a_{n_1}$이고 $a_3 = a_{n_2}$이며 $a_6 = a_{n_3}$이다. 이때 첨자를 살펴보면 $2 = n_1$이고 $3 = n_2$이며 $6 = n_3$이므로 $n_1 > 1$이고 $n_2 > 2$이고 $n_3 > 3$임을 알 수 있다.
일반적으로 부분수열의 첨자는 모든 $k \in \mathbb{N}$에 대하여 $n_k \geq k$이다.

정리 4.3

$a \in \mathbb{R}$일 때 $\{a_n\}$이 a로 수렴하기 위한 필요충분조건은 $\{a_n\}$의 모든 부분수열 $\{a_{n_k}\}$가 a로 수렴하는 것이다.

$k \in \mathbb{N}$에 대하여 $n_k \geq k$인 관계를 이용한다.

증명 | ($\Rightarrow$) 임의의 $\epsilon > 0$에 대하여 $\lim_{n \to \infty} a_n = a$이므로 적당한 $N \in \mathbb{N}$이 존재하여 $k \geq N$인 모든 자연수 k에 대하여

$$|a_k - a| < \epsilon$$

이 성립한다. 모든 $k \in \mathbb{N}$에 대하여 $n_k \geq k$이므로 $k \geq N$인 모든 자연수 k에 대하여 $n_k \geq k \geq N$이므로

$$|a_{n_k} - a| < \epsilon$$

이다. 따라서 $\lim_{k \to \infty} a_{n_k} = a$이다.

($\Leftarrow$) 만일 $\{a_n\}$의 모든 부분수열이 a로 수렴하면 $\{a_n\}$은 $\{a_n\}$의 부분수열이므로 $\lim_{n \to \infty} a_n = a$이다. ■

주어진 수열의 '모든' 부분수열을 다 찾는 것은 불가능하기 때문에 정리 4.3을 이용하여 주어진 수열의 극한이 존재함을 증명할 수 없다. 하지만 서로 다른 값으로 수렴하는 두 개의 부분수열이 존재한다면 정리 4.3에 의하여 주어진 수열은 수렴하지 않음을 알 수 있다.

예제 4.4 $\left\{\cos\dfrac{n\pi}{2}\right\}$의 수렴성을 판정하여라.

TIP 서로 다른 값으로 수렴하는 두 부분수열이 존재함을 보임으로써 정리 4.3에 의하여 주어진 수열이 수렴하지 않음을 증명한다.

풀이 | $n \in \mathbb{N}$에 대하여 $a_n = \cos\dfrac{n\pi}{2}$라 하면

$$a_{4n+1} = \cos\left(2n\pi + \frac{1}{2}\pi\right) = 0$$

이므로 부분수열 $\{a_{4n+1}\}$은 0으로 수렴한다.

$$a_{4n+2} = \cos(2n\pi + \pi) = -1$$

이므로 부분수열 $\{a_{4n+2}\}$은 -1로 수렴한다.

따라서 정리 4.3에 의하여 $\left\{\cos\dfrac{n\pi}{2}\right\}$는 발산한다. ■

정의 4.5

$\{a_n\}$의 부분수열 $\{a_{n_k}\}$가 a로 수렴하면 a를 $\{a_n\}$의 **응집점**(cluster point)이라 한다.

정리 4.3에 의하여 $\{a_n\}$이 수렴하면 $\{a_n\}$은 단 하나의 응집점을 갖게 된다.

예제 4.6 다음 수열의 응집점을 모두 구하여라.

(1) $\{1-(-1)^n\}$ (2) $\left\{\sin\dfrac{n\pi}{2}\right\}$

풀이 | (1) $\{1-(-1)^n\}$에서 부분수열 $\{1-(-1)^{2n}\}$은 0으로 수렴하고 부분수열 $\{1-(-1)^{2n+1}\}$은 2로 수렴하므로 0과 2가 수열 $\{1-(-1)^n\}$의 응집점이다.

(2) $\left\{\sin\dfrac{n\pi}{2}\right\}$에서 부분수열 $\left\{\sin\dfrac{4n\pi}{2}\right\}$는 0으로 수렴하고 부분수열 $\left\{\sin\dfrac{(4n+1)\pi}{2}\right\}$는 1로 수렴하며 부분수열 $\left\{\sin\dfrac{(4n+3)\pi}{2}\right\}$는 -1로

수렴하므로 $-1,\ 0,\ 1$이 $\left\{\sin\frac{n\pi}{2}\right\}$의 응집점이다. ■

다음 정리는 수열의 성질을 나타내 주는 기본 정리 중 하나이다.

정리 4.7 볼차노-바이어스트라스 정리 (Bolzano–Weierstrass theorem)

$\{a_n\}$이 유계인 수열이면 $\{a_n\}$은 수렴하는 부분수열을 갖는다.

TIP 축소구간정리와 압착정리를 이용하여 증명한다.

증명 | $\{a_n\}$이 유계이므로 집합 $A=\{a_1,\ a_2,\ a_3,\ \cdots\}$를 포함하는 폐구간 $I=[p,\ q]$가 존재한다. 폐구간 I를 $\left[p,\ \frac{p+q}{2}\right]$와 $\left[\frac{p+q}{2},\ q\right]$로 이등분하면 이 두 폐구간 중 적어도 하나는 A의 원소를 무한히 많이 포함한다.

A의 원소를 무한히 많이 포함하는 구간을 $I_1=[p_1,\ q_1]$이라 하자. 폐구간 I_1을 $\left[p_1,\ \frac{p_1+q_1}{2}\right]$과 $\left[\frac{p_1+q_1}{2},\ q_1\right]$으로 이등분하면 이 두 폐구간 중 적어도 하나는 A의 원소를 무한히 많이 포함한다. A의 원소를 무한히 많이 포함하는 구간을 $I_2=[p_2,\ q_2]$라 하자.

이와 같은 과정을 계속 반복하면 유계인 폐구간의 수열 $\{I_n\}$을 얻을 수 있고 $n\in\mathbb{N}$에 대하여 $I_{n+1}\subset I_n$이고 I_n의 길이는 $\frac{q-p}{2^n}$이다.

이제 $k\in\mathbb{N}$에 대하여 각각의 I_k에서 A의 원소 a_{n_k}를 선택하면 $\{a_{n_k}\}$는 $\{a_n\}$의 부분수열이고 임의의 $k\in\mathbb{N}$에 대하여 $p_k\le a_{n_k}\le q_k$이다.

축소구간정리에 의하여 $r\in\mathbb{R}$이 존재하여 $\bigcap_{k=1}^{\infty}I_k=\{r\}$이므로 $\lim_{k\to\infty}p_k=r$이고 $\lim_{k\to\infty}q_k=r$이다. 그러므로 압착정리에 의하여 $\lim_{k\to\infty}a_{n_k}=r$이다. ■

볼차노-바이어스트라스 정리의 역은 일반적으로 성립하지 않는다. 예를 들어,

$$\{a_n\}=\left\{1,\ \frac{1}{2},\ 3,\ \frac{1}{4},\ 5,\ \cdots\right\}$$

은 수렴하는 부분수열 $\left\{\frac{1}{2},\ \frac{1}{4},\ \frac{1}{6},\ \cdots\right\}$을 갖지만 $\{a_n\}$은 유계가 아닌 수열이다.

정의 4.8

$\{a_n\}$에 대하여

(1) $\overline{\lim_{n\to\infty}}\, a_n = \lim_{n\to\infty} \sup\{a_k : k \geq n\}$을 $\{a_n\}$의 **상극한**(limit superior)이라 한다.

(2) $\underline{\lim_{n\to\infty}}\, a_n = \lim_{n\to\infty} \inf\{a_k : k \geq n\}$을 $\{a_n\}$의 **하극한**(limit inferior)이라 한다.

정의 4.8을 이용하면 $\{a_n\}$에 대하여 다음은 자명하다.

$$\inf\{a_n : n \in \mathbb{N}\} \leq \lim_{n\to\infty} \inf\{a_k : k \geq n\} \leq \lim_{n\to\infty} \sup\{a_k : k > n\} \leq \sup\{a_n : n \in \mathbb{N}\}$$

예제 4.9 $\{a_n\} = \{1 + (-1)^n\}$의 상극한과 하극한을 구하여라.

풀이 | $n \in \mathbb{N}$에 대하여 $x_n = \sup\{a_k : k \geq n\} = \sup\{a_n,\ a_{n+1},\ a_{n+2},\ \cdots\}$라 하면

$$x_1 = \sup\{0,\ 2,\ 0,\ 2,\ \cdots\} = 2$$
$$x_2 = \sup\{2,\ 0,\ 2,\ 0,\ \cdots\} = 2$$
$$x_3 = \sup\{0,\ 2,\ 0,\ 2,\ \cdots\} = 2$$
$$\vdots$$
$$x_n = \sup\{a_k : k \geq n\} = 2$$

이므로 $\overline{\lim_{n\to\infty}}\, a_n = \lim_{n\to\infty} x_n = 2$이다.

$n \in \mathbb{N}$에 대하여 $y_n = \inf\{a_k : k \geq n\} = \inf\{a_n,\ a_{n+1},\ a_{n+2},\ \cdots\}$라 하면

$$y_1 = \inf\{0,\ 2,\ 0,\ 2,\ \cdots\} = 0$$
$$y_2 = \inf\{2,\ 0,\ 2,\ 0,\ \cdots\} = 0$$
$$y_3 = \inf\{0,\ 2,\ 0,\ 2,\ \cdots\} = 0$$
$$\vdots$$
$$y_n = \inf\{a_k : k \geq n\} = 0$$

이므로 $\underline{\lim_{n\to\infty}}\, a_n = \lim_{n\to\infty} y_n = 0$이다. ■

예제 4.10 $n \in \mathbb{N}$ 에 대하여

$$a_n = \begin{cases} \dfrac{n+1}{n}, & n \text{ 이 홀수} \\ -\dfrac{1}{n}, & n \text{ 이 짝수} \end{cases}$$

일 때 $\overline{\lim_{n\to\infty}} a_n$과 $\underline{\lim_{n\to\infty}} a_n$을 구하여라.

풀이 | $n \in \mathbb{N}$ 에 대하여

$$x_n = \sup\{a_k : k \geq n\} = \begin{cases} \dfrac{n+1}{n}, & n\text{이 홀수} \\ \dfrac{n+2}{n+1}, & n\text{이 짝수} \end{cases}$$

이므로 $\lim_{n\to\infty} x_n = 1$이다. 따라서 $\overline{\lim_{n\to\infty}} a_n = 1$이다.

$n \in \mathbb{N}$ 에 대하여

$$y_n = \inf\{a_k : k \geq n\} = \begin{cases} -\dfrac{1}{n+1}, & n\text{이 홀수} \\ -\dfrac{1}{n}, & n\text{이 짝수} \end{cases}$$

이므로 $\lim_{n\to\infty} y_n = 0$이다. 따라서 $\underline{\lim_{n\to\infty}} a_n = 0$이다. ■

예제 4.9와 예제 4.10의 수열에서는 상극한과 하극한이 다르지만 모든 수열에서 상극한과 하극한이 다른 것은 아니다.

예제 4.11 $\left\{\dfrac{1}{n^2}\right\}$의 상극한과 하극한을 구하여라.

풀이 | $n \in \mathbb{N}$ 에 대하여 $a_n = \dfrac{1}{n^2}$이라 하자.

$n \in \mathbb{N}$ 에 대하여 $x_n = \sup\{a_k : k \geq n\} = \dfrac{1}{n^2}$이므로 $\overline{\lim_{n\to\infty}} a_n = \lim_{n\to\infty} x_n = 0$이고 $y_n = \inf\{a_k : k \geq n\} = 0$이므로 $\underline{\lim_{n\to\infty}} a_n = \lim_{n\to\infty} y_n = 0$이다.

따라서 $\left\{\dfrac{1}{n^2}\right\}$의 상극한과 하극한은 모두 0이다. ■

유계인 수열의 극한과 상극한, 하극한의 관계는 다음과 같다.

정리 4.12

유계인 수열 $\{a_n\}$이 수렴하기 위한 필요충분조건은 $\varliminf_{n\to\infty} a_n = \varlimsup_{n\to\infty} a_n$이다.
이때 $\lim_{n\to\infty} a_n = \varliminf_{n\to\infty} a_n = \varlimsup_{n\to\infty} a_n$이다.

증명 | ($\Rightarrow$) $\{a_n\}$이 수렴하므로 $\lim_{n\to\infty} a_n = a$라 하자. (단, $a \in \mathbb{R}$)

임의의 $\epsilon > 0$에 대하여 $\lim_{n\to\infty} a_n = a$이므로 적당한 $N \in \mathbb{N}$이 존재하여 $n \geq N$인 모든 자연수 n에 대하여

$$a - \epsilon < a_n < a + \epsilon$$

이 성립한다. 따라서 $x_n = \sup\{a_k : k \geq n\}$이라 하면

$$x_n \leq a + \epsilon$$

이므로

$$\limsup_{n\to\infty}\{a_k : k \geq n\} = \lim_{n\to\infty} x_n \leq a + \epsilon$$

이다. $\epsilon > 0$은 임의의 양수이므로 $\limsup_{n\to\infty}\{a_k : k \geq n\} \leq a$이다.
같은 방법으로 $y_n = \inf\{a_k : k \geq n\}$이라 하면

$$a - \epsilon \leq y_n$$

이므로

$$a - \epsilon \leq \liminf_{n\to\infty}\{a_k : k \geq n\} = \lim_{n\to\infty} y_n$$

이다. $\epsilon > 0$은 임의의 양수이므로 $a \leq \liminf_{n\to\infty}\{a_k : k \geq n\}$이다. 따라서

$$a \leq \liminf_{n\to\infty}\{a_k : k \geq n\} \leq \limsup_{n\to\infty}\{a_k : k \geq n\} \leq a$$

이므로 $\varliminf_{n\to\infty} a_n = \varlimsup_{n\to\infty} a_n = a$이다.

($\Leftarrow$) $\underline{\lim}_{n\to\infty} a_n = \overline{\lim}_{n\to\infty} a_n = a$라 하면 임의의 $\epsilon > 0$에 대하여 적당한 $n_1 \in \mathbb{N}$이 존재하여

$$|\sup\{a_k : k \geq n_1\} - a| < \epsilon$$

이 성립하므로

$$\sup\{a_k : k \geq n_1\} < a + \epsilon$$

이다. 따라서 $k \geq n_1$인 모든 자연수 k에 대하여

$$a_k < a + \epsilon$$

이다. 또한 적당한 $n_2 \in \mathbb{N}$가 존재하여

$$|\inf\{a_k : k \geq n_2\} - a| < \epsilon$$

이 성립하므로

$$a - \epsilon < \inf\{a_k : k \geq n_2\}$$

이다. 따라서 $k \geq n_2$인 모든 자연수 n에 대하여

$$a - \epsilon < a_k$$

이다. 이제 $N = \max\{n_1, n_2\}$라 하면 $k \geq N$인 모든 자연수 n에 대하여

$$|a_k - a| < \epsilon$$

이므로 $\{a_n\}$은 수렴한다. ■

정리 4.12를 이용하여 정리 4.13을 유도할 수 있다. 정리 4.13은 수열의 상극한과 하극한을 쉽게 구할 수 있는 방법을 제시한다.

정리 4.13

$\{a_n\}$이 유계인 수열일 때 다음이 성립한다.

(1) $\overline{\lim}_{n\to\infty} a_n$은 $\{a_n\}$의 가장 큰 응집점이다.

(2) $\underline{\lim}_{n\to\infty} a_n$은 $\{a_n\}$의 가장 작은 응집점이다.

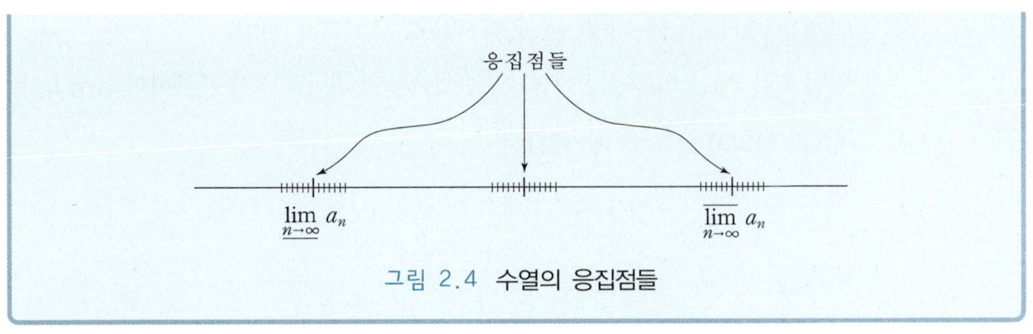

그림 2.4 수열의 응집점들

증명 | (1) $\{a_n\}$이 유계이므로 $a \in \mathbb{R}$가 존재하여 $\overline{\lim_{n\to\infty}}\, a_n = a$이다. 이제

$$a - 1 < a_{n_1} < a + 1$$

인 $n_1 \in \mathbb{N}$을 선택한다. $\epsilon = \dfrac{1}{2} > 0$에 대하여 적당한 $N_1 \in \mathbb{N}$이 존재하여 $n \geq N_1$인 모든 자연수 n에 대하여

$$a_n < a + \frac{1}{2}$$

이 성립한다. 이제

$$a - \frac{1}{2} < a_{n_2} < a + \frac{1}{2}$$

이 성립하는 $n_2 \geq \max\{n_1, N_1 + 1\}$인 $n_2 \in \mathbb{N}$를 선택한다. 같은 방식으로 $\epsilon = \dfrac{1}{2^2} > 0$에 대하여 $N_2 > N_1$인 $N_2 \in \mathbb{N}$가 존재하여 $n \geq N_2$인 모든 자연수 n에 대하여

$$a_n < a + \frac{1}{2}$$

이 성립한다. 이제

$$a - \frac{1}{2^2} < a_{n_3} < a + \frac{1}{2^2}$$

이 성립하는 $n_3 \geq \max\{n_2, N_2 + 1\}$인 $n_3 \in \mathbb{N}$를 선택한다. 이 과정을 반복하면 a로 수렴하는 $\{a_n\}$의 부분수열 $\{a_{n_k}\}$를 얻을 수 있다. 따라서 a는 $\{a_n\}$의 응집점이다.

이제 a가 $\{a_n\}$의 가장 큰 응집점임을 보이고자 한다.

만일 b가 $\{a_n\}$의 응집점이면 $\{a_n\}$의 부분수열 $\{a_{n_j}\}$가 존재하여 $\lim_{j\to\infty} a_{n_j} = b$이다. 임의의 $n \in \mathbb{N}$에 대하여

$$\sup\{a_{n_j} : j \geq n\} \leq \sup\{a_j : j \geq n\}$$

이므로

$$b = \lim_{n\to\infty} \sup\{a_{n_j} : j \geq n\} \leq \lim_{n\to\infty} \sup\{a_j : j \geq n\} = a$$

이고 따라서 a가 $\{a_n\}$의 가장 큰 응집점이다.

(2)는 연습문제로 한다. ■

정리 4.14

$\{a_n\}$이 유계인 수열이고 $\{a_{n_k}\}$가 $\{a_n\}$의 부분수열이면

$$\overline{\lim_{k\to\infty}}\, a_{n_k} \leq \overline{\lim_{n\to\infty}}\, a_n, \qquad \underline{\lim_{k\to\infty}}\, a_{n_k} \geq \underline{\lim_{n\to\infty}}\, a_n$$

이다.

증명 | $i \in \mathbb{N}$에 대하여

$$x_i = \sup\{a_k : k \geq i\}, \quad y_i = \sup\{a_{n_k} : k \geq i\}$$

라 하자. 모든 $k \in \mathbb{N}$에 대하여 $n_k \geq k$이므로

$$\{a_{n_k} : k \geq i\} \subset \{a_k : k \geq i\}$$

이다. 따라서 모든 $i \in \mathbb{N}$에 대하여 $y_i \leq x_i$이고 $\{x_i\}$와 $\{y_i\}$ 모두가 수렴하는 수열이므로

$$\lim_{i\to\infty} y_i \leq \lim_{i\to\infty} x_i$$

이다. 그러므로 $\overline{\lim_{k\to\infty}}\, a_{n_k} \leq \overline{\lim_{n\to\infty}}\, a_n$이다.

$\underline{\lim_{k\to\infty}}\, a_{n_k} \geq \underline{\lim_{n\to\infty}}\, a_n$이 성립함을 증명하는 것은 연습문제로 한다. ■

2.4 연습문제

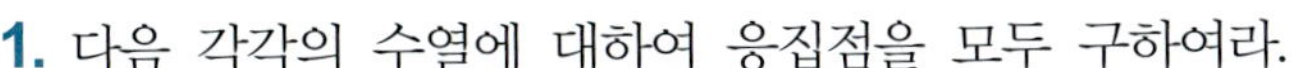

1. 다음 각각의 수열에 대하여 응집점을 모두 구하여라.

(1) $\left\{\dfrac{1}{n}\right\}$ (2) $\left\{1,\ \dfrac{1}{2},\ 3,\ \dfrac{1}{4},\ 5,\ \cdots\right\}$

(3) $\left\{\dfrac{1+(-1)^n}{3}\right\}$ (4) $\left\{(-1)^n\left(\dfrac{n-1}{2n}\right)\right\}$

(5) $\left\{\sin\dfrac{n\pi}{2}+2\right\}$ (6) $\{(-1)^n+\cos n\pi\}$

2. 다음 수열의 상극한과 하극한을 구하여라.

(1) $\left\{(-1)^n\left(2+\dfrac{3}{n}\right)\right\}$ (2) $\left\{1+(-1)^n\left(\dfrac{2n+1}{n}\right)\right\}$

(3) $\left\{\sin\dfrac{n\pi}{3}\right\}$ (4) $\{(-1)^n a_n\}$, 여기서 $\lim\limits_{n\to\infty} a_n = a \in \mathbb{R}$

3. $\{x_n\}=\left\{\sin\dfrac{n\pi}{2}\right\}$, $\{y_n\}=\left\{\cos\dfrac{n\pi}{2}\right\}$일 때 다음을 구하여라.

(1) $\overline{\lim\limits_{n\to\infty}}\, x_n + \overline{\lim\limits_{n\to\infty}}\, y_n$ (2) $\overline{\lim\limits_{n\to\infty}}\,(x_n+y_n)$

(3) $\underline{\lim\limits_{n\to\infty}}\, x_n + \underline{\lim\limits_{n\to\infty}}\, y_n$ (4) $\underline{\lim\limits_{n\to\infty}}\,(x_n+y_n)$

4. $\{x_n\}$과 $\{y_n\}$이 유계인 수열일 때 다음을 증명하여라.

(1) $\overline{\lim\limits_{n\to\infty}}\,(x_n+y_n) \le \overline{\lim\limits_{n\to\infty}}\, x_n + \overline{\lim\limits_{n\to\infty}}\, y_n$

(2) $\underline{\lim\limits_{n\to\infty}}\,(x_n+y_n) \ge \underline{\lim\limits_{n\to\infty}}\, x_n + \underline{\lim\limits_{n\to\infty}}\, y_n$

5. $\{x_n\}$과 $\{y_n\}$이 수열일 때

$$\overline{\lim_{n\to\infty}}\,(x_n+y_n) \le \overline{\lim_{n\to\infty}}\, x_n + \overline{\lim_{n\to\infty}}\, y_n$$

이 성립하지 않는 예를 들어라.

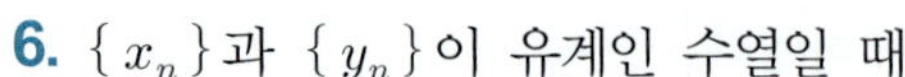

6. $\{x_n\}$과 $\{y_n\}$이 유계인 수열일 때

$$\overline{\lim_{n\to\infty}}(x_n+y_n) < \overline{\lim_{n\to\infty}}\, x_n + \overline{\lim_{n\to\infty}}\, y_n$$

이 성립하지 않는 예를 들어라.

7. 볼차노-바이어스트라스 정리에서 '유계'라는 조건을 빼면 결과가 달라지는 예를 들어라.

8. $\{a_n\}$이 유계인 수열이면 $\underline{\lim_{n\to\infty}}\, a_n$이 $\{a_n\}$의 가장 작은 응집점임을 증명하여라.

9. (1) $\lim_{n\to\infty} a_{2n} = a$이고 $\lim_{n\to\infty} a_{2n+1} = a$이면 $\lim_{n\to\infty} a_n = a$임을 증명하여라.

(2) $\{a_{2n-1}\}$과 $\{a_{2n}\}$이 모두 수렴하면 $\{a_n\}$도 수렴하는가?

10. $\{a_n\}$이 $a \in \mathbb{R}$로 수렴하면 a가 $\{a_n\}$의 유일한 응집점임을 증명하여라.

11. 다음 명제들은 모두 거짓인 명제이다. 반례를 들어라.

(1) $\{a_n\}$이 유계인 수열이면 $\sup\{a_n : n \in \mathbb{N}\} = \overline{\lim_{n\to\infty}}\, a_n$이다.

(2) $\{b_n\}$이 유일한 응집점을 가지면 $\{b_n\}$은 수렴한다.

12. $x \in \mathbb{R}$일 때 다음을 구하여라.

(1) $\overline{\lim_{n\to\infty}}\, x^n$　　　　(2) $\underline{\lim_{n\to\infty}}\, x^n$

13. $n \in \mathbb{N}$에 대하여 $x_n = \dfrac{1}{3n}$, $y_n = -\dfrac{1}{2n}$이며

$$z_n = \begin{cases} x_m, & n = 2m-1 \\ y_m, & n = 2m \end{cases}$$

이면 $\lim_{n\to\infty} z_n = 0$임을 증명하여라.

14. $\{a_n\}$이 유계인 수열이고 $n \in \mathbb{N}$에 대하여 $x_n = \sup\{a_k : k \geq n\}$, $y_n = \inf\{a_k : k \geq n\}$일 때 다음을 증명하여라.

(1) $\overline{\lim_{n\to\infty}} a_n = \inf\{x_n : n \in \mathbb{N}\}$ (2) $\underline{\lim_{n\to\infty}} a_n = \sup\{y_n : n \in \mathbb{N}\}$

15. $\{a_n\}$이 유계인 수열이고 $\{a_{n_k}\}$가 $\{a_n\}$의 부분수열이면

$$\overline{\lim_{k\to\infty}} a_{n_k} \leq \overline{\lim_{n\to\infty}} a_n$$

임을 증명하여라.

16. $\{a_n\}$과 $\{b_n\}$이 유계인 수열이고 $n \in \mathbb{N}$에 대하여 $a_n \geq 0$이고 $b_n \geq 0$일 때 다음을 증명하여라.

(1) $\overline{\lim_{n\to\infty}} a_n b_n \leq \overline{\lim_{n\to\infty}} a_n \overline{\lim_{n\to\infty}} b_n$ (2) $\underline{\lim_{n\to\infty}} a_n \underline{\lim_{n\to\infty}} b_n \leq \underline{\lim_{n\to\infty}} a_n b_n$

17. $a > 0$이고 $\lim_{n\to\infty} a_n = a$이며 $\{b_n\}$이 유계인 수열이면

$$\overline{\lim_{n\to\infty}} a_n b_n = a \overline{\lim_{n\to\infty}} b_n$$

임을 증명하여라.

18. 임의의 $\{a_n\}$은 반드시 단조증가하는 부분수열 또는 단조감소하는 부분수열을 가짐을 증명하여라.

19. 1에 접근하는 부분수열과 $\sqrt{5}$에 접근하는 부분수열을 갖고 있는 수열의 예를 들어라.

20. $\{a_n\}$이 유계인 수열이고 $\overline{\lim_{n\to\infty}} a_n = a$이면 임의의 $\epsilon > 0$에 대하여 $a_n > a + \epsilon$인 유한개의 $n \in \mathbb{N}$이 있고 $a_n > a - \epsilon$인 무수히 많은 $n \in \mathbb{N}$이 존재함을 증명하여라.

21. $\overline{\lim_{n\to\infty}} x_n = 1$이면 적당한 $N \in \mathbb{N}$이 존재하여 $n \geq N$인 모든 자연수 n에 대하여 $x_n \leq 1$인가?

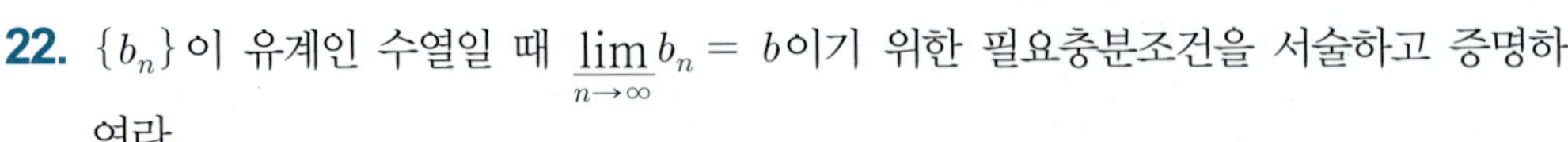

22. $\{b_n\}$이 유계인 수열일 때 $\lim_{n \to \infty} b_n = b$이기 위한 필요충분조건을 서술하고 증명하여라.

23. $0 < x_1 < 1$이고 $n \in \mathbb{N}$에 대하여 $x_{n+1} = \dfrac{1}{x_n + 1}$ 일 때 다음을 증명하여라.

(1) 부분수열 $\{x_{2n}\}$과 $\{x_{2n+1}\}$ 중 하나는 단조증가수열이고 다른 하나는 단조감소수열이다.

(2) 부분수열 $\{x_{2n}\}$과 $\{x_{2n+1}\}$은 방정식 $x^2 + x = 1$의 양의 근 a로 수렴한다.

2.5 코시수열

주어진 수열이 수렴하는가를 판정하기 위하여 3절에서는 수열이 단조이고 유계이면 수렴한다는 정리를 증명하였다. 그러나 이 정리를 사용하려면 주어진 수열이 기본적으로 단조일 때만 적용이 가능하므로 단조수렴정리를 단조수열이 아닌 일반 수열의 수렴성을 판정하는 데 사용할 수 없다. 예를 들어 $\left\{\frac{(-1)^n}{n}\right\}$은 0으로 수렴하는 수열이지만 단조수열이 아니므로 단조수렴정리를 이용하여 수렴성을 설명할 수 없다.

이러한 문제를 해결하는 방안의 하나로 코시수열을 도입하고자 한다.

정의 5.1

임의의 $\epsilon > 0$에 대하여 $N \in \mathbb{N}$이 존재하여 $m, n \geq N$인 모든 자연수 m, n에 대하여

$$|a_m - a_n| < \epsilon$$

이 성립하면 $\{a_n\}$을 **코시수열**(Cauchy sequence)이라 한다.

주어진 수열이 코시수열임을 증명하는 방법은 수열의 극한 증명 방법과 유사하다. 다만 코시수열의 증명에서는 m과 n이 모두 N보다 큰 임의의 자연수들이므로 수열의 극한에 대한 증명방법보다는 다소 복잡하다.

예제 5.2 $\left\{\frac{1}{n}\right\}$이 코시수열임을 증명하여라.

$$\left|\frac{1}{m} - \frac{1}{n}\right| \leq \frac{1}{m} + \frac{1}{n} \leq \frac{1}{N} + \frac{1}{N} = \frac{2}{N} < \epsilon$$

에서 $N > \frac{2}{\epsilon}$인 $N \in \mathbb{N}$을 선택한다.

증명 | 임의의 $\epsilon > 0$에 대하여 $N > \frac{2}{\epsilon}$인 $N \in \mathbb{N}$을 선택한다. 그러면 $m, n \geq N$인 모든 자연수 m, n에 대하여

$$\left|\frac{1}{m} - \frac{1}{n}\right| = \frac{1}{m} + \frac{1}{n} \leq \frac{1}{N} + \frac{1}{N} = \frac{2}{N} < \epsilon$$

이므로 $\left\{\frac{1}{n}\right\}$은 코시수열이다. ■

예제 5.3 $\left\{\frac{2n}{n^3+1}\right\}$이 코시수열임을 증명하여라.

TIP

$$\left|\frac{2m}{m^3+1} - \frac{2n}{n^3+1}\right| \leq \frac{2m}{m^3+1} + \frac{2n}{n^3+1} \leq \frac{2}{m^2} + \frac{2}{n^2} \leq \frac{4}{N^2} < \epsilon$$

에서 $N > \frac{2}{\sqrt{\epsilon}}$인 $N \in \mathbb{N}$을 선택한다.

증명 | 임의의 $\epsilon > 0$에 대하여 $N > \frac{2}{\sqrt{\epsilon}}$인 $N \in \mathbb{N}$을 선택한다. 그러면 $m, n \geq N$인 모든 자연수 m, n에 대하여

$$\left|\frac{2m}{m^3+1} - \frac{2n}{n^3+1}\right| \leq \frac{2m}{m^3+1} + \frac{2n}{n^3+1} \leq \frac{2}{m^2} + \frac{2}{n^2} \leq \frac{4}{N^2} < \epsilon$$

이므로 $\left\{\frac{2n}{n^3+1}\right\}$은 코시수열이다. ■

이제 수렴하는 수열과 코시수열과의 관계를 살펴보기로 한다. 이를 위하여 우선 다음 보조정리를 증명한다.

보조정리 5.4

$\{a_n\}$이 코시수열이면 $\{a_n\}$은 유계이다.

TIP 수렴하는 수열이 유계라는 정리의 증명과 유사하다. $\epsilon = 1 > 0$로 놓고 유계임을 증명한다.

증명 | $\epsilon = 1 > 0$에 대하여 $\{a_n\}$이 코시수열이므로 적당한 $N \in \mathbb{N}$이 존재하여 $m, n \geq N$인 모든 자연수 m, n에 대하여

$$|a_n - a_m| < 1$$

이 성립한다. 이 식은 $m=N$일 때도 성립하므로 $n \geq N$인 모든 자연수 n에 대하여

$$|a_n - a_N| < 1$$

이다. 삼각부등식에 의하여 $|a_n| - |a_N| \leq |a_n - a_N|$이므로

$$|a_n| - |a_N| < 1$$

이다. 따라서 $n \geq N$인 모든 자연수 n에 대하여

$$|a_n| < 1 + |a_N|$$

이다. 이제

$$M = \max\{|a_1|, |a_2|, \cdots, |a_{N-1}|, 1 + |a_N|\}$$

이라 하면 모든 $n \in \mathbb{N}$에 대하여

$$|a_n| \leq M$$

이므로 $\{a_n\}$은 유계이다. ■

다음 정리는 수렴하는 수열과 코시수열이 동치임을 설명한다.

정리 5.5

$\{a_n\}$이 수렴하는 수열이기 위한 필요충분조건은 $\{a_n\}$이 코시수열인 것이다.

TIP 보조정리 5.4와 볼차노-바이어스트라스 정리를 이용하여 증명한다.

증명 | ($\Rightarrow$) $\lim\limits_{n \to \infty} a_n = a$라 하자. (단, $a \in \mathbb{R}$)

임의의 $\epsilon > 0$에 대하여 $\lim\limits_{n \to \infty} a_n = a$이므로 적당한 $N \in \mathbb{N}$이 존재하여 $n \geq N$인 모든 자연수 n에 대하여

$$|a_n - a| < \frac{\epsilon}{2}$$

이 성립한다. 따라서 $m, n \geq N$인 모든 자연수 m, n에 대하여

$$|a_m - a_n| \leq |a_m - a| + |a - a_n| < \frac{\epsilon}{2} + \frac{\epsilon}{2} = \epsilon$$

이므로 $\{a_n\}$은 코시수열이다.

($\Leftarrow$) 임의의 $\epsilon > 0$에 대하여 $\{a_n\}$이 코시수열이므로 적당한 $N_1 \in \mathbb{N}$이 존재하여 $k, m \geq N_1$인 모든 자연수 k, m에 대하여

$$|a_k - a_m| < \frac{\epsilon}{2} \tag{1}$$

이 성립한다. 보조정리 5.4에 의하여 $\{a_n\}$은 유계이므로 볼차노-바이어스트라스 정리에 의하여 $\{a_n\}$은 수렴하는 부분수열 $\{a_{n_k}\}$를 갖는다.
따라서 $\lim\limits_{k \to \infty} a_{n_k} = a$라 하면 적당한 $N_2 \in \mathbb{N}$가 존재하여 $k \geq N_2$ 인 모든 자연수 k에 대하여

$$|a_{n_k} - a| < \frac{\epsilon}{2} \tag{2}$$

이 성립한다. 이제 $N = \max\{N_1, N_2\}$라 하면 부분수열의 정의에 의하여 임의의 $k \in \mathbb{N}$에 대하여 $n_k \geq k$ 이고 (1)과 (2)로부터 $k \geq N$ 인 모든 자연수 k에 대하여

$$|a_k - a| \leq |a_k - a_{n_k}| + |a_{n_k} - a| < \frac{\epsilon}{2} + \frac{\epsilon}{2} = \epsilon$$

이므로 $\{a_n\}$은 수렴한다. ■

예제 5.6 $a_1 = 1$, $a_2 = 2$이고 $n \geq 3$인 자연수 n에 대하여

$$a_n = \frac{1}{2}(a_{n-1} + a_{n-2})$$

이면 $\{a_n\}$은 수렴하는가?

TIP 복잡하게 정의된 이 수열의 항을 몇 개 나열해 보면 다음과 같다.

$$a_1 = 1,\ a_2 = 2,\ a_3 = \frac{3}{2},\ a_4 = \frac{7}{4},\ a_5 = \frac{13}{8},\ \cdots$$

이상에서 알 수 있듯이 주어진 수열은 단조증가하거나 단조감소하지 않으므로 단조수렴정리를

사용할 수 없다. 주어진 점화수열에서

$$\begin{aligned} a_n - a_{n-1} &= -\frac{1}{2}(a_{n-1} - a_{n-2}) \\ &= \left(-\frac{1}{2}\right)^2 (a_{n-2} - a_{n-3}) \\ &= \cdots \\ &= \left(-\frac{1}{2}\right)^{n-2} (a_2 - a_1) \\ &= \left(-\frac{1}{2}\right)^{n-2} \end{aligned}$$

이다. $m > n$ 일 때

$$\begin{aligned} |a_n - a_m| &\le |a_n - a_{n+1}| + |a_{n+1} - a_{n+2}| + \cdots + |a_{m-1} - a_m| \\ &= \frac{1}{2^{n-1}} + \frac{1}{2^n} + \cdots + \frac{1}{2^{m-2}} \\ &= \frac{1}{2^{n-1}}\left(1 + \frac{1}{2} + \cdots + \frac{1}{2^{m-n-1}}\right) \\ &< \frac{1}{2^{n-1}}\left(1 + \frac{1}{2} + \cdots\right) = \frac{1}{2^{n-2}} \end{aligned}$$

임을 이용하여 주어진 수열이 코시수열임을 증명한다.

증명 | 임의의 $\epsilon > 0$에 대하여 $\frac{1}{2^{N-2}} < \epsilon$ 인 $N \in \mathbb{N}$을 선택한다. 그러면 $m > n \ge N$ 인 모든 자연수 m, n에 대하여

$$\begin{aligned} |a_n - a_m| &\le |a_n - a_{n+1}| + |a_{n+1} - a_{n+2}| + \cdots + |a_{m-1} - a_m| \\ &= \frac{1}{2^{n-1}} + \frac{1}{2^n} + \cdots + \frac{1}{2^{m-2}} \\ &= \frac{1}{2^{n-1}}\left(1 + \frac{1}{2} + \cdots + \frac{1}{2^{m-n-1}}\right) \\ &< \frac{1}{2^{n-1}}\left(1 + \frac{1}{2} + \cdots\right) \\ &= \frac{1}{2^{n-2}} \\ &< \frac{1}{2^{N-2}} < \epsilon \end{aligned}$$

이므로 $\{a_n\}$은 코시수열이고 따라서 $\{a_n\}$은 수렴한다. ■

코시수열의 정의에서는 m과 n 사이에는 아무런 대소 관계가 없으나 예제 5.6처럼 주어진 수열이 코시수열임을 증명하고자 할 때 m과 n 중 하나가 다른 것보다 크다고 하고 증명을 하는 것이 일반적이다.

정의 5.1에 의하여 적당한 $\epsilon_0 > 0$와 임의의 $N \in \mathbb{N}$에 대하여 $m, n \geq N$인 적당한 자연수 m, n이 존재하여

$$|a_m - a_n| \geq \epsilon_0$$

이면 $\{a_n\}$은 코시수열이 아니다.

예제 5.7 $\{(-1)^n\}$은 코시수열이 아님을 증명하여라.

증명 | $\epsilon_0 = 1 > 0$이라 할 때 임의의 $N \in \mathbb{N}$에 대하여 $n > N$인 $n \in \mathbb{N}$을 선택한다. $m = n + 1$이라 하면 $m \geq N$이고

$$|(-1)^m - (-1)^n| = |(-1)^{n+1} - (-1)^n| = 2 > 1 = \epsilon_0$$

이므로 $\{(-1)^n\}$은 코시수열이 아니다. ■

예제 5.8 $n \in \mathbb{N}$에 대하여 $b_n = 1 + \frac{1}{2} + \frac{1}{3} + \cdots + \frac{1}{n}$이면 $\{b_n\}$은 수렴하는가?

TIP $\{b_n\}$이 코시수열이 아님을 보임으로써 수렴하지 않음을 증명한다.
$m > n$인 자연수 m, n에 대하여

$$\begin{aligned} b_m - b_n &= \frac{1}{n+1} + \frac{1}{n+2} + \cdots + \frac{1}{m} \\ &> \frac{1}{m} + \frac{1}{m} + \cdots + \frac{1}{m} \\ &= \frac{m-n}{m} = 1 - \frac{n}{m} \end{aligned}$$

임을 이용한다.

증명 | $\epsilon_0 = \frac{1}{4} > 0$과 임의의 $N \in \mathbb{N}$에 대하여 $m > N$인 $m \in \mathbb{N}$을 선택한다. 그러면 $2m > m \geq N$이고

$$|b_{2m} - b_m| > 1 - \frac{m}{2m} = \frac{1}{2} > \frac{1}{4} = \epsilon_0$$

이므로 $\{b_n\}$은 코시수열이 아니고 정리 5.5에 의하여 $\{b_n\}$은 수렴하지 않는다. ■

$\{a_n\}$이 코시수열인가를 판정하려면 a_m과 a_n의 차이를 계산하여야 하는데 일반적으로 이 두 항은 이웃하지 않기 때문에 다음 정의와 삼각부등식을 이용하여 계산하는 것이 일반적이다.

정의 5.9

$0<b<1$인 상수 b가 존재하여 모든 $n\in\mathbb{N}$에 대하여

$$|a_{n+2}-a_{n+1}|\le b|a_{n+1}-a_n|$$

이 성립하면 $\{a_n\}$은 **축소적**(contractive)이라 한다.

축소적 수열은 다음과 같은 성질을 갖고 있다.

(1) $\{a_n\}$이 축소적이면 $m\in\mathbb{N}$에 대하여

$$\begin{aligned}|a_{m+1}-a_m| &\le b|a_m-a_{m-1}|\\ &\le b(b|a_{m-1}-a_{m-2}|)\\ &= b^2|a_{m-1}-a_{m-2}|\\ &\le b^3|a_{m-2}-a_{m-3}|\\ &\le \cdots\\ &\le b^{m-1}|a_2-a_1|\end{aligned}$$

이다.

(2) $\{a_n\}$이 축소적이면 (1)의 결과에 의하여 $m>n$인 자연수 m, n에 대하여

$$\begin{aligned}|a_m-a_n| &\le |a_m-a_{m-1}|+|a_{m-1}-a_{m-2}|+\cdots+|a_{n+1}-a_n|\\ &\le b^{m-2}|a_2-a_1|+b^{m-3}|a_2-a_1|+\cdots+b^{n-1}|a_2-a_1|\\ &= b^{n-1}|a_2-a_1|(1+b+b^2+\cdots+b^{m-n-1})\\ &\le b^{n-1}|a_2-a_1|(1+b+b^2+\cdots+b^{m-n-1}+\cdots)\\ &= \frac{b^{n-1}}{1-b}|a_2-a_1|\end{aligned}$$

이다. 이 식의 우변의 값은 $n \to \infty$ 일 때 0으로 수렴한다.

정리 5.10

$\{a_n\}$이 축소적이면 $\{a_n\}$은 코시수열이다.

증명 | $\{a_n\}$이 축소적이므로 $0 < b < 1$인 상수 b가 존재하여 모든 $n \in \mathbb{N}$에 대하여

$$|a_{n+2} - a_{n+1}| \le b|a_{n+1} - a_n|$$

이다.

임의의 $\epsilon > 0$에 대하여 $\dfrac{b^{N-1}}{1-b}|a_2 - a_1| < \epsilon$인 $N \in \mathbb{N}$을 선택한다. 그러면 $m > n \ge N$인 모든 자연수 m, n에 대하여

$$\begin{aligned} |a_m - a_n| &\le |a_m - a_{m-1}| + |a_{m-1} - a_{m-2}| + \cdots + |a_{n+1} - a_n| \\ &\le b^{m-2}|a_2 - a_1| + b^{m-3}|a_2 - a_1| + \cdots + b^{n-1}|a_2 - a_1| \\ &= b^{n-1}|a_2 - a_1|(1 + b + b^2 + \cdots + b^{m-n-1}) \\ &\le b^{n-1}|a_2 - a_1|(1 + b + b^2 + \cdots + b^{m-n-1} + \cdots) \\ &= \frac{b^{n-1}}{1-b}|a_2 - a_1| \\ &\le \frac{b^{N-1}}{1-b}|a_2 - a_1| \\ &< \epsilon \end{aligned}$$

이므로 $\{a_n\}$은 코시수열이다. ■

정리 5.10에 의하여 주어진 수열이 축소적이면 정리 5.5로부터 그 수열은 수렴한다고 할 수 있다.

예제 5.11 $a_1 = 1$이고 $n \in \mathbb{N}$에 대하여 $a_{n+1} = \dfrac{1}{3}a_n + 1$이면 $\{a_n\}$은 수렴하는가?

TIP $\{a_n\}$이 축소적임을 증명하여 $\{a_n\}$이 수렴함을 증명한다.

증명 | $n \in \mathbb{N}$ 에 대하여

$$a_{n+1} - a_n = \left(\frac{1}{3}a_n + 1\right) - \left(\frac{1}{3}a_{n-1} + 1\right) = \frac{1}{3}(a_n - a_{n-1})$$

이므로

$$|a_{n+1} - a_n| \leq \frac{1}{3}|a_n - a_{n-1}|$$

이다. 따라서 $\{a_n\}$은 축소적이므로 정리 5.10에 의하여 $\{a_n\}$은 코시수열이고 정리 5.5에 의하여 $\{a_n\}$은 수렴한다. ■

예제 5.11의 경우 $\{a_n\}$이 축소적임을 보이는 대신 단조증가하는 수열이고 위로 유계임을 보임으로써 단조수렴정리에 의하여 수렴한다고 할 수 있다.

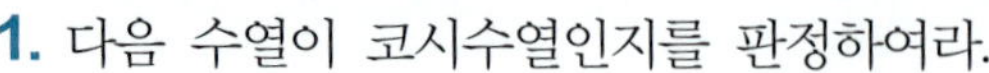

2.5 연습문제

1. 다음 수열이 코시수열인지를 판정하여라.

(1) $\{\sqrt{n}\}$　　(2) $\left\{\dfrac{5n+1}{2n-3}\right\}$

(3) $\left\{2+\dfrac{(-1)^n}{n}\right\}$　　(4) $\left\{\dfrac{\sin n}{n^2}\right\}$

2. $\{a_n\}$과 $\{b_n\}$이 모두 코시수열일 때 다음을 증명하여라.

(1) $\{a_n+b_n\}$도 코시수열이다.

(2) $\{a_n b_n\}$도 코시수열이다.

3. (1) $\{a_n\}$이 코시수열이고 모든 $n\in\mathbb{N}$에 대하여 $a_n>a$인 양수 a가 존재하면 $\left\{\dfrac{1}{a_n}\right\}$도 코시수열임을 증명하여라.

(2) $\{a_n\}$이 코시수열이면 $\left\{\dfrac{1}{a_n}\right\}$도 코시수열인가?

4. 코시수열의 부분수열은 코시수열임을 증명하여라.

5. $n\in\mathbb{N}$에 대하여 $b_n=1+\dfrac{1}{2^2}+\dfrac{1}{3^2}+\cdots+\dfrac{1}{n^2}$이면 $\{b_n\}$은 코시수열임을 증명하여라.

6. $n\in\mathbb{N}$에 대하여 $|a_{n+1}-a_n|<\dfrac{1}{n^2}$이면 $\{a_n\}$은 코시수열인가?

7. $\lim_{n\to\infty}|x_{n+1}-x_n|=0$이면 $\{x_n\}$은 코시수열인가?

8. $n\in\mathbb{N}$에 대하여 $|x_{n+1}-x_n|<\dfrac{1}{2^n}$이면 $\{x_n\}$은 코시수열인가?

9. $n \in \mathbb{N}$ 에 대하여 $a_n = 1 + \frac{1}{2!} + \frac{1}{3!} + \cdots + \frac{1}{n!}$ 이면 $\{a_n\}$은 코시수열임을 증명하여라.

10. $\{a_n\}$이 코시수열이고 $n \in \mathbb{N}$ 에 대하여 $b_n = \frac{1}{a_n^2 - 2a_n + 3}$ 이면 $\{b_n\}$은 코시수열임을 증명하여라.

11. $a_1 = 1,\ a_2 = 1$ 이고 $n \in \mathbb{N}$ 에 대하여 $a_{n+2} = a_{n+1} + a_n$ 이면 $\{a_n\}$은 코시수열이 아님을 증명하여라.

12. $a_1 = 1,\ a_2 = 1$ 이고 $n \in \mathbb{N}$ 에 대하여 $a_{n+2} = a_{n+1} + a_n$ 이면 $\left\{\frac{a_{n+1}}{a_n}\right\}$은 수렴함을 증명하여라.

13. $0 < a < 1$이고 $n \in \mathbb{N}$ 에 대하여 $x_{n+2} = ax_{n+1} + (1-a)x_n$ 이면 $\{x_n\}$은 코시수열임을 증명하여라.

14. $0 < x_1 < 1$이고 $n \in \mathbb{N}$ 에 대하여 $x_{n+1} = \frac{1}{3}(x_n^2 + 1)$ 이면 $\{x_n\}$은 코시수열인가?

15. $x_1 = 1$이고 $n \in \mathbb{N}$ 에 대하여 $x_{n+1} = \frac{1}{2 + x_n^2}$ 이면 $\{x_n\}$은 코시수열임을 증명하여라.

16. $x_1 = 3$이고 $n \in \mathbb{N}$ 에 대하여 $x_{n+1} = 3 + \frac{1}{x_n}$ 이면 $\{x_n\}$은 축소적임을 증명하여라.

17. $x_1 = 1$이고 $n \in \mathbb{N}$ 에 대하여 $x_{n+1} = 1 + \frac{1}{1 + x_n}$ 이면 $\{x_n\}$은 수렴함을 증명하여라.

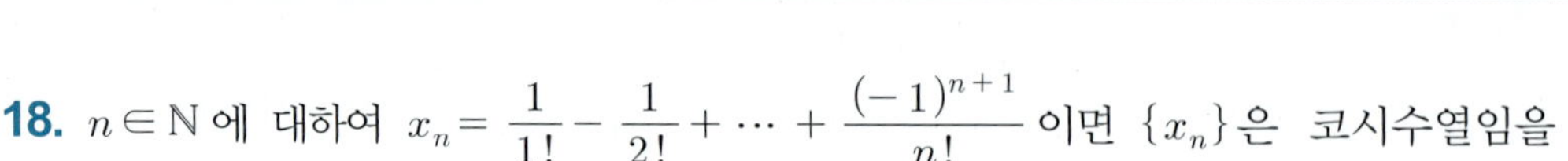

18. $n \in \mathbb{N}$ 에 대하여 $x_n = \frac{1}{1!} - \frac{1}{2!} + \cdots + \frac{(-1)^{n+1}}{n!}$ 이면 $\{x_n\}$은 코시수열임을 증명하여라.

19. $n \in \mathbb{N}$ 에 대하여 $x_n \in \mathbb{N}$ 일 때 $\{x_n\}$이 코시수열이면 적당한 $N \in \mathbb{N}$과 $x \in \mathbb{R}$가 존재하여 $n \geq N$인 모든 자연수 n에 대하여 $x_n = a$임을 증명하여라.

20. $\{x_n\}$이 다음 두 조건을 만족하면 $\{x_n\}$은 코시수열임을 증명하여라.

(1) $0 < a \leq x_1 \leq x_2 \leq b$

(2) $n \in \mathbb{N}$ 에 대하여 $x_{n+2} = \sqrt{x_{n+1} x_n}$ 이다.

21. $a, b \in \mathbb{R}$ 일 때 $x_1 = a$, $x_2 = b$이고 $n \in \mathbb{N}$ 에 대하여 $x_{n+2} = \frac{1}{2}(x_{n+1} + x_n)$이면 $\{x_n\}$은 수렴함을 증명하여라.

22. $\sqrt{2 - \sqrt{2 - \sqrt{2 - \cdots}}}$ 의 값이 존재하는 이유를 설명하고 그 값을 구하여라.

2.6 무한극한

주어진 수열의 극한은 항상 수렴하거나 진동하는 것은 아니다. 수열의 극한값이 ∞ 또는 $-\infty$인 경우에 대한 엄밀한 수학적 정의는 다음과 같다.

정의 6.1

(1) 임의의 양수 $M>0$에 대하여 적당한 $N=N(M)\in\mathbb{N}$이 존재하여 $n\ge N$인 모든 자연수 n에 대하여

$$a_n > M$$

이 성립하면 $\{a_n\}$은 **∞ 로 발산한다**고 하고 $\lim_{n\to\infty} a_n=\infty$로 나타낸다.

(2) 임의의 양수 $M>0$에 대하여 적당한 $N=N(M)\in\mathbb{N}$이 존재하여 $n\ge N$인 모든 자연수 n에 대하여

$$a_n < -M$$

이 성립하면 $\{a_n\}$은 **$-\infty$ 로 발산한다**고 하고 $\lim_{n\to\infty} a_n=-\infty$로 나타낸다.

정의 6.1에서 임의의 양수 $M>0$보다 큰 값을 갖는다는 것은 우리가 생각해 볼 수 있는 어떠한 양수 값보다도 큰 값이라는 것을 의미하며 이것을 ∞로 정의하고 있음을 알 수 있다.

수열이 수렴할 때의 증명과 같이 수열의 발산을 엄밀하게 증명할 때 가장 중요한 부분은 "임의의 양수 $M>0$에 대하여" 적절한 "$N=N(M)$"을 찾는 것이다.

여기서 $N(M)$은 N의 값이 $M>0$에 따라서 결정됨을 의미한다.

예제 6.2 $\lim_{n\to\infty} n^2=\infty$임을 증명하여라.

TIP $a_n>M$이려면 $n^2>M$이어야 하므로 $N>\sqrt{M}$인 $N\in\mathbb{N}$을 선택한다.

증명 | 임의의 양수 $M>0$에 대하여 $N>\sqrt{M}$ 인 $N\in\mathbb{N}$ 을 선택한다. 그러면 $n\geq N$ 인 모든 자연수 n에 대하여

$$a_n = n^2 \geq N^2 > M$$

이므로 $\lim_{n\to\infty} n^2 = \infty$ 이다. ■

예제 6.3 $\lim_{n\to\infty}\dfrac{3n^2+5}{n+1}=\infty$ 임을 증명하여라.

TIP $n\in\mathbb{N}$에 대하여 $n+1\leq 2n$이고 $3n^2<3n^2+5$이다. 따라서

$$\frac{3n^2+5}{n+1}\geq\frac{3n^2}{2n}=\frac{3n}{2}>M$$

이어야 하므로 $N>\frac{2}{3}M$인 $N\in\mathbb{N}$을 선택한다.

증명 | 임의의 양수 $M>0$ 에 대하여 $N>\frac{2}{3}M$인 $N\in\mathbb{N}$ 을 선택한다. 그러면 $n\geq N$ 인 모든 자연수 n 에 대하여

$$\frac{3n^2+5}{n+1}\geq\frac{3n^2}{2n}=\frac{3n}{2}\geq\frac{3}{2}N>M$$

이므로 $\lim_{n\to\infty}\dfrac{3n^2+5}{n+1}=\infty$ 이다. ■

예제 6.4 $a>1$이면 $\lim_{n\to\infty}a^n=\infty$ 임을 증명하여라.

TIP $a>1$이면 $a=1+b$인 양수 b가 존재한다. 베르누이 부등식에 의하여

$$a^n=(1+b)^n\geq 1+nb\geq nb\geq Nb>M$$

이어야 하므로 $N>\frac{M}{b}$인 $N\in\mathbb{N}$을 선택한다.

증명 | $a>1$ 이므로 $a=1+b$ 인 양수 b가 존재한다. 임의의 양수 $M>0$에 대하여 $N>\dfrac{M}{b}$ 인 $N\in\mathbb{N}$ 을 선택하면 $n\geq N$인 모든 자연수 n에 대하여

$$a^n = (1+b)^n \geq 1 + nb > nb \geq Nb > M$$

이므로 $\lim_{n\to\infty} a^n = \infty$ 이다. ■

이제 수열의 극한이 $-\infty$ 인 경우를 엄밀하게 증명하여 보자.

예제 6.5 $\lim_{n\to\infty}(3-n^3) = -\infty$ 임을 증명하여라.

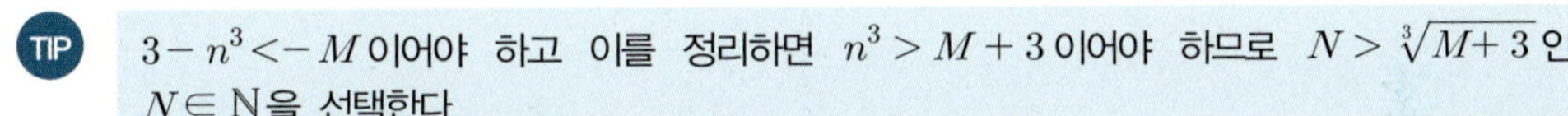

TIP $3-n^3 < -M$ 이어야 하고 이를 정리하면 $n^3 > M+3$ 이어야 하므로 $N > \sqrt[3]{M+3}$ 인 $N \in \mathbb{N}$을 선택한다.

증명 | 임의의 양수 $M>0$에 대하여 $N > \sqrt[3]{M+3}$ 인 $N \in \mathbb{N}$ 을 선택한다. 그러면 $n \geq N$인 모든 자연수 n에 대하여

$$3 - n^3 \leq 3 - N^3 < -M$$

이므로 $\lim_{n\to\infty}(3-n^3) = -\infty$ 이다. ■

발산하는 두 수열의 사칙연산은 다음과 같다.

정리 6.6

$\lim_{n\to\infty} a_n = \infty$ 이고 $\lim_{n\to\infty} b_n = \infty$ 이면 다음이 성립한다.

(1) $\lim_{n\to\infty}(a_n + b_n) = \infty$

(2) $\lim_{n\to\infty} a_n b_n = \infty$

TIP (1) 임의의 양수 $M>0$에 대하여 $a_N > \frac{M}{2}$ 이고 $b_N > \frac{M}{2}$ 인 $N \in \mathbb{N}$을 선택한다.
(2) 임의의 양수 $M>0$에 대하여 $a_N > \sqrt{M}$ 이고 $b_N > \sqrt{M}$ 인 $N \in \mathbb{N}$을 선택한다.

증명 | (1) 임의의 양수 $M>0$에 대하여 $\lim_{n\to\infty} a_n = \infty$ 이므로 적당한 $N_1 \in \mathbb{N}$ 이 존재하여 $n \geq N_1$ 인 모든 자연수 n에 대하여

$$a_n > \frac{1}{2}M$$

이 성립한다. 또한 $\lim_{n\to\infty} b_n = \infty$ 이므로 적당한 $N_2 \in \mathbb{N}$ 가 존재하여 $n \geq N_2$ 인 모든 자연수 n 에 대하여

$$b_n > \frac{1}{2}M$$

이 성립한다. 이제 $N = \max\{N_1, N_2\}$ 이라 하면 $n \geq N$ 인 모든 자연수 n 에 대하여

$$a_n + b_n > \frac{1}{2}M + \frac{1}{2}M = M$$

이므로 $\lim_{n\to\infty}(a_n + b_n) = \infty$ 이다.

(2) 임의의 양수 $M > 0$ 에 대하여 $\lim_{n\to\infty} a_n = \infty$ 이므로 적당한 $N_1 \in \mathbb{N}$ 이 존재하여 $n \geq N_1$ 인 모든 자연수 n 에 대하여

$$a_n > \sqrt{M}$$

이 성립한다. 또한 $\lim_{n\to\infty} b_n = \infty$ 이므로 적당한 $N_2 \in \mathbb{N}$ 가 존재하여 $n \geq N_2$ 인 모든 자연수 n 에 대하여

$$b_n > \sqrt{M}$$

이 성립한다. 이제 $N = \max\{N_1, N_2\}$ 이라 하면 $n \geq N$ 인 모든 자연수 n 에 대하여

$$a_n \cdot b_n > M$$

이므로 $\lim_{n\to\infty} a_n b_n = \infty$ 이다. ■

$\lim_{n\to\infty} a_n = \infty$ 이고 $\lim_{n\to\infty} b_n = \infty$ 이면 $\lim_{n\to\infty}(a_n - b_n)$ 과 $\lim_{n\to\infty}\frac{a_n}{b_n}$ 에 대하여는 어떠한 결론도 내릴 수 없다.

예제 6.7 (1) $n \in \mathbb{N}$ 에 대하여 $a_n = \sqrt{n+1}$, $b_n = \sqrt{n}$ 이면 $\lim_{n\to\infty} a_n = \infty$ 이고 $\lim_{n\to\infty} b_n = \infty$ 이며 $\lim_{n\to\infty}(a_n - b_n) = \lim_{n\to\infty} \dfrac{1}{\sqrt{n+1}+\sqrt{n}} = 0$ 이다.

(2) $n \in \mathbb{N}$ 에 대하여 $a_n = n^2$, $b_n = n$ 이면 $\lim_{n\to\infty} a_n = \infty$ 이고 $\lim_{n\to\infty} b_n = \infty$ 이며 $\lim_{n\to\infty}(a_n - b_n) = \lim_{n\to\infty} n(n-1) = \infty$ 이다.

(3) $n \in \mathbb{N}$ 에 대하여 $a_n = n^2 - 1$, $b_n = n^2 + 1$ 이면 $\lim_{n\to\infty} a_n = \infty$ 이고 $\lim_{n\to\infty} b_n = \infty$ 이며 $\lim_{n\to\infty} \dfrac{a_n}{b_n} = \lim_{n\to\infty} \dfrac{n^2-1}{n^2+1} = 1$ 이다.

(4) $n \in \mathbb{N}$ 에 대하여 $a_n = n^3 - 1$, $b_n = n^2 + 1$ 이면 $\lim_{n\to\infty} a_n = \infty$ 이고 $\lim_{n\to\infty} b_n = \infty$ 이며 $\lim_{n\to\infty} \dfrac{a_n}{b_n} = \lim_{n\to\infty} \dfrac{n^3-1}{n^2+1} = \infty$ 이다. ■

정리 6.8

$\lim_{n\to\infty} b_n = \infty$ 이고 모든 $n \in \mathbb{N}$ 에 대하여 $b_n \le a_n$ 이면 $\lim_{n\to\infty} a_n = \infty$ 이다.

증명 | 임의의 $M > 0$ 에 대하여 $\lim_{n\to\infty} b_n = \infty$ 이므로 적당한 $N \in \mathbb{N}$ 이 존재하여 $n \ge N$ 인 모든 자연수 n 에 대하여

$$b_n > M$$

이 성립한다. 모든 $n \in \mathbb{N}$ 에 대하여 $b_n \le a_n$ 이므로 $n \ge N$ 인 모든 자연수 n 에 대하여

$$a_n \ge b_n > M$$

이고 따라서 $\lim_{n\to\infty} a_n = \infty$ 이다. ■

다음 정리는 발산하는 수열과 수렴하는 수열의 관계를 설명한다.

정리 6.9

모든 $n \in \mathbb{N}$에 대하여 $a_n > 0$일 때 $\lim_{n\to\infty} a_n = \infty$이기 위한 필요충분조건은 $\lim_{n\to\infty} \frac{1}{a_n} = 0$인 것이다.

$\lim_{n\to\infty} a_n = \infty$의 정의에 있는 $M > 0$과 $\lim_{n\to\infty} \frac{1}{a_n} = 0$의 정의에 있는 $\epsilon > 0$의 관계는

$$M = \frac{1}{\epsilon}$$

이다.

증명 | (⇒) 임의의 $\epsilon > 0$에 대하여 $M = \frac{1}{\epsilon} > 0$이라 하자. $\lim_{n\to\infty} a_n = \infty$이므로 적당한 $N \in \mathbb{N}$이 존재하여 $n \geq N$인 모든 자연수 n에 대하여

$$a_n > M = \frac{1}{\epsilon}$$

이 성립한다. 따라서 $n \geq N$인 모든 자연수 n에 대하여

$$0 < \frac{1}{a_n} < \epsilon$$

이므로 $\lim_{n\to\infty} \frac{1}{a_n} = 0$이다.

(⇐) 임의의 $M > 0$에 대하여 $\epsilon = \frac{1}{M} > 0$이라 하자. $\lim_{n\to\infty} \frac{1}{a_n} = 0$이므로 적당한 $N \in \mathbb{N}$이 존재하여 $n \geq N$인 모든 자연수 n에 대하여

$$0 < \frac{1}{a_n} < \epsilon$$

이 성립한다. 따라서 $n \geq N$인 모든 자연수 n에 대하여

$$a_n > \frac{1}{\epsilon} = M$$

이므로 $\lim_{n\to\infty} a_n = \infty$이다. ■

유계인 단조수열은 단조수렴정리에 의하여 수렴한다. 하지만 단조수열이 유계가 아니면 그 수열은 발산한다.

정리 6.10

$\{a_n\}$이 유계가 아닌 단조증가수열이면 $\lim_{n\to\infty} a_n = \infty$이다.

증명 | 임의의 $M > 0$에 대하여 $\{a_n\}$은 유계가 아니므로

$$a_N > M$$

인 $a_N \in \{a_n\}$이 존재한다. $\{a_n\}$은 단조증가수열이므로 $n \geq N$인 모든 자연수 n에 대하여

$$a_n \geq a_N > M$$

이므로 $\lim_{n\to\infty} a_n = \infty$이다. ■

같은 방법으로 $\{a_n\}$이 유계가 아닌 단조감소수열이면 $\lim_{n\to\infty} a_n = -\infty$임을 보일 수 있다. 단조수렴정리와 정리 6.9로부터 따름정리 6.11을 얻을 수 있다.

따름정리 6.11

$\{a_n\}$이 단조수열이면 $\lim_{n\to\infty} a_n$은 수렴하거나 ∞로 발산하거나 $-\infty$로 발산한다.

2.6 연습문제

1. 다음 수열의 극한이 ∞로 발산함을 증명하여라.

(1) $\{\sqrt{n^3}\}$　　(2) $\left\{\dfrac{n^2+2}{n}\right\}$

(3) $\{n(2+(-1)^n)\}$　　(4) $\left\{\dfrac{3^n}{n^3}\right\}$

(5) $\left\{\sqrt{\dfrac{n^2+1}{3}}\right\}$　　(6) $\left\{\dfrac{n^3-3}{n^2+2}\right\}$

(7) $\{n^3-n\}$　　(8) $\left\{\dfrac{n!}{2^n}\right\}$

2. 다음 수열의 극한이 $-\infty$로 발산함을 증명하여라.

(1) $\{1-n^2\}$　　(2) $\{n-2n^3\}$

(3) $\left\{\dfrac{1}{n}-n\right\}$　　(4) $\{n((-1)^n-2)\}$

3. $n \in \mathbb{N}$에 대하여

$$a_n = \begin{cases} 3n, & n\text{이 홀수} \\ \dfrac{1}{2}(n-1), & n\text{이 짝수} \end{cases}$$

이면 $\lim\limits_{n\to\infty} a_n = \infty$ 임을 증명하여라.

4. 다음을 증명하여라.

(1) $\lim\limits_{n\to\infty} \ln n = \infty$　　(2) $\lim\limits_{n\to\infty} \ln \dfrac{1}{n} = -\infty$

5. $\lim\limits_{n\to\infty} a_n = \infty$이기 위한 필요충분조건이 $\lim\limits_{n\to\infty}(-a_n) = -\infty$임을 증명하여라.

6. 다음 명제의 반례를 들어라.

(1) $\{a_n\}$이 감소수열이면 $\lim\limits_{n\to\infty} a_n = -\infty$ 이다.

(2) $\{a_n\}$이 증가수열이 아니면 $\lim\limits_{n\to\infty} a_n \neq \infty$ 이다.

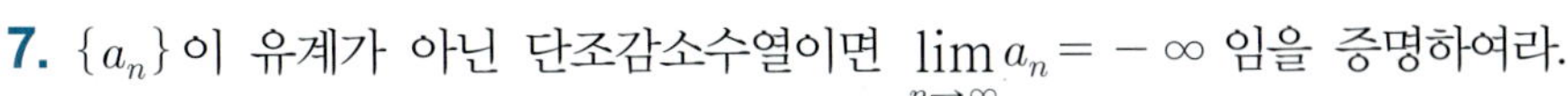

7. $\{a_n\}$ 이 유계가 아닌 단조감소수열이면 $\lim_{n\to\infty} a_n = -\infty$ 임을 증명하여라.

8. $\lim_{n\to\infty} a_n = -\infty$ 이고 $\lim_{n\to\infty} b_n = -\infty$ 일 때 다음을 증명하여라.

(1) $\lim_{n\to\infty}(a_n + b_n) = -\infty$

(2) $\lim_{n\to\infty} a_n b_n = \infty$

9. $\lim_{n\to\infty} a_n = \infty$ 이고 $\lim_{n\to\infty} b_n = 1$ 이면 $\lim_{n\to\infty} a_n b_n = \infty$ 임을 증명하여라.

10. $\lim_{n\to\infty} a_n = \infty$ 이고 $\{a_{n_k}\}$ 가 $\{a_n\}$ 의 부분수열이면 $\lim_{k\to\infty} a_{n_k} = \infty$ 임을 증명하여라.

11. $\lim_{n\to\infty} a_n = -2$ 이고 $\lim_{n\to\infty} b_n = \infty$ 이면 $\lim_{n\to\infty} a_n b_n = -\infty$ 임을 증명하여라.

12. $\lim_{n\to\infty} a_n = \infty$ 이고 $\lim_{n\to\infty} b_n = -\infty$ 이면 $\lim_{n\to\infty} a_n b_n = -\infty$ 임을 증명하여라.

13. $\lim_{n\to\infty} a_n = \infty$ 이고 $\lim_{n\to\infty} b_n = -\infty$ 이며 모든 $n \in \mathbb{N}$ 에 대하여 $c_n = a_n + b_n$ 일 때

(1) $\lim_{n\to\infty} c_n = \infty$ 인 예를 들어라.

(2) $\lim_{n\to\infty} c_n = -\infty$ 인 예를 들어라.

(3) $\lim_{n\to\infty} c_n = \alpha$ 인 예를 들어라. (단, α 는 실수)

(4) $\{c_n\}$ 이 진동하는 예를 들어라.

14. 모든 $n \in \mathbb{N}$ 에 대하여 $b_n \neq 0$ 이고 $\lim_{n\to\infty} a_n = 0$ 이며 $\lim_{n\to\infty} b_n = 0$ 이고 $c_n = \dfrac{a_n}{b_n}$ 일 때

(1) $\lim_{n\to\infty} c_n = \infty$ 인 예를 들어라.

(2) $\lim_{n\to\infty} c_n = -\infty$ 인 예를 들어라.

(3) $\lim_{n\to\infty} c_n = \beta$ 인 예를 들어라. (단, β 는 실수)

(4) $\{c_n\}$ 이 진동하는 예를 들어라.

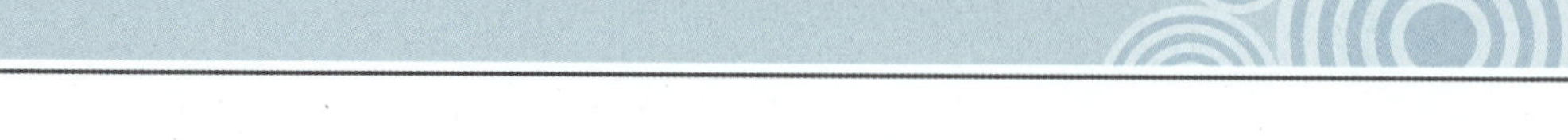

15. $\lim_{n\to\infty} a_n = \infty$ 이면 $\underline{\lim}_{n\to\infty} a_n = \infty$ 임을 증명하여라.

16. $\overline{\lim}_{n\to\infty} a_n = \infty$ 이고 $p > 0$ 이면 $\overline{\lim}_{n\to\infty} p\,a_n = \infty$ 임을 증명하여라.

17. 적당한 $N_1 \in \mathbb{N}$ 이 존재하여 $n \geq N_1$ 인 모든 자연수 n 에 대하여 $a_n \leq b_n$ 일 때 다음을 증명하여라.

(1) $\lim_{n\to\infty} a_n = \infty$ 이면 $\lim_{n\to\infty} b_n = \infty$ 이다.

(2) $\lim_{n\to\infty} b_n = -\infty$ 이면 $\lim_{n\to\infty} a_n = -\infty$ 이다.

18. 모든 $n \in \mathbb{N}$ 에 대하여 $a_n > 0$, $b_n > 0$ 이고 양수 $L > 0$ 에 대하여 $\lim_{n\to\infty} \frac{a_n}{b_n} = L$ 일 때 $\lim_{n\to\infty} a_n = \infty$ 이기 위한 필요충분조건은 $\lim_{n\to\infty} b_n = \infty$ 임을 증명하여라.

19. 모든 $n \in \mathbb{N}$ 에 대하여 $a_n > 0$ 이고 $\lim_{n\to\infty} \frac{a_{n+1}}{a_n} = \alpha > 1$ 이면 $\lim_{n\to\infty} a_n = \infty$ 임을 증명하여라.

20. $\lim_{n\to\infty} \frac{a_n}{n} = 2$ 이면 $\lim_{n\to\infty} a_n = \infty$ 임을 증명하여라.

21. $a > 1$ 이고 $m \in \mathbb{N}$ 일 때 $\lim_{n\to\infty} \frac{a^n}{n^m} = \infty$ 임을 증명하여라.

22. $n \in \mathbb{N}$ 에 대하여 $a_n > 0$, $b_n > 0$ 이고 $\lim_{n\to\infty} \frac{a_n}{b_n} = \infty$ 일 때 $\{a_n\}$ 이 유계인 수열이면 $\lim_{n\to\infty} b_n = 0$ 임을 증명하여라.

함수의 극한

학습목표

- $\epsilon-\delta$를 이용하여 엄밀하게 함수의 극한을 정의하는 방법을 이해하고 정의를 이용하여 함수의 극한을 증명하는 방법을 학습하며 함수가 극한을 갖지 않는 경우도 엄밀하게 증명할 수 있음을 이해한다.
- 극한을 갖는 함수들의 사칙연산을 엄밀하게 증명하는 방법을 익히고 극한을 갖는 함수들의 성질을 검증한다.
- 우극한과 좌극한을 도입하고 이를 이용하여 함수의 극한을 설명하는 방법을 학습한다.
- 함수의 극한이 무한대인 경우에 대한 엄밀한 정의를 이해한다.

미리보기

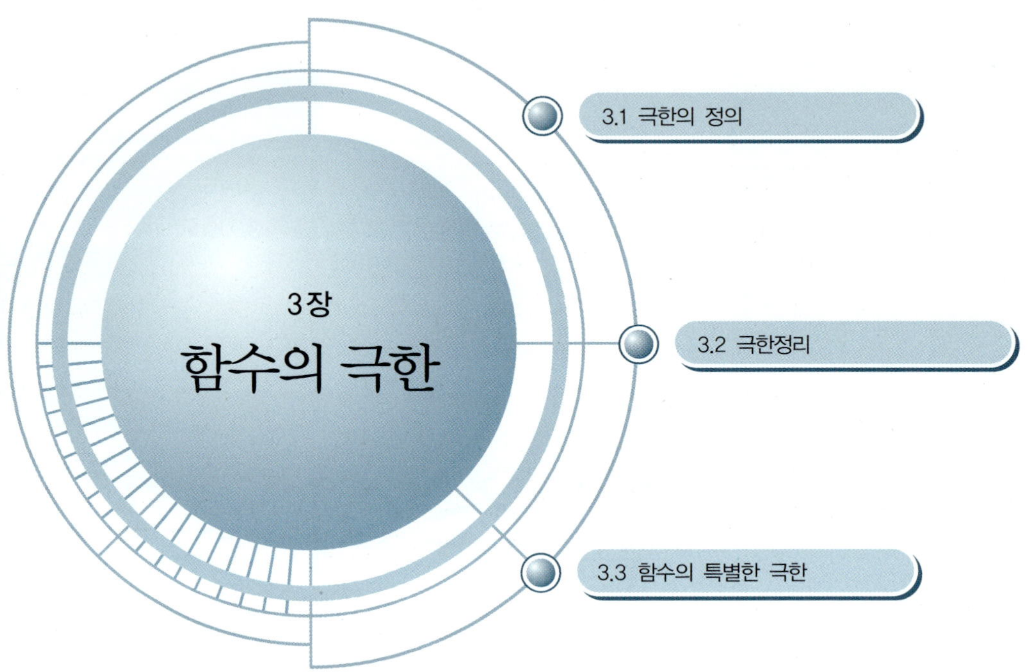

이 장에서는 함수의 극한을 엄밀하게 증명하는 방법을 알아보기로 한다. $\epsilon-\delta$ 를 이용하여 함수의 극한을 엄밀하게 정의하고 이를 이용하여 함수가 극한을 갖지 않음도 증명할 수 있음을 보인다. 극한을 갖는 함수들의 사칙연산은 극한을 가짐을 엄밀하게 증명하고 극한을 갖는 함수들이 갖고 있는 다양한 성질을 검증한다. 좌극한과 우극한을 도입하여 극한을 설명할 수 있음을 알게 하고 함수의 극한이 무한대인 경우에도 엄밀한 수학적 정의가 가능함을 이해한다.

3.1 극한의 정의

이제부터 함수의 정의역은 D로 나타내기로 한다. D는 특별히 정의하지 않는 한 공집합이 아닌 $\mathbb{R}$의 부분집합으로 일반적으로 개구간 또는 폐구간으로 간주한다. 함수의 극한을 다룰 때 일반적으로 주어진 정의역의 응집점을 사용하여 이론을 전개하여야 완벽해질 수 있으나 이러한 위상의 개념은 해석학을 처음 접하는 학생들에게는 다소 어렵기 때문에 본 교재에서는 사용하지 않기로 한다. $a \in D$라 하면 a는 D의 내부에서 선택한 것으로 간주한다.

정의 1.1

$f : D \to \mathbb{R}$이고 $a \in D$, $L \in \mathbb{R}$이라 하자.
임의의 $\epsilon > 0$에 대하여 적당한 $\delta = \delta(\epsilon, a) > 0$가 존재하여 $0 < |x - a| < \delta$인 모든 $x \in D$에 대하여

$$|f(x) - L| < \epsilon$$

이 성립하면 **f는 $x = a$에서 극한값 L을 갖는다**고 하고

$$\lim_{x \to a} f(x) = L$$

로 나타낸다.

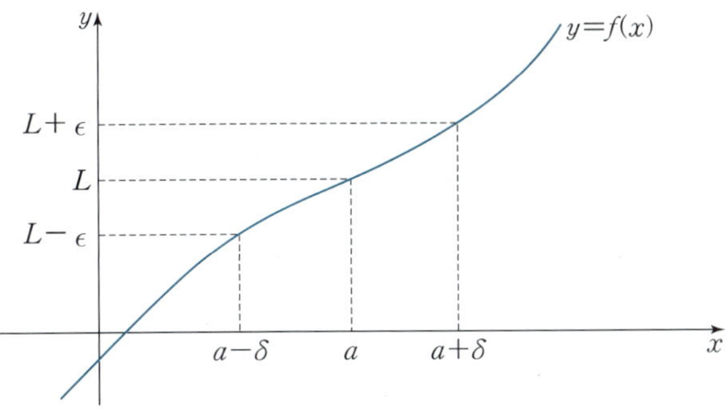

그림 3.1 $x = a$에서 함수의 극한

정의 1.1에서 "$x \to a$"의 의미는 x가 a로 접근하지만 $x \neq a$임을 의미한다. 따라서 $|x-a| \neq 0$이므로 "$0 < |x-a| < \delta$인 $x \in D$"로 정의한다.

정의 1.1에서 "적당한 $\delta = \delta(\epsilon, a) > 0$"의 의미는 δ의 값이 주어진 $\epsilon > 0$과 a에 따라서 결정된다는 것을 의미한다.

함수의 극한을 증명하는 것은 다음의 몇 가지 방법을 이용하면 쉽게 할 수 있다.

함수의 극한 증명방법 (I)

$\lim_{x \to a} f(x) = L$임을 증명할 때 가장 중요한 부분은 $\epsilon > 0$과 a에 따라서 **적절한 $\delta > 0$를 선택하는 것**이다. 이를 위하여 일반적으로 $|f(x) - L| < \epsilon$에서 식을 정리하여 $0 < |x-a| < \delta$의 꼴을 유도하여 $\delta > 0$를 결정한다.

예제 1.2 $f(x) = 2x$이면 $\lim_{x \to 3} f(x) = 6$임을 증명하여라.

TIP

$$|f(x) - 6| = |2x - 6| = 2|x-3| < \epsilon$$

으로부터 $\delta = \frac{\epsilon}{2} > 0$으로 선택한다.

증명 | 임의의 $\epsilon > 0$에 대하여 $\delta = \frac{\epsilon}{2} > 0$이라 하면 $0 < |x-3| < \delta$인 모든 x에 대하여

$$|f(x) - 6| = |2x - 6| = 2|x-3| < \epsilon$$

이므로 $\lim_{x \to 3} f(x) = 6$이다. ■

예제 1.3 $g(x) = -3x + 2$이면 $\lim_{x \to 2} g(x) = -4$임을 증명하여라.

TIP

$$|g(x) - (-4)| = |(-3x+2) + 4| = 3|x-2| < \epsilon$$

으로부터 $\delta = \frac{\epsilon}{3} > 0$으로 선택한다.

증명 | 임의의 $\epsilon > 0$에 대하여 $\delta = \frac{\epsilon}{3} > 0$이라 하면 $0 < |x-2| < \delta$인 모든 x에 대하여

$$|g(x)-(-4)| = |(-3x+2)+4| = 3|x-2| < \epsilon$$

이므로 $\lim_{x\to 2} g(x) = -4$ 이다. ■

예제 1.2와 1.3의 경우와 같이 주어진 함수가 일차함수인 경우 δ 의 값을 쉽게 정할 수 있다. 하지만 주어진 함수가 복잡한 경우에는 다음 방법을 사용한다.

함수의 극한 증명방법 (II)

$\lim_{x\to a} f(x) = L$ 임을 증명할 때 f가 상수함수나 일차함수가 아닌 경우 적당한 양의 상수 c에 대하여 $|x-a| < c$가 된다고 가정하고 이를 이용하여 $\delta > 0$를 결정한다.
이 방법에서 가장 중요한 점은 $|x-a| < c$라는 가정을 이용하여 적당한 양의 상수 $M > 0$에 대하여

$$|f(x)-L| \le M|x-a|$$

의 식을 유도해야 한다는 것이다. 이때,

$$\delta = \min\left\{c, \frac{\epsilon}{M}\right\} > 0$$

으로 선택한다.

예제 1.4 $\lim_{x\to 2} x^2 = 4$ 임을 증명하여라.

TIP 삼각부등식에 의하여

$$|x^2-4| = |x+2||x-2| \le (|x|+2)|x-2|$$

이다. 만일 $|x-2| < 1$이면 $1 < x < 3$이고 따라서 $3 < |x|+2 < 5$이다. 따라서 $|x-2| < 1$일 때

$$|x^2-4| \le (|x|+2)|x-2| < 5|x-2| < \epsilon$$

이어야 하므로

$$\delta = \min\left\{1, \frac{\epsilon}{5}\right\} > 0$$

으로 선택한다.

증명 | 임의의 $\epsilon > 0$에 대하여 $\delta = \min\left\{1, \frac{\epsilon}{5}\right\} > 0$이라 하면 $0 < |x-2| < \delta$인 모든 x에 대하여

$$\begin{aligned} |x^2-4| = |x+2||x-2| &\le (|x|+2)|x-2| \\ &< 5|x-2| \qquad (0 < |x-2| < \delta \le 1 \text{ 이므로}) \\ &< 5 \cdot \frac{\varepsilon}{5} \qquad (0 < |x-2| < \delta \le \frac{\epsilon}{5} \text{ 이므로}) \\ &= \epsilon \end{aligned}$$

이므로 $\lim_{x \to 2} x^2 = 4$이다. ■

예제 1.5 $\lim_{x \to 3} \frac{x-2}{x+1} = \frac{1}{4}$임을 증명하여라.

TIP

$$\left|\frac{x-2}{x+1} - \frac{1}{4}\right| = \left|\frac{3x-9}{4(x+1)}\right| = \frac{3}{4} \cdot \frac{1}{|x+1|} \cdot |x-3|$$

이다. 만일 $|x-3| < 1$이면 $2 < x < 4$이고 따라서 $\frac{1}{5} < \frac{1}{|x+1|} < \frac{1}{3}$이다. 그러므로 $|x-3| < 1$일 때

$$\left|\frac{x-2}{x+1} - \frac{1}{4}\right| \le \frac{3}{4} \cdot \frac{1}{|x+1|} \cdot |x-3| < \frac{1}{4}|x-3| < \epsilon$$

이어야 하므로

$$\delta = \min\{1, 4\epsilon\} > 0$$

으로 선택한다.

증명 | 임의의 $\epsilon > 0$에 대하여 $\delta = \min\{1, 4\epsilon\} > 0$이라 하면 $0 < |x-3| < \delta$인 모든 x에 대하여

$$\begin{aligned} \left|\frac{x-2}{x+1} - \frac{1}{4}\right| = \left|\frac{3x-9}{4(x+1)}\right| &= \frac{3}{4} \cdot \frac{1}{|x+1|} \cdot |x-3| \\ &< \frac{1}{4}|x-3| \quad (0 < |x-3| < \delta \le 1 \text{이므로}) \\ &< \frac{1}{4} \cdot 4\epsilon \qquad (0 < |x-2| < \delta \le 4\epsilon \text{이므로}) \\ &= \epsilon \end{aligned}$$

이므로 $\lim_{x\to 3}\frac{x-2}{x+1}=\frac{1}{4}$ 이다. ■

$\lim_{x\to a} f(x)=L$ 임을 증명할 때 f가 일차함수가 아닌 경우 적당한 상수 c에 대하여 $|x-a|<c$라고 가정할 때 상수 c의 값이 위의 예제들처럼 항상 1일 필요는 없다.

예제 1.5에서 $|x-3|<2$라 가정하면 $1<x<5$이고 따라서 $\frac{1}{6}<\frac{1}{|x+1|}<\frac{1}{2}$이다. 따라서 $|x-3|<2$일 때

$$\left|\frac{x-2}{x+1}-\frac{1}{4}\right| \le \frac{3}{4}\cdot\frac{1}{|x+1|}\cdot|x-3|<\frac{3}{8}|x-3|<\epsilon$$

이어야 하므로

$$\delta=\min\left\{2,\ \frac{8}{3}\epsilon\right\}>0$$

으로 선택한다. 따라서 임의의 $\epsilon>0$에 대하여 $\delta=\min\left\{2,\ \frac{8}{3}\epsilon\right\}>0$이라 하면 $0<|x-3|<\delta$인 모든 x에 대하여

$$\left|\frac{x-2}{x+1}-\frac{1}{4}\right|<\epsilon$$

이다.

이 과정에서 알 수 있듯이 $\epsilon>0$에 대하여 δ를 결정하는 방법은 유일하지 않음을 알 수 있다.

예제 1.6 $\lim_{x\to 1}\frac{1}{x}=1$임을 증명하여라.

$$\left|\frac{1}{x}-1\right|=\frac{1}{|x|}|x-1|$$

이다. 만일 $|x-1|<1$이면 $0<x<2$이므로 $\frac{1}{2}<\frac{1}{|x|}<\infty$가 되어 증명을 할 수 없다. 만일 $|x-1|<\frac{1}{2}$이면 $\frac{1}{2}<x<\frac{3}{2}$이므로 $\frac{2}{3}<\frac{1}{|x|}<2$이다. 이 경우

$$\frac{1}{|x|}|x-1|<2|x-1|$$

이므로

$$\delta = \min\left\{\frac{1}{2},\ \frac{\epsilon}{2}\right\} > 0$$

으로 선택한다.

증명 | 임의의 $\epsilon > 0$에 대하여 $\delta = \min\left\{\frac{1}{2},\ \frac{\epsilon}{2}\right\} > 0$이라 하면 $0 < |x-1| < \delta$인 모든 x에 대하여

$$\begin{aligned}\left|\frac{1}{x} - 1\right| &= \frac{1}{|x|}|x-1| \\ &< 2|x-1| && \left(0 < |x-1| < \delta \le \frac{1}{2}\text{이므로}\right) \\ &< 2 \cdot \frac{\epsilon}{2} && \left(0 < |x-1| < \delta \le \frac{\epsilon}{2}\text{이므로}\right) \\ &= \epsilon\end{aligned}$$

이므로 $\lim_{x \to 1} \frac{1}{x} = 1$이다. ■

주어진 함수가 상수함수이거나 일차함수가 아니라고 하여 $\delta > 0$가 항상 복잡한 것은 아니다.

예제 1.7 $\lim_{x \to 4} \sqrt{x} = 2$임을 증명하여라.

TIP $\sqrt{x} \ge 0$ 이므로

$$|\sqrt{x} - 2| = \frac{|x-4|}{\sqrt{x}+2} \le \frac{|x-4|}{2} < \epsilon$$

으로부터 $\delta = 2\epsilon > 0$으로 선택한다.

증명 | 임의의 $\epsilon > 0$에 대하여 $\delta = 2\epsilon > 0$이라 하면 $0 < |x-4| < \delta$인 모든 x에 대하여

$$|\sqrt{x} - 2| = \frac{|x-4|}{\sqrt{x}+2} \le \frac{|x-4|}{2} < \epsilon$$

이므로 $\lim_{x \to 4} \sqrt{x} = 2$이다. ■

함수의 극한이 존재하지 않는 경우의 엄밀한 정의는 다음과 같다.

정의 1.8

$f : D \to \mathbb{R}$ 이고 $a \in D$, $L \in \mathbb{R}$ 이라 하자.

적당한 $\epsilon_0 > 0$ 와 임의의 $\delta > 0$ 에 대하여 $0 < |x - a| < \delta$ 인 적당한 $x \in D$ 에 대하여

$$|f(x) - L| \geq \epsilon_0$$

가 성립하면 **f 는 $x = a$ 에서 극한값 L 을 갖지 않는다**고 한다.

L 이 임의의 실수이면 **f 는 $x = a$ 에서 극한값을 갖지 않는다**고 한다.

예제 1.9

$$f(x) = \begin{cases} 1, & x \in \mathbb{Q} \\ 0, & x \in \mathbb{Q}^c \end{cases}$$

이면 f 는 임의의 $a \in \mathbb{R}$ 에서 극한값을 갖지 않음을 증명하여라.

증명 | $L \in \mathbb{R}$ 이고 $\lim_{x \to a} f(x) = L$ 이라 가정하자. $\epsilon_0 = \frac{1}{2} > 0$ 이라 하면 $\lim_{x \to a} f(x) = L$ 이므로 적당한 $\delta > 0$ 가 존재하여 $0 < |x - a| < \delta$ 인 모든 $x \in D$ 에 대하여

$$|f(x) - L| < \frac{1}{2}$$

이어야 한다. $0 < |x - a| < \delta$ 인 $x \in \mathbb{Q}$ 를 선택하면

$$|f(x) - L| = |1 - L| = |L - 1| < \frac{1}{2}$$

이고 이를 정리하면 $\frac{1}{2} < L < \frac{3}{2}$ 이다. (1)

$0 < |x - a| < \delta$ 인 $x \in \mathbb{Q}^c$ 를 선택하면

$$|f(x) - L| = |0 - L| = |L| < \frac{1}{2}$$

이고 이를 정리하면 $-\frac{1}{2} < L < \frac{1}{2}$ 이다. (2)

(1)과 (2)를 동시에 만족하는 L 이 존재할 수 없으므로 극한이 존재한다는 가정은 모순이다. ■

다음 정리는 함수의 극한과 수열의 극한과의 관계를 설명한다. 이 정리는 함수의 극한이 존재하지 않음을 증명하는 데 중요하게 사용된다.

정리 1.10

$f: D \to \mathbb{R}$ 이고 $a \in D$, $L \in \mathbb{R}$ 이면 다음은 동등하다.

(1) $\lim_{x \to a} f(x) = L$ 이다.

(2) $n \in \mathbb{N}$ 에 대하여 $a_n \neq a$ 이며 $\lim_{n \to \infty} a_n = a$ 인 모든 수열 $\{a_n\} \subset D$ 에 대하여 $\lim_{n \to \infty} f(a_n) = L$ 이다.

증명 | (1) ⇒ (2) : $\lim_{x \to a} f(x) = L$ 이고 $\{a_n\} \subset D$ 은 모든 $n \in \mathbb{N}$ 에 대하여 $a_n \neq a$ 이며 $\lim_{n \to \infty} a_n = a$ 라 가정하자. 임의의 $\epsilon > 0$ 에 대하여 $\lim_{n \to \infty} a_n = a$ 이므로 적당한 $\delta > 0$ 가 존재하여 $0 < |x - a| < \delta$ 인 모든 x 에 대하여

$$|f(x) - L| < \epsilon$$

이 성립한다. 이 $\delta > 0$ 에 대하여 $\lim_{n \to \infty} a_n = a$ 이므로 적당한 $N \in \mathbb{N}$ 이 존재하여 $n \geq N$ 인 모든 자연수 n 에 대하여

$$0 < |a_n - a| < \delta$$

가 성립한다. 따라서 $n \geq N$ 인 모든 자연수 n 에 대하여

$$|f(a_n) - L| < \epsilon$$

이므로 $\lim_{n \to \infty} f(a_n) = L$ 이다.

(2) ⇒ (1) : 임의의 $n \in \mathbb{N}$ 에 대하여 $a_n \neq a$ 이며 $\lim_{n \to \infty} a_n = a$ 인 모든 수열 $\{a_n\} \subset D$ 에 대하여 $\lim_{n \to \infty} f(a_n) = L$ 이라 가정하자. 만일 $\lim_{x \to a} f(x) \neq L$ 이라면 적당한 $\epsilon_0 > 0$ 와 모든 $\delta > 0$ 에 대하여 $0 < |x - a| < \delta$ 인 적당한 $x \in D$ 가 존재하여

$$|f(x) - L| \geq \epsilon_0$$

가 성립한다. 따라서 $n \in \mathbb{N}$ 에 대하여 $\delta_n = \dfrac{1}{n} > 0$ 이라 하면 $0 < |a_n - a| < \delta_n$

인 $a_n \in D$에 대하여

$$|f(a_n) - L| \geq \epsilon_0$$

이다. $n \in \mathbb{N}$에 대하여 $0 < |a_n - a| < \frac{1}{n}$이므로 $\lim_{n\to\infty} a_n = a$이지만 $\lim_{n\to\infty} f(a_n) \neq L$이므로 가정에 모순이다. 그러므로 $\lim_{x\to a} f(x) = L$이다. ■

$\lim_{n\to\infty} a_n = a$인 '모든 수열' $\{a_n\}$을 다 확인하기 어렵기 때문에 정리 1.10을 이용하여 함수의 극한이 존재함을 보이는 것은 불가능하다. 하지만 정리 1.10을 이용하면 다음과 같은 따름정리를 얻을 수 있다.

따름정리 1.11

$f : D \to \mathbb{R}$이고 $a \in D$, $L \in \mathbb{R}$이면 다음은 동등하다.

(1) $\lim_{x\to a} f(x) \neq L$이다.

(2) 임의의 $n \in \mathbb{N}$에 대하여 $a_n \neq a$이며 $\lim_{n\to\infty} a_n = a$인 어떤 수열 $\{a_n\} \subset D$에 대하여 $\lim_{n\to\infty} f(a_n) \neq L$이다.

예제 1.12 $f(x) = \begin{cases} x, & x \in \mathbb{Q} \\ 0, & x \in \mathbb{Q}^c \end{cases}$일 때

(1) $\lim_{x\to 1} f(x) = 1$인가? (2) $\lim_{x\to 1} f(x) = 0$인가?

(1) 임의의 실수는 무리수 수열의 극한으로 표현할 수 있음을 이용한다.
(2) 임의의 실수는 유리수 수열의 극한으로 표현할 수 있음을 이용한다.

풀이 | (1) $n \in \mathbb{N}$에 대하여 $q_n = 1 - \frac{\sqrt{2}}{n}$라 하면 $\{q_n\}$은 무리수 수열이다. 모든 $n \in \mathbb{N}$에 대하여 $q_n \neq 1$이고 $\lim_{n\to\infty} f(q_n) = 0 \neq 1$이므로 따름정리 1.11에 의하여 $\lim_{x\to 1} f(x) \neq 1$이다.

(2) $n \in \mathbb{N}$에 대하여 $r_n = 1 - \frac{1}{n}$이라 하면 $\{r_n\}$은 유리수 수열이다. 모든 $n \in \mathbb{N}$에 대하여 $r_n \neq 1$이고 $\lim_{n\to\infty} f(r_n) = 1 \neq 0$이므로 따름정리 1.11에 의하여 $\lim_{x\to 1} f(x) \neq 0$이다. ■

예제 1.12에서 따름정리 1.11을 이용하여 $\lim_{x\to 1} f(x)$의 극한이 0도 아니고 1도 아님을 보인 것이지 극한이 존재하지 않음을 증명한 것은 아니다.

따름정리 1.13은 따름정리 1.11의 이러한 약점을 보완하여 극한이 존재하지 않음을 쉽게 보여줄 수 있는 방법을 제시한다.

따름정리 1.13

$f: D \to \mathbb{R}$이고 $a \in D$이면 다음은 동등하다.

(1) $\lim_{x\to a} f(x)$의 극한이 존재하지 않는다.

(2) 모든 $n \in \mathbb{N}$에 대하여 $a_n \neq a$이며 $\lim_{n\to\infty} a_n = a$인 수열 $\{a_n\}$과 $b_n \neq a$이며 $\lim_{n\to\infty} b_n = a$인 수열 $\{b_n\}$이 존재하여 $\lim_{n\to\infty} f(a_n) \neq \lim_{n\to\infty} f(b_n)$이다.

다음 예제는 예제 1.9와 같이 극한이 존재하지 않는 경우에 대한 엄밀한 정의를 사용하거나 따름정리 1.11의 방법으로는 증명하기 어렵다.

예제 1.14 $\lim_{x\to 0} \cos\frac{1}{x}$은 존재하지 않음을 증명하여라.

TIP 극한이 존재하지 않음을 증명하기 위하여 $n \in \mathbb{N}$에 대하여 $\lim_{n\to\infty} x_n = 0$, $\lim_{n\to\infty} y_n = 0$이고 $\cos\frac{1}{x_n} = 1$이고 $\cos\frac{1}{y_n} = 0$인 수열 $\{x_n\}$과 $\{y_n\}$을 찾아야 한다.

증명 | $n \in \mathbb{N}$에 대하여 $x_n = \frac{1}{2n\pi}$, $y_n = \frac{1}{n\pi + \frac{\pi}{2}}$이라 하면 $n \in \mathbb{N}$에 대하여 $x_n \neq 0$이고 $y_n \neq 0$이다. 또한 $\lim_{n\to\infty} x_n = 0$이고 $\lim_{n\to\infty} y_n = 0$이지만

$$\lim_{n\to\infty} \cos\frac{1}{x_n} = 1 \neq 0 = \lim_{n\to\infty} \cos\frac{1}{y_n}$$

이므로 따름정리 1.13에 의하여 $\lim_{x\to 0} \cos\frac{1}{x}$은 존재하지 않는다. ■

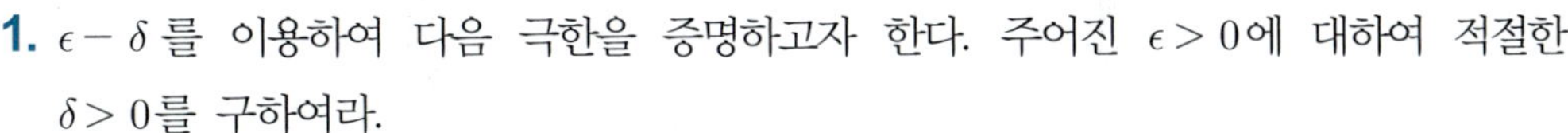

3.1 연습문제

1. $\epsilon-\delta$를 이용하여 다음 극한을 증명하고자 한다. 주어진 $\epsilon>0$에 대하여 적절한 $\delta>0$를 구하여라.

(1) $\lim_{x\to 2}(7-2x)=0$, $\epsilon=0.01$

(2) $\lim_{x\to 1}\left(\frac{1}{3}x+\frac{1}{4}\right)=\frac{7}{12}$, $\epsilon=0.04$

(3) $\lim_{x\to -2}(2-3x)=8$, $\epsilon=0.001$

(4) $\lim_{x\to 2}\frac{x^2-4}{x-2}=4$, $\epsilon=0.1$

(5) $\lim_{x\to 4}\sqrt{x}=2$, $\epsilon=0.2$

(6) $\lim_{x\to 0}3x\sin\frac{1}{x^4}=0$, $\epsilon=0.03$

2. $\epsilon-\delta$를 이용하여 다음을 증명하여라.

(1) $\lim_{x\to 3}(2x-3)=3$

(2) $\lim_{x\to -2}(-x-1)=1$

(3) $\lim_{x\to 3}x^3=27$

(4) $\lim_{x\to -2}x^2=4$

(5) $\lim_{x\to 0}\sqrt{x+1}=1$

(6) $\lim_{x\to 1}\frac{x-1}{\sqrt{x}-1}=2$

(7) $\lim_{x\to 0}\frac{x+2}{x+1}=2$

(8) $\lim_{x\to 0}\frac{x^3}{|x|}=0$

3. 모든 $x\in\mathbb{R}$ 에 대하여 $f(x)=\pi$이면 임의의 $a\in\mathbb{R}$ 에 대하여 $\lim_{x\to a}f(x)$가 존재함을 증명하여라.

4. $\epsilon-\delta$를 이용하여 $\lim_{x\to 1}\frac{\sqrt{x}-x}{\sqrt{x}+x}=0$ 임을 증명하여라.

5. $f(x)=\begin{cases}1, & x>0\\ 0, & x=0\\ -1, & x<0\end{cases}$ 일 때 $\lim_{x\to 0}f(x)$는 존재하는가?

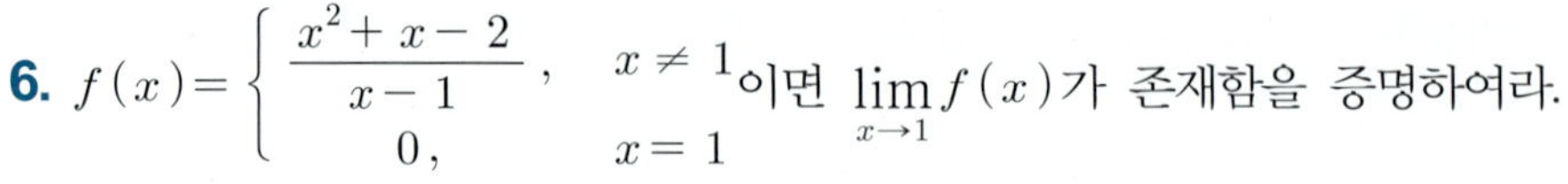

6. $f(x)=\begin{cases} \dfrac{x^2+x-2}{x-1}, & x \neq 1 \\ 0, & x=1 \end{cases}$ 이면 $\lim_{x\to 1} f(x)$가 존재함을 증명하여라.

7. $f: D \to \mathbb{R}$일 때 $a \in D$이고 임의의 $x \in D$과 양수 $M>0$에 대하여

$$|f(x)-f(a)| \leq M|x-a|$$

이면 $\lim_{x\to a} f(x)$가 존재함을 증명하여라.

8. $g(x)=\begin{cases} 3x+1, & x \geq 0 \\ -x+1, & x<0 \end{cases}$ 이면 $\lim_{x\to 0} g(x)$가 존재함을 증명하여라.

9. $f(x)=\begin{cases} 3x, & x \geq 2 \\ 2x-1, & x<2 \end{cases}$ 이면 $\lim_{x\to 2} f(x)$가 존재하지 않음을 증명하여라.

10. $\lim_{x\to 0} \sin\dfrac{1}{x}$이 존재하지 않음을 증명하여라.

11. $x \in \mathbb{R}$에 대하여

$$\operatorname{sgn}(x)=\begin{cases} 1, & x>0 \\ 0, & x=0 \\ -1, & x<0 \end{cases}$$

이다. $\lim_{x\to 0} \operatorname{sgn}\left(\cos\dfrac{1}{x}\right)$이 존재하지 않음을 증명하여라.

12. $f:(-1,1) \to \mathbb{R}$이고 $\lim_{x\to 0} f(x)>0$이면 적당한 $\delta>0$가 존재하여 $0<|x|<\delta$인 모든 $x \in (-1, 1)$에 대하여 $f(x)>0$임을 증명하여라.

13. $g:(0,2) \to \mathbb{R}$이고 $\lim_{x\to 1} g(x)=2-\sqrt{5}$이면 $0<|x-1|<\delta$인 모든 $x \in (0,2)$에 대하여 $g(x)<0$임을 증명하여라.

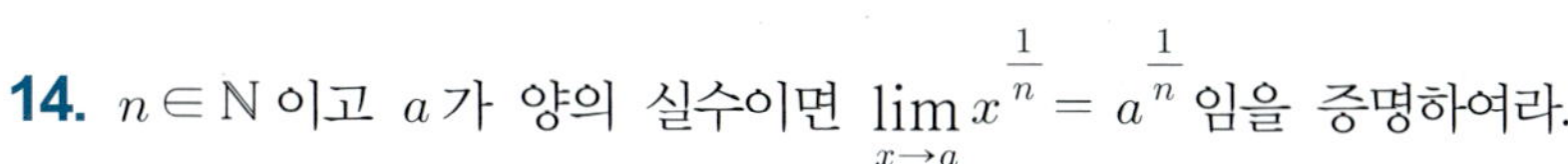

14. $n \in \mathbb{N}$ 이고 a가 양의 실수이면 $\lim_{x \to a} x^{\frac{1}{n}} = a^{\frac{1}{n}}$ 임을 증명하여라.

15. $n \in \mathbb{N}$ 이고 $b \in \mathbb{R}$ 이면 $\lim_{x \to b} x^n = b^n$ 임을 증명하여라.

16. $f(x) = \begin{cases} 2x+3, & x \in \mathbb{Q} \\ 3x-1, & x \in \mathbb{Q}^c \end{cases}$ 이면

(1) $\lim_{x \to 4} f(x) = 11$임을 증명하여라.

(2) $a \neq 4$ 일 때, $\lim_{x \to a} f(x)$는 존재하지 않음을 증명하여라.

17. $g(x) = \begin{cases} x^2, & x \in \mathbb{Q} \\ 4x, & x \in \mathbb{Q}^c \end{cases}$ 이면

(1) $\lim_{x \to 0} g(x)$가 존재함을 증명하여라.

(2) $\lim_{x \to 4} g(x)$가 존재함을 증명하여라.

(3) $a \neq 0$이고 $a \neq 4$ 일 때 $\lim_{x \to a} g(x)$가 존재하지 않음을 증명하여라.

18. $f(x) = \begin{cases} -x+2, & x \in \mathbb{Q} \\ x^3, & x \in \mathbb{Q}^c \end{cases}$ 이면

(1) $\lim_{x \to 1} f(x)$ 가 존재함을 증명하여라.

(2) $a \neq 1$ 일 때 $\lim_{x \to a} f(x)$ 가 존재하지 않음을 증명하여라.

19. $g(x) = \begin{cases} 0, & x = \dfrac{1}{n},\ n \in \mathbb{N} \\ 1, & \text{otherwise} \end{cases}$ 이면

(1) $\lim_{x \to \frac{3}{4}} g(x)$는 존재하는가?

(2) $\lim_{x \to \frac{9}{40}} g(x)$는 존재하는가?

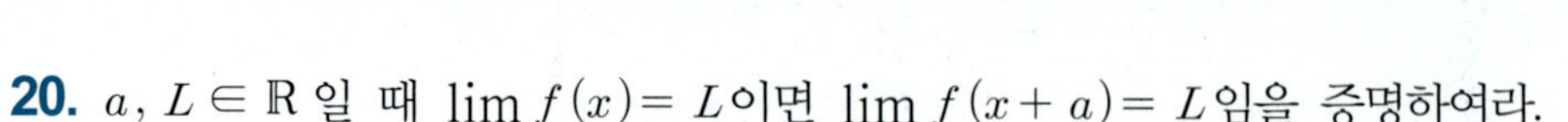

20. $a, L \in \mathbb{R}$ 일 때 $\lim_{x \to a} f(x) = L$이면 $\lim_{x \to 0} f(x+a) = L$임을 증명하여라.

21. $[\cdot]$가 가우스 함수일 때

$$f(x) = \begin{cases} \dfrac{[\sqrt{1+2x^2} - 1]}{x^2}, & x \neq 0 \\ 1, & x = 0 \end{cases}$$

이면 $\lim_{x \to 0} f(x)$가 존재함을 증명하여라.

3.2 극한정리

함수의 극한에 관한 정리들은 수열의 극한에 관한 정리들과 매우 유사하다. 다만 수열의 극한에 관한 정리에서는 '임의의 $\epsilon > 0$에 대한 적당한 $N \in \mathbb{N}$을 구하는 것'이 증명의 핵심인 반면 함수의 극한에서는 '임의의 $\epsilon > 0$에 대한 적당한 $\delta > 0$를 구하는 것'이 증명의 핵심이 된다는 점에 유의하여야 한다.

앞 절에서 학습한 바와 같이 함수의 극한은 존재할 수도 있고 존재하지 않을 수도 있지만 만일 존재한다면 그 극한값은 유일함을 다음 정리를 통해 알 수 있다.

정리 2.1

$f : D \to \mathbb{R}$이고 $a \in D$일 때 $\lim_{x \to a} f(x)$가 존재하면 그 극한은 유일하다.

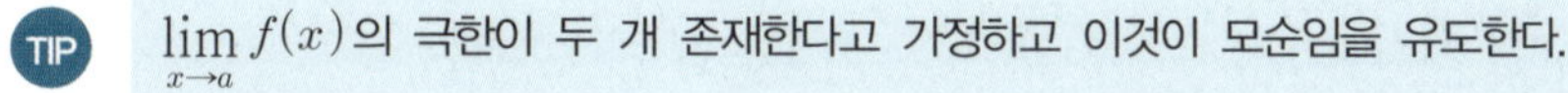

TIP $\lim_{x \to a} f(x)$의 극한이 두 개 존재한다고 가정하고 이것이 모순임을 유도한다.

증명 | $\lim_{x \to a} f(x) = A$, $\lim_{x \to a} f(x) = B$이고 $A \neq B$라 가정하자. $\epsilon_0 = \frac{1}{2}|A - B| > 0$에 대하여 $\lim_{x \to a} f(x) = A$이므로 적당한 $\delta_1 > 0$이 존재하여 $0 < |x - a| < \delta_1$인 모든 $x \in D$에 대하여

$$|f(x) - A| < \epsilon_0$$

가 성립한다. 또한 $\lim_{x \to a} f(x) = B$이므로 적당한 $\delta_2 > 0$가 존재하여 $0 < |x - a| < \delta_2$인 모든 $x \in D$에 대하여

$$|f(x) - B| < \epsilon_0$$

가 성립한다. 이제 $\delta = \min\{\delta_1, \delta_2\} > 0$라 하면 $0 < |x - a| < \delta$인 모든 $x \in D$에 대하여

$$\begin{aligned}|A-B| &\le |A-f(x)|+|f(x)-B| \\ &< \epsilon_0+\epsilon_0 \\ &= |A-B|\end{aligned}$$

이므로 모순이다. 따라서 $A=B$이다. ■

함수의 극한에 관한 합, 차, 곱에 관한 정리는 다음과 같다. 이 정리의 증명은 2.2절의 수열의 극한에 관한 정리의 증명방법과 매우 유사하다.

정리 2.2

$A, B\in\mathbb{R}$이고 $f, g: D\to\mathbb{R}$이며 $a\in D$라 하자.

$\lim_{x\to a} f(x)=A$, $\lim_{x\to a} g(x)=B$이면 다음이 성립한다.

(1) $\lim_{x\to a}(f(x)+g(x))=A+B$

(2) $\lim_{x\to a}(f(x)-g(x))=A-B$

(3) $\lim_{x\to a} f(x)g(x)=AB$

TIP 증명하는 방법은 수열의 극한에 관한 증명 방법과 유사하다. 다만 수열의 극한에서는

$$N=\max\{N_1, N_2\}\in\mathbb{N}$$

를 선택하였지만 함수의 극한에서는

$$\delta=\min\{\delta_1, \delta_2\}>0$$

를 선택한다.

증명 | (1) 임의의 $\epsilon>0$에 대하여 $\lim_{x\to a} f(x)=A$이므로 적당한 $\delta_1>0$이 존재하여 $0<|x-a|<\delta_1$인 모든 $x\in D$에 대하여

$$|f(x)-A|<\frac{\epsilon}{2}$$

이 성립한다. 또한 $\lim_{x\to a} g(x)=B$이므로 적당한 $\delta_2>0$가 존재하여 $0<|x-a|<\delta_2$인 모든 $x\in D$에 대하여

$$|g(x)-B|<\frac{\epsilon}{2}$$

이 성립한다. 이제 $\delta=\min\{\delta_1,\ \delta_2\}>0$이라 하면 $0<|x-a|<\delta$인 모든 $x\in D$에 대하여

$$\begin{aligned}|(f(x)+g(x))-(A+B)| &\le |f(x)-A|+|g(x)-B| \\ &< \frac{\epsilon}{2}+\frac{\epsilon}{2} \\ &= \epsilon\end{aligned}$$

이므로 $\lim_{x\to a}(f(x)+g(x))=A+B$이다.

(2) (1)의 증명과 유사하므로 연습문제로 한다.

(3) $\epsilon_0=1>0$에 대하여 $\lim_{x\to a}g(x)=B$이므로 적당한 $\delta_1>0$이 존재하여 $0<|x-a|<\delta_1$인 모든 $x\in D$에 대하여

$$|g(x)-B|<1$$

이 성립한다. 삼각부등식에 의하여

$$|g(x)|-|B|\le |g(x)-B|$$

이므로 $0<|x-a|<\delta_1$인 모든 $x\in D$에 대하여

$$|g(x)|<|B|+1 \qquad \text{(i)}$$

이다.

임의의 $\epsilon>0$에 대하여 $\lim_{x\to a}f(x)=A$이므로 적당한 $\delta_2>0$가 존재하여 $0<|x-a|<\delta_2$인 모든 $x\in D$에 대하여

$$|f(x)-A|<\frac{\epsilon}{2(|B|+1)}$$

이 성립한다. $\lim_{x\to a}g(x)=B$이므로 적당한 $\delta_3>0$가 존재하여 $0<|x-a|<\delta_3$인 모든 $x\in D$에 대하여

$$|g(x)-B|<\frac{\epsilon}{2(|A|+1)}$$

이 성립한다.

이제 $\delta = \min\{\delta_1, \delta_2, \delta_3\} > 0$이라 하면 $0 < |x-a| < \delta$인 모든 $x \in D$에 대하여

$$
\begin{aligned}
|f(x)g(x) - AB| &= |f(x)g(x) - Ag(x) + Ag(x) - AB| \\
&\le |f(x)g(x) - Ag(x)| + |Ag(x) - AB| \\
&= |g(x)||f(x) - A| + |A||g(x) - B| \\
&< (|B|+1)|f(x) - A| + |A||g(x) - B| \quad \text{((i)에 의하여)} \\
&< (|B|+1)\frac{\epsilon}{2(|B|+1)} + |A|\frac{\epsilon}{2(|A|+1)} \\
&< \frac{\epsilon}{2} + \frac{\epsilon}{2} = \epsilon
\end{aligned}
$$

이므로 $\lim_{x \to a} f(x)g(x) = AB$이다. ■

정리 2.2의 증명에서 A와 B가 0일 수 있으므로 $|A|$와 $|B|$ 대신에 $|A|+1$과 $|B|+1$을 사용한다.

함수들의 극한에 관한 나눗셈에 관한 정리를 증명하기 위하여 다음의 두 보조정리가 필요하다.

보조정리 2.3

$f: D \to \mathbb{R}$이고 $a \in D$라 하자. $\lim_{x \to a} f(x) = L$이고 $0 \ne L \in \mathbb{R}$이면 적당한 $\delta > 0$가 존재하여 $0 < |x-a| < \delta$인 모든 $x \in D$에 대하여

$$|f(x)| > \frac{1}{2}|L|$$

이다.

TIP 임의의 $\epsilon > 0$ 대신에 $\epsilon = \frac{1}{2}|L| > 0$로 선택하고 함수의 극한에 대한 정의를 적용한다.

증명 | $\epsilon = \frac{1}{2}|L| > 0$에 대하여 $\lim_{x \to a} f(x) = L$이므로 적당한 $\delta > 0$가 존재하여 $0 < |x-a| < \delta$인 모든 $x \in D$에 대하여

$$|f(x)-L|<\frac{1}{2}|L|$$

이 성립한다. 삼각부등식을 이용하면

$$|L|-|f(x)|\leq |f(x)-L|<\frac{1}{2}|L|$$

이므로 $0<|x-a|<\delta$인 모든 $x\in D$에 대하여

$$|f(x)|>\frac{1}{2}|L|$$

이다. ■

보조정리 2.4

$f: D\to\mathbb{R}$이고 $a\in D$라 하자. $\lim_{x\to a}f(x)=L$이고 $0\neq L\in\mathbb{R}$이면

$$\lim_{x\to a}\frac{1}{f(x)}=\frac{1}{L}$$

이다.

TIP 보조정리 2.3에 의하여

$$\left|\frac{1}{f(x)}-\frac{1}{L}\right|=\left|\frac{f(x)-L}{f(x)\,L}\right|=\frac{1}{|f(x)||L|}|f(x)-L|\leq\frac{2}{|L|^2}|f(x)-L|$$

임을 이용한다.

증명| 임의의 $\epsilon>0$에 대하여 $\lim_{x\to a}f(x)=L$이고 $0\neq L\in\mathbb{R}$이므로 보조정리 2.3에 의하여 적당한 $\delta_1>0$이 존재하여 $0<|x-a|<\delta_1$인 모든 $x\in D$에 대하여

$$|f(x)|>\frac{1}{2}|L|$$

이 성립한다. 또한 $\lim_{x\to a}f(x)=L$이므로 적당한 $\delta_2>0$가 존재하여 $0<|x-a|<\delta_2$인 모든 $x\in D$에 대하여

$$|f(x)-L|<\frac{|L|^2}{2}\epsilon$$

이 성립한다. 이제 $\delta = \min\{\delta_1, \delta_2\} > 0$이라 하면 $0 < |x-a| < \delta$인 모든 $x \in D$에 대하여

$$\begin{aligned}\left|\frac{1}{f(x)} - \frac{1}{L}\right| &= \left|\frac{f(x)-L}{f(x)L}\right| = \frac{1}{|f(x)||L|}|f(x)-L| \\ &< \frac{2}{|L|^2}|f(x)-L| \qquad (0<|x-a|<\delta_1\text{이므로}) \\ &< \frac{2}{|L|^2}\cdot\frac{|L|^2}{2}\epsilon \qquad (0<|x-a|<\delta_2\text{이므로}) \\ &= \epsilon\end{aligned}$$

이므로 $\lim_{x\to a}\frac{1}{f(x)} = \frac{1}{L}$이다. ■

정리 2.2의 (3)과 보조정리 2.4를 이용하여 다음 결과를 얻을 수 있다.

정리 2.5

$A, B \in \mathbb{R}$이고 $f, g : D \to \mathbb{R}$이며 $a \in D$라 하자.
$\lim_{x\to a} f(x) = A$, $\lim_{x\to a} g(x) = B$이고 $B \neq 0$이면

$$\lim_{x\to a}\frac{f(x)}{g(x)} = \frac{A}{B}$$

이다.

예제 2.6 $\lim_{x\to a} f(x) = 2$이고 $\lim_{x\to a} g(x) = 3$일 때 다음 극한을 구하여라.

(1) $\lim_{x\to a}(f(x)^2 + g(x))$ (2) $\lim_{x\to a}\frac{f(x)-g(x)}{g(x)^3}$

풀이 | 정리 2.2와 정리 2.5를 이용하여 계산한다.

(1) $\lim_{x\to a}(f(x)^2 + g(x)) = 4+3 = 7$

(2) $\lim_{x\to a}\frac{f(x)-g(x)}{g(x)^3} = \frac{2-3}{3^3} = -\frac{1}{27}$ ■

정리 2.7

$A, B \in \mathbb{R}$ 이고 $f, g : D \to \mathbb{R}$ 이며 $a \in D$ 라 하자. 모든 $x \in D$ 에 대하여 $f(x) \le g(x)$ 이고 $\lim_{x \to a} f(x) = A$, $\lim_{x \to a} g(x) = B$ 이면 $A \le B$ 이다.

$$|f(x) - A| < \frac{\epsilon}{2} \Leftrightarrow f(x) - \frac{\epsilon}{2} < A < f(x) + \frac{\epsilon}{2}$$

과

$$|g(x) - B| < \frac{\epsilon}{2} \Leftrightarrow B - \frac{\epsilon}{2} < g(x) < B + \frac{\epsilon}{2}$$

임을 이용하여 증명한다.

증명 | 임의의 $\epsilon > 0$ 에 대하여 $\lim_{x \to a} f(x) = A$ 이므로 적당한 $\delta_1 > 0$ 이 존재하여 $0 < |x - a| < \delta_1$ 인 $x \in D$ 에 대하여

$$f(x) - \frac{\epsilon}{2} < A < f(x) + \frac{\epsilon}{2}$$

이 성립한다. 또한 $\lim_{x \to a} g(x) = B$ 이므로 적당한 $\delta_2 > 0$ 가 존재하여 $0 < |x - a| < \delta_2$ 인 $x \in D$ 에 대하여

$$B - \frac{\epsilon}{2} < g(x) < B + \frac{\epsilon}{2}$$

이 성립한다. 이제 $\delta = \min\{\delta_1, \delta_2\} > 0$ 이라 하면 $0 < |x - a| < \delta$ 인 $x \in D$ 에 대하여

$$A < f(x) + \frac{\epsilon}{2} \le g(x) + \frac{\epsilon}{2} < \left(B + \frac{\epsilon}{2}\right) + \frac{\epsilon}{2} = B + \epsilon$$

이고 $\epsilon > 0$ 은 임의의 양수이므로 $A \le B$ 이다. ■

정의 2.8

$f : D \to \mathbb{R}$ 이라 하자. 만일 적당한 $M > 0$ 이 존재하여 모든 $x \in D$ 에 대하여

$$|f(x)| \le M$$

이면 f 는 D 에서 **유계**(bounded)라 한다.

정리 2.9

f가 D에서 유계이고 $a \in D$일 때 $\lim_{x \to a} g(x) = 0$이면

$$\lim_{x \to a} f(x) g(x) = 0$$

이다.

증명 | f가 D에서 유계이므로 적당한 $M > 0$이 존재하여 임의의 $x \in D$에 대하여

$$|f(x)| \leq M$$

이다. 임의의 $\epsilon > 0$에 대하여 $\lim_{x \to a} g(x) = 0$이므로 적당한 $\delta > 0$가 존재하여 $0 < |x - a| < \delta$인 모든 $x \in D$에 대하여

$$|g(x) - 0| < \frac{\epsilon}{M}$$

이 성립한다. 따라서 $|x - a| < \delta$인 모든 $x \in D$에 대하여

$$|f(x) g(x) - 0| = |f(x)||g(x)| \leq M|g(x)| < \epsilon$$

이므로 $\lim_{x \to a} f(x)g(x) = 0$이다. ■

정리 2.10 압착정리 (squeezing theorem)

모든 $x \in D$에 대하여

$$f(x) \leq g(x) \leq h(x)$$

이고 $L \in \mathbb{R}$일 때 $\lim_{x \to a} f(x) = \lim_{x \to a} h(x) = L$이면 $\lim_{x \to a} g(x) = L$이다.

TIP 임의의 $x \in D$에 대하여 $f(x) \leq g(x) \leq h(x)$이므로

$$f(x) - L \leq g(x) - L \leq h(x) - L$$

이고 $\lim_{x \to a} f(x) = \lim_{x \to a} h(x) = L$을 이용하여

$$-\epsilon < f(x) - L \text{과 } h(x) - L < \epsilon$$

임을 증명한다.

증명 | 임의의 $\epsilon > 0$에 대하여 $\lim_{x \to a} f(x) = L$이므로 적당한 $\delta_1 > 0$이 존재하여 $0 < |x-a| < \delta_1$인 모든 $x \in D$에 대하여

$$|f(x) - L| < \epsilon$$

가 성립하므로

$$-\epsilon < f(x) - L$$

이다. 또한 $\lim_{x \to a} h(x) = L$이므로 적당한 $\delta_2 > 0$가 존재하여 $0 < |x-a| < \delta_2$인 모든 $x \in D$에 대하여

$$|h(x) - L| < \epsilon$$

가 성립하므로

$$h(x) - L < \epsilon$$

이다. 이제 $\delta = \min\{\delta_1, \delta_2\} > 0$이라 하면 $0 < |x-a| < \delta$ 인 모든 $x \in D$에 대하여

$$-\epsilon < f(x) - L \le g(x) - L \le h(x) - L < \epsilon$$

이므로 $|g(x) - L| < \epsilon$이다. 그러므로 $\lim_{x \to a} g(x) = L$이다. ■

예제 2.11 $\lim_{x \to 0} x \sin \frac{1}{x} = 0$ 임을 증명하여라.

증명 | $0 \neq x \in \mathbb{R}$ 에 대하여 $-1 \le \sin\frac{1}{x} \le 1$이므로

$$-x \le x \sin\frac{1}{x} \le x$$

이다. $\lim_{x \to 0}(-x) = \lim_{x \to 0} x = 0$이므로 압착정리에 의하여 $\lim_{x \to 0} x \sin\frac{1}{x} = 0$이다.

■

3.2 연습문제

1. 다음 극한을 구하여라.

(1) $\lim_{x\to2}\dfrac{x^2-4}{x^2-3x+2}$

(2) $\lim_{x\to-3}\dfrac{x^2-9}{x^2+4x+3}$

(3) $\lim_{x\to1}\dfrac{\sqrt{x}-1}{x-1}$

(4) $\lim_{x\to0}\dfrac{\sqrt{1+x}-1}{x}$

(5) $\lim_{x\to0}\dfrac{\sqrt{x^2+b^2}-b}{\sqrt{x^2+a^2}-a}$

(단, $a>0$, $b>0$인 실수)

(6) $\lim_{x\to1}\dfrac{x^3-1}{(x-1)^3}$

2. $m, n\in\mathbb{N}$ 일 때 다음 극한을 구하여라.

(1) $\lim_{x\to1}\dfrac{x^m-1}{x^n-1}$

(2) $\lim_{x\to1}\dfrac{\sqrt[m]{x}-1}{\sqrt[n]{x}-1}$

3. 다음 극한을 구하여라.

(1) $\lim_{x\to\frac{\pi}{3}}\dfrac{\sin\left(x-\frac{\pi}{3}\right)}{1-2\cos x}$

(2) $\lim_{x\to0}\dfrac{\cos x-1}{\cos 2x-1}$

4. $A, B\in\mathbb{R}$ 이고 $\lim_{x\to a}f(x)=A$, $\lim_{x\to a}g(x)=B$ 이면 $\lim_{x\to a}(f(x)-g(x))=A-B$ 임을 증명하여라.

5. $c\in\mathbb{R}$ 이고 $\lim_{x\to a}f(x)$가 존재하면 $\lim_{x\to a}cf(x)=c\lim_{x\to a}f(x)$임을 증명하여라.

6. $a>0$ 이고 $\lim_{x\to0}f(x)=2$ 이면 $\lim_{x\to0}f(ax)=2$ 임을 증명하여라.

7. $\lim_{x\to0}x\sin\dfrac{1}{x}$ 을 다음과 같이 계산하였다.

$$\lim_{x\to0}x\sin\frac{1}{x}=\left(\lim_{x\to0}x\right)\left(\lim_{x\to0}\sin\frac{1}{x}\right)=0\cdot\left(\lim_{x\to0}\sin\frac{1}{x}\right)=0$$

잘못된 부분을 지적하여라.

8. $f, g: \mathbb{R} \to \mathbb{R}$일 때

(1) $\lim_{x \to a} f(x)$와 $\lim_{x \to a}(f(x)+g(x))$가 존재하면 $\lim_{x \to a} g(x)$ 도 존재하는가?

(2) $\lim_{x \to a} f(x)$와 $\lim_{x \to a} f(x)g(x)$가 존재하면 $\lim_{x \to a} g(x)$ 도 존재하는가?

9. $f, g: \mathbb{R} \to \mathbb{R}$일 때

(1) $\lim_{x \to a}(f(x)+g(x)) \neq \lim_{x \to a} f(x) + \lim_{x \to a} g(x)$ 인 예를 들어라.

(2) $\lim_{x \to a} f(x)g(x) \neq \lim_{x \to a} f(x) \lim_{x \to a} g(x)$ 인 예를 들어라.

10. $\lim_{x \to c} f(x)$가 존재하면 적당한 상수 $M>0$과 $\delta>0$가 존재하여 $0<|x-c|<\delta$ 인 모든 x에 대하여 $|f(x)| \leq M$임을 증명하여라.

11. (1) $\lim_{x \to 2a} f(x) = \lim_{x \to a} f(2x)$ 가 성립하는가?

(2) $\lim_{x \to 2a} f(x) = 2 \lim_{x \to a} f(x)$ 가 성립하는가?

12. $\lim_{x \to a} f(x) = 2$이고 $\lim_{x \to a} g(x) = -3$이면 $\lim_{x \to a}(3f(x) - g(x)^2) = -3$임을 증명하여라.

13. (1) $L \in \mathbb{R}$ 이고 $\lim_{x \to a} f(x) = L$이면 $\lim_{x \to a} |f(x)| = |L|$임을 증명하여라.

(2) (1)의 역은 성립하는가?

14. $\lim_{x \to a} |f(x)| = 0$이면 $\lim_{x \to a} f(x) = 0$임을 증명하여라.

15. (1) $L \in \mathbb{R}$ 이고 $\lim_{x \to a} f(x) = L$이면 $\lim_{x \to a} f(x)^2 = L^2$임을 증명하여라.

(2) (1)의 역은 성립하는가?

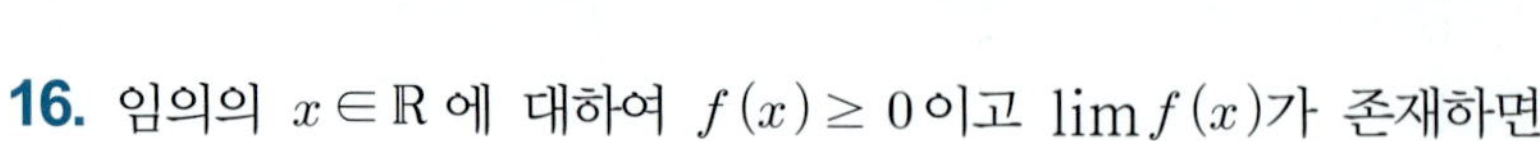

16. 임의의 $x \in \mathbb{R}$ 에 대하여 $f(x) \geq 0$ 이고 $\lim_{x \to a} f(x)$가 존재하면

$$\lim_{x \to a} \sqrt{f(x)} = \sqrt{\lim_{x \to a} f(x)}$$

임을 증명하여라.

17. $L, M \in \mathbb{R}$ 이고 $\lim_{x \to a} f(x) = L$, $\lim_{x \to a} g(x) = M$일 때 다음을 증명하여라.

(1) $\lim_{x \to a} \max\{f(x), g(x)\} = \max\{L, M\}$

(2) $\lim_{x \to a} \min\{f(x), g(x)\} = \min\{L, M\}$

18. $\lim_{x \to a} f(x)$가 존재하기 위한 필요충분조건은 임의의 $\epsilon > 0$에 대하여 적당한 $\delta > 0$가 존재하여 $0 < |x - a| < \delta$이고 $0 < |y - a| < \delta$인 모든 x, y에 대하여

$$|f(x) - f(y)| < \epsilon$$

임을 증명하여라.

19. $x = a$ 의 적당한 근방에서 $f(x) < g(x)$이면 $\lim_{x \to a} f(x) < \lim_{x \to a} g(x)$가 성립하는가?

20. $f(x) = \begin{cases} 1, & x \in \mathbb{Q} \\ 0, & x \notin \mathbb{Q} \end{cases}$ 이면 $\lim_{x \to 0} x f(x) = 0$임을 증명하여라.

21. $\lim_{x \to 0} x^n \left(\dfrac{(x^2 - 1)^4 - 1}{x^8} \right)$이 유한한 극한값을 갖도록 하는 n 의 범위를 구하여라.

22. $\lim_{x \to 0} \sin x \sin \dfrac{1}{x} = 0$임을 증명하여라.

23.

$$f(x)=\begin{cases} \dfrac{1}{a}, & a\text{와 } b\text{는 서로소인 자연수이고 } x=\dfrac{b}{a} \\ 0, & \text{otherwise} \end{cases}$$

이면 임의의 $p\in(0,1)$에 대하여 $\lim_{x\to p} f(x)=0$임을 증명하여라.

24. 임의의 x, $y\in\mathbb{R}$ 에 대하여 $f(x+y)=f(x)+f(y)$이고 $\lim_{x\to 0} f(x)$가 존재할 때 다음을 증명하여라.

(1) $\lim_{x\to 0} f(x)=0$

(2) 임의의 $a\in\mathbb{R}$ 에 대하여 $\lim_{x\to a} f(x)$가 존재한다.

3.3 함수의 특별한 극한

$a \in \mathbb{R}$ 일 때 x가 a에 접근하는 방법으로는 a의 우측에서 접근하는 방법과 a의 좌측에서 접근하는 방법이 있다. 이와 관련하여 우극한과 좌극한을 다음과 같이 정의한다.

정의 3.1

$f: D \to \mathbb{R}$ 이고 $a \in D$ 라 하자.

(1) 임의의 $\epsilon > 0$에 대하여 적당한 $\delta > 0$가 존재하여 $0 < x - a < \delta$인 모든 $x \in D$에 대하여

$$|f(x) - L| < \epsilon$$

이 성립하면 $x = a$에서 **f는 우극한 L을 갖는다**고 하고 $\lim_{x \to a^+} f(x) = L$ 또는 $f(a^+) = L$로 나타낸다.

(2) 임의의 $\epsilon > 0$에 대하여 적당한 $\delta > 0$가 존재하여 $0 < a - x < \delta$인 모든 $x \in D$에 대하여

$$|f(x) - L| < \epsilon$$

이 성립하면 $x = a$에서 **f는 좌극한 L을 갖는다**고 하고 $\lim_{x \to a^-} f(x) = L$ 또는 $f(a^-) = L$로 나타낸다.

정의 3.1에 의하여 $x = a$에서 함수의 극한이 존재하면 $x = a$에서 함수의 우극한과 좌극한은 당연히 존재한다.

우극한과 좌극한을 엄밀하게 증명할 때 임의의 $\epsilon > 0$에 대하여 $\delta > 0$를 선택하는 방법은 함수의 극한에서 선택하는 방법과 동일하다.

예제 3.2 $f(x) = \sqrt{x}$ 이면 $\lim_{x \to 0^+} f(x) = 0$ 임을 증명하여라.

$$|f(x) - 0| = |\sqrt{x}| < \epsilon$$

으로부터 $\delta = \epsilon^2 > 0$ 으로 선택한다.

증명 | 임의의 $\epsilon > 0$에 대하여 $\delta = \epsilon^2 > 0$이라 하면 $0 < x < \delta$인 모든 x에 대하여

$$|f(x) - 0| = |\sqrt{x}| < \sqrt{\delta} = \epsilon$$

이므로 $\lim_{x \to 0^+} f(x) = 0$이다. ■

임의의 $\delta > 0$에 대하여 $0 < |x - 0| < \delta$인 x 중에는 음수인 x가 있고 음수인 x를 $f(x) = \sqrt{x}$에 대입할 수 없으므로 $\lim_{x \to 0} f(x)$는 존재하지 않는다.

예제 3.3 $g(x) = \begin{cases} 2x + 1, & x \geq 0 \\ -x + 2, & x < 0 \end{cases}$ 이면 $\lim_{x \to 0^-} g(x) = 2$ 임을 증명하여라.

TIP 임의의 $\delta > 0$와 $0 < 0 - x < \delta$인 x에 대하여 $g(x) = -x + 2$이다. 따라서

$$|g(x) - 2| = |(-x + 2) - 2| = |x| < \epsilon$$

으로부터 $\delta = \epsilon > 0$으로 선택한다.

증명 | 임의의 $\epsilon > 0$에 대하여 $\delta = \epsilon > 0$이라 하면 $0 < -x < \delta$인 모든 x에 대하여

$$|g(x) - 2| = |x| < \delta = \epsilon$$

이므로 $\lim_{x \to 0^-} g(x) = 2$이다. ■

예제 3.4 다음 극한을 구하여라.

(1) $\lim_{x \to 1^+} \frac{x^2 - 1}{|x - 1|}$ (2) $\lim_{x \to 1^-} \frac{x^2 - 1}{|x - 1|}$

풀이 | (1) $\lim_{x \to 1^+} \frac{x^2 - 1}{|x - 1|} = \lim_{x \to 1^+} \frac{x^2 - 1}{x - 1} = \lim_{x \to 1^+} (x + 1) = 2$

(2) $\lim_{x \to 1^-} \frac{x^2 - 1}{|x - 1|} = \lim_{x \to 1^-} \frac{x^2 - 1}{-(x - 1)} = \lim_{x \to 1^-} -(x + 1) = -2$ ■

다음 정리는 함수의 극한과 우극한, 좌극한의 관계를 잘 설명해 준다.

정리 3.5

$f: D \to \mathbb{R}$ 이고 $L \in \mathbb{R}$ 이라 하자. $a \in D$일 때 $\lim_{x \to a} f(x) = L$이기 위한 필요충분 조건은 $\lim_{x \to a^+} f(x) = L = \lim_{x \to a^-} f(x)$인 것이다.

TIP $\lim_{x \to a^+} f(x) = L = \lim_{x \to a^-} f(x)$일 때 $0 < x - a < \delta_1$과 $0 < a - x < \delta_2$로부터 $\delta = \min\{\delta_1, \delta_2\} > 0$로 선택하면 $\lim_{x \to a} f(x) = L$임을 증명할 수 있다.

증명 | ($\Rightarrow$) 임의의 $\epsilon > 0$에 대하여 $\lim_{x \to a} f(x) = L$이므로 적당한 $\delta > 0$가 존재하여 $0 < |x - a| < \delta$인 모든 $x \in D$에 대하여 $|f(x) - L| < \epsilon$이 성립한다. (1)
$0 < x - a < \delta$인 모든 $x \in D$는 $0 < |x - a| < \delta$를 만족하고 (1)에 의하여 $|f(x) - L| < \epsilon$이므로 $\lim_{x \to a^+} f(x) = L$이다.
같은 방법으로 $0 < a - x < \delta$인 모든 $x \in D$는 $0 < |x - a| < \delta$를 만족하고 (1)에 의하여 $|f(x) - L| < \epsilon$이므로 $\lim_{x \to a^-} f(x) = L$이다.

($\Leftarrow$) 임의의 $\epsilon > 0$에 대하여 $\lim_{x \to a^+} f(x) = L$이므로 적당한 $\delta_1 > 0$이 존재하여 $0 < x - a < \delta_1$인 모든 $x \in D$에 대하여 $|f(x) - L| < \epsilon$이 성립한다. (2)
같은 방법으로 $\lim_{x \to a^-} f(x) = L$이므로 적당한 $\delta_2 > 0$가 존재하여 $0 < a - x < \delta_2$인 모든 $x \in D$에 대하여 $|f(x) - L| < \epsilon$이 성립한다. (3)
이제 $\delta = \min\{\delta_1, \delta_2\} > 0$라 하면 (2)와 (3)으로부터 $0 < |x - a| < \delta$인 모든 $x \in D$에 대하여 $|f(x) - L| < \epsilon$이므로 $\lim_{x \to a} f(x) = L$이다. ■

정리 3.5로부터 우극한과 좌극한이 다를 경우 함수의 극한이 존재하지 않는다고 한다.

예제 3.6 $f(x) = \begin{cases} x^2, & x \geq 1 \\ x, & x < 1 \end{cases}$이면 $\lim_{x \to 1} f(x) = 1$임을 증명하여라.

TIP (i) $x > 1$인 경우

$$|f(x) - 1| = |x^2 - 1| = (x+1)|x - 1|$$

이다. 만일 $0 < x - 1 < 1$이면 $1 < x < 2$이고 따라서 $2 < x + 1 < 3$이다. 따라서

$$|f(x) - 1| = |x^2 - 1| = (x+1)|x - 1| < 3|x - 1| < \epsilon$$

으로부터 $\delta = \min\left\{1, \frac{\epsilon}{3}\right\} > 0$ 으로 선택한다.

(ii) $x < 1$ 인 경우

$$|f(x) - 1| = |x - 1| < \epsilon$$

으로부터 $\delta = \epsilon > 0$ 으로 선택한다.

증명 | 임의의 $\epsilon > 0$ 에 대하여 $\delta = \min\left\{\frac{\epsilon}{3}, 1\right\} > 0$ 이라 하자. 그러면 $0 < x - 1 < \delta$ 인 모든 x 에 대하여

$$|f(x) - 1| = |(x+1)(x-1)| < 3 \cdot \frac{\epsilon}{3} = \epsilon$$

이므로 $\lim_{x \to 1^+} f(x) = 1$ 이다.

임의의 $\epsilon > 0$에 대하여 $\delta = \epsilon > 0$이라 하면 $0 < 1 - x < \delta$인 모든 x에 대하여

$$|f(x) - 1| = 1 - x < \delta = \epsilon$$

이므로 $\lim_{x \to 1^-} f(x) = 1$이다.

그러므로 정리 3.5에 의하여 $\lim_{x \to 1} f(x) = 1$이다. ■

예제 3.7 $f(x) = \begin{cases} 3x^2 + 1, & x \geq 1 \\ 2x - a, & x < 1 \end{cases}$일 때 $\lim_{x \to 1} f(x)$가 존재하게 하는 a의 값을 구하여라.

풀이 | $\lim_{x \to 1^+} f(x) = 4$이고 $\lim_{x \to 1^-} f(x) = 2 - a$이다. $\lim_{x \to 1} f(x)$이 존재해야 하므로 $\lim_{x \to 1^+} f(x) = \lim_{x \to 1^-} f(x)$이고 따라서 $4 = 2 - a$이다. 그러므로 $a = -2$ 이다. ■

지금까지 학습한 함수의 극한 '$\lim_{x \to a} f(x) = L$'에서는 a와 L이 실수인 경우만을 다뤘다. 이제 a와 L이 $+\infty$ 또는 $-\infty$인 경우를 알아보기로 한다.

정의 3.8

$a, L \in \mathbb{R}$ 이라 하자.

(1) $\lim_{x \to \infty} f(x) = L \Leftrightarrow$ 임의의 $\epsilon > 0$ 에 대하여 적당한 $N \in \mathbb{R}$ 이 존재하여 $x \geq N$인 모든 x 에 대하여 $|f(x) - L| < \epsilon$이 성립한다.

(2) $\lim_{x \to a} f(x) = \infty \Leftrightarrow$ 임의의 $M > 0$에 대하여 적당한 $\delta > 0$가 존재하여 $0 < |x - a| < \delta$인 모든 x에 대하여 $f(x) > M$이 성립한다.

(3) $\lim_{x \to \infty} f(x) = \infty \Leftrightarrow$ 임의의 $M > 0$에 대하여 적당한 $N \in \mathbb{R}$이 존재하여 $x \geq N$인 모든 x에 대하여 $f(x) > M$이 성립한다.

일반적으로 "임의의 $\epsilon > 0$"은 매우 작은 양수를, "임의의 $M > 0$"은 매우 큰 양수를 의미한다.

예제 3.9 $\lim_{x \to \infty} \frac{1}{x^2} = 0$임을 증명하여라.

TIP 정의 3.8의 (1)에 의하여 임의의 $\epsilon > 0$에 대하여 적절한 $N \in \mathbb{R}$을 선택하여야 한다. $\frac{1}{x^2} < \epsilon$으로부터 $x > \sqrt{\frac{1}{\epsilon}}$ 이다. 따라서 $N = \sqrt{\frac{2}{\epsilon}} \in \mathbb{R}$로 선택한다.

증명 | 임의의 $\epsilon > 0$에 대하여 $N = \sqrt{\frac{2}{\epsilon}} \in \mathbb{R}$로 선택한다. 그러면 $x \geq N$인 모든 x에 대하여

$$\left| \frac{1}{x^2} - 0 \right| = \frac{1}{x^2} \leq \frac{1}{N^2} = \frac{\epsilon}{2} < \epsilon$$

이므로 $\lim_{x \to \infty} \frac{1}{x^2} = 0$이다. ■

예제 3.10 $\lim_{x \to 0} \frac{1}{x^2} = \infty$임을 증명하여라.

TIP 정의 3.8의 (2)에 의하여 주어진 $M > 0$에 대하여 적절한 $\delta > 0$를 선택하여야 한다. $\frac{1}{x^2} > M$으로부터 $x < \sqrt{\frac{1}{M}}$ 이다. 따라서 $\delta = \sqrt{\frac{1}{M}} > 0$로 선택한다.

증명 | 임의의 $M > 0$에 대하여 $\delta = \sqrt{\frac{1}{M}} > 0$로 선택한다. 그러면 $0 < |x - 0| < \delta$인 모든 x에 대하여

$$\left| \frac{1}{x^2} - 0 \right| = \frac{1}{x^2} > \frac{1}{\delta^2} = M$$

이므로 $\lim_{x\to 0}\frac{1}{x^2}=\infty$이다. ■

예제 3.11 $\lim_{x\to\infty}(2x-1)=\infty$임을 증명하여라.

> **TIP** 정의 3.8의 (3)에 의하여 주어진 $M>0$에 대하여 적절한 $N\in\mathbb{R}$을 선택하여야 한다. $2x-1>M$이어야 하므로 $x>\frac{M+1}{2}$이다. 따라서 $N=M+1\in\mathbb{R}$로 선택한다.

증명 | 임의의 $M>0$에 대하여 $N=M+1\in\mathbb{R}$로 선택한다. 그러면 $x\geq N$인 모든 x에 대하여

$$2x-1\geq 2N-1=2(M+1)-1=2M+1>M$$

이므로 $\lim_{x\to\infty}(2x-1)=\infty$이다. ■

예제 3.11의 증명에서 N을 $N=\frac{M+1}{2}\in\mathbb{R}$로 선택하여도 된다.

보조정리 3.12

모든 $x\in\mathbb{R}$에 대하여 $f(x)\leq g(x)$일 때 $\lim_{x\to\infty}f(x)=\infty$이면 $\lim_{x\to\infty}g(x)=\infty$이다.

증명 | 임의의 $M>0$에 대하여 $\lim_{x\to\infty}f(x)=\infty$이므로 적당한 $N\in\mathbb{R}$이 존재하여 $x\geq N$인 모든 x에 대하여 $f(x)>M$이 성립한다. 임의의 x에 대하여 $f(x)\leq g(x)$이므로 $x\geq N$인 모든 x에 대하여

$$g(x)\geq f(x)>M$$

이고 따라서 $\lim_{x\to\infty}g(x)=\infty$이다. ■

정리 3.13

$a,\ B\in\mathbb{R}$이라 하자.

f와 g가 모든 $x\in(a,\ \infty)$에 대하여 $g(x)>0$이며 $\lim_{x\to\infty}\frac{f(x)}{g(x)}=B>0$일 때 $\lim_{x\to\infty}f(x)=\infty$이기 위한 필요충분조건은 $\lim_{x\to\infty}g(x)=\infty$인 것이다.

TIP 양수 p 와 q 에 대하여

$$p\,g(x) \le f(x) \le q\,g(x)$$

임을 증명한다. 보조정리 3.12로부터
$p\,g(x) \le f(x)$를 이용하여 $\lim_{x\to\infty} g(x)=\infty$일 때 $\lim_{x\to\infty} f(x)=\infty$임을 증명하고
$f(x) \le q\,g(x)$를 이용하여 $\lim_{x\to\infty} f(x)=\infty$일 때 $\lim_{x\to\infty} g(x)=\infty$임을 증명한다.

증명 | $\epsilon_0 = \frac{1}{2}B > 0$에 대하여 $\lim_{x\to\infty} \frac{f(x)}{g(x)} = B$이므로 적당한 $N \in \mathbb{R}$이 존재하여 $x \ge N$인 모든 x에 대하여

$$\left|\frac{f(x)}{g(x)} - B\right| < \epsilon_0 = \frac{1}{2}B$$

가 성립한다. 따라서 $x \ge N$인 모든 x에 대하여

$$\frac{1}{2}B < \frac{f(x)}{g(x)} < \frac{3}{2}B$$

이고 이를 정리하면

$$\left(\frac{1}{2}B\right)g(x) < f(x) < \left(\frac{3}{2}B\right)g(x)$$

이다. $\lim_{x\to\infty} f(x)=\infty$이면 $f(x) < \left(\frac{3}{2}B\right)g(x)$와 보조정리 3.12에 의하여 $\lim_{x\to\infty} g(x)=\infty$이다.

$\lim_{x\to\infty} g(x)=\infty$이면 $\left(\frac{1}{2}B\right)g(x) < f(x)$와 보조정리 3.12에 의하여 $\lim_{x\to\infty} f(x)=\infty$이다. ■

다음은 특별한 형태의 합성함수의 극한정리이다.

정리 3.14

$a \in \mathbb{R}$일 때 $\lim_{x\to\infty} g(x)=\infty$이고 $\lim_{y\to\infty} f(y)=a$이면

$$\lim_{x\to\infty} f(g(x)) = a$$

이다.

> **TIP** 임의의 $\epsilon > 0$과 $x \geq N$인 모든 x에 대하여
> $$|f(g(x)) - a| < \epsilon$$
> 이 성립하는 $N \in \mathbb{R}$을 선택하여야 한다.

증명 | 임의의 $\epsilon > 0$에 대하여 $\lim_{y \to \infty} f(y) = a$이므로 적당한 $M \in \mathbb{R}$이 존재하여 $y \geq M$인 모든 y에 대하여

$$|f(y) - a| < \epsilon$$

이 성립한다. 이 M에 대하여 $\lim_{x \to \infty} g(x) = \infty$이므로 적당한 $N \in \mathbb{R}$이 존재하여 $x \geq N$인 모든 x에 대하여

$$g(x) > M$$

이 성립한다. 이제 $y = g(x)$라 하면 $x \geq N$인 모든 x에 대하여

$$|f(g(x)) - a| < \epsilon$$

이므로 $\lim_{x \to \infty} f(g(x)) = a$이다. ■

정리 3.14는 다음 극한을 구하는 데 사용된다.

예제 3.15 다음 극한을 구하여라.

(1) $\lim_{x \to \infty} \dfrac{\sqrt{2x^2 - 3x + 1}}{x + 1}$　　(2) $\lim_{x \to -\infty} \dfrac{\sqrt{2x^2 - 3x + 1}}{x + 1}$

풀이 | (1) $\lim_{x \to \infty} \dfrac{\sqrt{2x^2 - 3x + 1}}{x + 1} = \lim_{x \to \infty} \dfrac{\sqrt{2 - \dfrac{3}{x} + \dfrac{1}{x^2}}}{1 + \dfrac{1}{x}}$이다.

$\lim_{x \to \infty} \left(2 - \dfrac{3}{x} + \dfrac{1}{x^2}\right) = 2$이므로 정리 3.14에 의하여

$\lim_{x \to \infty} \sqrt{2 - \dfrac{3}{x} + \dfrac{1}{x^2}} = \sqrt{2}$이다.

그러므로 $\lim_{x \to \infty} \dfrac{\sqrt{2x^2 - 3x + 1}}{x + 1} = \sqrt{2}$이다.

(2) $\displaystyle\lim_{x\to-\infty}\frac{\sqrt{2x^2-3x+1}}{x+1}=\lim_{x\to-\infty}\frac{-\sqrt{\frac{1}{x^2}}\sqrt{2x^2-3x+1}}{\frac{1}{x}(x+1)}$

$$=\lim_{x\to-\infty}-\frac{\sqrt{2-\frac{3}{x}+\frac{1}{x^2}}}{1+\frac{1}{x}}$$

이다. $\displaystyle\lim_{x\to-\infty}\left(2-\frac{3}{x}+\frac{1}{x^2}\right)=2$이므로 정리 3.14에 의하여

$\displaystyle\lim_{x\to-\infty}\sqrt{2-\frac{3}{x}+\frac{1}{x^2}}=\sqrt{2}$ 이다.

그러므로 $\displaystyle\lim_{x\to-\infty}\frac{\sqrt{2x^2-3x+1}}{x+1}=-\sqrt{2}$ 이다. ■

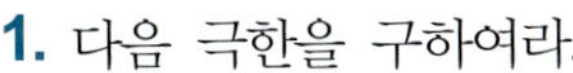

3.3 연습문제

1. 다음 극한을 구하여라.

(1) $\lim_{x\to 3^+}\frac{|x-3|}{x-3}$　　(2) $\lim_{x\to 3^-}\frac{|x-3|}{x-3}$

(3) $\lim_{x\to 0^+}\frac{x+1}{x^2-3x}$　　(4) $\lim_{x\to 0^-}\frac{x+1}{x^2-3x}$

(5) $\lim_{x\to 2^-}\frac{1}{(x-2)(x-3)^2}$　　(6) $\lim_{x\to 2^+}\frac{1}{(x-2)(x-3)^2}$

(7) $\lim_{x\to 3^-}\frac{1}{(x-2)(x-3)^2}$　　(8) $\lim_{x\to 3^+}\frac{1}{(x-2)(x-3)^2}$

(9) $\lim_{x\to\infty}\frac{2x^2-7x+3}{1-x-x^2}$　　(10) $\lim_{x\to-\infty}\frac{2x^2-7x+3}{1-x-x^2}$

2. $n\in\mathbb{N}$ 이고 $f(x)=\lim_{n\to\infty}\frac{2-x^n}{3+x^n}$일 때 다음 극한을 구하여라.

(1) $\lim_{x\to 1^-}f(x)$　　(2) $\lim_{x\to 1^+}f(x)$

(3) $\lim_{x\to -1^-}f(x)$　　(4) $\lim_{x\to -1^+}f(x)$

3. [·]가 가우스 함수일 때 다음 극한을 구하여라.

(1) $\lim_{x\to 4^+}\left[\frac{x}{2}\right]$　　(2) $\lim_{x\to 4^-}\left[\frac{x}{2}\right]$

(3) $\lim_{x\to 5^+}\left[\frac{x}{3}\right]$　　(4) $\lim_{x\to 5^-}\left[\frac{x}{3}\right]$

4. 정의 3.8을 이용하여 다음을 정의하여라. (단, $a,\ L\in\mathbb{R}$)

(1) $\lim_{x\to-\infty}f(x)=L$　　(2) $\lim_{x\to a}f(x)=-\infty$

(3) $\lim_{x\to\infty}f(x)=-\infty$　　(4) $\lim_{x\to-\infty}f(x)=\infty$

(5) $\lim_{x\to-\infty}f(x)=-\infty$

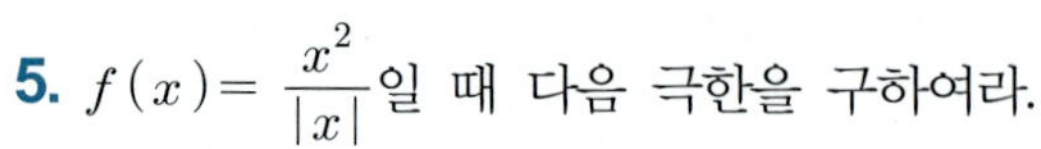

5. $f(x)=\dfrac{x^2}{|x|}$일 때 다음 극한을 구하여라.

(1) $\lim\limits_{x\to-\infty} f(x)$ (2) $\lim\limits_{x\to0^-} f(x)$

(3) $\lim\limits_{x\to0^+} f(x)$ (4) $\lim\limits_{x\to\infty} f(x)$

6. $x=0$에서 좌극한은 존재하지만 우극한은 존재하지 않는 함수의 예를 들어라.

7. $f(x)=\dfrac{|x+1|}{x^2-x-2}$일 때

(1) $\lim\limits_{x\to-1^-} f(x)$를 구하고 $\epsilon-\delta$를 이용하여 증명하여라.

(2) $\lim\limits_{x\to-1^+} f(x)$를 구하고 $\epsilon-\delta$를 이용하여 증명하여라.

8. $f(x)=\dfrac{1}{x^2}\sin\dfrac{1}{x}$이면 $\lim\limits_{x\to\infty} f(x)$가 존재함을 증명하여라.

9. $n\in\mathbb{N}$이고 $f(x)=x^n$일 때 다음을 증명하여라.

(1) 모든 $n\in\mathbb{N}$에 대하여 $\lim\limits_{x\to\infty} f(x)=\infty$이다.

(2) n이 짝수이면 $\lim\limits_{x\to-\infty} f(x)=\infty$이다.

(3) n이 홀수이면 $\lim\limits_{x\to-\infty} f(x)=-\infty$이다.

10. 다음을 증명하여라.

(1) $\lim\limits_{x\to0^-}\dfrac{1}{(x-1)^3}=-1$ (2) $\lim\limits_{x\to0^+}\dfrac{1}{(x-1)^3}=-1$

11. $[\cdot]$가 가우스 함수일 때 다음 극한을 구하여라.

(1) $\lim\limits_{x\to\infty}\dfrac{[x]}{x}$ (2) $\lim\limits_{x\to-\infty}\dfrac{[x]}{x}$

(3) $\lim\limits_{x\to\infty}\dfrac{x}{[x]}$ (4) $\lim\limits_{x\to-\infty}\dfrac{x}{[x]}$

12. [·]가 가우스 함수일 때 다음 극한을 구하여라.

(1) $\lim_{x\to\infty} \sin[x]$　　(2) $\lim_{x\to\infty} \cos \pi[2x]$

(3) $\lim_{x\to\infty} \dfrac{1}{x^2-[x]}$　　(4) $\lim_{x\to\infty} \sin \dfrac{\pi}{2}(x-[x])$

13. $\lim_{x\to a} f(x)=3$, $\lim_{x\to a} g(x)=\infty$, $\lim_{x\to a} h(x)=-\infty$일 때 다음을 증명하여라.

(1) $\lim_{x\to a}(f(x)+g(x))=\infty$

(2) $\lim_{x\to a}(f(x)+h(x))=-\infty$

14. $a\in\mathbb{R}$ 이고 $\lim_{x\to a} f(x)=-2$, $\lim_{x\to a} g(x)=\infty$, $\lim_{x\to a} h(x)=-\infty$일 때 다음을 증명하여라.

(1) $\lim_{x\to a} f(x)g(x)=-\infty$

(2) $\lim_{x\to a} f(x)h(x)=\infty$

15. $\lim_{x\to\infty}(x+\cos x)=\infty$임을 증명하여라.

16. 모든 $x\in(0,\infty)$에 대하여 $f(x)>0$일 때 $\lim_{x\to 1} f(x)=\infty$이기 위한 필요충분조건은 $\lim_{x\to 1} \dfrac{1}{f(x)}=0$임을 증명하여라.

17. $a\in\mathbb{R}$ 일 때 $\lim_{x\to\infty} f(x)=a$이기 위한 필요충분조건은 $\lim_{x\to 0^+} f\left(\dfrac{1}{x}\right)=a$임을 증명하여라.

18. $\lim_{x\to\infty} f(x)=\infty$이고 $\lim_{x\to\infty} g(x)=2$이면 $\lim_{x\to\infty} \dfrac{g(x)}{f(x)}=0$임을 증명하여라.

19. $L \in \mathbb{R}$ 일 때 $\lim_{x \to \infty} x f(x) = L$ 이면 $\lim_{x \to \infty} f(x) = 0$임을 증명하여라.

20. $a \in \mathbb{R}$ 이고 모든 $x \in \mathbb{R}$ 에 대하여 $g(x) > 0$이라 하자.

$\lim_{x \to a} f(x) = 3 > 0$이고 $\lim_{x \to a} g(x) = 0$이면 $\lim_{x \to a} \dfrac{f(x)}{g(x)} = \infty$ 임을 증명하여라.

21. $f : (0, 1) \to \mathbb{R}$ 가 $x_1 \le x_2$인 임의의 $x_1,\ x_2 \in (0,\ 1)$에 대하여 $f(x_1) \le f(x_2)$ 일 때 다음을 증명하여라.

(1) $\lim_{x \to 0^+} f(x) = \inf\{f(x) : 0 < x < 1\}$

(2) $\lim_{x \to 1^-} f(x) = \sup\{f(x) : 0 < x < 1\}$

22. $f : (0, 2) \to \mathbb{R}$ 가 $x_1 \le x_2$인 임의의 $x_1,\ x_2 \in (0,\ 2)$에 대하여 $f(x_1) \le f(x_2)$ 이고 $\lim_{x \to 1^-} f(x)$와 $\lim_{x \to 1^+} f(x)$가 존재하면

$$\lim_{x \to 1^-} f(x) \le f(1) \le \lim_{x \to 1^+} f(x)$$

임을 증명하여라.

23. f가 $[0,\ 1]$에서 단조증가하면 임의의 $a \in (0,\ 1)$에 대하여 $\lim_{x \to a^-} f(x)$와 $\lim_{x \to a^+} f(x)$가 존재함을 증명하여라.

Chapter 04 연속

학습목표

- $\epsilon-\delta$를 이용하여 엄밀하게 함수의 연속을 정의하는 방법을 이해하고 정의를 이용하여 함수의 연속을 증명하는 방법을 학습하며 함수가 연속하지 않은 경우도 엄밀하게 증명할 수 있음을 이해한다.
- 연속인 함수들의 사칙연산이 연속임을 엄밀하게 증명하는 방법을 학습한다.
- 연속함수와 관련된 중요한 정리인 중간값정리와 최대·최소정리를 증명하고 이를 활용하는 방안을 알아본다.
- 평등연속함수를 도입하고 연속함수와의 관계를 검증한다.

미리보기

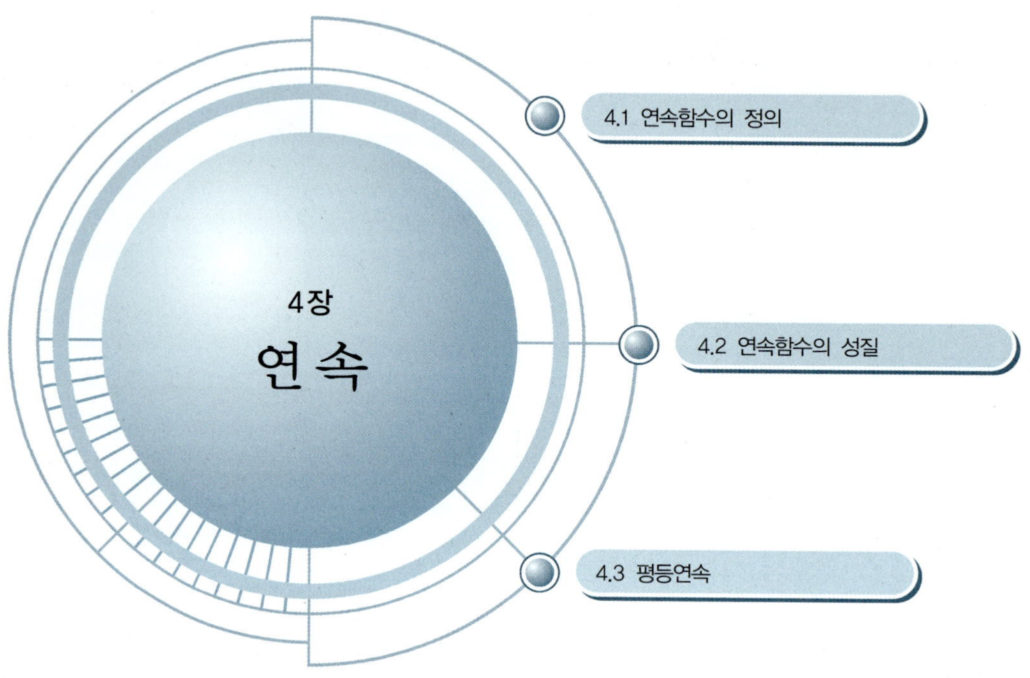

이 장에서는 함수의 연속에 대한 엄밀한 정의와 연속과 관련된 다양한 정리를 알아보기로 한다. $\epsilon-\delta$를 이용하여 함수의 연속을 엄밀하게 정의하고 이를 이용으로 함수가 연속이지 않음도 증명할 수 있음을 이해한다. 연속인 함수들의 사칙연산은 연속임을 엄밀하게 증명하고 관련된 정리를 학습한다. 연속인 함수와 관련된 중간값정리와 최대·최소정리를 이해하게 하고 이를 활용한 다양한 문제를 해결한다. 평등연속함수를 도입하고 연속함수와 관계를 이해하며 유계인 폐구간에서 연속인 함수가 평등연속임을 증명한다.

4.1 연속함수의 정의

함수 f가 $x=a$에서 극한을 갖는다고 해서 $x=a$에서 f의 성질을 설명할 수 있는 것은 아니다. 즉 $f(a)$의 값이 존재하는 것과 상관없이 $x=a$에서 f의 극한은 존재할 수 있다. 이미 고등학교 과정에서 학습한 바와 같이

$$\lim_{x\to a} f(x) = f(a)$$

이면 f는 $x=a$에서 연속이다. f가 $x=a$에서 연속임을 $\epsilon-\delta$를 이용하여 엄밀하게 정의하면 다음과 같다.

정의 1.1

$f: D\to\mathbb{R}$이고 $a\in D$라 하자.
임의의 $\epsilon>0$에 대하여 적당한 $\delta=\delta(\epsilon, a)>0$가 존재하여 $|x-a|<\delta$인 모든 $x\in D$에 대하여

$$|f(x)-f(a)|<\epsilon$$

이 성립하면 **f는 $x=a$에서 연속**이라 한다.

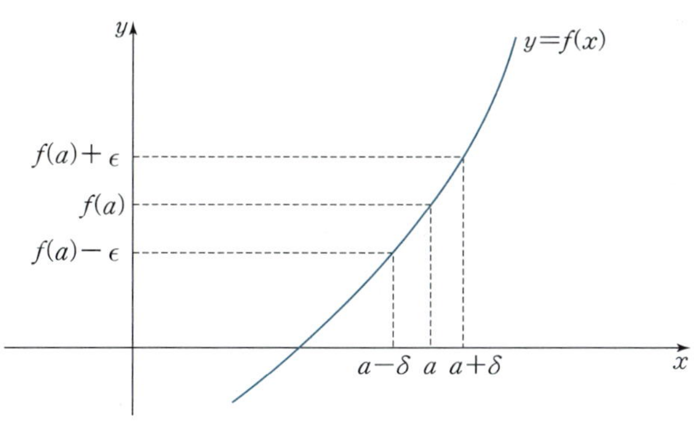

그림 4.1 $x=a$에서 함수의 연속

연속의 정의에서 다음의 두 가지 사항을 유념하여야 한다.

(1) $\delta=\delta(\epsilon, a)$라는 것은 δ가 ϵ과 a에 따라서 결정됨을 의미한다.

(2) 함수의 극한에서는 '$0 < |x-a| < \delta$ 인 모든 $x \in D$'를 고려하였으나 연속에서는 '$|x-a| < \delta$ 인 모든 $x \in D$'를 고려한다.

일반적으로 연속에 대한 엄밀한 증명방법은 극한에 대한 엄밀한 증명방법과 매우 유사하다.

예제 1.2 $f(x) = 2x - 3$일 때 다음을 증명하여라.

(1) f는 $x = 1$에서 연속이다.

(2) f는 $x = -2$에서 연속이다.

TIP (1) $$|f(x) - f(1)| = |(2x-3) - (-1)| = 2|x-1| < \epsilon$$

으로부터 $\delta = \dfrac{\epsilon}{2} > 0$으로 선택한다.

(2) $$|f(x) - f(-2)| = |(2x-3) - (-7)| = 2|x+2| < \epsilon$$

으로부터 $\delta = \dfrac{\epsilon}{2} > 0$으로 선택한다.

증명 | (1) 임의의 $\epsilon > 0$에 대하여 $\delta = \dfrac{\epsilon}{2} > 0$으로 선택한다. 그러면 $|x-1| < \delta$인 모든 x에 대하여

$$|f(x) - f(1)| = |(2x-3) - (-1)| = 2|x-1| < \epsilon$$

이므로 f는 $x = 1$에서 연속이다.

(2) 임의의 $\epsilon > 0$에 대하여 $\delta = \dfrac{\epsilon}{2} > 0$으로 선택한다. 그러면 $|x+2| < \delta$인 모든 x에 대하여

$$|f(x) - f(-2)| = |(2x-3) - (-7)| = 2|x+2| < \epsilon$$

이므로 f는 $x = -2$에서 연속이다. ■

예제 1.2에서와 달리 예제 1.3에서는 연속을 엄밀하게 증명할 때 δ의 값이 $x = a$에 따라서 변함을 보여준다.

예제 1.3 $g(x) = x^2$일 때 다음을 증명하여라.

(1) g는 $x = 1$에서 연속이다.

(2) g는 $x = 2$에서 연속이다.

TIP (1) $$|g(x)-g(1)| = |x^2-1| = |x+1||x-1| \le (|x|+1)|x-1|$$

을 이용한다. 만일 $|x-1|<1$이면 $0<x<2$이고 이를 정리하면 $1<|x|+1<3$이다. 따라서

$$(|x|+1)|x-1| < 3|x-1| < \epsilon$$

이 성립해야 하므로 $\delta = \min\left\{1, \frac{\epsilon}{3}\right\} > 0$으로 선택한다.

(2) $$|g(x)-g(2)| = |x^2-4| = |x+2||x-2| \le (|x|+2)|x-2|$$

을 이용한다. 만일 $|x-2|<1$이면 $1<x<3$이고 이를 정리하면 $3<|x|+2<5$이다. 따라서

$$(|x|+2)|x-2| < 5|x-2| < \epsilon$$

이 성립해야 하므로 $\delta = \min\left\{1, \frac{\epsilon}{5}\right\} > 0$으로 선택한다.

증명 | (1) 임의의 $\epsilon > 0$에 대하여 $\delta = \min\left\{1, \frac{\epsilon}{3}\right\} > 0$으로 선택한다. 그러면 $|x-1| < \delta$인 모든 x에 대하여

$$\begin{aligned} |g(x)-g(1)| = |x^2-1| &= |x+1||x-1| \\ &\le (|x|+1)|x-1| \\ &< 3|x-1| \qquad (|x-1| < \delta \le 1\text{이므로}) \\ &< 3 \cdot \frac{\epsilon}{3} \qquad (|x-1| < \delta \le \tfrac{\epsilon}{3}\text{이므로}) \\ &= \epsilon \end{aligned}$$

이므로 g는 $x=1$에서 연속이다.

(2) 임의의 $\epsilon > 0$에 대하여 $\delta = \min\left\{1, \frac{\epsilon}{5}\right\} > 0$으로 선택한다. 그러면 $|x-2| < \delta$인 모든 x에 대하여

$$\begin{aligned} |g(x)-g(2)| = |x^2-4| &= |x+2||x-2| \\ &\le (|x|+2)|x-2| \\ &< 5|x-2| \qquad (|x-2| < \delta \le 1\text{이므로}) \\ &< 5 \cdot \frac{\epsilon}{5} \qquad (|x-2| < \delta \le \tfrac{\epsilon}{5}\text{이므로}) \\ &= \epsilon \end{aligned}$$

이므로 g는 $x=2$에서 연속이다. ■

예제 1.4 $h(x)=\begin{cases} x\sin\dfrac{1}{x}, & x\neq 0 \\ 0, & x=0 \end{cases}$ 이면 h는 $x=0$에서 연속임을 증명하여라.

TIP

$$|h(x)-h(0)|=\left|x\sin\frac{1}{x}-0\right|\leq|x|$$

이므로 $\delta=\epsilon>0$으로 선택한다.

증명 | 임의의 $\epsilon>0$에 대하여 $\delta=\epsilon>0$으로 선택한다. 그러면 $|x-0|<\delta$인 모든 x에 대하여

$$\begin{aligned}|h(x)-h(0)|&=\left|x\sin\frac{1}{x}-0\right|\\&=|x|\left|\sin\frac{1}{x}\right|\\&\leq|x|\\&<\delta=\epsilon\end{aligned}$$

이므로 h는 $x=0$에서 연속이다. ■

예제 1.2와 1.3의 경우 엄밀한 수학적 정의 없이도 함수의 그래프를 이용하면 쉽게 연속임을 알 수 있다. 하지만 예제 1.4의 경우 그래프만으로는 함수의 연속을 판정하기 어렵다.

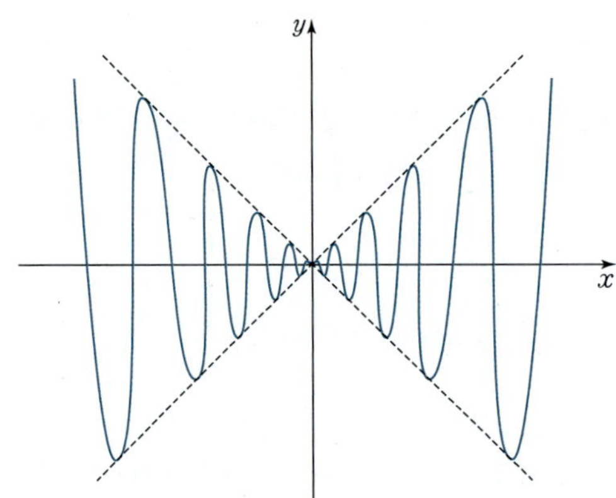

그림 4.2 $y=x\sin\dfrac{1}{x}$의 그래프

다음 예제는 연속에 대한 엄밀한 정의가 왜 필요한가를 잘 설명해 주고 있다.

예제 1.5 $D=\{0, 1, 2, 3\}$일 때 $f: D \to \mathbb{R}$가 $f(x)=3-x$이면 f는 $x=2$에서 연속임을 증명하여라.

TIP $\delta>0$를 충분히 작게 선택하여 $|x-2|<\delta$인 정의역 D의 점이 $x=2$만 되도록 하여 연속임을 증명한다.

증명 | 임의의 $\epsilon>0$에 대하여 $\delta=\dfrac{1}{2}>0$로 선택한다. 그러면 $|x-2|<\delta$인 $x \in D$는 오직 $x=2$뿐이다. 따라서

$$|f(x)-f(2)|=|f(2)-f(2)|=0<\epsilon$$

이므로 f는 $x=2$에서 연속이다. ■

예제 1.5에서 f는 정의역 D의 나머지 점들에서도 연속이다.

정의 1.6

만일 $f: D \to \mathbb{R}$가 D의 모든 점에서 연속이면 **f는 D에서 연속**이라 한다.

함수가 D에서 연속임을 증명하기 위하여 D의 각 점에서 연속성을 일일이 보일 수는 없다. 정의 1.1을 이용하여 D의 임의의 한 점에서 연속임을 보이고 그 점이 D의 임의의 점임을 설명함으로써 구간에서 연속임을 증명하는 것이 일반적인 방법이다.

임의의 $x \in \mathbb{R}$에 대하여 $|\sin x| \le |x|$임을 이용하여 다음 예제를 증명할 수 있다.

예제 1.7 $f(x)=\sin x$이면 f는 $\mathbb{R}$에서 연속임을 증명하여라.

TIP 삼각함수 공식

$$\sin a-\sin b=2\cos\frac{1}{2}(a+b)\sin\frac{1}{2}(a-b)$$

를 이용하여 증명한다.

증명 | $a \in \mathbb{R}$ 일 때 임의의 $\epsilon > 0$에 대하여 $\delta = \epsilon > 0$으로 선택한다. 그러면 $|x-a| < \delta$ 인 모든 $x \in \mathbb{R}$ 에 대하여

$$\begin{aligned} |\sin x - \sin a| &= 2\left|\cos \frac{1}{2}(x+a) \sin \frac{1}{2}(x-a)\right| \\ &\le 2\left|\sin \frac{1}{2}(x-a)\right| \\ &\le |x-a| \qquad (|\sin h| \le |h|,\ h \in \mathbb{R}) \\ &< \epsilon \end{aligned}$$

이므로 f는 $x=a$에서 연속이다.

a는 $\mathbb{R}$의 임의의 점이므로 f는 $\mathbb{R}$에서 연속이다. ■

정의 1.1을 부정하여 다음과 같이 함수가 $x=a$에서 불연속임을 증명할 수 있다.

함수의 불연속성 증명방법 (I)

$f : D \to \mathbb{R}$이고 $a \in \mathbb{R}$ 일 때 다음은 동등하다.

(1) f는 $x=a$에서 불연속이다.

(2) 적당한 $\epsilon_0 > 0$와 임의의 $\delta > 0$에 대하여 $|x-a| < \delta$인 $x \in D$가 존재하여

$$|f(x) - f(a)| \ge \epsilon_0$$

이다.

예제 1.8 $f(x) = \begin{cases} x, & x \ne 0 \\ 1, & x = 0 \end{cases}$이면 f는 $x=0$에서 불연속임을 증명하여라.

증명 | $\epsilon_0 = \dfrac{1}{2} > 0$이라 하자.

(1) 만일 $0 < \delta < \dfrac{1}{2}$이면 $x = \dfrac{1}{2}\delta$는 $|x-0| < \delta$를 만족하지만

$$|f(x) - f(0)| = \left|\frac{1}{2}\delta - 1\right| > \frac{1}{2} = \epsilon_0$$

이다.

(2) 만일 $\delta \ge \frac{1}{2}$이면 $x = \frac{1}{4}$은 $|x-0| < \delta$를 만족하지만

$$|f(x) - f(0)| = \left|\frac{1}{4} - 1\right| > \frac{1}{2} = \epsilon_0$$

이다.

(1)과 (2)에 의하여 f는 $x=0$에서 불연속이다. ■

정리 1.9

$f: D \to \mathbb{R}$이고 $a \in D$라 하자. f가 $x=a$에서 연속이기 위한 필요충분조건은 $\lim_{n\to\infty} x_n = a$인 모든 수열 $\{x_n\} \subset D$에 대하여 $\lim_{n\to\infty} f(x_n) = f(a)$인 것이다.

증명 | ($\Rightarrow$) 임의의 $\epsilon > 0$에 대하여 f가 $x=a$에서 연속이므로 적당한 $\delta > 0$가 존재하여 $|x-a| < \delta$인 모든 $x \in D$에 대하여

$$|f(x) - f(a)| < \epsilon$$

이 성립한다. 이 $\delta > 0$에 대하여 $\lim_{n\to\infty} x_n = a$이므로 적당한 $N \in \mathbb{N}$이 존재하여 $n \ge N$인 모든 자연수 n에 대하여

$$|x_n - a| < \delta$$

가 성립한다. 따라서 $n \ge N$인 모든 자연수 n에 대하여

$$|f(x_n) - f(a)| < \epsilon$$

이므로 $\lim_{n\to\infty} f(x_n) = f(a)$이다.

($\Leftarrow$) $\lim_{n\to\infty} x_n = a$인 모든 $\{x_n\} \subset D$에 대하여 $\lim_{n\to\infty} f(x_n) = f(a)$이지만 f가 $x=a$에서 연속이 아니라고 가정하면 적당한 $\epsilon_0 > 0$와 모든 $\delta > 0$에 대하여 $|x-a| < \delta$인 적당한 $x \in D$가 존재하여

$$|f(x) - f(a)| \ge \epsilon_0$$

이다. $n \in \mathbb{N}$에 대하여 $\delta_n = \frac{1}{n}$일 때 $|x_n - a| < \frac{1}{n}$이고 $|f(x_n) - f(a)| \ge \epsilon_0$인 $x_n \in D$이 존재한다. 하지만 $\{x_n\} \subset D$은 $\lim_{n\to\infty} x_n = a$이지만 $\lim_{n\to\infty} f(x_n) \ne f(a)$이므로 이것은 가정에 모순이다. ■

연속함수의 정의를 부정하여 함수가 불연속임을 증명하는 것은 쉽지 않지만 정리 1.9를 이용하면 좀 더 쉽게 함수의 불연속성을 증명할 수 있다.

함수의 불연속성 증명방법 (II)

$f: D \to \mathbb{R}$ 이고 $a \in D$일 때 f가 $x=a$에서 불연속임을 증명하려면 적당한 $\{x_n\} \subset D$이 존재하여 $\lim_{n\to\infty} x_n = a$ 이지만 $\lim_{n\to\infty} f(x_n) \neq f(a)$임을 보인다.

예제 1.10 $f(x) = \begin{cases} 1, & x \in \mathbb{Q} \\ 0, & x \in \mathbb{Q}^c \end{cases}$ 이면 f는 $\mathbb{R}$에서 불연속임을 증명하여라.

TIP 유리수의 조밀성과 무리수의 조밀성을 이용한다.

증명 | (1) $a \in \mathbb{Q}$ 라 하자.

무리수의 조밀성에 의하여 $\lim_{n\to\infty} q_n = a$ 인 무리수 수열 $\{q_n\}$이 존재한다. 임의의 $n \in \mathbb{N}$에 대하여 $f(q_n) = 0$이므로 $\lim_{n\to\infty} f(q_n) = 0 \neq 1 = f(a)$이다. 따라서 f는 $x=a$에서 연속이 아니다. a는 임의의 유리수이므로 f는 $\mathbb{Q}$에서 불연속이다.

(2) $a \in \mathbb{Q}^c$라 하자.

유리수의 조밀성에 의하여 $\lim_{n\to\infty} r_n = a$ 인 유리수 수열 $\{r_n\}$이 존재한다. 임의의 $n \in \mathbb{N}$에 대하여 $f(r_n) = 1$이므로 $\lim_{n\to\infty} f(r_n) = 1 \neq 0 = f(a)$이다. 따라서 f는 $x=a$에서 연속이 아니다. a는 임의의 무리수이므로 f는 $\mathbb{Q}^c$에서 불연속이다.

(1)과 (2)에 의하여 f는 $\mathbb{R}$에서 불연속이다. ■

예제 1.10의 함수를 **디리클레(Dirichlet) 함수**라 한다.

예제 1.11

$$f(x)=\begin{cases} 0, & x\in\mathbb{Q}^c\cap(0,1) \\ \dfrac{1}{n}, & x=\dfrac{m}{n}\text{이고 } x\in\mathbb{Q}\cap(0,1) \end{cases}\quad (\text{단, } \dfrac{m}{n}\text{ 은 기약분수})$$

일 때 다음을 증명하여라.

(1) f는 $(0, 1)\cap\mathbb{Q}$ 에서 불연속이다.

(2) f는 $(0, 1)\cap\mathbb{Q}^c$ 에서 연속이다.

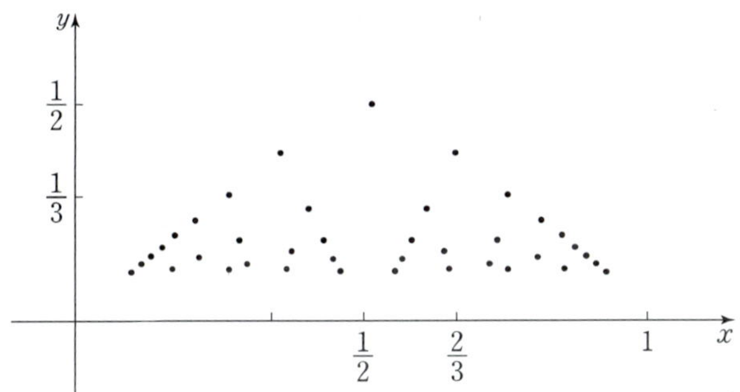

그림 4.3 토마스 함수의 그래프

증명 | (1) $a\in(0, 1)\cap\mathbb{Q}$ 일 때 무리수의 조밀성에 의하여 $\lim_{n\to\infty}x_n=a$ 인 무리수 수열 $\{x_n\}\subset(0, 1)$이 존재한다.

$n\in\mathbb{N}$ 에 대하여 $f(x_n)=0$이므로 $\lim_{n\to\infty}f(x_n)=0$이고 $f(a)>0$이므로 $\lim_{n\to\infty}f(x_n)\neq f(a)$이다. 따라서 f는 $x=a$ 에서 불연속이다.

a는 임의의 유리수이므로 f는 $(0, 1)\cap\mathbb{Q}$ 에서 불연속이다.

(2) $b\in(0, 1)\cap\mathbb{Q}^c$ 일 때 임의의 $\epsilon>0$에 대하여 $\dfrac{1}{n_0}<\epsilon$ 인 $n_0\in\mathbb{N}$ 를 선택한다. 개구간 $(0, 1)$의 $\dfrac{m}{n}$ 꼴의 유리수 중에서 분모가 n_0 보다 작은 분수는 오직 유한개만 존재한다. 이제 분모가 n_0 보다 작은 유리수들을 $r_1, r_2, \cdots, r_k$ 라 하고

$$\delta=\min\{|r_i-b| : i=1, 2, \cdots, k\}>0$$

라 하면 $|x-b|<\delta$인 임의의 $x\in(0, 1)$에 대하여

$$|f(x)-f(b)|\le\frac{1}{n}\le\frac{1}{n_0}<\epsilon$$

이므로 f는 $x=b$ 에서 연속이다.

b는 임의의 무리수이므로 f는 $(0, 1) \cap \mathbb{Q}^c$ 에서 연속이다. ■

예제 1.11의 함수를 **토마스**(Thomas) **함수**라 한다.

이제 연속함수를 좀 더 세밀하게 정의하고자 한다.

일방연속(one side continuity)의 내용은 일방극한의 내용과 매우 유사하며 다음과 같이 정의한다.

정의 1.12

$f : D \to \mathbb{R}$ 이고 $a \in D$ 라 하자.

(1) 임의의 $\epsilon > 0$에 대하여 적당한 $\delta > 0$가 존재하여 $0 \le x - a < \delta$인 모든 $x \in D$에 대하여

$$|f(x) - f(a)| < \epsilon$$

이 성립하면 f는 $x = a$에서 **우연속함수**(right continuous function)라 하고

$$\lim_{x \to a^+} f(x) = f(a)$$

로 나타낸다.

(2) 임의의 $\epsilon > 0$에 대하여 적당한 $\delta > 0$가 존재하여 $0 \le a - x < \delta$인 모든 $x \in D$에 대하여

$$|f(x) - f(a)| < \epsilon$$

이 성립하면 f는 $x = a$에서 **좌연속함수**(left continuous function)라 하고

$$\lim_{x \to a^-} f(x) = f(a)$$

로 나타낸다.

정의 1.12에 의하여 함수가 $x = a$에서 연속이면 그 함수는 $x = a$에서 우연속인 동시에 좌연속이다. 하지만 함수가 $x = a$에서 우연속 또는 좌연속이라는 것만으로 그 함수가 $x = a$에서 연속이라고 할 수는 없다. 다만 함수가 $x = a$에서 우연속인 동시에 좌연속이면 그 함수는 $x = a$에서 연속이다.

이를 정리하면 다음과 같다.

정리 1.13

$f : D \to \mathbb{R}$ 이고 $a \in D$ 라 하자. f 가 $x = a$ 에서 연속이기 위한 필요충분조건은 f 가 $x = a$ 에서 우연속인 동시에 좌연속인 것이다.

증명 | 3.3절의 정리 3.4와 유사하므로 연습문제로 한다. ■

예제 1.14 $f(x) = \begin{cases} x^2 - 1, & x \geq 0 \\ -x + 1, & x < 0 \end{cases}$ 이면

(1) f 는 $x = 0$ 에서 우연속인가?

(2) f 는 $x = 0$ 에서 좌연속인가?

(3) f 는 $x = 0$ 에서 연속인가?

풀이 | (1)

$$\lim_{x \to 0^+} f(x) = \lim_{x \to 0^+} (x^2 - 1) = -1 = f(0)$$

이므로 f 는 $x = 0$ 에서 우연속이다.

(2)

$$\lim_{x \to 0^-} f(x) = \lim_{x \to 0^-} (-x + 1) = 1 \neq f(0)$$

이므로 f 는 $x = 0$ 에서 좌연속이 아니다.

(3) f 가 $x = a$ 에서 우연속이지만 좌연속이 아니므로 정리 1.13에 의하여 f 는 $x = 0$ 에서 불연속이다. ■

f 가 $x = a$ 에서 불연속인 경우 불연속인 점을 다음과 같이 분류한다.

정의 1.15

$f : D \to \mathbb{R}$ 이고 $a \in D$ 라 하자.

(1) 만일 $\lim_{x \to a^+} f(x) = \lim_{x \to a^-} f(x) \neq f(a)$ 이면 $x = a$ 를 f 의 **제거가능한 불연속인 점**(removable discontinuity point)이라 한다.

(2) 만일 $\lim_{x \to a^+} f(x) \neq \lim_{x \to a^-} f(x)$ 이면 $x = a$ 를 f 의 **도약 불연속인 점**(jump discontinuity point)이라 한다.

직관적으로 정의 1.15의 (1)에서 '제거가능하다'는 의미는 $f(a)$를 새롭게 정의하면 f가 $x=a$에서 연속이 될 수 있음을 의미한다. 하지만 $x=a$가 도약 불연속인 점이면 $f(a)$를 어떻게 정의하여도 f가 $x=a$에서 연속이 될 수 없음을 의미한다.

예제 1.16 $f(x)=\begin{cases} x^2+1, & x\neq 0 \\ 0, & x=0 \end{cases}$ 이면

(1) $x=0$은 f의 제거가능한 불연속인 점임을 증명하여라.

(2) $f(0)$의 값을 얼마로 하면 f가 $x=0$에서 연속이 되는가?

풀이 | (1)

$$\lim_{x\to 0^+} f(x)=\lim_{x\to 0^-} f(x)=1\neq 0=f(0)$$

이므로 $x=0$은 f의 제거가능한 불연속인 점이다.

(2) 만일 $f(0)=1$이라고 새롭게 정의하면

$$\lim_{x\to 0^+} f(x)=\lim_{x\to 0^-} f(x)=1=f(0)$$

이므로 f는 $x=0$에서 연속이다. ■

예제 1.17 $g(x)=\begin{cases} x+1, & x\geq 0 \\ 2x-1, & x<0 \end{cases}$ 이면

(1) $x=0$는 g의 도약 불연속인 점임을 증명하여라.

(2) $g(0)$의 값을 얼마로 하면 g가 $x=0$에서 연속이 되는가?

풀이 | (1)

$$\lim_{x\to 0^+} g(x)=1\neq -1=\lim_{x\to 0^-} g(x)$$

이므로 $x=0$은 g의 도약 불연속인 점이다.

(2) 불가능하다. $g(0)$의 값에 관계없이

$$\lim_{x\to 0^+} g(x)\neq \lim_{x\to 0^-} g(x)$$

이므로 g는 $x=0$에서 연속이 될 수 없다. ■

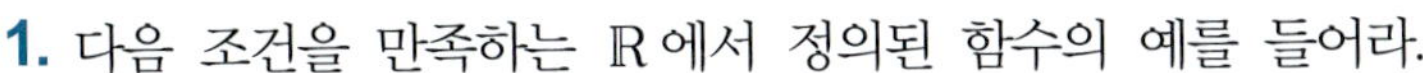

4.1 연습문제

1. 다음 조건을 만족하는 $\mathbb{R}$에서 정의된 함수의 예를 들어라.

(1) 모든 점에서 연속인 함수

(2) 어느 점에서도 연속이 아닌 함수

(3) 단 한 점에서만 연속인 함수

(4) 정확히 세 점에서만 연속인 함수

(5) 두 점을 제외한 나머지 모든 점에서 연속인 함수

(6) 무한히 많은 점에서 연속이면서 동시에 무한히 많은 점에서 불연속인 함수

2. $f(x) = x^3 + 3$일 때 다음을 증명하여라.

(1) f는 $x = 2$에서 연속이다.

(2) f는 $x = -1$에서 연속이다.

3. $f(x) = \begin{cases} x^2 + 1, & x > 1 \\ ax + b, & x \le 1 \end{cases}$이라 하자.

(1) f가 $x = 1$에서 우연속일 때 a와 b의 값을 구하여라.

(2) f가 $x = 1$에서 좌연속일 때 a와 b의 값을 구하여라.

4. $g(x) = \begin{cases} x^2 - 2x, & x \ne 1 \\ a, & x = 1 \end{cases}$이고 $x = 1$이 g의 제거가능한 불연속인 점일 때 a의 값을 구하여라.

5. 다음 함수가 연속인 구간을 구하여라.

(1) $f(x) = \dfrac{x^2 - 1}{x - 1}$

(2) $g(x) = |\cos x|$

(3) $h(x) = \sin\sqrt{x}$

(4) $k(x) = \dfrac{\sin x}{x}$

(5) $l(x) = \sqrt{\dfrac{x-1}{x+1}}$

(6) $w(x) = \dfrac{x}{\sin x}$

6. $f(x) = \dfrac{1}{x}$은 $(0, 1]$에서 연속임을 증명하여라.

7. $f(x)=\cos x$는 $\mathbb{R}$ 에서 연속임을 증명하여라.

8. $f:[0,1]\to[0,1]$일 때 $f\circ f$가 $[0,1]$에서 연속이면 f도 $[0,1]$에서 연속인가?

9. f가 개구간 (a,b)에서 연속이면 $\lim_{x\to a^+} f(x)$가 존재하는가?

10. f가 임의의 $x\in(-1,1)$에 대하여

$$\lim_{h\to 0}\Big(f(x+h)-f(x-h)\Big)=0$$

이면 f는 $(-1,1)$에서 연속인가?

11. $f(x)=\begin{cases}0, & x\in\mathbb{Q}\\ x, & x\in\mathbb{Q}^c\end{cases}$일 때 다음을 증명하여라.

(1) f는 $x=0$에서 연속이다.

(2) $a\neq 0$일 때 f는 $x=a$에서 불연속이다.

12. $g(x)=\begin{cases}2x+1, & x\in\mathbb{Q}\\ -x+7, & x\in\mathbb{Q}^c\end{cases}$일 때 다음을 증명하여라.

(1) g는 $x=2$에서 연속이다.

(2) g는 $x\neq 2$인 모든 실수에서 불연속이다.

13. $h(x)=\begin{cases}x^2, & x\in\mathbb{Q}\\ -x+2, & x\in\mathbb{Q}^c\end{cases}$일 때 다음을 증명하여라.

(1) h는 $x=-2$와 $x=1$에서 연속이다.

(2) h는 $x=-2$와 $x=1$을 제외한 모든 실수에서 불연속이다.

14. $D=\left\{0,1,\frac{1}{2},\frac{1}{3},\cdots\right\}$일 때 $f:D\to\mathbb{R}$가 $f(x)=x$이면

(1) f는 $x=\frac{1}{2}$에서 연속인가?

(2) f는 $x=0$에서 연속인가?

15. $f(x)=\begin{cases} 2x-1, & x=\dfrac{1}{n}\ (\text{단},\ n\in\mathbb{N}) \\ x+1, & \text{otherwise} \end{cases}$ 이면

(1) f는 $x=0$에서 연속인가?

(2) f는 $x=\dfrac{1}{3}$에서 연속인가?

16. $f(x)=\begin{cases} 1, & x\in\mathbb{Q} \\ 0, & x\notin\mathbb{Q} \end{cases}$ 이면 $x\cdot f$는 $x=0$에서 연속임을 증명하여라.

17. g가 임의의 $x,\ y\in\mathbb{R}$에 대하여

$$g(x+y)=g(x)g(y)$$

일 때 g가 $x=0$에서 연속이면 g는 $\mathbb{R}$에서 연속임을 증명하여라.

18. 임의의 $x,\ y\in\mathbb{R}$에 대하여

$$f(x+y)=f(x)+f(y)$$

일 때 f가 $x=0$에서 연속이면 f는 $\mathbb{R}$에서 연속임을 증명하여라.

19. 임의의 $x,\ y\in\mathbb{R}$에 대하여

$$f(xy)=xf(y)$$

이면 f는 $\mathbb{R}$에서 연속임을 증명하여라.

20. $f: D\to\mathbb{R}$이고 $a\in D$일 때 f가 $x=a$에서 연속이기 위한 필요충분조건은 f가 $x=a$에서 우연속인 동시에 좌연속임을 증명하여라.

21. (1) $f(x)=\begin{cases} x^2+1, & x>0 \\ -(x^2+1), & x<0 \end{cases}$ 인 연속함수 $f:\mathbb{R}\to\mathbb{R}$가 존재하는가?

(2) $g(x)=\begin{cases} \sin x, & x>0 \\ -\cos x, & x<0 \end{cases}$ 인 연속함수 $g:\mathbb{R}\to\mathbb{R}$가 존재하는가?

(3) $h(x)=\begin{cases} x^4, & x>0 \\ -\sin x, & x<0 \end{cases}$ 인 연속함수 $h:\mathbb{R}\to\mathbb{R}$가 존재하는가?

22. f가 $\mathbb{R}$에서 연속이고 임의의 $a \in \mathbb{R}$에 대하여

$$f(a) = f\left(\frac{1}{3}a\right)$$

이면 f는 상수함수임을 증명하여라.

23. f가 개구간 $(0,1)$에서 단조함수이면

$$\{a \in (0,1) : f\text{가 } x = a \text{에서 불연속이다.}\}$$

는 가산집합임을 증명하여라.

24. 예제 1.11의 토마스 함수 f는 $(0,1) \cap \mathbb{Q}$에서 불연속이고 $(0,1) \cap \mathbb{Q}^c$에서 연속이다. 이제 $(0,1) \cap \mathbb{Q}$에서 연속이고 $(0,1) \cap \mathbb{Q}^c$에서 불연속인 함수 g는 존재하지 않음을 증명하여라.

4.2 연속함수의 성질

한 점에서 연속인 함수들은 다음과 같은 성질을 갖는다.

정리 2.1

$f: D \to \mathbb{R}$이고 $a \in D$라 하자. f가 $x=a$에서 연속이고 $f(a) \neq 0$이면 적당한 $\delta > 0$가 존재하여 $|x-a| < \delta$인 모든 $x \in D$에 대하여

$$0 < \frac{1}{2}|f(a)| < f(x)$$

이다.

$\epsilon = \frac{1}{2}|f(a)| > 0$에 대하여 연속의 정의를 적용한다.

증명 | $\epsilon = \frac{1}{2}|f(a)| > 0$에 대하여 f가 $x=a$에서 연속이므로 적당한 $\delta > 0$가 존재하여 $|x-a| < \delta$인 모든 $x \in D$에 대하여

$$|f(x) - f(a)| < \epsilon = \frac{1}{2}|f(a)|$$

가 성립한다. 삼각부등식에 의하여

$$|f(a)| - |f(x)| \le |f(x) - f(a)| < \frac{1}{2}|f(a)|$$

이므로 $|x-a| < \delta$인 모든 $x \in D$에 대하여

$$0 < \frac{1}{2}|f(a)| < f(x)$$

이다. ■

한 점에서 연속인 함수들의 사칙연산은 다음과 같다.

정리 2.2

$a \in D$이고 $f, g : D \to \mathbb{R}$가 $x = a$에서 연속일 때 다음이 성립한다.

(1) $f+g$는 $x=a$에서 연속이다.

(2) $f-g$는 $x=a$에서 연속이다.

(3) fg는 $x=a$에서 연속이다.

(4) $g(a) \neq 0$이면 $\dfrac{f}{g}$는 $x=a$에서 연속이다.

정리 2.2의 (4)는 정리 2.1을 이용하여 증명한다. 정리 2.2의 (1), (2), (3)에 대한 증명은 함수의 극한의 증명과 매우 유사하므로 생략한다.

다음 정리는 연속함수의 합성함수가 연속임을 보여준다.

정리 2.3

$X, Y \subset \mathbb{R}$일 때 $f : X \to \mathbb{R}$이고 $g : Y \to \mathbb{R}$이며 $f(X) \subset Y$라 하자. 만일 f가 $x = a \in X$에서 연속이고 g가 $y = f(a) \in Y$에서 연속이면 $g \circ f$는 $x=a$에서 연속이다.

증명 | 임의의 $\epsilon > 0$에 대하여 g가 $y = f(a)$에서 연속이므로 적당한 $\delta_1 > 0$이 존재하여 $|y - f(a)| < \delta_1$인 모든 $y \in Y$에 대하여

$$|g(y) - g(f(a))| < \epsilon \tag{1}$$

이 성립한다. 또한 f가 $x=a$에서 연속이므로 $\delta_1 > 0$에 대하여 적당한 $\delta_2 > 0$가 존재하여 $|x-a| < \delta_2$인 모든 $x \in X$에 대하여

$$|f(x) - f(a)| < \delta_1 \tag{2}$$

이 성립한다. 따라서 (1)과 (2)에 의하여 $|x-a| < \delta_2$인 모든 $x \in X$에 대하여

$$|g(f(x)) - g(f(a))| < \epsilon$$

이므로 $g \circ f$는 $x=a$에서 연속이다. ■

이제 구간에서 연속인 함수들의 다양한 성질에 대하여 알아보기로 한다.

정리 2.4

f가 $[a, b]$에서 연속이면 f는 $[a, b]$에서 유계이다.

TIP 볼차노–바이어스트라스 정리를 이용하여 증명한다.

증명 | f가 $[a, b]$에서 유계가 아니라고 가정하면 임의의 $n \in \mathbb{N}$에 대하여

$$|f(x_n)| > n \tag{1}$$

인 $x_n \in [a, b]$이 존재한다. $\{x_n\} \subset [a, b]$은 유계인 수열이므로 볼차노-바이어스트라스 정리에 의하여 수렴하는 부분수열 $\{x_{n_k}\}$가 존재한다. 이제 $\lim_{k\to\infty} x_{n_k} = c$라 하면 임의의 $k \in \mathbb{N}$에 대하여 $a \le x_{n_k} \le b$이므로 $a \le c \le b$이다. f는 $x = c$에서 연속이므로 $\lim_{k\to\infty} f(x_{n_k}) = f(c)$이어야 하지만 (1)에 의하여

$$\lim_{k\to\infty} |f(x_{n_k})| = \infty$$

이므로 모순이다. 따라서 f는 $[a, b]$에서 유계이다. ■

정의 2.5

$f : D \to \mathbb{R}$이라 하자.

(1) 임의의 $x \in D$에 대하여

$$f(x) \le f(x_0)$$

인 $x_0 \in D$가 존재하면 f는 $x = x_0$에서 **최댓값**(absolute maximum)을 갖는다고 한다.

(2) 임의의 $x \in D$에 대하여

$$f(x) \ge f(x_1)$$

인 $x_1 \in D$이 존재하면 f는 $x = x_1$에서 **최솟값**(absolute minimum)을 갖는다고 한다.

다음 정리는 유계인 폐구간에서 정의된 연속함수가 반드시 최댓값과 최솟값을 가짐을 보여준다.

정리 2.6 최대-최소정리 (max-min theorem)

f가 $[a, b]$에서 연속이면 적당한 $a_0, b_0 \in [a, b]$가 존재하여 모든 $x \in [a, b]$에 대하여

$$f(a_0) \leq f(x) \leq f(b_0)$$

이다.

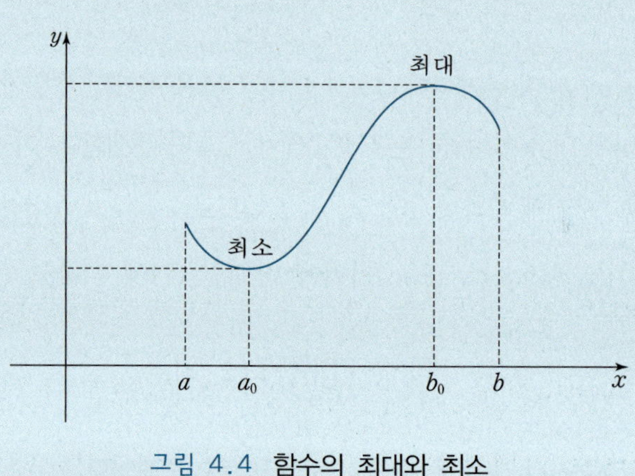

그림 4.4 함수의 최대와 최소

증명 | $M = \sup\{f(x) : x \in [a, b]\}$라 하면 정리 2.4에 의하여 $M \in \mathbb{R}$ 이다. 최소상계의 정의에 의하여 임의의 $n \in \mathbb{N}$ 에 대하여

$$M - \frac{1}{n} < f(y_n) \leq M \tag{1}$$

인 $y_n \in [a, b]$이 존재한다. $\{y_n\} \subset [a, b]$은 유계인 수열이므로 볼차노-바이어스트라스 정리에 의하여 수렴하는 부분수열 $\{y_{n_k}\}$가 존재한다.

$\lim_{k \to \infty} y_{n_k} = b_0$라 하면 $a \leq b_0 \leq b$이다. f는 $x = b_0$에서 연속이므로

$$\lim_{k \to \infty} f(y_{n_k}) = f(b_0)$$

이다. 한편 (1)에 의하여 $\lim_{n \to \infty} f(y_n) = M$이고 수렴하는 수열의 부분수열은 같은

값으로 수렴하므로 $f(b_0)=M$이다.

같은 방법으로 $m=\inf\{f(x):x\in[a, b]\}$라 하면 적당한 $a_0\in[a, b]$가 존재하여 $f(a_0)=m$이다. 따라서 임의의 $x\in[a, b]$에 대하여

$$f(a_0)=m \le f(x) \le M=f(b_0)$$

이다. ■

예제 2.7 정의역이 $[0, 1]$이고 치역이 $(0, 1)$인 연속함수가 존재하는가?

풀이 | 만일 $f:[0, 1]\to(0, 1)$가 $[0, 1]$에서 연속이면 최대-최소정리에 의하여 f는 반드시 최댓값과 최솟값을 가져야 한다. 하지만 치역 $(0, 1)$은 최댓값과 최솟값을 갖지 않으므로 f는 연속일 수 없다. ■

다음 정리는 연속과 관련된 가장 중요한 정리이다.

정리 2.8 중간값정리 (intermediate value theorem)

(1) f가 $[a, b]$에서 연속이고 $f(a)<f(b)$이면 $f(a)<p<f(b)$인 p에 대하여

$$f(c)=p$$

인 $c\in[a, b]$가 존재한다.

(2) f가 $[a, b]$에서 연속이고 $f(b)<f(a)$이면 $f(b)<p<f(a)$인 p에 대하여

$$f(c)=p$$

인 $c\in[a, b]$가 존재한다.

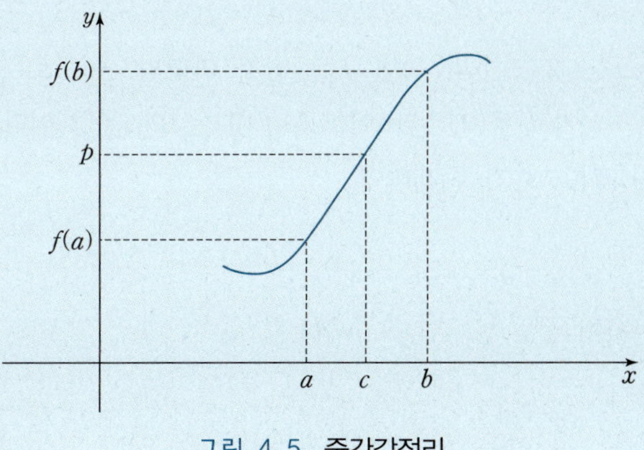

그림 4.5 중간값정리

증명 | (1)과 (2)의 증명은 기본적으로 같기 때문에 (1)만 증명하기로 한다.

$$A = \{x \in [a, b] : f(x) \le p\}$$

라 하면 $a \in A$ 이므로 $A \neq \varnothing$ 이고 b 가 A 의 상계이므로 완비성공리에 의하여 A 는 최소상계를 갖는다. 이 최소상계를 $c = \sup A$ 라 하면 $c \le b$ 이다.
최소상계의 정의에 의하여 $\lim_{n\to\infty} x_n = c$ 인 수열 $\{x_n\} \subset A$ 이 존재한다. $n \in \mathbb{N}$ 에 대하여 $x_n \in A$ 이므로 $f(x_n) \le p$ 이다. f 가 $x = c$ 에서 연속이므로

$$f(c) = \lim_{n\to\infty} f(x_n) \le p$$

이다.

만일 $f(c) < p$ 이면 $\epsilon = \frac{1}{2}(p - f(c)) > 0$ 에 대하여 f 는 $x = c$ 에서 연속이므로 적당한 $\delta > 0$ 가 존재하여 $|x - c| < \delta$ 인 모든 $x \in [a, b]$ 에 대하여

$$|f(x) - f(c)| < \epsilon$$

이 성립한다. 따라서 $c < x < c + \delta$ 인 모든 $x \in [a, b]$ 에 대하여

$$\begin{aligned} f(x) < f(c) + \epsilon &= f(c) + \frac{1}{2}p - \frac{1}{2}f(c) \\ &= \frac{1}{2}(f(c) + p) < p \end{aligned}$$

이고 이것은 $c = \sup A$ 라는 가정에 모순이다. 따라서 $f(c) = p$ 이다. ■

예제 2.9 방정식 $x^3 - 2x - 5 = 0$ 은 $[0, 3]$ 에서 근을 가짐을 증명하여라.

증명 | $f(x) = x^3 - 2x - 5$ 라 하면 f 는 삼차 다항함수이므로 $[0, 3]$ 에서 연속이다. $f(0) = -5$ 이고 $f(3) = 16$ 이므로 $f(0) < 0 < f(3)$ 이다. 중간값정리에 의하여 적당한 $c \in [0, 3]$ 가 존재하여

$$f(c) = 0$$

이다. 따라서 $c^3 - 2c - 5 = 0$ 이다. ■

중간값정리를 이용하여 다음 세 정리를 증명할 수 있다.

정리 2.10

D가 구간이고 f가 D에서 상수함수가 아닌 연속함수이면 $f(D)$도 구간이다.

$\inf f(D)=\inf\{f(x): x\in D\}$와 $\sup f(D)=\sup\{f(x): x\in D\}$ 사이의 모든 값들이 $f(D)$에 속함을 보이면 $f(D)$도 구간이 된다.

증명 | y가 $\inf f(D)$와 $\sup f(D)$ 사이의 값이라 하자. 최소상계와 최대하계의 정의로부터

$$y_1 < y < y_2$$

인 $y_1,\ y_2\in f(D)$가 존재한다. 따라서 적당한 $x_1,\ x_2\in D$가 존재하여 $f(x_1)=y_1$이고 $f(x_2)=y_2$이다. 만일 $x_1 < x_2$이면 f는 $[x_1,\ x_2]$에서 연속이므로 중간값정리에 의하여 적당한 $x\in[x_1,\ x_2]$가 존재하여 $y=f(x)$이다. $x_1 > x_2$인 경우에도 같은 결과를 얻는다. 따라서 $y\in f(D)$이므로 $f(D)$는 구간이다. ■

정리 2.11

임의의 양의 실수 b와 $n\in\mathbb{N}$에 대하여

$$a^n=b$$

인 양의 실수 a가 유일하게 존재한다.

증명 | (1) (존재성)

$f(x)=x^n$이라 하면 f는 $\mathbb{R}$에서 연속이며

$$0=f(0) < b < (b+1)^n=f(b+1)$$

이다. 중간값정리에 의하여 적당한 $a\in(0,\ b+1)$가 존재하여

$$a^n=f(a)=b$$

이다.

(2) (유일성)

양의 실수 a_1과 a_2가 존재하여 $a_1^n=b$이고 $a_2^n=b$라 하면

$$0 = a_1^n - a_2^n = (a_1 - a_2)(a_1^{n-1} + a_1^{n-2}a_2^1 + \cdots + a_2^{n-1})$$

에서 $a_1^{n-1} + a_1^{n-2}a_2^1 + \cdots + a_2^{n-1} \neq 0$ 이므로 $a_1 = a_2$이다. ■

다음 정리는 위상수학(topology)에서도 자주 사용되는 중요한 정리이다.

정리 2.12 고정점정리(fixed point theorem)

$f : [a, b] \to [a, b]$가 $[a, b]$에서 연속이면 $f(c) = c$인 $c \in [a, b]$가 존재한다.

증명 | 만일 $f(a) = a$이거나 $f(b) = b$이면 정리는 당연히 성립한다.
이제 $f(a) \neq a$이고 $f(b) \neq b$이면 공역의 조건에 의하여 $f(a) > a$이고 $f(b) < b$이다. $x \in [a, b]$에 대하여

$$g(x) = f(x) - x$$

라 하면 g는 $[a, b]$에서 연속이다. 또한 $g(a) = f(a) - a > 0$이고 $g(b) = f(b) - b < 0$이므로 중간값정리에 의하여

$$g(c) = f(c) - c = 0$$

인 $c \in [a, b]$가 존재한다. ■

정리 2.12에서 점 c를 f의 **고정점**(fixed point)이라 한다.

정리 2.12의 증명에서 알 수 있듯이 고정점정리를 사용할 때 반드시 함수의 치역이 정의역의 부분집합임을 확인하여야 한다.

예제 2.13 $g(x) = 2(-x^2 + x)$이면 g는 $[0, 1]$에서 고정점을 가짐을 증명하여라.

증명 | 임의의 $x \in [0, 1]$에 대하여 $0 \leq g(x) \leq 1$이므로 $g([0, 1]) \subset [0, 1]$이다. 또한 g는 이차 다항함수이므로 g는 $[0, 1]$에서 연속이다. 따라서 고정점정리에 의하여 g는 고정점을 갖는다. ■

4.2 연습문제

1. (1) 절댓값 함수 $|\cdot|: \mathbb{R} \to \mathbb{R}$ 는 $\mathbb{R}$ 에서 연속임을 증명하여라.

(2) f와 g가 $\mathbb{R}$ 에서 연속이면 $\max\{f, g\}$도 $\mathbb{R}$ 에서 연속임을 증명하여라.

2. $a \in D$ 이고 $f, g : D \to \mathbb{R}$ 가 $x = a$ 에서 연속일 때 다음을 증명하여라.

(1) $f + g$도 $x = a$에서 연속이다.

(2) $f - g$도 $x = a$에서 연속이다.

3. $a \in D$ 이고 $f, g : D \to \mathbb{R}$ 가 $x = a$ 에서 연속일 때 다음을 증명하여라.

(1) fg도 $x = a$ 에서 연속이다.

(2) $g(a) \neq 0$ 이면 $\dfrac{f}{g}$ 도 $x = a$ 에서 연속이다.

4. $a \in D$ 이고 $f, g : D \to \mathbb{R}$ 가 $x = a$ 에서 연속이고 $f(a) < g(a)$ 이면 적당한 $\delta > 0$ 가 존재하여 $|x - a| < \delta$ 인 모든 $x \in D$ 에 대하여 $f(x) < g(x)$ 임을 증명하여라.

5. 방정식 $\dfrac{\pi}{2} - x = \sin x$ 의 해가 개구간 $\left(0, \dfrac{\pi}{2}\right)$에 존재함을 증명하여라.

6. f가 $[0, 2\pi]$ 에서 연속이고 $f(0) = f(2\pi)$ 이면 $f(a) = f(a + \pi)$ 인 $a \in [0, \pi]$가 존재함을 증명하여라.

7. 방정식 $x^4 - 2x^3 - 13x^2 + 6x + 24 = 0$ 은 $[-5, 5]$에서 4개의 근을 가짐을 증명하여라.

8. $f : D \to D$가 D에서 연속이고 $x \neq y$ 인 임의의 $x, y \in D$에 대하여

$$|f(x) - f(y)| < |x - y|$$

이지만 f가 고정점을 갖지 않는 예를 들어라.

9. f가 $\mathbb{R}$ 에서 연속이고 임의의 $r \in \mathbb{Q}$ 에 대하여 $f(r) = 0$이면 모든 $x \in \mathbb{R}$ 에 대하여

$$f(x) = 0$$

임을 증명하여라.

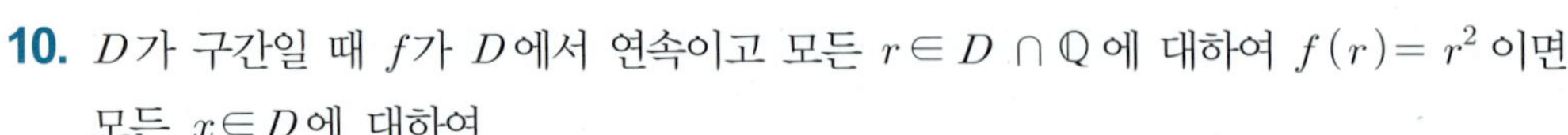

10. D가 구간일 때 f가 D에서 연속이고 모든 $r \in D \cap \mathbb{Q}$에 대하여 $f(r) = r^2$이면 모든 $x \in D$에 대하여

$$f(x) = x^2$$

임을 증명하여라.

11. $f : [0, 1] \to \mathbb{R}$가 $f([0, 1]) = [0, 1]$이면 f는 $[0, 1]$에서 연속인가?

12. (1) $f : [a, b] \to \mathbb{Q}$가 $[a, b]$에서 연속이면 f는 $[a, b]$에서 상수함수임을 증명하여라.

(2) $f : [a, b] \to \mathbb{Q}^c$가 $[a, b]$에서 연속이면 f는 $[a, b]$에서 상수함수임을 증명하여라.

13. $a \in \mathbb{R}$일 때 f가 $[0, \infty)$에서 연속이고 $\lim_{x \to \infty} f(x) = a$이면 f는 $[0, \infty)$에서 유계임을 증명하여라.

14. 다음 명제가 참이면 증명을 하고 거짓이면 반례를 들어라.

(1) f가 $\mathbb{R}$에서 연속이고 유계이면 f는 최댓값과 최솟값을 갖는다.

(2) $f : [1, 2] \to [0, 5]$가 $[1, 2]$에서 연속이고 $f(1) = 0$, $f(2) = 5$이면 f는 고정점을 갖는다.

15. f가 $[a, b]$에서 연속이고 x_1, $x_2 \in [a, b]$이면

$$f(c) = \frac{f(x_1) + 2f(x_2)}{3}$$

인 $c \in [a, b]$가 존재함을 증명하여라.

16. f가 $[0, 1]$에서 연속이면 $x_1, x_2, \cdots, x_n \in [0, 1]$에 대하여

$$f(x_0) = \frac{1}{n}(f(x_1) + f(x_2) + \cdots + f(x_n))$$

인 $x_0 \in [0, 1]$가 존재함을 증명하여라.

17. 달리기 선수가 30분에 6km를 달렸다. 이 선수가 달리는 중 5분 동안 정확히 1km를 달린 구간이 있음을 증명하여라.

18. $f : \mathbb{R} \to [a, b]$가 $\mathbb{R}$에서 연속이고 위로의 함수이면 f는 $\mathbb{R}$에서 일대일 함수가 될 수 없음을 증명하여라.

19. f가 D에서 연속이고 일대일 함수이면 f는 D에서 순증가함수이거나 순감소함수임을 증명하여라.

20. n이 홀수일 때 $f(x) = a_n x^n + a_{n-1} x^{n-1} + \cdots + a_0$이고 $a_n \neq 0$이면 방정식 $f(x) = 0$은 적어도 하나의 실근을 가짐을 증명하여라.

21. f가 $[a, b]$에서 연속이고 임의의 $x \in [a, b]$에 대하여

$$|f(y)| \leq \frac{1}{2}|f(x)|$$

인 $y \in [a, b]$가 존재하면 $f(c) = 0$인 $c \in [a, b]$가 존재함을 증명하여라.

22. f가 $\mathbb{R}$에서 연속이고 임의의 $n \in \mathbb{N}$과 $m \in \mathbb{Z}$에 대하여

$$f\left(\frac{m}{2^n}\right) = 0$$

이면 f는 $\mathbb{R}$에서 상수함수임을 증명하여라.

23. f가 $\mathbb{R}$에서 연속이고 $\lim_{x \to \infty} f(x) = 0$, $\lim_{x \to -\infty} f(x) = 0$이면 f는 최댓값 또는 최솟값을 가짐을 증명하여라.

24. f가 $\mathbb{R}$에서 연속인 주기함수이면 적당한 $x_0, x_1 \in \mathbb{R}$가 존재하여 모든 $x \in \mathbb{R}$에 대하여

$$f(x_0) \leq f(x) \leq f(x_1)$$

임을 증명하여라.

4.3 평등연속

이제 새로운 형태의 연속함수를 정의하고 이를 학습하고자 한다.

정의 3.1

$f: D \to \mathbb{R}$ 이라 하자.
임의의 $\epsilon > 0$ 에 대하여 적당한 $\delta = \delta(\epsilon) > 0$ 가 존재하여 $|x-y| < \delta$ 인 모든 $x,\ y \in D$ 에 대하여

$$|f(x) - f(y)| < \epsilon$$

이 성립하면 f 는 D 에서 **평등연속**(uniformly continuous)이라고 한다.

평등연속의 정의는 연속의 정의와 매우 유사해 보이지만 실제로는 큰 차이가 있다.

(1) 연속의 정의에서 **δ 는 ϵ 과 주어진 점에 의하여 결정된다.**
(2) 평등연속의 정의에서 **δ 는 오직 ϵ 에 의하여 결정된다.**

따라서 평등연속인 함수는 항상 연속함수가 된다.

평등연속임을 증명하는 엄밀한 방법은 연속의 증명방법과 유사하다. 다만 평등연속에서는 연속과 달리 변수가 두 개 있음에 유의하여야 한다.

예제 3.2 $f(x) = x^2$ 은 $[-1,\ 3]$ 에서 평등연속임을 증명하여라.

적당한 양의 상수 $M > 0$ 에 대하여 $|f(x) - f(y)| \leq M|x-y|$ 이면 $\delta = \dfrac{\epsilon}{M} > 0$ 으로 선택하여 증명한다.

$$\begin{aligned} |f(x) - f(y)| &= |x^2 - y^2| \\ &= |x+y||x-y| \\ &\leq (|x| + |y|)|x-y| \end{aligned}$$

에서 $|x| \leq 3,\ |y| \leq 3$ 이므로 $M = 6$ 이고 따라서 $\delta = \dfrac{\epsilon}{6} > 0$ 으로 선택한다.

증명 | 임의의 $\epsilon > 0$에 대하여 $\delta = \frac{\epsilon}{6} > 0$으로 선택한다. 그러면 $|x-y| < \delta$인 모든 $x, y \in [-1, 3]$에 대하여

$$\begin{aligned} |f(x)-f(y)| &= |x^2-y^2| \\ &= |x+y||x-y| \\ &\le (|x|+|y|)|x-y| \\ &< 6|x-y| \\ &< 6 \cdot \frac{\epsilon}{6} = \epsilon \end{aligned}$$

이므로 $f(x) = x^2$은 $[-1, 3]$에서 평등연속이다. ■

예제 3.2에서 정의역이 $[0, 4]$이면 f가 평등연속임을 증명하기 위하여 $\delta = \frac{\epsilon}{8} > 0$으로 선택하여야 한다.

예제 3.3 $g(x) = \sin x$는 $\mathbb{R}$에서 평등연속임을 증명하여라.

TIP 임의의 $x, y \in \mathbb{R}$에 대하여

$$\begin{aligned} |\sin x - \sin y| &= 2\left|\cos \frac{1}{2}(x+y) \sin \frac{1}{2}(x-y)\right| \\ &\le 2\left|\sin \frac{1}{2}(x-y)\right| \\ &\le |x-y| \end{aligned}$$

임을 이용한다. 이 부등식을 이용하면 $M=1$이므로 $\delta = \epsilon > 0$으로 선택한다.

증명 | 임의의 $\epsilon > 0$에 대하여 $\delta = \epsilon > 0$으로 선택한다. 그러면 $|x-y| < \delta$인 모든 $x, y \in \mathbb{R}$에 대하여

$$\begin{aligned} |f(x)-f(y)| &= |\sin x - \sin y| \\ &= 2\left|\cos \frac{1}{2}(x+y) \sin \frac{1}{2}(x-y)\right| \\ &\le 2\left|\sin \frac{1}{2}(x-y)\right| \\ &\le |x-y| \\ &< \delta = \epsilon \end{aligned}$$

이므로 $g(x) = \sin x$는 $\mathbb{R}$에서 평등연속이다. ■

예제 3.2에서 $f(x)=x^2$은 $[-1, 3]$에서 평등연속이고 $[0, 4]$에서도 평등연속임을 증명하였다. 그렇다면 f는 $\mathbb{R}$에서도 평등연속인가?

$f(x)=x^2$은 $[-1, 3]$에서는 평등연속이지만 $\mathbb{R}$에서는 평등연속이 아니다. 직관적으로 예제 3.2에서와 같이 평등연속임을 증명하기 위하여 양의 상수 $M>0$을 구해야 하지만 정의역이 $\mathbb{R}$인 경우에는 이러한 $M>0$을 구할 수 없다.

평등연속이 아님을 증명하고자 할 때는 다음의 판별법을 사용하는 것이 일반적이다. 이 판별법은 정의 3.1을 부정하여 얻는다.

평등연속함수가 아님을 증명하는 방법

$f: D \to \mathbb{R}$가 다음 세 조건 중 하나를 만족하면 f는 D에서 평등연속이 아니다.

(1) 적당한 $\epsilon_0>0$와 모든 $\delta>0$에 대하여 적당한 $x_0, y_0 \in D$가 존재하여

$$|x_0-y_0|<\delta, \quad |f(x_0)-f(y_0)| \geq \epsilon_0$$

이다.

(2) 적당한 $\epsilon_0>0$에 대하여

$$\lim_{n\to\infty}|x_n-y_n|=0$$

이고 모든 $n \in \mathbb{N}$에 대하여

$$|f(x_n)-f(y_n)| \geq \epsilon_0$$

인 두 수열 $\{x_n\}$과 $\{y_n\} \subset D$이 존재한다.

(3) 적당한 $\epsilon_0>0$에 대하여

$$\lim_{n\to\infty}|x_n-y_n|=0$$

이고

$$\lim_{n\to\infty}|f(x_n)-f(y_n)| \geq \epsilon_0$$

인 두 수열 $\{x_n\}$과 $\{y_n\} \subset D$이 존재한다.

예제 3.4 (1) $f(x)=x^2$은 $\mathbb{R}$에서 평등연속이 아님을 증명하여라.

(2) $g(x)=x\sin x$는 $(0, \infty)$에서 평등연속이 아님을 증명하여라.

증명 | (1) $\epsilon_0=1>0$이라 하자. $n\in\mathbb{N}$에 대하여 $x_n=n$, $y_n=n+\dfrac{1}{n}$이라 하면

$$\lim_{n\to\infty}|x_n-y_n|=\lim_{n\to\infty}\frac{1}{n}=0$$

이고 모든 $n\in\mathbb{N}$에 대하여

$$|f(x_n)-f(y_n)|=\left|2+\frac{1}{n^2}\right|>1=\epsilon_0$$

이므로 $f(x)=x^2$은 $\mathbb{R}$에서 평등연속이 아니다.

(2) $\epsilon_0=1>0$이라 하자. $n\in\mathbb{N}$에 대하여 $x_n=2n\pi$, $y_n=2n\pi+\dfrac{1}{n}$이라 하면

$$\lim_{n\to\infty}|x_n-y_n|=\lim_{n\to\infty}\frac{1}{n}=0$$

이고

$$\begin{aligned}\lim_{n\to\infty}|g(x_n)-g(y_n)|&=\lim_{n\to\infty}\left(2n\pi+\frac{1}{n}\right)\sin\left(2n\pi+\frac{1}{n}\right)\\&=\lim_{n\to\infty}\left(2n\pi+\frac{1}{n}\right)\sin\frac{1}{n}\\&=\lim_{n\to\infty}\left(2\pi+\frac{1}{n^2}\right)\frac{\sin\frac{1}{n}}{\frac{1}{n}}=2\pi>\epsilon_0\end{aligned}$$

이므로 $g(x)=x\sin x$는 $(0, \infty)$에서 평등연속이 아니다. ■

정의역이 무한구간일 경우 주어진 함수는 평등연속일 수도 있고 평등연속이 아닐 수도 있다.

예제 3.5 (1) a가 양의 상수일 때 $g(x)=\dfrac{1}{x}$은 $[a, \infty)$에서 평등연속임을 증명하여라.

(2) $g(x)=\dfrac{1}{x}$은 $(0, \infty)$에서 평등연속이 아님을 증명하여라.

TIP (1) 임의의 $x, y \in [a, \infty)$에 대하여

$$|g(x)-g(y)| = \left|\frac{1}{xy}\right||x-y| \le \frac{1}{a^2}|x-y|$$

이므로 $M = \frac{1}{a^2}$이다. 따라서 $\delta = a^2\epsilon > 0$으로 선택한다.

(2) 평등연속함수가 아님을 판별하는 방법 (1)을 사용하여 증명한다.

증명 | (1) 임의의 $\epsilon > 0$에 대하여 $\delta = a^2\epsilon > 0$으로 선택한다. 그러면 $|x-y| < \delta$인 모든 $x, y \in [a, \infty)$에 대하여

$$\begin{aligned}|g(x)-g(y)| &= \left|\frac{1}{x}-\frac{1}{y}\right| \\ &= \frac{1}{|xy|}|x-y| \\ &\le \frac{1}{a^2}|x-y| \\ &< \frac{1}{a^2}\cdot a^2\epsilon = \epsilon\end{aligned}$$

이다. 따라서 a가 양의 상수일 때 $g(x) = \frac{1}{x}$은 $[a, \infty)$에서 평등연속이다.

(2) $\epsilon_0 = \frac{1}{2} > 0$이라 하고 임의의 $\delta > 0$에 대하여 $\frac{1}{N} < \delta$인 $N \in \mathbb{N}$을 선택한다. 이제 $x_0 = \frac{1}{N}$, $y_0 = \frac{1}{N+1}$이라 하면 $x_0, y_0 \in (0, \infty)$이다. 또한

$$|x_0 - y_0| = \left|\frac{1}{N} - \frac{1}{N+1}\right| = \frac{1}{N(N+1)} < \frac{1}{N} < \delta$$

이고

$$|g(x_0)-g(y_0)| = |N-(N+1)| = 1 > \frac{1}{2} = \epsilon_0$$

이므로 $g(x) = \frac{1}{x}$은 $(0, \infty)$에서 평등연속이 아니다. ■

정의 3.6

$f : D \to \mathbb{R}$일 때 적당한 양의 상수 $M > 0$이 존재하여 임의의 $x, y \in D$에 대하여

$$|f(x)-f(y)| \le M|x-y|$$

이면 f가 D에서 **립쉬츠 조건**(Lipschitz condition)을 만족한다고 한다.

예제 3.2와 예제 3.3의 증명에서 알 수 있듯이 주어진 함수가 립쉬츠 조건을 만족하면 평등연속임을 쉽게 알 수 있다.

정리 3.7

적당한 양의 상수 $M>0$이 존재하여 임의의 $x,\ y\in D$에 대하여

$$|f(x)-f(y)|\le M|x-y|$$

이면 f는 D에서 평등연속이다.

증명 | 임의의 $\epsilon>0$에 대하여 $\delta=\dfrac{\epsilon}{M}>0$으로 선택한다. 그러면 $|x-y|<\delta$인 모든 $x,\ y\in D$에 대하여

$$|f(x)-f(y)|\le M|x-y|<M\cdot\frac{\epsilon}{M}=\epsilon$$

이므로 f는 D에서 평등연속이다. ■

정의에 의하여 f가 D에서 평등연속이면 f는 D에서 연속이지만 그 역은 일반적으로 성립하지 않는다. 하지만 D가 유계인 폐구간이면 D에서 연속인 함수는 D에서 평등연속한다.

정리 3.8

f가 $[a,\ b]$에서 연속이면 f는 $[a,\ b]$에서 평등연속이다.

증명 | f가 $[a,\ b]$에서 평등연속이 아니라고 가정하자. 그러면 적당한 $\epsilon_0>0$에 대하여 $\lim_{n\to\infty}|x_n-y_n|=0$이고 임의의 $n\in\mathbb{N}$에 대하여

$$|f(x_n)-f(y_n)|\ge\epsilon_0 \tag{1}$$

인 두 수열 $\{x_n\},\{y_n\}\subset[a,\ b]$이 존재한다. $\{x_n\}\subset[a,\ b]$은 유계인 수열이므로 볼차노-바이어스트라스 정리에 의하여 수렴하는 부분수열 $\{x_{n_k}\}$를 갖는다. $\lim_{k\to\infty}x_{n_k}=c$라 하면 모든 $k\in\mathbb{N}$에 대하여 $a\le x_{n_k}\le b$이므로 $c\in[a,\ b]$이다.

f는 $x=c$에서 연속이므로 $\lim_{k\to\infty} f(x_{n_k})=f(c)$이고 $\epsilon_0>0$에 대하여 적당한 $N_1\in\mathbb{N}$이 존재하여 $k\geq N_1$인 모든 자연수 k에 대하여

$$|f(x_{n_k})-f(c)|<\frac{1}{2}\epsilon_0 \tag{2}$$

가 성립한다. 또한 $\lim_{n\to\infty}|x_n-y_n|=0$이므로 $\{y_n\}$의 부분수열 $\{y_{n_k}\}$에 대하여 $\lim_{k\to\infty}|x_{n_k}-y_{n_k}|=0$이 성립한다. 따라서 삼각부등식에 의하여

$$|y_{n_k}-c|\leq|y_{n_k}-x_{n_k}|+|x_{n_k}-c|$$

이므로 $\lim_{k\to\infty} y_{n_k}=c$이다. f는 $x=c$에서 연속이므로 $\lim_{k\to\infty} f(y_{n_k})=f(c)$이고 $\epsilon_0>0$에 대하여 적당한 $N_2\in\mathbb{N}$가 존재하여 $k\geq N_2$인 모든 자연수 k에 대하여

$$|f(y_{n_k})-f(c)|<\frac{1}{2}\epsilon_0 \tag{3}$$

가 성립한다.

이제 $N=\max\{N_1,\ N_2\}$라 하면 (1), (2), (3)에 의하여

$$\epsilon_0\leq|f(x_{n_N})-f(y_{n_N})|\leq|f(x_{n_N})-f(c)|+|f(c)-f(y_{n_N})|<\epsilon_0$$

가 되어 모순이다. 따라서 f는 $[a,\ b]$에서 평등연속이다. ■

평등연속함수와 코시수열 사이에 다음과 같은 관계가 있다.

정리 3.9

f가 D에서 평등연속이고 $\{a_n\}\subset D$이 코시수열이면 $\{f(a_n)\}$은 코시수열이다.

증명 | 임의의 $\epsilon>0$에 대하여 f가 D에서 평등연속이므로 적당한 $\delta>0$가 존재하여 $|x-y|<\delta$인 모든 $x,\ y\in D$에 대하여

$$|f(x)-f(y)|<\epsilon$$

가 성립한다. $\{a_n\}$이 코시수열이므로 적당한 $N\in\mathbb{N}$이 존재하여 $m,\ n\geq N$인 모든 자연수 $m,\ n$에 대하여

$$|a_m - a_n| < \delta$$

가 성립한다. 따라서 $m,\ n \geq N$인 모든 자연수 $m,\ n$에 대하여

$$|f(a_m) - f(a_n)| < \epsilon$$

이므로 $\{f(a_n)\}$은 코시수열이다. ■

이 정리는 함수가 평등연속임을 증명할 때 사용하기보다는 함수가 평등연속이 아님을 보일 때 주로 사용한다.

예제 3.10 $f(x) = \dfrac{1}{x}$이면 f는 $(0,\ 1)$에서 평등연속이 아님을 증명하여라.

풀이 | $\left\{\dfrac{1}{n}\right\} \subset (0,\ 1)$이고 $\lim\limits_{n\to\infty} \dfrac{1}{n} = 0$이므로 코시수열이지만 $\left\{f\left(\dfrac{1}{n}\right)\right\} = \{n\}$은 수렴하지 않는 수열이므로 코시수열이 아니다. 정리 3.9에 의하여 f는 $(0,\ 1)$에서 평등연속이 아니다. ■

평등연속인 두 함수의 합과 차는 평등연속이다. 증명은 연속인 두 함수의 합과 차가 연속이라는 증명과 유사하므로 연습문제로 한다.

정리 3.11

f와 g가 D에서 평등연속이면 $f+g,\ f-g$도 D에서 평등연속이다.

예제 3.12 f와 g가 D에서 평등연속이면 fg도 D에서 반드시 평등연속인가?

풀이 |

$$f(x) = x, \quad g(x) = x$$

이면 f와 g는 $\mathbb{R}$에서 평등연속이지만 예제 3.4에서 증명하였듯이 $f(x)g(x) = x^2$은 $\mathbb{R}$에서 평등연속이 아니다. ■

평등연속인 두 함수의 곱이 평등연속이려면 평등연속인 두 함수가 모두 유계라는 조건이 추가되어야 한다.

정리 3.13

f와 g가 D에서 평등연속이고 유계이면 fg도 D에서 평등연속이다.

증명| f와 g가 D에서 유계이므로 임의의 $x \in D$에 대하여

$$|f(x)| \leq M_1, \ |g(x)| \leq M_2$$

인 양의 상수 $M_1 > 0$과 $M_2 > 0$가 존재한다.

임의의 $\epsilon > 0$에 대하여 f가 D에서 평등연속이므로 적당한 $\delta_1 > 0$이 존재하여 $|x-y| < \delta_1$인 모든 $x, y \in D$에 대하여

$$|f(x) - f(y)| < \frac{\epsilon}{2M_2}$$

이 성립한다. 또한 g도 D에서 평등연속이므로 적당한 $\delta_2 > 0$가 존재하여 $|x-y| < \delta_2$인 모든 $x, y \in D$에 대하여

$$|g(x) - g(y)| < \frac{\epsilon}{2M_1}$$

이 성립한다.

이제 $\delta = \min\{\delta_1, \delta_2\} > 0$라 하면 $|x-y| < \delta$인 모든 $x, y \in D$에 대하여

$$\begin{aligned} |f(x)g(x) - f(y)g(y)| &= |f(x)g(x) - f(x)g(y) + f(x)g(y) - f(y)g(y)| \\ &\leq |f(x)||g(x) - g(y)| + |g(y)||f(x) - f(y)| \\ &\leq M_1|g(x) - g(y)| + M_2|f(x) - f(y)| \\ &\leq \frac{\epsilon}{2} + \frac{\epsilon}{2} = \epsilon \end{aligned}$$

이므로 fg는 D에서 평등연속이다. ■

예제 3.14 f가 D에서 평등연속이면 $\frac{1}{f}$도 D에서 평등연속인가?

풀이| $f(x) = x$는 개구간 $(0, 1)$에서 평등연속이다. 하지만 $\left(\frac{1}{f}\right)(x) = \frac{1}{x}$은 예제 3.10에 의하여 개구간 $(0, 1)$에서 평등연속이 아니다. ■

정리 3.15

f가 D에서 평등연속이며 임의의 $x \in D$에 대하여 $f(x) \geq L > 0$인 $L \in \mathbb{R}$이 존재하면 $\frac{1}{f}$은 D에서 평등연속이다.

증명 | 임의의 $\epsilon > 0$에 대하여 f가 D에서 평등연속이므로 적당한 $\delta > 0$가 존재하여 $|x-y| < \delta$인 모든 $x, y \in D$에 대하여

$$|f(x) - f(y)| < \frac{1}{2} L^2 \epsilon$$

이 성립한다. 그러면 $|x-y| < \delta$인 모든 $x, y \in D$에 대하여

$$\begin{aligned} \left| \frac{1}{f(x)} - \frac{1}{f(y)} \right| &= \left| \frac{1}{f(x) f(y)} \right| |f(x) - f(y)| \\ &\leq \frac{1}{L^2} |f(x) - f(y)| \\ &< \epsilon \end{aligned}$$

이므로 $\frac{1}{f}$은 D에서 평등연속이다. ■

유계인 폐구간에서 연속인 함수는 그 구간에서 평등연속이다. 이제 유계이지만 폐구간이 아닌 구간에서 연속인 함수가 평등연속이 될 수 있는 조건을 알아보고자 한다.

정리 3.16

$f : [a, b) \to \mathbb{R}$가 임의의 $c \in [a, b)$에 대하여 $[a, c]$에서 평등연속이라 하자. 만일 $\lim_{x \to b^-} f(x)$가 존재하면 f는 $[a, b)$에서 평등연속이다.

증명 | $\lim_{x \to b^-} f(x) = L$이라 하자. (단, $L \in \mathbb{R}$)

임의의 $\epsilon > 0$에 대하여 $\lim_{x \to b^-} f(x)$가 존재하므로 적당한 $\delta_1 > 0$이 존재하여 $0 < b - x < \delta_1$인 모든 x에 대하여

$$|f(x) - L| < \frac{\epsilon}{2} \tag{1}$$

이 성립한다. 또한 f가 $\left[a,\ b-\dfrac{\delta_1}{4}\right]$에서 평등연속이므로 적당한 $\delta_2>0$가 존재하여 $|x-y|<\delta_2$ 인 모든 $x,\ y\in[a,\ b)$에 대하여

$$|f(x)-f(y)|<\epsilon \tag{2}$$

이 성립한다. 이제 $\delta=\min\left\{\dfrac{\delta_1}{4},\ \delta_2\right\}>0$이라 하자.

$|x-y|<\delta$인 임의의 $x,\ y\in[a,\ b)$ 중 x의 위치를 고려하여 증명을 한다.

[경우 1] $x\in\left[b-\dfrac{\delta}{2},\ b\right)$인 경우

$b-x<\delta_1$이고 $|x-y|<\delta\le\dfrac{\delta_1}{4}$이므로

$$b-\delta_1<b-\frac{3}{4}\delta_1\le x-\frac{\delta_1}{4}\le y$$

이고 이로부터 $b-y<\delta_1$이다. 따라서 (1)에 의하여

$$|f(x)-f(y)|\le|f(x)-L|+|L-f(y)|<\frac{\epsilon}{2}+\frac{\epsilon}{2}=\epsilon$$

이다.

[경우 2] $x\in\left[a,\ b-\dfrac{\delta_1}{2}\right]$인 경우

$|x-y|<\delta$이면

$$y<x+\delta\le x+\frac{\delta_1}{4}\le b-\frac{\delta_1}{4}$$

이므로 $y\in\left[a,\ b-\dfrac{\delta_1}{4}\right]\subset\left[a,b-\dfrac{\delta_1}{2}\right]$이다. 따라서 (2)에 의하여

$$|f(x)-f(y)|<\epsilon$$

이다.

[경우 1]과 [경우 2]에 의하여 f는 $[a,\ b)$에서 평등연속이다. ■

4.3 연습문제

1. f와 g가 D에서 평등연속일 때 다음을 증명하여라.

(1) $f+g$도 D에서 평등연속이다.

(2) $f-g$도 D에서 평등연속이다.

2. $f(x)=x^3$일 때 다음을 증명하여라.

(1) f는 $\mathbb{R}$에서 연속이다.

(2) f는 $\mathbb{R}$에서 평등연속이 아니다.

3. D가 유계이고 f가 D에서 평등연속이면 $f(D)$는 유계임을 증명하여라.

4. $a_n \neq 0$일 때 다항함수 $y=a_n x^n + a_{n-1}x^{n-1} + \cdots + a_0$는 $[0, 1]$에서 평등연속임을 증명하여라.

5. $f(x)=\begin{cases} x\sin\dfrac{1}{x}, & x\neq 0 \\ 0, & x=0 \end{cases}$이면 f는 $[-1, 1]$에서 평등연속임을 증명하여라.

6. $f(x)=x^3-7x+2$일 때

(1) f는 $(0, 1)$에서 평등연속인가?

(2) f는 $[0, 1]$에서 평등연속인가?

(3) f는 $\mathbb{R}$에서 평등연속인가?

7. $g(x)=\dfrac{1}{x-1}$일 때

(1) g는 $(0, 1)$에서 평등연속인가?

(2) g는 $(1, \infty)$에서 평등연속인가?

8. $h(x)=\dfrac{1}{x^2+3x}$일 때 다음을 증명하여라.

(1) h는 $[1, \infty)$에서 평등연속이다.

(2) h는 $(0, \infty)$에서 평등연속이 아니다.

9. 다음 함수들이 주어진 구간에서 평등연속임을 증명하여라.

(1) $f(x) = \dfrac{1}{x^2+1}$, $\mathbb{R}$

(2) $g(x) = \dfrac{\sin x}{x}$, $(0, 1)$

10. 다음 함수들이 주어진 구간에서 평등연속이 아님을 증명하여라.

(1) $f(x) = x\cos x$, $\mathbb{R}$

(2) $g(x) = \cos\dfrac{1}{x}$, $(0, 1]$

11. $A = \{1, 2, 3, 4\}$일 때 $f : A \to \mathbb{R}$가 $f(x) = x + \dfrac{1}{x}$이면 f는 A에서 평등연속임을 증명하여라.

12. f와 g가 $[0, 1]$에서 평등연속이면 fg도 $[0, 1]$에서 평등연속임을 증명하여라.

13. $f(x) = \sqrt{x}$일 때 다음을 증명하여라.

(1) f는 $(0, 1)$에서 립쉬츠 조건을 만족하지 않는다.

(2) f는 $(0, 1)$에서 평등연속이다.

14. $a \in \mathbb{R}$일 때 f가 $\mathbb{R}$에서 연속이고 임의의 $x \in \mathbb{R}$에 대하여 $f(x+a) = f(x)$이면 f는 $\mathbb{R}$에서 평등연속임을 증명하여라.

15. f가 $\mathbb{R}$에서 연속이고 $\lim_{x \to -\infty} f(x) = 0$이고 $\lim_{x \to \infty} f(x) = 0$이면 f는 $\mathbb{R}$에서 평등연속임을 증명하여라.

16. f가 $\mathbb{R}$에서 연속이고 $a, b \in \mathbb{R}$일 때 $\lim_{x \to -\infty} f(x) = a$이고 $\lim_{x \to \infty} f(x) = b$이면 f는 $\mathbb{R}$에서 평등연속임을 증명하여라.

17. 임의의 $n \in \mathbb{Z}$ 에 대하여 $f_{[n,n+1]} : [n, n+1] \to \mathbb{R}$ 가 $[n, n+1]$ 에서 평등연속이면 f 는 $\mathbb{R}$ 에서 평등연속인가?

18. f가 $(0, 1]$ 에서 평등연속일 때 다음을 증명하여라.

(1) $\left\{ f\left(\frac{1}{n}\right) \right\}$은 수렴한다.

(2) $\lim_{n\to\infty} f\left(\frac{1}{n}\right) = 1$이면 $\lim_{x\to 0^+} f(x) = 1$이다.

19. 다음 명제가 참이면 증명하고 거짓이면 반례를 들어라.

(1) f가 $\mathbb{R}$ 에서 유계이고 연속이면 f 는 $\mathbb{R}$ 에서 평등연속이다.

(2) g가 $[1, \infty)$ 에서 평등연속이면 $\lim_{x\to\infty} g(x)$ 가 존재한다.

20. f가 $(0, 2)$에서 연속이라 하자. 만일 f가 $(0, 1)$에서 평등연속이고 또한 $(1, 2)$ 에서도 평등연속이면 f는 $(0, 2)$에서 평등연속임을 증명하여라.

21. $f : \mathbb{N} \to \mathbb{R}$ 는 $\mathbb{N}$ 에서 평등연속임을 증명하여라.

22. f가 $[0, \infty)$에서 연속이고 $[1, \infty)$에서 평등연속이면 f는 $[0, \infty)$ 에서 평등연속임을 증명하여라.

23. f와 g가 $\mathbb{R}$ 에서 평등연속이면 $f \circ g$도 $\mathbb{R}$ 에서 평등연속임을 증명하여라.

24. f가 (a, b)에서 평등연속이면 $\lim_{x\to a^+} f(x)$와 $\lim_{x\to b^-} f(x)$가 존재함을 증명하여라.

Chapter 05 미분

학 습 목 표

- 극한을 이용하여 함수의 미분가능성을 엄밀하게 정의하고 정의를 이용하여 함수가 미분불가능함을 증명하는 방법을 학습한다.
- 미분가능한 함수들의 사칙연산을 계산하는 방법을 알고 합성함수의 미분법을 이해한다.
- 극값을 정의하고 롤의 정리와 평균값정리를 활용하여 다양한 미분관련 문제를 해결할 수 있는 방법을 검증한다.
- 코시 평균값정리를 도입하여 로피탈의 법칙을 증명하고 그 결과를 이용하여 복잡한 극한 계산을 간단히 계산할 수 있는 방법을 이해한다.
- 고계 도함수를 이용하여 테일러 정리를 증명하고 근삿값을 구하는 방법을 학습한다.

미리보기

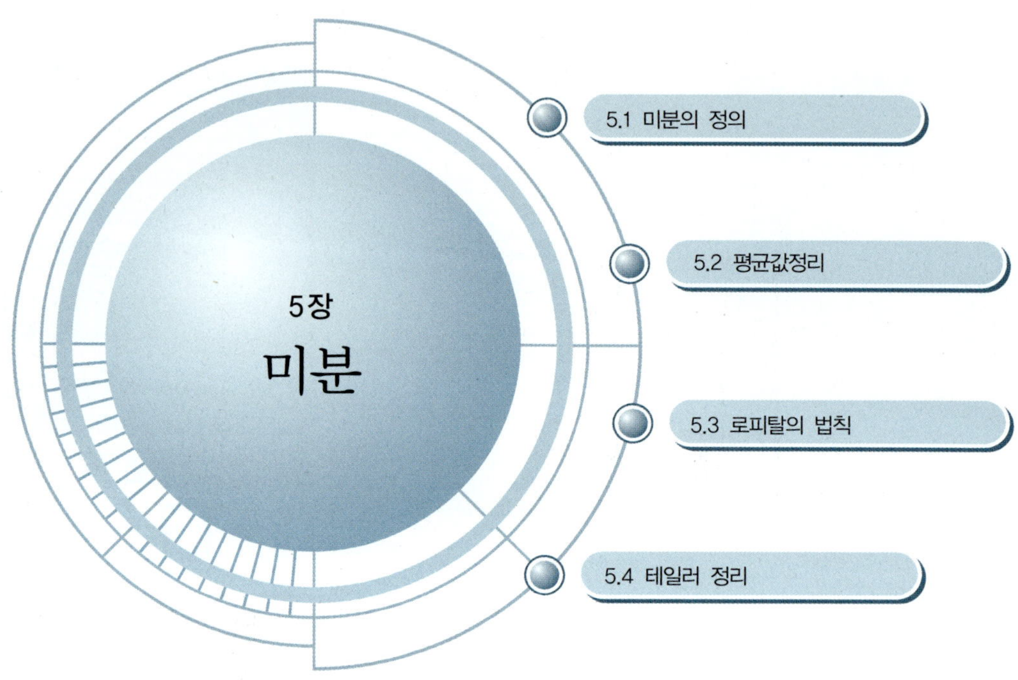

이 장에서는 함수의 미분가능성에 대한 엄밀한 정의와 미분과 관련된 다양한 정리를 알아보기로 한다. 극한을 이용하여 함수의 미분가능성을 엄밀하게 정의하고 이를 이용으로 함수가 미분가능하지 않음도 증명할 수 있음을 이해한다. 미분가능한 함수들의 사칙연산을 계산하는 방법을 유도하고 합성함수의 미분법도 학습한다. 극댓값과 극솟값을 정의하고 롤의 정리와 평균값정리의 활용 방안을 이해한다. 평균값정리를 일반화한 코시 평균값정리를 이용하여 로피탈의 법칙을 증명하여 극한을 쉽게 계산할 수 있는 방법을 학습한다. 고계 도함수를 이용하여 얻을 수 있는 테일러 정리를 이용하여 근사적 접근법을 이해한다.

5.1 미분의 정의

$c \in (a, b)$이고 $f : (a, b) \to \mathbb{R}$일 때 $x \neq c$인 $x \in (a, b)$에 대하여

$$\frac{f(x) - f(c)}{x - c} \tag{1}$$

는 두 점 $(x, f(x))$와 $(c, f(c))$를 연결하는 직선의 기울기를 나타낸다. 만일 $x \to c$일 때 (1)의 극한이 존재하면 그 극한값이 점 $(c, f(c))$에서 f의 **접선**(tangent line)의 기울기이고 이를 이용하여 미분계수를 정의한다.

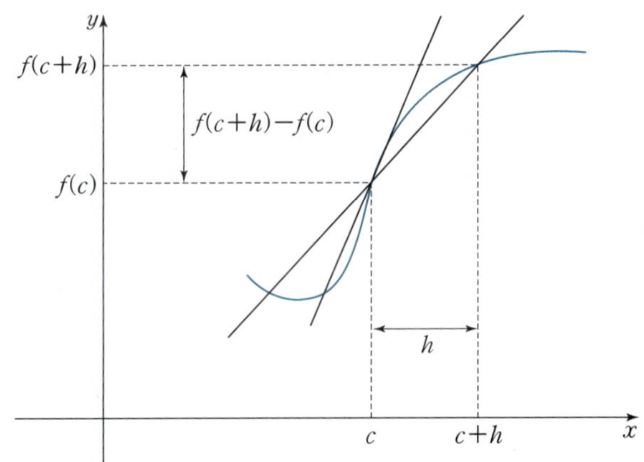

그림 5.1 평균변화율과 접선

정의 1.1

$c \in (a, b)$이고 $f : (a, b) \to \mathbb{R}$일 때

$$f'(c) = \lim_{x \to c} \frac{f(x) - f(c)}{x - c} = \lim_{h \to 0} \frac{f(c+h) - f(c)}{h}$$

가 존재하면 **f는 $x = c$에서 미분가능하다**(differentiable)고 한다.

f가 $x = c$에서 미분가능하면 **$f'(c)$를 $x = c$에서 f의 미분계수**(differential coefficient)라 한다. 만일 (a, b)의 모든 점에서 f가 미분가능하면 **f는 (a, b)에서 미분가능하다**고 한다.

예제 1.2 $n \in \mathbb{N}$ 이고 $a \in \mathbb{R}$ 일 때 $f(x) = x^n$이면 $f'(a) = na^{n-1}$임을 증명하여라.

TIP 미분계수의 정의와 이항정리를 이용하여 증명한다.

증명 |
$$\begin{aligned} f'(a) &= \lim_{h \to 0} \frac{f(a+h) - f(a)}{h} \\ &= \lim_{h \to 0} \frac{(a+h)^n - a^n}{h} \\ &= \lim_{h \to 0} \frac{na^{n-1}h + \frac{n(n-1)}{2} a^{n-2}h^2 + \cdots + h^n}{h} \\ &= \lim_{h \to 0} \left(na^{n-1} + \frac{n(n-1)}{2} a^{n-2} h + \cdots + h^{n-1} \right) \\ &= na^{n-1} \end{aligned}$$
■

예제 1.3 $0 \neq a \in \mathbb{R}$ 일 때 $g(x) = \frac{1}{x}$ 이면 $g'(a) = -\frac{1}{a^2}$ 임을 증명하여라.

증명 |
$$\begin{aligned} g'(a) &= \lim_{h \to 0} \frac{g(a+h) - g(a)}{h} \\ &= \lim_{h \to 0} \frac{\frac{1}{a+h} - \frac{1}{a}}{h} \\ &= \lim_{h \to 0} \frac{1}{h} \left(\frac{-h}{a(a+h)} \right) \\ &= -\frac{1}{a^2} \end{aligned}$$
■

정의 1.1로부터 D가 구간이고 $f: D \to \mathbb{R}$ 이며 $c \in D$가 D의 끝점일 때 극한의 존재성을 논의하기가 쉽지 않다. 따라서 주어진 점에 대한 우미분가능성과 좌미분가능성을 다음과 같이 정의하고 이를 이용하여 정의역의 끝점에서의 미분가능성을 설명한다.

정의 1.4

D 가 구간이고 $f : D \to \mathbb{R}$ 이라 하자.

(1) $c \in D$ 이고 $D \cap (c, \infty) \neq \varnothing$ 일 때

$$f'_+(c) = \lim_{h \to 0^+} \frac{f(c+h) - f(c)}{h}$$

가 존재하면 **f 는 $x = c$ 에서 우미분가능하다**(right differentiable)고 한다.

(2) $c \in D$ 이고 $D \cap (-\infty, c) \neq \varnothing$ 일 때

$$f'_-(c) = \lim_{h \to 0^-} \frac{f(c+h) - f(c)}{h}$$

가 존재하면 **f 는 $x = c$ 에서 좌미분가능하다**(left differentiable)고 한다.

정의 1.4로부터 $c \in D$에서 f의 미분가능성은 다음과 같이 정리할 수 있다.

(1) 만일 c가 D 의 내부점이면 $f'(c)$가 존재하기 위한 필요충분조건은 $f'_+(c)$와 $f'_-(c)$가 존재하고 $f'_+(c) = f'_-(c)$ 인 것이다.

(2) 만일 c가 D 의 왼쪽 끝점이면 $f'(c)$가 존재하기 위한 필요충분조건은 $f'_+(c)$가 존재하는 것이다. 이때 $f'(c) = f'_+(c)$ 이다.

(3) 만일 c가 D 의 오른쪽 끝점이면 $f'(c)$가 존재하기 위한 필요충분조건은 $f'_-(c)$가 존재하는 것이다. 이때 $f'(c) = f'_-(c)$ 이다.

예제 1.5 (1) $f(x) = \sqrt{x}$ 이면 f 는 $x = 0$ 에서 미분가능한가?

(2) $g(x) = x\sqrt{x}$ 이면 g 는 $x = 0$ 에서 미분가능한가?

TIP 우미분가능성의 정의를 이용하여 미분가능성을 확인한다.

풀이 | (1) $f'_+(0) = \lim_{h \to 0^+} \frac{f(0+h) - f(0)}{h} = \lim_{h \to 0^+} \frac{\sqrt{h}}{h} = \lim_{h \to 0^+} \frac{1}{\sqrt{h}} = \infty$

이므로 f 는 $x = 0$ 에서 미분불가능하다.

(2) $g'_+(0) = \lim_{h \to 0^+} \frac{g(0+h) - g(0)}{h} = \lim_{h \to 0^+} \frac{h\sqrt{h}}{h} = \lim_{h \to 0^+} \sqrt{h} = 0$

이므로 g 는 $x = 0$ 에서 미분가능하다. ■

예제 1.6 $f(x)=\begin{cases} x^2, & x\in\mathbb{Q} \\ 0, & x\in\mathbb{Q}^c \end{cases}$이면 f는 $x=0$에서 미분가능함을 증명하여라.

TIP $|f'(0)|\leq 0$임을 보임으로써 $f'(0)=0$임을 증명한다.

증명 |
$$|f'(0)|=\left|\lim_{h\to 0}\frac{f(0+h)-h(0)}{h}\right|\leq \lim_{h\to 0}\left|\frac{h^2}{h}\right|=0$$

이므로 $f'(0)=0$이다. 따라서 f는 $x=0$에서 미분가능하다. ■

예제 1.7 $f(x)=\begin{cases} 3x-1, & 0\leq x\leq 1 \\ 2x^2, & 1< x \end{cases}$ 이면

(1) $f'(1)$은 존재하는가?

(2) $f'(0)$은 존재하는가?

TIP (1) $x=1$은 정의역의 내부점이므로 우미분계수와 좌미분계수가 같은가를 확인한다.
(2) $x=0$은 정의역의 왼쪽 끝점이므로 우미분계수의 존재성을 확인한다.

풀이 | (1) $f'_+(1)=\lim_{h\to 0^+}\frac{f(1+h)-f(1)}{h}=4$이고

$f'_-(1)=\lim_{h\to 0^-}\frac{f(1+h)-f(1)}{h}=3$이다.

따라서 $f'_+(1)\neq f'_-(1)$이므로 $f'(1)$은 존재하지 않는다.

(2) 0은 정의역의 왼쪽 끝점이고 $f'_+(0)=\lim_{h\to 0^+}\frac{f(0+h)-f(0)}{h}=3$이므로

$f'(0)=f'_+(0)=3$이다. 따라서 $f'(0)$은 존재한다. ■

미분과 연속의 관계는 다음의 정리를 통하여 알 수 있다.

정리 1.8

f가 $x=c$에서 미분가능하면 f는 $x=c$에서 연속이다.

TIP $\lim_{x\to c}f(x)=f(c)$와 $\lim_{x\to c}(f(x)-f(c))=0$이 동등함을 이용한다.

증명 | f가 $x=c$에서 미분가능하므로 $f'(c)\in\mathbb{R}$이다. 따라서

$$\begin{aligned}\lim_{x\to c}(f(x)-f(c)) &= \lim_{x\to c}\frac{f(x)-f(c)}{x-c}(x-c)\\ &= f'(c)\lim_{x\to c}(x-c)\\ &= 0\end{aligned}$$

이므로 f는 $x=c$에서 연속이다. ■

이 정리의 역은 성립하지 않는다. 예를 들어 $f(x)=|x|$일 때 f는 $x=0$에서 연속이지만

$$f_+'(0)=\lim_{h\to 0^+}\frac{f(0+h)-f(0)}{h}=\lim_{h\to 0^+}\frac{|h|}{h}=\lim_{h\to 0^+}\frac{h}{h}=1$$

이고

$$f_-'(0)=\lim_{h\to 0^-}\frac{f(0+h)-f(0)}{h}=\lim_{h\to 0^-}\frac{|h|}{h}=\lim_{h\to 0^-}\frac{-h}{h}=-1$$

이므로 f는 $x=0$에서 미분불가능하다.

다음 예제에서 f와 g는 압착정리에 의하여 $x=0$에서 연속이다. 이 두 함수가 $x=0$에서 미분가능한가를 알아보기로 한다.

예제 1.9 (1) $f(x)=\begin{cases} x\sin\dfrac{1}{x}, & x\neq 0\\ 0, & x=0\end{cases}$ 이면 f는 $x=0$에서 미분가능한가?

(2) $g(x)=\begin{cases} x^2\sin\dfrac{1}{x}, & x\neq 0\\ 0, & x=0\end{cases}$ 이면 g는 $x=0$에서 미분가능한가?

풀이 | (1) $$f'(0)=\lim_{h\to 0}\frac{f(0+h)-f(0)}{h}=\lim_{h\to 0}\frac{h\sin\frac{1}{h}}{h}=\lim_{h\to 0}\sin\frac{1}{h}$$

이 존재하지 않으므로 f는 $x=0$에서 미분불가능하다.

(2) $g'(0)=\lim_{h\to 0}\dfrac{g(0+h)-g(0)}{h}=\lim_{h\to 0}\dfrac{h^2\sin\dfrac{1}{h}}{h}=\lim_{h\to 0}h\sin\dfrac{1}{h}=0$

이므로 g는 $x=0$에서 미분가능하다. ■

한 점에서의 미분가능성은 기본적으로 함수의 극한을 이용하여 정의하므로 다음 정리를 얻을 수 있다.

정리 1.10

$f: D\to\mathbb{R}$이고 $a\in D$라 하자.

f가 $x=a$에서 미분가능하기 위한 필요충분조건은 적당한 $b\in\mathbb{R}$가 존재하여 $n\in\mathbb{N}$일 때 $x_n\neq a$이고 $\lim_{n\to\infty}x_n=a$인 임의의 수열 $\{x_n\}\subset D$에 대하여

$$\lim_{n\to\infty}\frac{f(x_n)-f(a)}{x_n-a}=b$$

인 것이다.

정리 1.10을 이용하면 함수가 주어진 점에서 미분불가능함을 쉽게 보일 수 있다. 예를 들어

$$f(x)=\begin{cases}x, & x\in\mathbb{Q}\\ 0, & x\in\mathbb{Q}^c\end{cases}$$

이면 $n\in\mathbb{N}$에 대하여 $x_n=\dfrac{1}{n}$, $y_n=\dfrac{\sqrt{2}}{n}$라 할 때

$$x_n\neq 0\text{이고 } y_n\neq 0\text{이며 } \lim_{n\to\infty}x_n=0=\lim_{n\to\infty}y_n$$

이다. 하지만

$$\lim_{n\to\infty}\frac{f(x_n)-f(0)}{x_n-0}=1\neq 0=\lim_{n\to\infty}\frac{f(y_n)-f(0)}{y_n-0}$$

이므로 정리 1.10에 의하여 f는 $x=0$에서 미분불가능하다.

함수들의 미분가능성에 관한 사칙연산은 다음과 같다.

정리 1.11

$f, g : D \to \mathbb{R}$가 $c \in D$에서 미분가능하면 다음이 성립한다.

(1) $f+g$도 $x=c$에서 미분가능하고 $(f+g)'(c)=f'(c)+g'(c)$이다.

(2) $f-g$도 $x=c$에서 미분가능하고 $(f-g)'(c)=f'(c)-g'(c)$이다.

(3) fg도 $x=c$에서 미분가능하고 $(fg)'(c)=f'(c)g(c)+f(c)g'(c)$이다.

(4) 만일 $g(c) \neq 0$이면 $\dfrac{f}{g}$도 $x=c$에서 미분가능하고

$$\left(\frac{f}{g}\right)'(c)=\frac{f'(c)g(c)-f(c)g'(c)}{(g(c))^2}$$

이다.

증명 | (3)만을 증명하고 나머지는 연습문제로 한다.

$$\begin{aligned}
(fg)'(c) &= \lim_{h \to 0} \frac{(fg)(c+h)-(fg)(c)}{h} \\
&= \lim_{h \to 0} \frac{f(c+h)g(c+h)-f(c)g(c)}{h} \\
&= \lim_{h \to 0} \frac{f(c+h)g(c+h)-f(c)g(c+h)+f(c)g(c+h)-f(c)g(c)}{h} \\
&= \lim_{h \to 0} \frac{f(c+h)-f(c)}{h}\, g(c+h) + \lim_{h \to 0} f(c)\, \frac{g(c+h)-g(c)}{h} \\
&= f'(c)g(c)+f(c)g'(c)
\end{aligned}$$

■

도함수와 두 점을 지나는 직선의 기울기 사이에는 다음과 같은 관계가 있다.

$a \in \mathbb{R}$ 일 때 $x \neq a$인 x에 대하여 $Q(x)=\dfrac{f(x)-f(a)}{x-a}$라 하자. $\lim_{x \to a} Q(x)=f'(a)$ 이므로

$$u(x)=Q(x)-f'(a)$$

일 때 f가 $x=a$에서 미분가능하면 $\lim_{x \to a} u(x)=0$이다. 따라서 $Q(x)=f'(a)+u(x)$ 로부터

$$\frac{f(x)-f(a)}{x-a}=f'(a)+u(x)$$

이고 이를 정리하면

$$f(x)-f(a)=(x-a)[f'(a)+u(x)]$$

이다.

위의 관계를 이용하여 합성함수의 미분을 증명할 수 있다.

정리 1.12 합성함수의 미분(chain rule)

$I, J\subset \mathbb{R}$가 구간들이고 $f: I\to\mathbb{R}$이고 $g: J\to\mathbb{R}$이며 $f(I)\subset J$라 하자. 만일 f가 $a\in I$에서 미분가능하고 g가 $f(a)\in J$에서 미분가능하면 $h=g\circ f$는 $a\in I$에서 미분가능하고

$$h'(a)=g'(f(a))f'(a)$$

이다.

증명 | f가 $a\in I$에서 미분가능하므로

$$f(x)-f(a)=(x-a)[f'(a)+u(x)]$$

이고 이때 함수 u는 $\lim_{x\to a}u(x)=0$을 만족한다. (1)

$b=f(a)$라 하자. g가 $b\in J$에서 미분가능하므로

$$g(y)-g(b)=(y-b)[g'(b)+v(y)]$$

이고 이때 함수 v는 $\lim_{y\to b}v(y)=0$을 만족한다. (2)

f가 $x=a$에서 미분가능하므로 $x=a$에서 연속이다. 따라서 $y=f(x)$라 하면 $\lim_{x\to a}f(x)=f(a)$이므로 $\lim_{x\to a}y=b$이다. 따라서 $x\to a$일 때 $y\to b$이므로 (2)에 의하여 $\lim_{x\to a}v(y)=0$이다. (3)

이 결과들로부터

$$\begin{aligned}h(x)-h(a)&=g(f(x))-g(f(a))\\&=g(y)-g(b)\\&=(y-b)[g'(b)+v(y)]\\&=(f(x)-f(a))[g'(b)+v(y)]\\&=(x-a)[f'(a)+u(x)][g'(b)+v(y)]\end{aligned}$$

이고 (1)과 (3)에 의하여

$$\lim_{x\to a}\frac{h(x)-h(a)}{x-a}=\lim_{x\to a}[f'(a)+u(x)][g'(b)+v(y)]$$
$$=g'(b)f'(a)$$
$$=g'(f(a))f'(a)$$

이다. ■

예제 1.13 (1) $f(x)=\sqrt{x^2+1}$ 일 때 $f'(x)$를 구하여라.

(2) $g(x)=\left(1+\frac{1}{x}\right)^3$ 일 때 $g'(x)$를 구하여라.

풀이 | (1) $h_1(x)=x^2+1$, $h_2(x)=\sqrt{x}$ 라 하면

$$f(x)=(h_2\circ h_1)(x)=h_2(h_1(x))$$

이므로 합성함수의 미분에 의하여

$$f'(x)=h_2'(h_1(x))h_1'(x)=\frac{1}{2\sqrt{x^2+1}}\cdot(2x)=\frac{x}{\sqrt{x^2+1}}$$

이다.

(2) $h_1(x)=1+\frac{1}{x}$, $h_2(x)=x^3$ 이라 하면

$$g(x)=(h_2\circ h_1)(x)=h_2(h_1(x))$$

이므로 합성함수의 미분에 의하여

$$g'(x)=h_2'(h_1(x))h_1'(x)=3\left(1+\frac{1}{x}\right)^2\cdot\left(-\frac{1}{x^2}\right)$$

이다. ■

정의 1.14

$f: D\to\mathbb{R}$ 이라 하자.

(1) $x_1<x_2$ 인 임의의 $x_1, x_2\in D$ 에 대하여 $f(x_1)\le f(x_2)$ 이면 f 는 D에서 **증가한다**(increasing)고 한다.

(2) $x_1 < x_2$ 인 임의의 $x_1,\ x_2 \in D$에 대하여 $f(x_1) < f(x_2)$ 이면 f는 D에서 **순증가한다**(strictly increasing)고 한다.

(3) $x_1 < x_2$ 인 임의의 $x_1,\ x_2 \in D$에 대하여 $f(x_1) \geq f(x_2)$ 이면 f는 D에서 **감소한다**(decreasing)고 한다.

(4) $x_1 < x_2$ 인 임의의 $x_1,\ x_2 \in D$에 대하여 $f(x_1) > f(x_2)$ 이면 f는 D에서 **순감소한다**(strictly decreasing)고 한다.

(5) f가 D에서 증가하거나 또는 감소하면 f는 D에서 **단조함수**(monotone function)라 한다.

f가 순증가하거나 순감소하면서 연속함수이면 f^{-1}도 존재하고 연속함수이다. 이를 이용하여 역함수의 도함수에 대한 기본 공식을 유도할 수 있다.

정리 1.15

f가 D에서 순증가하거나 순감소하면서 연속이라 하자. 만일 f가 $a \in D$에서 미분가능하고 $f'(a) \neq 0$이면 f^{-1}는 $f(a)$에서 미분가능하고

$$(f^{-1})'(f(a)) = \frac{1}{f'(a)}$$

이다.

증명 | f가 순증가하거나 순감소하므로 D의 서로 다른 두 점 $x,\ a$에 대하여 $f(x) \neq f(a)$이고 따라서 $\dfrac{f(x) - f(a)}{x - a} \neq 0$이다. f^{-1}는 $f(D)$에서 연속이므로

$$\begin{aligned}(f^{-1})'(f(a)) &= \lim_{y \to f(a)} \frac{f^{-1}(y) - f^{-1}(f(a))}{y - f(a)} \\ &= \lim_{f(x) \to f(a)} \frac{f^{-1}(y) - f^{-1}(f(a))}{y - f(a)} \\ &= \lim_{x \to a} \frac{x - a}{f(x) - f(a)} \\ &= \frac{1}{f'(a)}\end{aligned}$$

이다. ■

예제 1.16 $f:(0,\infty)\to\mathbb{R}$가 $f(x)=\sqrt{x}$일 때 $(f^{-1})'(2)$를 구하여라.

풀이 | f가 $(0,\infty)$에서 순증가하고 연속이므로 정리 1.15에 의하여

$$(f^{-1})'(2)=\frac{1}{f'(4)}=4$$

이다. ■

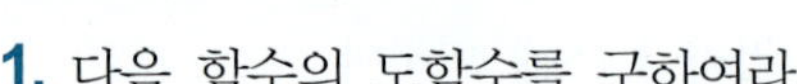

5.1 연습문제

1. 다음 함수의 도함수를 구하여라.

(1) $f(x)=x^4-3x^3+2x-1$

(2) $f(x)=\sin x-\dfrac{1}{x^2}$

(3) $f(x)=(x^2-1)(-x^3-x+1)$

(4) $f(x)=\dfrac{x^2-1}{x^2+1}$

2. 연쇄법칙을 이용하여 다음 함수의 도함수를 구하여라.

(1) $f(x)=\sin x^2$

(2) $f(x)=\sin^2 x$

(3) $f(x)=\sqrt{1+\sqrt{x}}$

(4) $f(x)=\left(x^2-\dfrac{1}{x}\right)^4$

3. $f(x)=\begin{cases} x^2, & x>1 \\ ax+b, & x\le 1 \end{cases}$ 일 때

(1) f가 $x=1$에서 연속이 되도록 하는 a와 b의 값을 구하여라.

(2) f가 $x=1$에서 미분가능하도록 하는 a와 b의 값을 구하여라.

4. $c\in D$일 때 $f,\ g:D\to\mathbb{R}$가 모두 $x=c$에서 미분가능하고 $g(c)\neq 0$이면 $\dfrac{f}{g}$도 $x=c$에서 미분가능하고

$$\left(\frac{f}{g}\right)'(c)=\frac{f'(c)g(c)-f(c)g'(c)}{(g(c))^2}$$

임을 증명하여라.

5. (1) $f(x)=x^{\frac{1}{3}}$이면 f는 $x=0$에서 미분불가능함을 증명하여라.

(2) $g(x)=x^{\frac{4}{3}}$이면 g는 $x=0$에서 미분가능함을 증명하여라.

6. $f:(-1,1)\to\mathbb{R}$가 $f(x)=\cos x$이면 $(f^{-1})'(x)=\dfrac{-1}{\sqrt{1-x^2}}$임을 증명하여라.

7. (1) $f(x)=x|x|$일 때 $f'(x)$를 구하여라.

(2) $g(x)=x^2|x|$일 때 $g'(x)$를 구하여라.

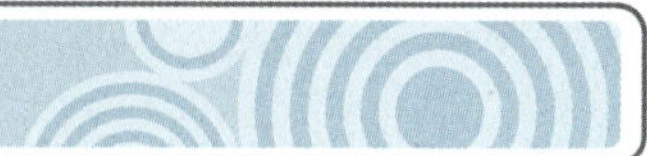

8. $f(x)=\sqrt{1-x^2}$ 이면 f는 $x=1$에서 미분가능한가?

9. $f'(a)=b$일 때 다음을 구하여라.

(1) $\displaystyle\lim_{x\to a}\frac{f(x)-f(a)}{\sqrt{x}-\sqrt{a}}$　　　(2) $\displaystyle\lim_{x\to a}\frac{f(x)-f(a)}{\sqrt[3]{x}-\sqrt[3]{a}}$

10. $f'(0)=2$일 때

$$\lim_{n\to\infty} n\left(f\left(\frac{1}{n}\right)+f\left(\frac{3}{n}\right)-2f(0)\right)$$

을 구하여라.

11. $f(0)=0$이고 $f'(0)=3$일 때

$$\lim_{x\to 0}\frac{1}{x}\left(f(x)+f\left(\frac{1}{2}x\right)+f\left(\frac{1}{4}x\right)\right)$$

를 구하여라.

12. (1) $f(x)=\sin|x|$이면 f는 $x=0$에서 미분가능한가?

(2) $g(x)=\cos|x|$이면 g는 $x=0$에서 미분가능한가?

13. f가 $[a,b]$에서 연속이고 $(a,\ b)$에서 미분가능하면 f'은 $(a,\ b)$에서 유계인가?

14. f가 $\mathbb{R}$에서 미분가능할 때

(1) $f'(x)=\displaystyle\lim_{h\to 0}\frac{7f(x+h)-2f(x)-5f(x-h)}{ah}$인 a의 값을 구하여라.

(2) $f'(x)=\displaystyle\lim_{h\to 0}\frac{f(x+bh)-f(x-4bh)}{3h}$인 b의 값을 구하여라.

15. 다음을 증명하여라.

(1) $f : \mathbb{R} \to \mathbb{R}$ 가 기함수이고 $\mathbb{R}$ 에서 미분가능하면 f'은 우함수이다.

(2) $g : \mathbb{R} \to \mathbb{R}$ 가 우함수이고 $\mathbb{R}$ 에서 미분가능하면 g'은 기함수이다.

16.

$$h(x) = \begin{cases} x^2, & x \in \mathbb{Q} \\ x^4, & x \in \mathbb{Q}^c \end{cases}$$

이면 $h'(0) = 0$임을 증명하여라.

17.

$$f(x) = \begin{cases} x^4, & x \geq 0 \\ 0\,, & x < 0 \end{cases}$$

이면 f는 $x = 0$에서 몇 번까지 미분가능한가?

18.

$$g(x) = \begin{cases} x^3 \sin \dfrac{1}{x}, & x \neq 0 \\ 0, & x = 0 \end{cases}$$

이면

(1) $g'(0)$이 존재함을 증명하여라.

(2) $g''(0)$이 존재하지 않음을 증명하여라.

19. $k \in \mathbb{N}$ 이고

$$h(x) = \begin{cases} x^k \sin \dfrac{1}{x}, & x \geq 0 \\ 0, & x < 0 \end{cases}$$

일 때

(1) h 가 $x = 0$에서 연속이기 위한 k의 값을 구하여라.

(2) h 가 $x = 0$에서 미분가능하기 위한 k의 값을 구하여라.

20.

$$f(x) = \begin{cases} x^2, & x \in \mathbb{Q} \\ x\,, & x \in \mathbb{Q}^c \end{cases}$$

이면 f는 $x = 0$ 에서 미분불가능함을 증명하여라.

21.
$$g(x)=\begin{cases} x^2, & x\in\mathbb{Q} \\ -x^2, & x\in\mathbb{Q}^c \end{cases}$$
이면 g는 $x=0$에서 미분가능함을 증명하여라.

22. f와 g가 $\mathbb{R}$에서 미분가능하고
$$f(1)=1,\ f(3)=2,\ g(1)=4,\ g(3)=5,$$
$$f'(1)=3,\ g'(1)=2,\ f'(4)=7,\ g'(4)=6$$
일 때 다음을 구하여라.

(1) $(f\cdot g)'(1)$　　(2) $\left(\dfrac{f}{g}\right)'(1)$

(3) $(f\circ g)'(1)$　　(4) $(g\circ f)'(1)$

23. l이 $\mathbb{R}$에서 미분가능한 함수이고
$$l(1)=2,\quad l'(1)=3,\quad l(2)=3,\quad l'(2)=5,\quad l(3)=6,\quad l'(3)=6$$
일 때 다음을 구하여라.

(1) $f(x)=l(x^2)$일 때 $f'(1)$

(2) $g(x)=l^2(x)$일 때 $g'(1)$

(3) $h(x)=l(l(x))$일 때 $h'(1)$

(4) $k(x)=l(l(l(x)))$일 때 $k'(1)$

24. f가 $x=a$에서 미분가능하고 $f'(a)\neq 0$이면 적당한 $\delta>0$가 존재하여 $0<|x-a|<\delta$인 모든 x에 대하여 $f(x)\neq f(a)$임을 증명하여라.

25. $g(x)=xf(x)$가 $x=1$에서 미분가능하면 f도 $x=1$에서 미분가능함을 증명하여라.

26. 모든 $x,\ y\in\mathbb{R}$에 대하여 $f(x+y)=f(x)f(y)$이고 $f(0)\neq 0$이며 $x=0$에서 미분가능하면 f는 $\mathbb{R}$에서 미분가능함을 증명하여라.

27. $f,\ g:(-1,\ 1)\to\mathbb{R}$ 이고 $g(x)=\lim_{h\to 0}\frac{f(x+h)-f(x-h)}{2h}$ 일 때

(1) f가 $x=0$에서 미분가능하면 $f'(0)=g(0)$임을 증명하여라.

(2) $g(0)$는 존재하지만 $x=0$에서 미분가능하지 않는 f의 예를 구하여라.

28. $a,\ b,\ c\in\mathbb{R}$ 이고 $f(x)=a\sin x+b\sin 2x+c\sin 3x$ 일 때 모든 $x\in\mathbb{R}$ 에 대하여 $|f(x)|\le|\sin x|$이면

$$|a+2b+3c|\le 1$$

임을 증명하여라.

29. $|a_1+2a_2+\cdots+na_n|\le 1$ 이면 모든 $x\in\mathbb{R}$ 에 대하여

$$|a_1\sin x+a_2\sin 2x+\cdots+a_n\sin nx|\le|\sin x|$$

임을 증명하여라.

30. f가 $(0,\ 1)$에서 미분가능하고 $f(x)=f'(x)=0$인 $x\in(0,\ 1)$가 존재하지 않으면

$$S=\{x\in(0,1):f(x)=0\}$$

는 유한집합임을 증명하여라.

5.2 평균값정리

주어진 함수가 어떤 점의 근방에서 가장 큰 값 또는 가장 작은 값을 가질 때 이를 극댓값 또는 극솟값이라 하며 이에 대한 수학적 정의는 다음과 같다.

정의 2.1

$f : D \to \mathbb{R}$이고 $a \in D$라 하자.

(1) 적당한 $\delta > 0$가 존재하여 $|x-a| < \delta$인 모든 $x \in D$에 대하여

$$f(x) \le f(a)$$

이면 **f는 $x=a$에서 극댓값(local maximum)을 갖는다**고 한다.

(2) 적당한 $\delta > 0$가 존재하여 $|x-a| < \delta$인 모든 $x \in D$에 대하여

$$f(x) \ge f(a)$$

이면 **f는 $x=a$에서 극솟값(local minimum)을 갖는다**고 한다.

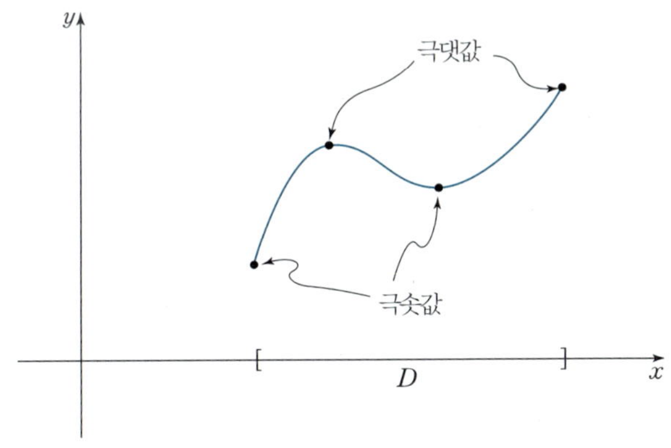

그림 5.2 극댓값과 극솟값

일반적으로 극댓값 또는 극솟값을 **극값**(local extremum)이라 한다. 정의 2.1에서 f는 D에서 연속이거나 미분가능한 함수일 필요는 없다.

예제 2.2 $f:[-1,2]\to\mathbb{R}$가 $f(x)=x^2$일 때 f의 극값을 모두 구하여라.

풀이 | $x=0$의 $\frac{1}{2}$-근방은 $[-1,\ 2]\cap\left(-\frac{1}{2},\ \frac{1}{2}\right)=\left(-\frac{1}{2},\ \frac{1}{2}\right)$이다.

모든 $x\in\left(-\frac{1}{2},\ \frac{1}{2}\right)$에 대하여 $f(x)\geq f(0)$이므로 f는 $x=0$에서 극솟값 $f(0)=0$을 갖는다.

$x=-1$의 $\frac{1}{2}$-근방은 $[-1,\ 2]\cap\left(-\frac{3}{2},\ -\frac{1}{2}\right)=\left[-1,\ -\frac{1}{2}\right)$이다.

모든 $x\in\left[-1,\ -\frac{1}{2}\right)$에 대하여 $f(-1)\geq f(x)$이므로 f는 $x=-1$에서 극댓값 $f(-1)=1$을 갖는다.

$x=2$의 $\frac{1}{3}$-근방은 $[-1,\ 2]\cap\left(\frac{5}{3},\ \frac{7}{3}\right)=\left(\frac{5}{3},\ 2\right]$이다.

모든 $x\in\left(\frac{5}{3},\ 2\right]$에 대하여 $f(2)\geq f(x)$이므로 f는 $x=2$에서 극댓값 $f(2)=4$를 갖는다. ■

함수가 극값을 갖는 점에서 미분가능할 때 그 점에서의 미분계수는 다음과 같다.

정리 2.3

$f:D\to\mathbb{R}$일 때 f가 D의 내부점 $x=a$에서 극댓값 또는 극솟값을 가지며 $x=a$에서 미분가능하면 $f'(a)=0$이다.

TIP f가 $x=a$에서 극댓값을 가질 때 적당한 $\delta>0$에 대하여 $f_+'(a)\leq 0$과 $f_-'(a)\geq 0$임을 보이고 이를 이용하여 $f_+'(a)=f_-'(a)=f'(a)=0$임을 증명한다.

증명 | f가 D의 내부점 $x=a$에서 미분가능하므로 $f_+'(a)$와 $f_-'(a)$가 존재하고

$$f_+'(a)=f_-'(a) \tag{1}$$

이다. f가 $x=a$에서 극댓값을 갖는다고 하면 적당한 $\delta>0$가 존재하여 $|x-a|<\delta$인 모든 $x\in D$에 대하여

$$f(x)\leq f(a)$$

이다. 따라서 $x\in(a,\ a+\delta)$인 모든 $x\in D$에 대하여

$$\frac{f(x)-f(a)}{x-a} \leq 0$$

이므로 $f'_+(a) \leq 0$ 이다. 또한 $x \in (a-\delta,\ a)$ 인 모든 $x \in D$ 에 대하여

$$\frac{f(x)-f(a)}{x-a} \geq 0$$

이므로 $f'_-(a) \geq 0$ 이다. (1)에 의하여 $f'_+(a) = f'_-(a) = 0$ 이고 $f'(a) = 0$ 이다. f 가 $x = a$ 에서 극솟값을 갖는 경우에도 $f'_+(a) \geq 0$ 이고 $f'_-(a) \leq 0$ 이므로 $f'(a) = 0$ 이다. ■

정리 2.3에서 $x = a$ 가 D 의 내부점이라고 가정한 이유는 무엇인가? 예제 2.2에서 설명한 바와 같이 함수가 정의역의 모든 점에서 미분가능한 경우라도 정의역의 양쪽 끝점에서 극값을 갖는 경우 끝점에서의 미분계수는 0이 아닐 수 있다. 예제 2.2에서 f 는 $x = -1$ 에서 극댓값을 갖지만 $f'(-1) = f'_+(-1) = -2 \neq 0$ 이다. 또한 f 는 $x = 2$ 에서 극댓값을 갖지만 $f'(2) = f'_-(2) = 4 \neq 0$ 이다.

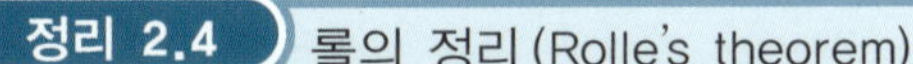

정리 2.4 롤의 정리 (Rolle's theorem)

$f : [a,\ b] \to \mathbb{R}$ 가 $[a,\ b]$ 에서 연속이고 $(a,\ b)$ 에서 미분가능하다고 하자. 만일 $f(a) = f(b)$ 이면

$$f'(c) = 0$$

인 $c \in (a,\ b)$ 가 존재한다.

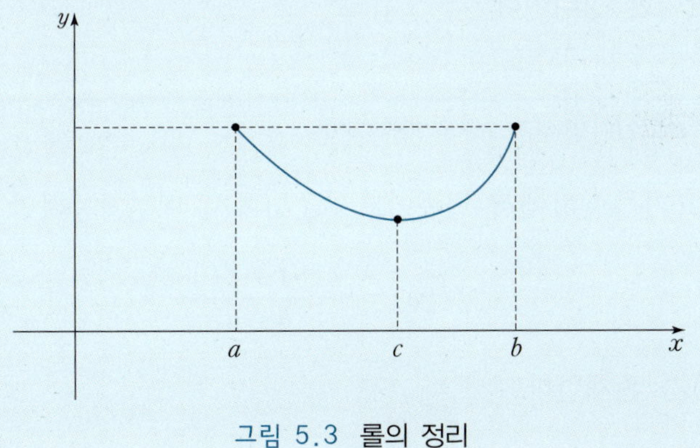

그림 5.3 롤의 정리

TIP 정리 2.3을 이용한다. 즉, f가 (a, b)의 내부점에서 극댓값 또는 극솟값을 갖는다는 것을 보임으로써 그 점에서의 미분계수가 0임을 증명한다.

증명 | 만일 f가 $[a, b]$에서 상수함수이면 모든 $x \in (a, b)$에 대하여

$$f'(x) = 0$$

이므로 롤의 정리는 당연히 성립한다.

이제 f가 $[a, b]$에서 상수함수가 아니라고 가정하자. f가 $[a, b]$에서 연속이므로 f는 최댓값과 최솟값을 갖는다. 따라서 적당한 $x_1, x_2 \in [a, b]$가 존재하여 모든 $x \in [a, b]$에 대하여

$$f(x_1) \le f(x) \le f(x_2)$$

이다.

만일 $x_1 \notin (a, b)$이고 $x_2 \notin (a, b)$이면 f가 상수함수가 되어 모순이 된다. 따라서 $x_1 \in (a, b)$이거나 $x_2 \in (a, b)$이다.

만일 $x_1 \in (a, b)$이면 $x = x_1$에서 f는 최솟값을 갖는 동시에 극솟값을 갖는다. 그러므로 정리 2.3에 의하여 $f'(x_1) = 0$이다.

만일 $x_2 \in (a, b)$라면 $x = x_2$에서 f는 최댓값을 갖는 동시에 극댓값을 갖는다. 그러므로 정리 2.3에 의하여 $f'(x_2) = 0$이다. ■

롤의 정리는 다음에 증명할 평균값정리와 다음 절의 코시 평균값정리의 증명에 유용하게 사용된다. 평균값정리는 롤의 정리의 가정에서 조건 "$f(a) = f(b)$"를 삭제하여 롤의 정리를 일반화한 정리이다.

정리 2.5 평균값정리 (mean value theorem)

$f : [a, b] \to \mathbb{R}$가 $[a, b]$에서 연속이고 (a, b)에서 미분가능하면

$$f'(c) = \frac{f(b) - f(a)}{b - a}$$

인 $c \in (a, b)$가 존재한다.

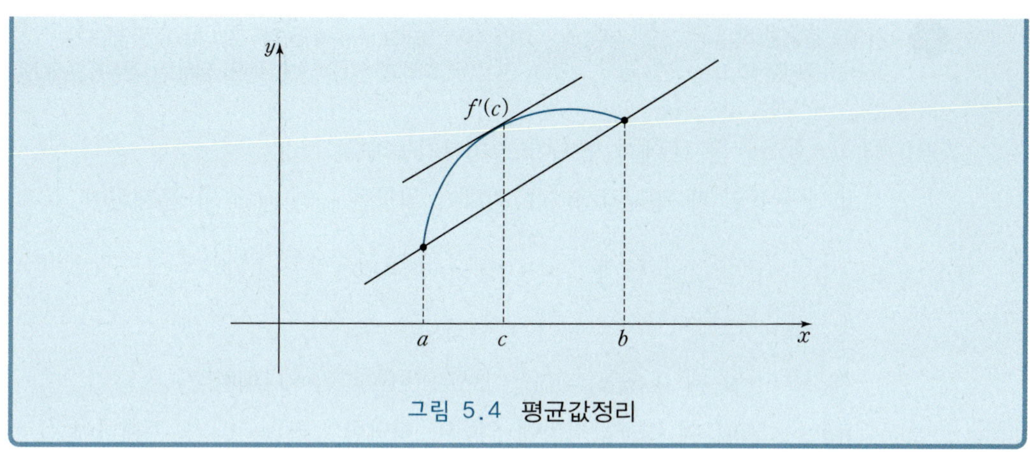

그림 5.4 평균값정리

증명 | $g:[a, b] \to \mathbb{R}$ 가

$$g(x)=f(x)-f(a)-\left[\frac{f(b)-f(a)}{b-a}\right](x-a)$$

이면 g 는 $[a,b]$에서 연속이고 (a, b)에서 미분가능하다. 또한

$$g(a)=f(a)-f(a)-\left[\frac{f(b)-f(a)}{b-a}\right](a-a)=0$$

이고

$$g(b)=f(b)-f(a)-\left[\frac{f(b)-f(a)}{b-a}\right](b-a)=0$$

이므로 $g(a)=g(b)$이다. 롤의 정리에 의하여 적당한 $c\in(a, b)$가 존재하여

$$g'(c)=f'(c)-\left[\frac{f(b)-f(a)}{b-a}\right]=0$$

이므로 $f'(c)=\dfrac{f(b)-f(a)}{b-a}$ 이다. ■

예제 2.6 평균값정리를 이용하여 다음을 증명하여라.

(1) 임의의 $x\in\mathbb{R}$ 에 대하여 $|\sin x| \le |x|$이다.

(2) 베르누이 부등식의 일반화 : $x>-1$ 이고 $a\ge 1$ 이면

$$(1+x)^a \ge 1+ax$$

이다.

TIP (1)을 증명할 때 $0 < x$ 인 경우, $x=0$인 경우 그리고 $x < 0$인 경우로 나누어 증명한다.
(2)를 증명할 때 $0 < x$ 인 경우, $x=0$ 인 경우 그리고 $-1 < x < 0$ 인 경우로 나누어 증명한다.

증명 | (1) $y=\sin x$ 는 $\mathbb{R}$ 에서 연속이고 미분가능하다.

(i) $x>0$ 일 때 평균값정리에 의하여 적당한 $c\in[0, x]$가 존재하여

$$|\sin x-\sin 0|=|\cos c\,(x-0)|\le|x|$$

이다.

(ii) $x=0$일 때 $|\sin x|=|x|$ 이므로 $|\sin x|\le|x|$이다.

(iii) $x<0$일 때 평균값정리에 의하여 적당한 $c\in[x, 0]$가 존재하여

$$|\sin x-\sin 0|=|(\cos c)(x-0)|\le|x|$$

이다.

(i), (ii), (iii)에 의하여 모든 $x\in\mathbb{R}$ 에 대하여 $|\sin x|\le|x|$이다.

(2) $f(x)=(1+x)^a$ 이면 $f'(x)=a(1+x)^{a-1}$ 이다.

(i) $0<x$일 때 평균값정리에 의하여 적당한 $c\in(0, x)$가 존재하여

$$(1+x)^a-1=a(1+c)^{a-1}(x-0)$$

이다. $c>0$이고 $(1+c)^{a-1}\ge 1$ 이므로

$$(1+x)^a=1+ax(1+c)^{a-1}\ge 1+ax$$

이다.

(ii) $x=0$ 일 때 부등식은 당연히 성립한다.

(iii) $-1<x<0$일 때 평균값정리에 의하여 적당한 $c\in(x, 0)$가 존재하여

$$(1+x)^a-1=a(1+c)^{a-1}(x-0)$$

이다. $-1<c<0$ 이고 $x<0$ 이므로

$$(1+x)^a=1+ax(1+c)^{a-1}\ge 1+ax$$

이다.

(i), (ii), (iii)에 의하여 $x>-1$ 이고 $a\ge 1$ 이면 $(1+x)^a\ge 1+ax$ 이다. ■

평균값정리를 이용하여 함수의 증가와 감소를 판단할 수 있다.

정리 2.7

D가 구간이고 $f: D \to \mathbb{R}$일 때 다음이 성립한다.

(1) 모든 $x \in D$에 대하여 $f'(x) \geq 0$이면 f는 D에서 증가한다.

(2) 모든 $x \in D$에 대하여 $f'(x) > 0$이면 f는 D에서 순증가한다.

(3) 모든 $x \in D$에 대하여 $f'(x) \leq 0$이면 f는 D에서 감소한다.

(4) 모든 $x \in D$에 대하여 $f'(x) < 0$이면 f는 D에서 순감소한다.

증명 | 증명 과정이 비슷하므로 (1)만 증명한다.

$x_1 < x_2$인 임의의 $x_1, x_2 \in D$에 대하여 평균값정리에 의하여

$$f(x_2) - f(x_1) = f'(c)(x_2 - x_1)$$

인 $c \in (x_1, x_2)$가 존재한다. 가정에 의하여 $f'(c) \geq 0$이므로 $f(x_1) \leq f(x_2)$이다.

그러므로 f는 D에서 증가한다. ■

D가 구간일 때 $f: D \to \mathbb{R}$가 모든 $x \in D$에 대하여 $f'(x) = 0$이면 정리 2.7의 (1)과 (3)에 의하여 f는 D에서 증가하는 동시에 감소해야 하므로 f는 D에서 상수함수이다.

평균값정리를 이용하면 구간에서 미분가능하고 유계인 함수는 평등연속임을 증명할 수 있다.

정리 2.8

f가 D에서 미분가능하고 적당한 $M > 0$이 존재하여 모든 $x \in D$에 대하여

$$|f'(x)| \leq M$$

이면 f는 D에서 평등연속이다.

평균값정리에 의하여 서로 다른 $x, y \in D$에 대하여

$$|f'(c)| = \left|\frac{f(x) - f(y)}{x - y}\right| \leq M$$

인 c가 x와 y 사이에 존재한다. 이를 정리하면

$$|f(x)-f(y)| \le M|x-y|$$

이므로 $\delta = \dfrac{\epsilon}{M} > 0$으로 선택하여 평등연속을 증명한다.

증명 | 임의의 $\epsilon > 0$에 대하여 $\delta = \dfrac{\epsilon}{M} > 0$으로 선택한다. $|x-y| < \delta$인 임의의 $x,\ y \in D$에 대하여 평균값정리를 적용하면 x와 y 사이에 적당한 c가 존재하여

$$f'(c) = \frac{f(x)-f(y)}{x-y}$$

이다. 따라서

$$\left|\frac{f(x)-f(y)}{x-y}\right| = |f'(c)| \le M$$

이므로 이를 정리하면

$$|f(x)-f(y)| \le M|x-y|$$

이다. 그러므로 $|x-y| < \delta$인 임의의 $x,\ y \in D$에 대하여

$$|f(x)-f(y)| \le M|x-y| < \epsilon$$

이므로 f는 D에서 평등연속이다. ■

이제 미분에 관한 중간값정리를 증명하고자 한다. 미분에 관한 중간값정리는 **다르부 정리**(Darboux theorem)라고 불린다. 이 정리를 증명하기 위하여 우선 다음 보조정리를 증명한다.

보조정리 2.9

$f : D \to \mathbb{R}$이고 f가 $a \in D$에서 미분가능하다고 하자.

(1) $f'(a) > 0$이면 적당한 $\delta > 0$가 존재하여 $a < x < a+\delta$인 모든 $x \in D$에 대하여 $f(a) < f(x)$이다.

(2) $f'(a) < 0$이면 적당한 $\delta > 0$가 존재하여 $a-\delta < x < a$인 모든 $x \in D$에 대하여 $f(a) < f(x)$이다.

TIP $\lim_{x \to a} f(x) = L$이고 $0 \neq L \in \mathbb{R}$이면 적당한 $\delta > 0$가 존재하여 $0 < |x - a| < \delta$인 모든 $x \in D$에 대하여

$$\frac{1}{2}|L| < |f(x)|$$

임을 이용한다.

증명 | (1) 미분의 정의와 가정에 의하여

$$f'(a) = \lim_{x \to a} \frac{f(x) - f(a)}{x - a} > 0$$

이므로 적당한 $\delta > 0$가 존재하여 $0 < |x - a| < \delta$인 모든 $x \in D$에 대하여

$$\frac{f(x) - f(a)}{x - a} > 0$$

이다. 따라서 $a < x < a + \delta$인 모든 $x \in D$에 대하여

$$f(x) - f(a) = (x - a)\frac{f(x) - f(a)}{x - a} > 0$$

이므로 $f(a) < f(x)$이다.

(2) 연습문제로 한다. ■

정리 2.3과 보조정리 2.9를 이용하여 다르부 정리를 증명한다.

정리 2.10 미분에 관한 중간값정리 (Darboux theorem)

$f : [a, b] \to \mathbb{R}$가 $[a, b]$에서 미분가능하고 p가 $f'(a)$와 $f'(b)$ 사이의 값이면 적당한 $c \in (a, b)$가 존재하여

$$f'(c) = p$$

이다.

증명 | $f'(a) < p < f'(b)$라 하자. $g : [a, b] \to \mathbb{R}$가

$$g(x) = px - f(x)$$

이면 $g'(x) = p - f'(x)$이다. g는 $[a, b]$에서 연속이므로 g는 최댓값을 갖는다.

$$g'(a) = p - f'(a) > 0$$

이므로 보조정리 2.9의 (1)에 의하여 g는 $x=a$에서 최댓값을 갖지 않는다. 또한

$$g'(b)=p-f'(b)<0$$

이므로 보조정리 2.9의 (2)에 의하여 g는 $x=b$에서 최댓값을 갖지 않는다. 따라서 g는 적당한 $c\in(a,\ b)$에서 최댓값을 갖게 되며 c가 $(a,\ b)$의 내부의 점이므로 정리 2.3에 의하여

$$g'(c)=p-f'(c)=0$$

이다. ■

5.2 연습문제

1. 다음 함수들이 증가하는 구간과 감소하는 구간을 구하여라.

(1) $f(x) = x^3 - 3x^2 + 2$ (2) $g(x) = -x^3 - x$

(3) $h(x) = x + \dfrac{1}{x}$ (4) $k(x) = \sqrt{x} + \sqrt{x+1}$

2. 방정식

$$5\cos x + 4\sin 3x = \frac{3}{\pi}$$

은 개구간 $\left(\dfrac{\pi}{6}, \dfrac{\pi}{2}\right)$에서 해를 가짐을 증명하여라.

3. 방정식

$$x^3 + 3x + 1 = 0$$

은 $[-1, 1]$에서 단 하나의 해를 가짐을 증명하여라.

4. $f(x) = \sum_{i=1}^{n} (x-i)^2$일 때 f가 최솟값을 갖는 x의 값을 구하여라.

5. $\dfrac{1}{11} < \ln 1.1 < \dfrac{1}{10}$임을 증명하여라.

6. D가 구간이고 $f : D \to \mathbb{R}$가 D에서 미분가능하며 모든 $x \in D$에 대하여 $f'(x) < 0$이면 f는 D에서 순감소함을 증명하여라.

7. $f(x) = 1 - \sqrt[3]{x^2}$이면 $f(-1) = f(1) = 0$이지만 $[-1, 1]$에서 f에 롤의 정리를 적용할 수 없는 이유를 설명하여라.

8. $f : D \to \mathbb{R}$이고 $a \in D$이며 f가 $x = a$에서 미분가능할 때 $f'(a) < 0$이면 적당한 $\delta > 0$가 존재하여 $a - \delta < x < a$인 모든 $x \in D$에 대하여 $f(a) < f(x)$임을 증명하여라.

9. f 가 $\mathbb{R}$ 에서 미분가능하고 $f'(x) = x^3$ 이면 적당한 $c \in \mathbb{R}$ 가 존재하여 모든 $x \in \mathbb{R}$ 에 대하여

$$f(x) = \frac{1}{4}x^4 + c$$

임을 증명하여라.

10. f 가 $\mathbb{R}$ 에서 미분가능하고 임의의 $x \in \mathbb{R}$ 에 대하여 $|f'(x)| < 1$ 이며 $f(0) = 0$ 이면 $x \neq 0$ 인 모든 $x \in \mathbb{R}$ 에 대하여

$$|f(x)| < |x|$$

임을 증명하여라.

11. $n \in \mathbb{N}$ 이고 $0 \le y \le x$ 이면

$$ny^{n-1}(x-y) \le x^n - y^n$$

임을 증명하여라.

12. $x > 0$ 이면

$$\frac{x}{1+x} \le \ln(x+1) \le x$$

임을 증명하여라.

13. $a < b$ 이면

$$\frac{b-a}{1+b^2} < \mathrm{Tan}^{-1}b - \mathrm{Tan}^{-1}a < \frac{b-a}{1+a^2}$$

임을 증명하여라.

14. (1) $x > 0$ 이면 $e^x > 1 + x$ 임을 증명하여라.

(2) e^{π} 과 π^e 의 대소를 판정하여라.

15. f가 $[a, b]$에서 연속이고 (a, b)에서 미분가능하며 $f(a)=f(b)=0$이라 하자. $\alpha \in \mathbb{R}$에 대하여

$$f'(c)=\alpha f(c)$$

인 $c \in (a, b)$가 존재함을 증명하여라.

16. f와 g가 개구간 (a, b)에서 미분가능하고 $x_1, x_2 \in (a, b)$에 대하여 $f(x_1)=f(x_2)=0$이면 $x_1 < x_2$일 때

$$f'(c)+f(c)g'(c)=0$$

인 $c \in (x_1, x_2)$가 존재함을 증명하여라.

17. c가 양의 상수이고 f가 개구간 $(0, 1)$에서 미분가능하고 임의의 $a, b \in (0, 1)$에 대하여

$$|f(a)-f(b)| \leq c(a-b)^2$$

이면 f는 $(0, 1)$에서 상수함수임을 증명하여라.

18. f와 g가 $[a, b]$에서 연속이고 (a, b)에서 미분가능하며 모든 $x \in (a, b)$에 대하여 $f'(x)=g'(x)$이면 모든 $x \in [a, b]$에 대하여

$$f(x)=g(x)+k$$

인 적당한 $k \in \mathbb{R}$가 존재함을 증명하여라.

19. $a_0, a_1, a_2, \cdots, a_n \in \mathbb{R}$이고 $a_0+\dfrac{a_1}{2}+\dfrac{a_2}{3}+\cdots+\dfrac{a_n}{n+1}=0$이면 방정식

$$a_n x^n + a_{n-1}x^{n-1}+\cdots+a_1 x + a_0 = 0$$

은 적어도 하나의 실근을 가짐을 증명하여라.

20. $n \geq 2$이고 $P_n(x)$를 n차 다항함수라 할 때 $P_n(x)=0$의 해가 실수이면 $P_n'(x)=0$의 해도 실수임을 증명하여라.

21. f가 $[0, 5]$에서 미분가능하고

$$f(1)=f(2)=0,\ f(3)=f(4)=1$$

일 때 다음을 증명하여라.

(1) $f'(c_1)=0$인 $c_1 \in [0, 5]$이 존재한다.

(2) $f'(c_2)=\dfrac{1}{2}$인 $c_2 \in [0, 5]$가 존재한다.

(3) $f'(c_3)=\dfrac{1}{4}$인 $c_3 \in [0, 5]$가 존재한다.

22. $f:[2, 4] \to \mathbb{R}$가 $[2, 4]$에서 연속이고 $(2, 4)$에서 미분가능하며 임의의 $x \in (2, 4)$에 대하여 $f'(x)=(f(x))^2+2$라 하자.
이때 $f(4)-f(2)=2$가 성립할 수 있는가?

23. a와 b가 음이 아닌 실수이고 $0<\alpha<1$이면

$$a^{\alpha} b^{1-\alpha} \le \alpha a+(1-\alpha) b$$

임을 증명하여라.

24. $0<y<x$이고 $n \in \mathbb{N}$이면

$$x^{\frac{1}{n}}-y^{\frac{1}{n}} \le (x-y)^{\frac{1}{n}}$$

임을 증명하여라.

25. $f(x)=\begin{cases} x+x^2 \cos \dfrac{\pi}{x}, & x \neq 0 \\ 0, & x=0 \end{cases}$이면

(1) $f'(0)=1$임을 증명하여라.

(2) f가 $x=0$의 근방에서 증가하지 않음을 증명하여라.

26. $a>0$이면 $\sqrt{1+a}<1+\dfrac{1}{2}a$임을 증명하여라.

27. f가 $[1,2]$에서 연속이고 $(1,2)$에서 미분가능하며 임의의 $x \in (1,2)$에 대하여 $f'(x) \neq 0$이면

$$\frac{f'(\alpha)}{f(\alpha)} = \frac{1}{1-\alpha} + \frac{1}{2-\alpha}$$

인 $\alpha \in (1,2)$가 존재함을 증명하여라.

28. f가 $\mathbb{R}$에서 미분가능하고 $\lim_{x\to\infty} f'(x) = a$이면 $h > 0$일 때

$$\lim_{x\to\infty} \frac{f(x+h) - f(x)}{h} = a$$

임을 증명하여라.

29. f가 $[0,1]$에서 미분가능하고 $f(0) = 0$이라 하자. 만일 $a \in (0,1)$와 모든 $x \in [0,1]$에 대하여

$$|f'(x)| \leq a|f(x)|$$

이면 f는 $[0,1]$에서 상수함수임을 증명하여라.

30. $0 < a < b$일 때 $a^b = b^a$인 자연수 순서쌍이 $(a, b) = (2, 4)$뿐임을 증명하여라.

31. $x > 0$일 때 $e^x > x^t$이 성립하기 위한 필요충분조건이 $t < e$임을 증명하여라.

5.3 로피탈의 법칙

로피탈의 법칙(L'Hôpital's rule)은 부정형의 극한을 계산하는 데 중요하게 사용되는 법칙이다. 이 법칙은 코시 평균값정리로부터 유도된다.

정리 3.1 코시 평균값정리(Cauchy mean value theorem)

f와 g가 $[a,b]$에서 연속이고 (a, b)에서 미분가능하면

$$[f(b)-f(a)]g'(c)=[g(b)-g(a)]f'(c)$$

인 $c\in(a, b)$가 존재한다.

TIP 롤의 정리를 이용하여 증명한다.

증명 | $h:[a, b]\to\mathbb{R}$가

$$h(x)=[f(b)-f(a)]g(x)-[g(b)-g(a)]f(x)$$

이면 h는 $[a, b]$에서 연속이고 (a, b)에서 미분가능하다. 또한

$$h(a)=[f(b)-f(a)]g(a)-[g(b)-g(a)]f(a)=f(b)g(a)-g(b)f(a)$$

이고

$$h(b)=[f(b)-f(a)]g(b)-[g(b)-g(a)]f(b)=f(b)g(a)-g(b)f(a)$$

이므로 $h(a)=h(b)$이다. 롤의 정리에 의하여 적당한 $c\in(a, b)$가 존재하여

$$h'(c)=[f(b)-f(a)]g'(c)-[g(b)-g(a)]f'(c)=0$$

이므로 $[f(b)-f(a)]g'(c)=[g(b)-g(a)]f'(c)$이다. ■

예제 3.2 $f(x)=x^6-1$이고 $g(x)=\frac{1}{2}x^4+3x^3+3x-3$일 때 이 두 함수를 이용하여 $3x^5-2x^3-9x^2=3$이 개구간 $(1, 2)$에서 해를 가짐을 증명하여라.

증명 | f와 g는 다항함수이므로 $[1, 2]$에서 연속이고 $(1, 2)$에서 미분가능하다. 코시 평균값정리에 의하여

$$f'(c)[g(2)-g(1)] = g'(c)[f(2)-f(1)]$$

인 $c \in (1, 2)$가 존재한다. 따라서

$$6c^5\left(\frac{63}{2}\right) = (2c^3 + 9c^2 + 3)(63)$$

이고 이를 정리하면 $3c^5 - 2c^3 - 9c^2 = 3$이다. ■

코시 평균값정리를 변형하려면 조건을 추가하여야 한다. 다음의 예제와 정리는 코시 평균값정리의 변형 가능성을 설명한다.

예제 3.3 f와 g가 $[a, b]$에서 연속이고 (a, b)에서 미분가능하면

$$\frac{f(b)-f(a)}{g(b)-g(a)} = \frac{f'(c)}{g'(c)}$$

인 $c \in (a, b)$가 반드시 존재하는가?

풀이 | $f, g : [-1, 1] \to \mathbb{R}$가 $f(x) = x^2$, $g(x) = x^3$일 때

$$\frac{f(1)-f(-1)}{g(1)-g(-1)} = \frac{f'(c)}{g'(c)}$$

인 $c \in (-1, 1)$가 존재한다고 하자. 그러면

$$\frac{f(1)-f(-1)}{g(1)-g(-1)} = \frac{0}{2} = 0$$

이므로 $f'(c) = 0$이어야 하고 따라서 $c = 0$이다.
하지만 $g'(c) = g'(0) = 0$이므로 $\dfrac{f'(c)}{g'(c)} \neq 0$이다.
따라서 문제의 등식을 만족하는 $c \in (-1, 1)$는 존재하지 않는다. ■

예제 3.3에서 임의의 $x \in (a, b)$에 대하여 $g'(x) \neq 0$이라는 조건이 추가되면 등식을 성립하게 하는 $c \in (a, b)$는 반드시 존재한다. 이를 정리하면 다음과 같다.

따름정리 3.4

f와 g가 $[a,b]$에서 연속이고 (a,b)에서 미분가능하며 모든 $x\in(a,b)$에 대하여 $g'(x)\neq 0$이면 적당한 $c\in(a,b)$가 존재하여

$$\frac{f(b)-f(a)}{g(b)-g(a)}=\frac{f'(c)}{g'(c)}$$

이다.

증명 | f와 g는 정리 3.1의 모든 조건을 만족하므로 적당한 $c\in(a,b)$가 존재하여

$$[f(b)-f(a)]\,g'(c)=[g(b)-g(a)]\,f'(c)$$

이다. 임의의 $x\in(a,b)$에 대하여 $g'(x)\neq 0$이므로 $g'(c)\neq 0$이고 롤의 정리에 의하여 $g(a)-g(b)\neq 0$이다. 따라서

$$\frac{f(b)-f(a)}{g(b)-g(a)}=\frac{f'(c)}{g'(c)}$$

이다. ■

함수의 극한을 계산할 때 $\frac{0}{0}$ 또는 $\frac{\infty}{\infty}$와 같은 부정형의 경우 로피탈의 법칙은 매우 유용하게 사용된다.

정리 3.5 부정형 $\frac{0}{0}$꼴에 대한 로피탈의 법칙

f와 g가 $[a,b]$에서 연속이고 (a,b)에서 미분가능하며 모든 $x\in(a,b)$에 대하여 $g(x)\neq 0$, $g'(x)\neq 0$이고 $\lim_{x\to a^+}f(x)=0=\lim_{x\to a^+}g(x)$이면 다음이 성립한다.

(1) $L\in\mathbb{R}$이고 $\lim_{x\to a^+}\frac{f'(x)}{g'(x)}=L$이면 $\lim_{x\to a^+}\frac{f(x)}{g(x)}=L$이다.

(2) $\lim_{x\to a^+}\frac{f'(x)}{g'(x)}=\infty$이면 $\lim_{x\to a^+}\frac{f(x)}{g(x)}=\infty$이다.

(3) $\lim_{x\to a^+}\frac{f'(x)}{g'(x)}=-\infty$이면 $\lim_{x\to a^+}\frac{f(x)}{g(x)}=-\infty$이다.

TIP 코시 평균값정리를 이용하여 증명한다.

증명 | (1) f와 g가 $[a, b]$에서 연속이므로 $\lim_{x\to a^+} f(x) = 0 = \lim_{x\to a^+} g(x)$로부터 $f(a) = 0 = g(a)$이다. 임의의 $\epsilon > 0$에 대하여 $\lim_{x\to a^+} \frac{f'(x)}{g'(x)} = L$이므로 적당한 $\delta > 0$가 존재하여 $a < x < a + \delta$인 모든 $x \in [a, b]$에 대하여

$$\left|\frac{f'(x)}{g'(x)} - L\right| < \epsilon$$

이 성립한다. 코시 평균값정리에 의하여 임의의 $x \in (a, a+\delta)$에 대하여

$$\frac{f(x)}{g(x)} = \frac{f(x) - f(a)}{g(x) - g(a)} = \frac{f'(c_x)}{g'(c_x)}$$

인 $c_x \in (a, x)$가 존재한다. 따라서 임의의 $x \in (a, a+\delta)$에 대하여

$$\left|\frac{f(x)}{g(x)} - L\right| = \left|\frac{f'(c_x)}{g'(c_x)} - L\right| < \epsilon$$

이므로 $\lim_{x\to a^+} \frac{f(x)}{g(x)} = L$이다.

(2) 임의의 $M > 0$에 대하여 $\lim_{x\to a^+} \frac{f'(x)}{g'(x)} = \infty$이므로 적당한 $\delta > 0$가 존재하여 $a < x < a + \delta$인 모든 x에 대하여

$$\frac{f'(x)}{g'(x)} > M$$

이 성립한다. 코시 평균값정리에 의하여 임의의 $x \in (a, a+\delta)$에 대하여

$$\frac{f(x)}{g(x)} = \frac{f(x) - f(a)}{g(x) - g(a)} = \frac{f'(c_x)}{g'(c_x)}$$

인 $c_x \in (a, x)$가 존재한다. 따라서 $\frac{f'(c_x)}{g'(c_x)} > M$이므로 $\frac{f(x)}{g(x)} > M$이다. 그러므로 $\lim_{x\to a^+} \frac{f(x)}{g(x)} = \infty$이다.

(3) 연습문제로 한다. ■

예제 3.6 다음 극한을 구하여라.

(1) $\lim\limits_{x\to 0}\dfrac{\sin x}{x}$ (2) $\lim\limits_{x\to 1^+}\dfrac{\ln x}{(x-1)^2}$

로피탈의 법칙을 적용하기 전에 $\dfrac{0}{0}$ 꼴의 부정형임을 확인하여야 한다.

풀이 (1) $\lim\limits_{x\to 0}\sin x = 0 = \lim\limits_{x\to 0} x$ 이므로 로피탈의 법칙을 적용할 수 있다. 따라서

$$\lim_{x\to 0}\frac{\sin x}{x} = \lim_{x\to 0}\frac{\cos x}{1} = \cos 0 = 1$$

이다.

(2) $\lim\limits_{x\to 1^+}\ln x = 0 = \lim\limits_{x\to 1^+}(x-1)^2$ 이므로 로피탈의 법칙을 적용할 수 있다. 따라서

$$\lim_{x\to 1^+}\frac{\ln x}{(x-1)^2} = \lim_{x\to 1^+}\frac{\frac{1}{x}}{2(x-1)} = \lim_{x\to 1^+}\frac{1}{2x(x-1)} = \infty$$

이다. ■

정리 3.7 부정형 $\dfrac{\infty}{\infty}$ 꼴에 대한 로피탈의 법칙

f와 g가 $[a, b]$에서 연속이고 (a, b)에서 미분가능하며 모든 $x\in(a, b)$에 대하여 $g(x)\neq 0$, $g'(x)\neq 0$ 이고 $\lim\limits_{x\to a^+} f(x) = \infty = \lim\limits_{x\to a^+} g(x)$이면 다음이 성립한다.

(1) $L\in\mathbb{R}$ 이고 $\lim\limits_{x\to a^+}\dfrac{f'(x)}{g'(x)} = L$이면 $\lim\limits_{x\to a^+}\dfrac{f(x)}{g(x)} = L$이다.

(2) $\lim\limits_{x\to a^+}\dfrac{f'(x)}{g'(x)} = \infty$이면 $\lim\limits_{x\to a^+}\dfrac{f(x)}{g(x)} = \infty$이다.

(3) $\lim\limits_{x\to a^+}\dfrac{f'(x)}{g'(x)} = -\infty$이면 $\lim\limits_{x\to a^+}\dfrac{f(x)}{g(x)} = -\infty$이다.

증명 (1) $[a, b]$에서 $g(x)\neq 0$ 이므로 임의의 $x\in[a, b]$에 대하여 $g(x) > 0$ 이라 가정하자. $L > 0$ 이라 가정하면 $0 < \epsilon < 1$ 인 임의의 $\epsilon > 0$에 대하여

$\lim_{x \to a^+} \frac{f'(x)}{g'(x)} = L$이므로 적당한 $\delta > 0$가 존재하여 $a < x < a + \delta$인 모든 x에 대하여

$$\left| \frac{f'(x)}{g'(x)} - L \right| < \epsilon$$

이 성립한다. $\lim_{x \to a^+} g(x) = \infty$이므로 적당한 $c \in (a, a + \delta)$가 존재하여 모든 $x \in (a, c)$에 대하여 다음이 성립한다.

(i) $g(c) < g(x)$ (ii) $\frac{f(c)}{g(x)} < \epsilon$ (iii) $\frac{g(c)}{g(x)} < \frac{\epsilon}{L}$

코시 평균값정리에 의하여 임의의 $x \in (a, c)$에 대하여

$$\frac{f(x) - f(c)}{g(x) - g(c)} = \frac{f'(c_x)}{g'(c_x)} \tag{iv}$$

인 $c_x \in (a, x)$가 존재한다. $\frac{g(x) - g(c)}{g(x)} > 0$을 (iv)에 곱하면

$$\frac{f(x)}{g(x)} - \frac{f(c)}{g(x)} = \frac{f'(c_x)}{g'(c_x)} \left(1 - \frac{g(c)}{g(x)} \right) = \frac{f'(c_x)}{g'(c_x)} - \frac{f'(c_x) g(c)}{g'(c_x) g(x)}$$

이고 이를 정리하면

$$\frac{f(x)}{g(x)} - \frac{f'(c_x)}{g'(c_x)} = \frac{f(c)}{g(x)} - \frac{f'(c_x) g(c)}{g'(c_x) g(x)}$$

이다. 따라서 임의의 $x \in (a, c)$에 대하여

$$\begin{aligned} \left| \frac{f(x)}{g(x)} - L \right| &\le \left| \frac{f(x)}{g(x)} - \frac{f'(c_x)}{g'(c_x)} \right| + \left| \frac{f'(c_x)}{g'(c_x)} - L \right| \\ &\le \left| \frac{f(c)}{g(x)} \right| + \left| \frac{f'(c_x)}{g'(c_x)} \right| \left| \frac{g(c)}{g(x)} \right| + \left| \frac{f'(c_x)}{g'(c_x)} - L \right| \\ &< 3\epsilon \end{aligned}$$

이므로 $\lim_{x \to a^+} \frac{f(x)}{g(x)} = L$이다.

(2)와 (3)은 연습문제로 한다. ■

정리 3.7에서 $L=0$ 이거나 $L<0$ 인 경우도 같은 방법으로 증명할 수 있다. 또한 정리 3.7에서 $x \to a^+$ 대신에 $x \to b^-$ 로 바꾸어도 같은 결과를 얻을 수 있다.

예제 3.8 다음 극한을 구하여라.

(1) $\lim_{x\to\infty} \frac{\ln x}{x}$ (2) $\lim_{x\to 0^+} \frac{\ln(\sin x)}{\ln(\tan x)}$

로피탈의 법칙을 적용하기 전에 $\frac{\infty}{\infty}$ 꼴의 부정형임을 확인하여야 한다.

풀이 | (1) $\lim_{x\to\infty} \ln x = \infty = \lim_{x\to\infty} x$ 이므로 로피탈의 법칙을 적용할 수 있다. 따라서

$$\lim_{x\to\infty} \frac{\ln x}{x} = \lim_{x\to\infty} \frac{\frac{1}{x}}{1} = \lim_{x\to\infty} \frac{1}{x} = 0$$

이다.

(2) $\lim_{x\to 0^+} \ln(\sin x) = -\infty = \lim_{x\to 0^+} \ln(\tan x)$ 이므로 로피탈의 법칙을 적용할 수 있다. 따라서

$$\lim_{x\to 0^+} \frac{\ln(\sin x)}{\ln(\tan x)} = \lim_{x\to 0^+} \frac{\frac{\cos x}{\sin x}}{\frac{1}{\tan x}\cdot\frac{1}{\cos^2 x}} = \lim_{x\to 0^+} \cos^2 x = 1$$

이다. ■

다음 예제들은 로피탈의 법칙이 적용될 수 있는 다양한 부정형들이다.

예제 3.9 ($0 \cdot \infty$ 꼴의 부정형)

$\lim_{x\to 0^+} x \ln x$ 를 구하여라.

풀이 | $x \ln x = \frac{\ln x}{\frac{1}{x}}$ 로 변형하면 $\lim_{x\to 0^+} \ln x = -\infty$ 이고 $\lim_{x\to\infty} \frac{1}{x} = \infty$ 이므로 로피탈의 법칙을 적용할 수 있다. 따라서

$$\lim_{x\to 0^+} x\ln x = \lim_{x\to 0^+}\frac{\ln x}{\frac{1}{x}} = \lim_{x\to 0^+}\frac{\frac{1}{x}}{-\frac{1}{x^2}} = \lim_{x\to 0^+}(-x) = 0$$

이다. ■

예제 3.10 (∞^0꼴의 부정형)

$\lim_{x\to\infty} x^{\frac{1}{x}}$ 을 구하여라.

풀이 | $x^{\frac{1}{x}} = e^{\ln x^{1/x}} = e^{\frac{1}{x}\ln x}$ 로 변형하면 $\lim_{x\to\infty} x = \infty = \lim_{x\to\infty}\ln x$ 이므로 로피탈의 법칙을 적용할 수 있다. 따라서

$$\lim_{x\to\infty}\frac{\ln x}{x} = \lim_{x\to\infty}\frac{\frac{1}{x}}{1} = \lim_{x\to\infty}\frac{1}{x} = 0$$

이므로

$$\lim_{x\to\infty} x^{\frac{1}{x}} = \lim_{x\to\infty} e^0 = 1$$

이다. ■

예제 3.11 (1^∞꼴의 부정형)

$\lim_{x\to 0^+}(1+x)^{\frac{1}{x}}$ 을 구하여라.

풀이 | $(1+x)^{\frac{1}{x}} = e^{\frac{1}{x}\ln(1+x)}$ 로 변형하면 $\lim_{x\to 0^+} x = 0 = \lim_{x\to 0^+}\ln(1+x)$ 이므로 로피탈의 법칙을 적용할 수 있다. 따라서

$$\lim_{x\to 0^+}\frac{\ln(x+1)}{x} = \lim_{x\to 0^+}\frac{\frac{1}{x+1}}{1} = \lim_{x\to 0^+}\frac{1}{x+1} = 1$$

이므로

$$\lim_{x \to 0^+} (1+x)^{\frac{1}{x}} = e^1 = e$$

이다. ■

예제 3.12 (0^0 꼴의 부정형)

$\lim_{x \to 0^+} x^x$ 을 구하여라.

풀이 | $x^x = e^{x \ln x}$ 으로 변형하면 $\lim_{x \to 0^+} x = 0$ 이고 $\lim_{x \to 0^+} \ln x = -\infty$ 이므로 로피탈의 법칙을 적용할 수 있다. 따라서

$$\lim_{x \to 0^+} x \ln x = \lim_{x \to 0^+} \frac{\ln x}{\frac{1}{x}} = \lim_{x \to 0} \frac{\frac{1}{x}}{-\frac{1}{x^2}} = \lim_{x \to 0^+} (-x) = 0$$

이므로

$$\lim_{x \to 0^+} x^x = \lim_{x \to 0^+} e^0 = 1$$

이다. ■

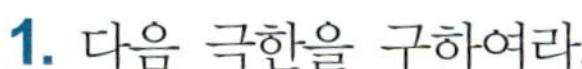

5.3 연습문제

1. 다음 극한을 구하여라.

(1) $\lim_{x\to 0}\frac{1-\cos x}{x^2}$

(2) $\lim_{x\to 1}\frac{x-1}{x^n-1}$ (단, $n\in\mathbb{N}$)

(3) $\lim_{x\to 0}\frac{\sin^2\frac{x}{4}}{x^2}$

(4) $\lim_{x\to\frac{\pi}{2}}\frac{(2x-\pi)^2}{\ln(\sin x)}$

2. 다음 극한을 구하여라.

(1) $\lim_{x\to\infty}\frac{x^4}{e^x}$

(2) $\lim_{x\to\infty}\frac{x+\ln x}{x\ln x}$

(3) $\lim_{x\to 0^+}\frac{e^{1/x}-1}{e^{1/x}+1}$

(4) $\lim_{x\to 0^+}\frac{\ln x}{\ln(\sin x)}$

3. 다음 극한을 구하여라.

(1) $\lim_{x\to 0^+}x^2\ln x$

(2) $\lim_{x\to 0^+}x\ln(\sin x)$

(3) $\lim_{x\to\infty}\sin\frac{1}{x}\ln x$

(4) $\lim_{x\to 0^+}(e^x-1)\ln x$

4. 다음 극한을 구하여라.

(1) $\lim_{x\to 0^+}\left(1+\frac{2}{x}\right)^x$

(2) $\lim_{x\to 0^-}\left(1-\frac{3}{x}\right)^x$

(3) $\lim_{x\to\infty}x^{\sin\frac{1}{x}}$

(4) $\lim_{x\to\infty}(e^x+x)^{\frac{1}{x}}$

5. 다음 극한을 구하여라.

(1) $\lim_{x\to\infty}\left(\frac{x}{x-2}\right)^x$

(2) $\lim_{x\to\infty}\left(1+\frac{2}{x}\right)^x$

(3) $\lim_{x\to 0}(\cos x)^{\frac{1}{x^2}}$

(4) $\lim_{x\to 0^+}(1-\sin x)^{\frac{1}{x}}$

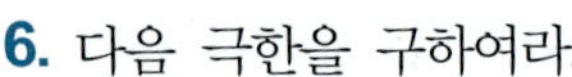

6. 다음 극한을 구하여라.

(1) $\lim_{x\to 0^+} x^{2x}$　　(2) $\lim_{x\to 0^+} (3x)^x$

(3) $\lim_{x\to 0^+} (\sin x)^x$　　(4) $\lim_{x\to 0^+} x^{\sin x}$

7. 다음 극한을 구하여라.

(1) $\lim_{x\to \frac{\pi}{2}^-} (\tan x - \sec x)$　　(2) $\lim_{x\to 0^+} \left(\frac{1}{\tan^{-1} x} - \frac{1}{x} \right)$

8. 임의의 양수 a에 대하여 $\lim_{x\to 0^+} x^a \ln x = 0$ 임을 증명하여라.

9. 임의의 $n \in \mathrm{N}$에 대하여 $\lim_{x\to\infty} \frac{e^x}{x^n} = \infty$ 임을 증명하여라.

10. 임의의 $n \in \mathrm{N}$에 대하여 $\lim_{x\to\infty} \frac{\ln x}{x^n} = 0$ 임을 증명하여라.

11. 로피탈의 법칙을 두 번 사용하여

$$\lim_{x\to 1} \frac{2x^2 - x - 1}{x^2 - x} = \lim_{x\to 1} \frac{4x - 1}{2x - 1} = \lim_{x\to 1} \frac{4}{2} = 2$$

와 같이 계산하였다. 잘못된 점을 지적하여라.

12. $f(x) = x^2 \sin \frac{1}{x}$이고 $g(x) = \sin x$일 때 다음을 증명하여라.

(1) $\lim_{x\to 0} \frac{f(x)}{g(x)}$가 존재한다.

(2) $\lim_{x\to 0} \frac{f'(x)}{g'(x)}$가 존재하지 않는다.

13. f'이 $\mathbb{R}$에서 연속이고 $f(3) = 1$, $f'(3) = 4$일 때

$$\lim_{x\to 0} \frac{f(3+2x) + f(3-4x)}{x}$$

를 구하여라.

14. $\lim_{x\to 0}\left(\frac{\sin 4x}{x^3}+2a+\frac{b}{x^2}\right)=0$ 일 때 a와 b의 값을 구하여라.

15. f'이 $\mathbb{R}$에서 연속이면

$$\lim_{h\to 0}\frac{f(x+h)-f(x-h)}{2h}=f'(x)$$

임을 증명하여라.

16. f와 g가 $[a, b]$에서 연속이고 (a, b)에서 미분가능하며 모든 $x\in(a, b)$에 대하여 $g(x)\neq 0$, $g'(x)\neq 0$이고 $\lim_{x\to a^+}f(x)=0=\lim_{x\to a^+}g(x)$일 때 $\lim_{x\to a^+}\frac{f'(x)}{g'(x)}=-\infty$이면 $\lim_{x\to a^+}\frac{f(x)}{g(x)}=-\infty$ 임을 증명하여라.

17. f와 g가 $[a, \infty)$에서 연속이고 (a, ∞)에서 미분가능하며 모든 $x\in(a, \infty)$에 대하여 $g(x)\neq 0$, $g'(x)\neq 0$이고 $\lim_{x\to\infty}f(x)=0=\lim_{x\to\infty}g(x)$일 때 $L\in\mathbb{R}$ 이고 $\lim_{x\to\infty}\frac{f'(x)}{g'(x)}=L$이면 $\lim_{x\to\infty}\frac{f(x)}{g(x)}=L$ 임을 증명하여라.

18. f가 $(0, \infty)$에서 미분가능하고 $\lim_{x\to\infty}(f(x)+f'(x))=1$일 때 다음을 증명하여라.

(1) $\lim_{x\to\infty}f(x)=1$　　　　(2) $\lim_{x\to\infty}f'(x)=0$

19. f가 $\mathbb{R}$에서 미분가능하고 $\lim_{x\to\infty}f(x)=1$일 때 $\lim_{x\to\infty}(xf'(x)+f(x))$를 구하여라.

20. $f(x)=x^3+x^2\sin x$이고 $g(x)=x\cos x-\sin x$ 일 때 이 두 함수를 이용하여 방정식

$$3x=(\pi^2-2)\sin x-x\cos x$$

의 해가 $(0, \pi)$에 존재함을 증명하여라.

5.4 테일러 정리

이제 롤의 정리를 이용하여 테일러 정리를 설명하고자 한다. 이를 위하여 다음과 같이 고계 도함수를 정의한다.

정의 4.1

f'의 도함수가 존재하면 이를 f의 **2계 도함수가 존재한다**고 하고 f''으로 나타낸다. 2계 도함수의 수학적 표현은

$$f''(x) = \lim_{h \to 0} \frac{f'(x+h) - f'(x)}{h}$$

이다.

3계 도함수, 4계 도함수, n계 도함수 등도 같은 방법으로 정의한다.
$n \in \mathbb{N}$에 대하여 n계 도함수는

$$y^{(n)},\ f^{(n)},\ \frac{d^n y}{dx^n},\ \frac{d^n}{dx^n} f$$

로 나타내며 n이 2 이상의 자연수일 때 $f^{(n)}$을 **고계 도함수**라 한다.

예제 4.2 $f(x) = \dfrac{1}{x}$이고 $n \in \mathbb{N}$일 때 $f^{(n)}(x)$를 구하여라.

TIP 1계, 2계, 3계 도함수를 구하여 n계 도함수를 구하기 위한 규칙을 찾는다.

풀이 | $f(x) = x^{-1}$이므로 $f'(x) = -x^{-2}$이고 $f''(x) = (-1)(-2)x^{-3}$이며
$f'''(x) = (-1)(-2)(-3)x^{-4}$이다.
따라서 $n \in \mathbb{N}$에 대하여

$$f^{(n)}(x) = (-1)(-2)\cdots(-n)x^{-(n+1)} = (-1)^n n!\, x^{-(n+1)}$$

이다. ■

예제 4.3 $g(x)=|x|^5$ 이면 임의의 $x \in \mathbb{R}$ 에 대하여 g 의 2계 도함수가 존재함을 증명하여라.

증명 | $g(x)=\begin{cases} x^5, & x \geq 0 \\ -x^5, & x<0 \end{cases}$ 이므로 $g'(x)=\begin{cases} 5x^4, & x>0 \\ -5x^4, & x<0 \end{cases}$ 이다.

또한 $g'(0)=\lim\limits_{h \to 0} \dfrac{g(h)-g(0)}{h}=0$ 이므로 임의의 $x \in \mathbb{R}$ 에 대하여 g 의 1계 도함수가 존재한다.

같은 방법으로 $g''(x)=\begin{cases} 20x^3, & x>0 \\ -20x^3, & x<0 \end{cases}$ 이고 $g''(0)=\lim\limits_{h \to 0} \dfrac{g'(h)-g'(0)}{h}=0$ 이므로 임의의 $x \in \mathbb{R}$ 에 대하여 g 의 2계 도함수가 존재한다. ■

정리 4.4

$n \in \mathbb{N}$ 이고 모든 $x \in [a, b]$ 에 대하여 $f^{(n+1)}(x)$ 가 존재하며 $f(b)=0$ 이고 $f(a)=f'(a)=f''(a)=\cdots=f^{(n)}(a)=0$ 이면

$$f^{(n+1)}(c)=0$$

인 $c \in (a, b)$ 가 존재한다.

TIP 롤의 정리를 $n+1$ 번 적용한다.

증명 | $f(a)=0=f(b)$ 이므로 롤의 정리에 의하여 $f'(c_1)=0$ 인 $c_1 \in (a, b)$ 이 존재한다.

$f'(a)=0=f'(c_1)$ 이므로 롤의 정리에 의하여 $f''(c_2)=0$ 인 $c_2 \in (a, b)$ 가 존재한다.

이 과정을 n 번 반복하면 $f^{(n)}(c_n)=0$ 인 $c_n \in (a, b)$ 이 존재한다.

$$f^{(n)}(a)=0=f^{(n)}(c_n)$$

이므로 롤의 정리에 의하여

$$f^{(n+1)}(c)=0$$

인 $c \in (a, b)$ 가 존재한다. ■

정의 4.5

$n \in \mathbb{N}$ 이고 개구간 I가 a를 포함하며 모든 $x \in I$에 대하여 $f^{(n)}(x)$가 존재할 때 n차 다항함수

$$P_n(x) = f(a) + f'(a)(x-a) + \frac{f''(a)}{2!}(x-a)^2 + \cdots + \frac{f^{(n)}(a)}{n!}(x-a)^n$$

을 $x = a$에서 f의 **n차 테일러 다항식**(nth Taylor polynomial)이라 한다.

기본적인 함수들에 대한 $x = 0$에서의 테일러 다항식은 다음과 같다.

(1) $f(x) = \dfrac{1}{1-x}$이면 $P_n(x) = 1 + x + x^2 + \cdots + x^n$ 이다.

(2) $g(x) = \sin x$이면 $P_{2n+1}(x) = x - \dfrac{x^3}{3!} + \dfrac{x^5}{5!} - \cdots + (-1)^n \dfrac{x^{2n+1}}{(2n+1)!}$ 이다.

(3) $h(x) = \cos x$이면 $P_{2n}(x) = 1 - \dfrac{x^2}{2!} + \dfrac{x^4}{4!} - \cdots + (-1)^n \dfrac{x^{2n}}{(2n)!}$ 이다.

정리 4.6 테일러 정리(Taylor's theorem)

$f(x)$, $f'(x)$, $f''(x)$, $\cdots$, $f^{(n)}(x)$가 $[a, b]$에서 연속이고 $f^{(n+1)}(x)$가 (a, b)에서 존재하며 $x_0 \in (a, b)$이면 $x \neq x_0$인 임의의 $x \in [a, b]$에 대하여

$$f(x) = f(x_0) + f'(x_0)(x - x_0) + \cdots + \frac{f^{(n)}(x_0)}{n!}(x - x_0)^n + \frac{f^{(n+1)}(c)}{(n+1)!}(x - x_0)^{n+1}$$

인 c가 x와 x_0 사이에 존재한다.

TIP 롤의 정리를 사용하여 증명한다.

증명| 주어진 x와 x_0에 대하여 I를 x와 x_0를 끝점으로 하는 폐구간이라 하자. $F: I \to \mathbb{R}$가

$$F(t) = f(x) - \left(f(t) + (x-t) f'(t) + \cdots + \frac{(x-t)^n}{n!} f^{(n)}(t) \right) \tag{1}$$

이면 $F'(t) = -\dfrac{(x-t)^n}{n!} f^{(n+1)}(t)$ 이다. 이제 $G : I \to \mathbb{R}$ 가

$$G(t) = F(t) - \left(\frac{x-t}{x-x_o}\right)^{n+1} F(x_0)$$

이면 $G(x) = G(x_0) = 0$ 이다. 롤의 정리에 의하여 x 와 x_0 사이에 적당한 c 가 존재하여

$$0 = G'(c) = F'(c) + (n+1)\frac{(x-c)^n}{(x-x_0)^{n+1}} F(x_0)$$

이고 이를 정리하면 $F(x_0) = \dfrac{f^{(n+1)}(c)}{(n+1)!}(x-x_0)^{n+1}$ 이다. 이 식을 (1)에 대입하면

$$\begin{aligned} f(x) = f(x_0) &+ f'(x_0)(x-x_0) + \cdots \\ &+ \frac{f^{(n)}(x_0)}{n!}(x-x_0)^n + \frac{f^{(n+1)}(c)}{(n+1)!}(x-x_0)^{n+1} \end{aligned}$$

이다. ■

정리 4.6에서 $R_n(x) := \dfrac{f^{(n+1)}(c)}{(n+1)!}(x-x_0)^{n+1}$을 **나머지 항**(remainder term) 또는 **오차 항**(error term)이라 한다. 나머지 항에서 c 는 x 에 따라서 변하기 때문에 $f^{(n+1)}(c)$ 는 상수가 아니며 따라서

$$f(x_0) + f'(x_0)(x-x_0) + \cdots + \frac{f^{(n)}(x_0)}{n!}(x-x_0)^n + \frac{f^{(n+1)}(c)}{(n+1)!}(x-x_0)^{n+1}$$

은 $n+1$차 다항함수가 아니다.

예제 4.7 5차 테일러 다항함수를 이용하여 $\sqrt{e}$ 의 근삿값을 구하고 오차를 설명하여라.

풀이 | $f(x) = e^x$ 이라 하면 $x_0 = 0$ 에서의 테일러 정리에 의하여

$$e^x = 1 + x + \frac{1}{2!}x^2 + \cdots + \frac{1}{5!}x^5 + \frac{e^c}{6!}x^6$$

이고 이때 c 는 0과 x 사이의 값이다. $x = \dfrac{1}{2}$ 일 때

$$P_5\left(\frac{1}{2}\right)=1+\frac{1}{2}+\frac{1}{2!}\left(\frac{1}{2}\right)^2+\cdots+\frac{1}{5!}\left(\frac{1}{2}\right)^5=1.648698$$

이다. $e^{1/2}<4^{1/2}=2$ 이므로 $R_5\left(\frac{1}{2}\right)=\frac{e^c}{6!}\left(\frac{1}{2}\right)^6<\frac{2}{6!}\left(\frac{1}{2}\right)^6=0.00004$ 이다. 따라서 $\sqrt{e}$ 의 근삿값은 1.648698이고 이때 오차는 0.00004를 넘지 않는다. ■

테일러 정리를 이용하여 특수한 부등식을 증명할 수 있다.

예제 4.8 모든 $x\in\mathbb{R}$ 에 대하여 $1-\frac{1}{2}x^2\le\cos x$ 임을 증명하여라.

증명 | $f(x)=\cos x$ 이면 $x_0=0$ 에서의 테일러 정리에 의하여

$$\cos x=1-\frac{1}{2}x^2+\frac{f'''(c)}{6}x^3=1-\frac{1}{2}x^2+\frac{\sin c}{6}x^3$$

이고 이때 c 는 0과 x 사이의 값이다.
만일 $x\in[0,\pi]$ 이면 $c\in[0,\pi]$ 이고 $x^3\ge0$ 이므로 $\frac{\sin c}{6}x^3\ge0$ 이다. 따라서 $[0,\pi]$ 에서

$$1-\frac{1}{2}x^2\le1-\frac{1}{2}x^2+\frac{\sin c}{6}x^3=\cos x$$

이다. 만일 $x\in[-\pi,0]$ 이면 $c\in[-\pi,0]$ 이고 $x^3\le0$ 이므로 $\frac{\sin c}{6}x^3\ge0$ 이다. 따라서 $[-\pi,0]$ 에서

$$1-\frac{1}{2}x^2\le1-\frac{1}{2}x^2+\frac{\sin c}{6}x^3=\cos x$$

이다. 만일 $|x|>\pi$ 이면

$$1-\frac{1}{2}x^2<-3<\cos x$$

이다. 그러므로 모든 $x\in\mathbb{R}$ 에 대하여 $1-\frac{1}{2}x^2\le\cos x$ 이다. ■

5.4 연습문제

1. $f(x) = |x|^3$일 때 다음을 구하여라.

(1) $f''(0)$ (2) $f'''(0)$

2. $n \in \mathbb{N}$ 이고 $f(x) = xe^x$이면

$$f^{(n)}(x) = (x+n)e^x$$

임을 증명하여라.

3. $a > 0$ 이고 $n \in \mathbb{N}$ 일 때 $f(x) = \ln ax$에 대하여 $f^{(n)}(x)$를 구하여라.

4. $b \in \mathbb{R}$ 이고 $n \in \mathbb{N}$ 일 때 $g(x) = \sin bx$에 대하여 $g^{(n)}(x)$를 구하여라.

5. (1) 구간 I에서 f''이 존재하면 f'은 I에서 연속임을 증명하여라.

(2) (1)의 역도 성립하는가?

6. f가 $[a, b]$에서 연속이고 (a, b)에서 2계 도함수가 존재하면

$$f(b) = f(a) + (b-a)f'(a) + \frac{1}{2}(b-a)^2 f''(c)$$

인 $c \in (a, b)$가 존재함을 증명하여라.

7. $f(x) = \begin{cases} e^{-1/x^2}, & x \neq 0 \\ 0, & x = 0 \end{cases}$ 이라 하자.

(1) $n \in \mathbb{N}$ 일 때 $P_n(x)$가 다항함수이면 $f^{(n)}(x) = P_n\left(\frac{1}{x}\right)e^{-1/x^2}$ 임을 증명하여라.

(2) $n \in \mathbb{N}$에 대하여 $\lim_{x \to 0} \frac{1}{x^n} e^{-1/x^2} = 0$ 임을 증명하여라.

(3) $n \in \mathbb{N}$ 일 때 $f^{(n)}(0) = 0$ 임을 증명하여라.

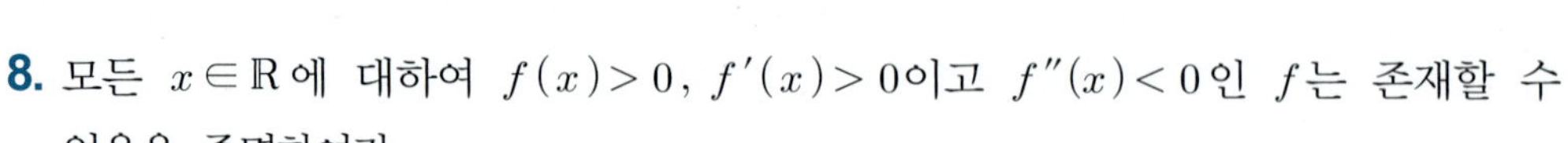

8. 모든 $x \in \mathbb{R}$에 대하여 $f(x) > 0$, $f'(x) > 0$이고 $f''(x) < 0$인 f는 존재할 수 없음을 증명하여라.

9. $f(x) = e^x$일 때 $R_n(x)$가 테일러 정리의 나머지 항이면

$$\lim_{n \to \infty} R_n(x) = 0$$

임을 증명하여라.

10. $f : [0, 4] \to \mathbb{R}$일 때 f''이 $[0, 4]$에서 존재하고 $f(0) = 1$, $f(2) = 4$, $f(4) = 3$이면

$$-\frac{1}{2} < f''(c)$$

인 $c \in (0, 4)$가 존재함을 증명하여라.

11. $n \in \mathbb{N}$일 때 주어진 점에서 n차 테일러 다항함수를 구하여라.

(1) $f(x) = \cos x$, $\quad x = \dfrac{\pi}{4}$

(2) $g(x) = \ln x$, $\quad x = 1$

12. $|x| < 1$일 때 다음을 증명하여라.

(1) $\dfrac{1}{1+x} = 1 - x + x^2 - x^3 + \cdots + (-1)^n x^n + \cdots$

(2) $\ln(1+x) = x - \dfrac{x^2}{2} + \dfrac{x^3}{3} - \dfrac{x^4}{4} + \cdots + (-1)^{n+1}\dfrac{x^n}{n} + \cdots$

13. 테일러 정리를 이용하여 평균값 정리를 증명하여라.

14. $x = 4$에서 2차 테일러 다항함수를 이용하여 $\sqrt{5}$의 근삿값을 구하고 오차를 설명하여라.

15. 테일러 정리를 이용하여 $\cos 4^0$의 근삿값을 소수점 아래 넷째 자리까지 구하여라.

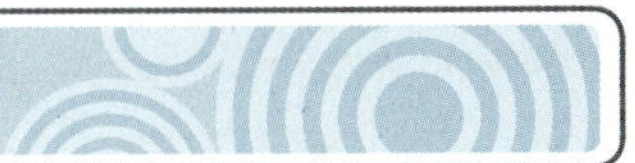

16. $x \in [0, 1]$ 일 때 다음을 증명하여라.

(1) $1 + x + \dfrac{x^2}{2} < e^x$

(2) $x - x^2 < \ln(1 + x)$

17. $x > 0$ 일 때

$$1 + \frac{1}{2}x - \frac{1}{8}x^2 \le \sqrt{1 + x} \le 1 + \frac{1}{2}x$$

임을 증명하여라.

18. $|x| < \dfrac{1}{2}$ 일 때

$$\left|\sqrt{1 + x} - \left(1 + \frac{1}{2}x - \frac{1}{8}x^2\right)\right| \le \frac{1}{2}|x|^3$$

임을 증명하여라.

19. $x \in [0, 1]$ 일 때

$$x - \frac{x^2}{2} + \frac{x^3}{3} - \frac{x^4}{4} \le \ln(1 + x) \le x - \frac{x^2}{2} + \frac{x^3}{3}$$

임을 증명하여라.

20. $x \ne 0$이고 $-1 < x$일 때 다음을 증명하여라.

(1) $\alpha < 0$이거나 $1 < \alpha$이면 $(1 + x)^\alpha > 1 + \alpha x$이다.

(2) $0 < \alpha < 1$이면 $(1 + x)^\alpha < 1 + \alpha x$이다.

21. f''이 $(0, \infty)$에서 연속이며 $\lim_{x \to \infty} x f(x) = 0$이고 $\lim_{x \to \infty} x f''(x) = 0$이면

$$\lim_{x \to \infty} x f'(x) = 0$$

임을 증명하여라.

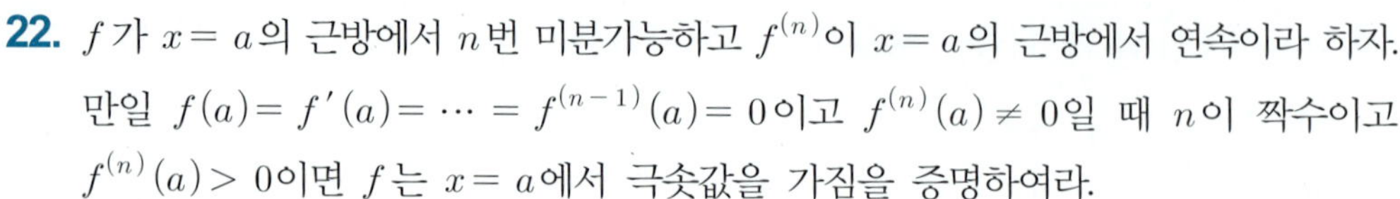

22. f가 $x=a$의 근방에서 n번 미분가능하고 $f^{(n)}$이 $x=a$의 근방에서 연속이라 하자. 만일 $f(a)=f'(a)=\cdots=f^{(n-1)}(a)=0$이고 $f^{(n)}(a)\neq 0$일 때 n이 짝수이고 $f^{(n)}(a)>0$이면 f는 $x=a$에서 극솟값을 가짐을 증명하여라.

23. f가 $x=a$의 근방에서 정의되고 $f''(a)$가 존재하면

$$f''(a)=\lim_{h\to 0}\frac{f(a+h)-2f(a)+f(a-h)}{h^2}$$

임을 증명하여라.

24. f가 $x=a$의 근방에서 정의되고

$$\lim_{h\to 0}\frac{f(a+h)-2f(a)+f(a-h)}{h^2}$$

가 존재하지만 $x=a$에서 2계 도함수를 갖지 않는 f의 예를 들어라.

리만적분

학 습 목 표

- 다르부가 제시한 방법에 따라서 리만적분의 정의를 이해한다.
- 리만적분 가능한 함수를 판별하는 방법을 익히고 어떤 종류의 함수들이 리만적분 가능한지를 판단한다.
- 미분적분학의 기본정리를 익혀서 미분과 적분의 관계를 설명하고 적분의 계산을 쉽게 할 수 있는 방법을 학습한다.
- 리만적분의 조건을 만족하지 않는 특이함수의 적분을 이해한다.
- 리만적분을 일반화한 리만-스틸체스 적분에 대하여 학습한다.

미리보기

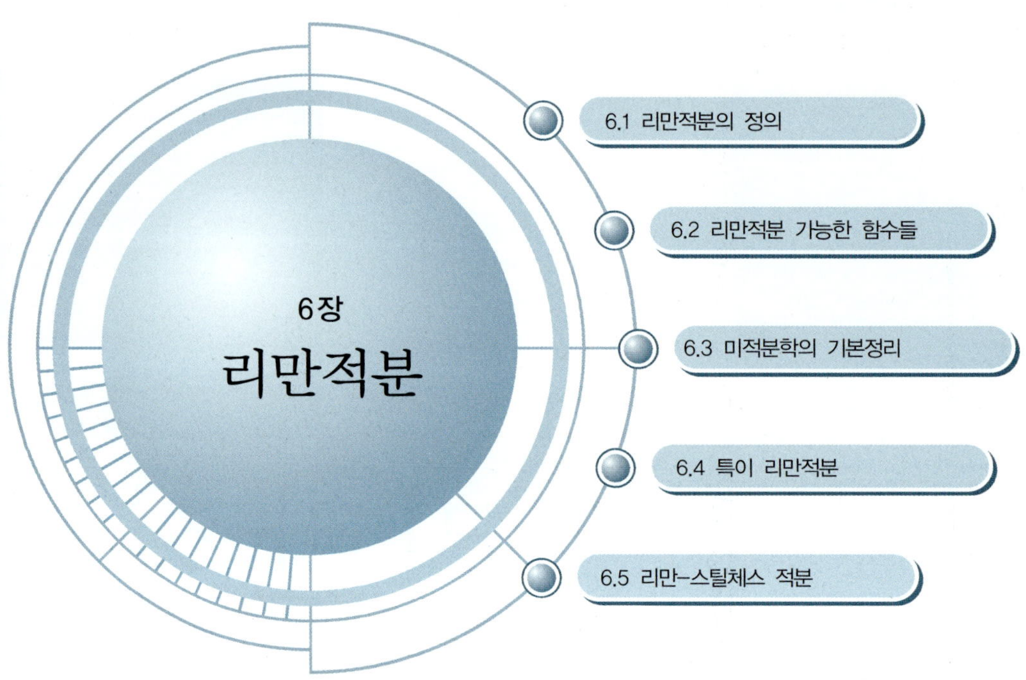

이 장에서는 함수의 리만적분 가능성에 대한 엄밀한 정의와 이와 관련된 다양한 정리 및 리만적분의 일반화에 대하여 알아보기로 한다. 폐구간에서 유계인 함수에 대하여 리만적분 가능성을 엄밀하게 정의하고 이를 이용하여 주어진 함수가 리만적분 가능한지 또는 리만적분 불가능한지를 명확하게 구별할 수 있도록 학습한다. 리만적분 판별법을 도입하여 다양한 함수들이 리만적분 가능함을 엄밀하게 증명할 수 있도록 한다. 미적분학의 기본정리 I을 이해하여 미분과 적분의 관계를 이해하고 미적분학의 기본정리 II를 증명하여 적분의 계산을 쉽게 할 수 있는 방안을 익힌다. 리만적분 가능한 함수가 아닌 함수와 구간에 대하여 특이적분의 개념을 적용하는 방법을 학습하고 리만적분을 일반화한 리만-스틸체스 적분을 살펴보도록 한다.

6.1 리만적분의 정의

이 절에서는 1875년 수학자 다르부(Darboux)가 제시한 방법에 따라서 $[a, b]$에서 정의된 유계인 함수에 대한 리만적분을 정의하기로 한다.

정의 1.1

$[a, b]$가 유계인 폐구간이고 $a = x_0 < x_1 < x_2 < \cdots < x_n = b$일 때

$$\mathcal{P} = \{x_0, x_1, \cdots, x_n\}$$

를 $[a, b]$의 **분할**(partition)이라 한다.

$i = 1, 2, \cdots, n$에 대하여 분할된 점들 사이의 간격을 $\Delta x_i = x_i - x_{i-1}$로 나타낸다. f가 $[a, b]$에서 유계일 때 $[a, b]$의 분할 $\mathcal{P} = \{x_0, x_1, \cdots, x_n\}$에 대하여

$$m_i = \inf\{f(x) : x_{i-1} \le x \le x_i\},\ \ M_i = \sup\{f(x) : x_{i-1} \le x \le x_i\}$$

로 나타낸다. 이를 이용하여 상합과 하합을 다음과 같이 정의한다.

정의 1.2

f가 $[a, b]$에서 유계이고 $\mathcal{P} = \{x_0, x_1, \cdots, x_n\}$가 $[a, b]$의 분할일 때

(1) $U(\mathcal{P}, f) = \sum_{i=1}^{n} M_i \Delta x_i$를 $[a, b]$에서 f의 **상합**(upper sum)이라 한다.

(2) $L(\mathcal{P}, f) = \sum_{i=1}^{n} m_i \Delta x_i$를 $[a, b]$에서 f의 **하합**(lower sum)이라 한다.

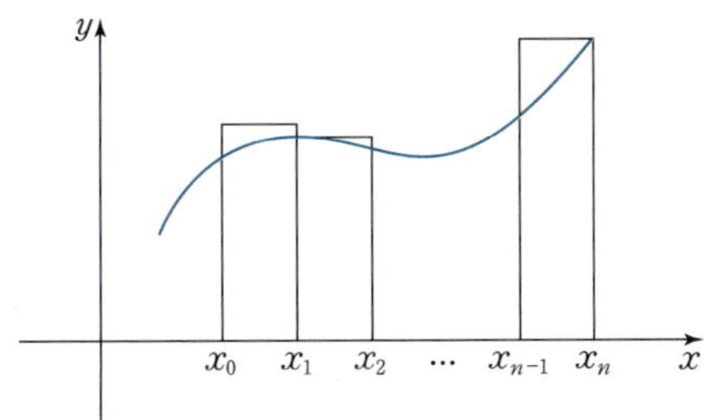

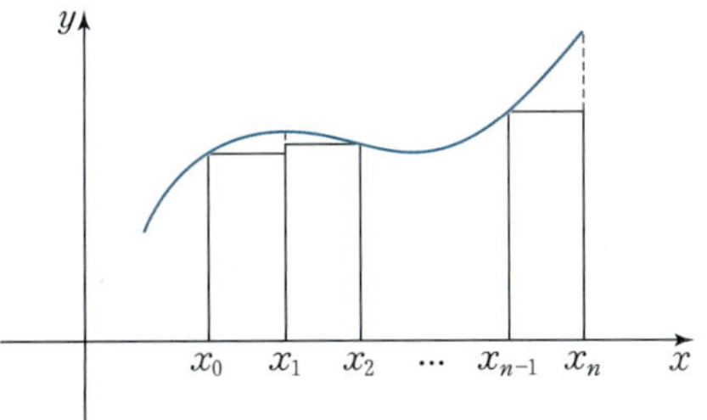

그림 6.1 상합과 하합

예제 1.3 $f(x)=2x^2+1$일 때

(1) $[0,1]$의 분할 $P_1=\left\{0, \frac{1}{2}, 1\right\}$에 대하여 $U(P_1, f)$와 $L(P_1, f)$를 구하여라.

(2) $[0,1]$의 분할 $P_2=\left\{0, \frac{2}{3}, 1\right\}$에 대하여 $U(P_2, f)$와 $L(P_2, f)$를 구하여라.

풀이 | (1) $M_1=\sup\left\{f(x): 0\le x\le \frac{1}{2}\right\}=\frac{3}{2}$, $m_1=\inf\left\{f(x): 0\le x\le \frac{1}{2}\right\}=1$ 이고

$$M_2=\sup\left\{f(x): \frac{1}{2}\le x\le 1\right\}=3,\ m_2=\inf\left\{f(x): \frac{1}{2}\le x\le 1\right\}=\frac{3}{2}$$

이다. 따라서

$$U(P_1, f)=\frac{3}{2}\cdot\frac{1}{2}+3\cdot\frac{1}{2}=\frac{9}{4},\ L(P_1, f)=1\cdot\frac{1}{2}+\frac{3}{2}\cdot\frac{1}{2}=\frac{5}{4}$$

이다.

(2) $M_1=\sup\left\{f(x): 0\le x\le \frac{2}{3}\right\}=\frac{17}{9}$, $m_1=\inf\left\{f(x): 0\le x\le \frac{2}{3}\right\}=1$ 이고

$$M_2=\sup\left\{f(x): \frac{2}{3}\le x\le 1\right\}=3,\ m_2=\inf\left\{f(x): \frac{2}{3}\le x\le 1\right\}=\frac{17}{9}$$

이다. 따라서

$$U(P_2, f)=\frac{17}{9}\cdot\frac{2}{3}+3\cdot\frac{1}{3}=\frac{61}{27},\ L(P_2, f)=1\cdot\frac{2}{3}+\frac{17}{9}\cdot\frac{1}{3}=\frac{35}{27}$$

이다. ■

정의 1.2로부터 $[a, b]$의 임의의 분할 P에 대하여

$$L(P, f)\le U(P, f)$$

이다. 또한 임의의 $x\in[a, b]$에 대하여 $m\le f(x)\le M$이면

$$m(b-a)\le L(P, f)\le U(P, f)\le M(b-a)$$

이다.

정의 1.4

f가 $[a, b]$에서 유계일 때

(1) $$\overline{\int_a^b} f(x)dx = \overline{\int_a^b} f = \inf\{U(P, f) : P\text{는 } [a, b]\text{의 분할}\}$$

을 $[a, b]$에서 f의 **상적분**(upper integral)이라 한다.

(2) $$\underline{\int_a^b} f(x)dx = \underline{\int_a^b} f = \sup\{L(P, f) : P\text{는 } [a, b]\text{의 분할}\}$$

을 $[a, b]$에서 f의 **하적분**(lower integral)이라 한다.

f가 $[a, b]$에서 유계일 때 집합 $\{U(P, f) : P$는 $[a, b]$의 분할$\}$과 집합 $\{L(P, f) : P$는 $[a, b]$의 분할$\}$은 각각 공집합이 아니고 유계이므로 완비성공리에 의하여 상적분과 하적분은 항상 존재한다.

정의 1.5

$[a, b]$의 분할 P와 P^*에 대하여 $P \subset P^*$이면 P^*를 P의 **세분**(refinement)이라 한다.

$P = \left\{0, \frac{1}{4}, \frac{2}{3}, 1\right\}$는 $[0, 1]$의 분할이다. 이때 $P_1 = \left\{0, \frac{1}{5}, \frac{1}{4}, \frac{1}{3}, \frac{2}{3}, 1\right\}$은 P의 세분이지만 $P_2 = \left\{0, \frac{1}{4}, \frac{1}{3}, \frac{1}{2}, \frac{3}{4}, 1\right\}$는 P의 세분이 아니다.

정리 1.6

P^*가 $[a, b]$의 분할 P의 세분이면

$$L(P, f) \leq L(P^*, f) \leq U(P^*, f) \leq U(P, f)$$

이다.

P^*가 분할 P에 한 점을 추가하여 얻은 세분인 경우를 증명하고 이를 이용하여 일반적인 세분의 경우를 설명한다.

증명 | $P=\{x_0, x_1, x_2, \cdots, x_n\}$가 $[a, b]$의 분할이고 $x^* \in [a, b]$가 $i=0, 1, \cdots, n$에 대하여 $x^* \neq x_i$일 때 $P^* = P \cup \{x^*\}$라 하자. 그러면 $x_{k-1} < x^* < x_k$인 $k \in \{1, 2, \cdots, n\}$가 존재한다. 이제

$$M_k^1 = \sup\{f(x) : x_{k-1} \le x \le x^*\},\ M_k^2 = \sup\{f(x) : x^* \le x \le x_k\}$$

라 하면 M_k의 정의로부터 $M_k^1 \le M_k$이고 $M_k^2 \le M_k$이다. 이로부터

$$\begin{aligned}
U(P^*, f) &= \sum_{j=1}^{k-1} M_j \Delta x_j + M_k^1(x^* - x_{k-1}) + M_k^2(x_k - x^*) + \sum_{j=k+1}^{n} M_j \Delta x_j \\
&\le \sum_{j=1}^{k-1} M_j \Delta x_j + M_k(x^* - x_{k-1}) + M_k(x_k - x^*) + \sum_{j=k+1}^{n} M_j \Delta x_j \\
&= \sum_{j=1}^{k-1} M_j \Delta x_j + M_k(x_k - x_{k-1}) + \sum_{j=k+1}^{n} M_j \Delta x_j \\
&= \sum_{j=1}^{n} M_j \Delta x_j = U(P, f)
\end{aligned}$$

이다. $L(P, f) \le L(P^*, f)$에 대한 증명은 위의 증명과 유사하다.

만일 세분 P^*가 분할 P보다 k개의 점을 더 갖고 있다면 위의 과정을 k번 더 시행하여 결과를 얻을 수 있다. ■

따름정리 1.7

P_1과 P_2가 $[a, b]$의 임의의 두 분할이면

$$L(P_1, f) \le U(P_2, f)$$

이다.

증명 | $P = P_1 \cup P_2$라 하면 P는 P_1과 P_2의 세분이다. 정리 1.6에 의하여

$$L(P_1, f) \le L(P, f) \le U(P, f) \le U(P_2, f)$$

이다. ■

따름정리 1.8

f가 $[a, b]$에서 유계이면

$$\underline{\int_a^b} f \leq \overline{\int_a^b} f$$

이다.

증명 | 따름정리 1.7에 의하여 $[a, b]$의 임의의 두 분할 $\mathcal{P}_1$과 $\mathcal{P}_2$에 대하여

$$L(\mathcal{P}_1, f) \leq U(\mathcal{P}_2, f)$$

이다. 따라서

$$\underline{\int_a^b} f = \sup\{L(\mathcal{P}, f) : \mathcal{P}\text{는 } [a, b]\text{의 분할}\} \leq U(\mathcal{P}_2, f)$$

이고 $\mathcal{P}_2$가 $[a, b]$의 임의의 분할이므로

$$\underline{\int_a^b} f \leq \inf\{U(\mathcal{P}, f) : \mathcal{P}\text{는 } [a, b]\text{의 분할}\} = \overline{\int_a^b} f$$

이다. ■

정의 1.9

f가 $[a, b]$에서 유계일 때

$$\underline{\int_a^b} f = \overline{\int_a^b} f \tag{1}$$

이면 f는 $[a, b]$에서 **리만적분 가능하다**(Riemann integrable)고 하며 이때 (1)의 값을

$$\int_a^b f(x)\,dx \quad \text{또는} \quad \int_a^b f$$

로 나타낸다.

$[a, b]$에서 유계인 함수들 중 리만적분 가능한 함수들의 집합은 $\mathfrak{R}[a, b]$로 나타낸다.

예제 1.10 $f(x)=x^2+1$이면 $f \in \mathfrak{R}[0, 1]$이고 $\int_0^1 f = \frac{4}{3}$임을 증명하여라.

TIP 균등분할 P_n에 대하여

$$\sup_{n \in \mathbb{N}} L(P_n, f) \le \frac{4}{3} \le \inf_{n \in \mathbb{N}} U(P_n, f)$$

임을 보이고 이를 이용하여

$$\overline{\int_0^1} f \le \frac{4}{3} \le \underline{\int_0^1} f$$

를 증명한다.

증명 | $n \in \mathbb{N}$에 대하여

$$P_n = \left\{ \frac{0}{n}, \frac{1}{n}, \frac{2}{n}, \cdots, \frac{n}{n} \right\}$$

이면 P_n은 $[0, 1]$의 분할이다. f가 $[0, 1]$에서 증가하므로

$$U(P_n, f) = \sum_{i=1}^{n} \left(\left(\frac{i}{n} \right)^2 + 1 \right) \frac{1}{n} = \frac{(n+1)(2n+1)}{6n^2} + 1$$

이고

$$L(P_n, f) = \sum_{i=1}^{n} \left(\left(\frac{i-1}{n} \right)^2 + 1 \right) \frac{1}{n} = \frac{(n-1)(2n-1)}{6n^2} + 1$$

이다. 따라서

$$\lim_{n \to \infty} U(P_n, f) = \lim_{n \to \infty} \left(\frac{(n+1)(2n+1)}{6n^2} + 1 \right) = \frac{4}{3}$$

이므로 $\overline{\int_0^1} f \le \frac{4}{3}$이다. 같은 방법으로

$$\lim_{n \to \infty} L(P_n, f) = \lim_{n \to \infty} \left(\frac{(n-1)(2n-1)}{6n^2} + 1 \right) = \frac{4}{3}$$

이므로 $\frac{4}{3} \le \underline{\int_0^1} f$이다. 따라서

$$\overline{\int_0^1} f \le \frac{4}{3} \le \underline{\int_0^1} f$$

이므로 $f \in \Re[0, 1]$이고 $\int_0^1 f = \frac{4}{3}$이다. ■

정의 1.9로부터 $[a, b]$에서 유계인 함수 f에 대하여

$$\underline{\int_a^b} f \ne \overline{\int_a^b} f$$

이면 f는 $[a, b]$에서 **리만적분 가능하지 않다** 또는 **리만적분 불가능하다**고 한다.

예제 1.11

$$f(x) = \begin{cases} 1, & x \in \mathbb{Q} \\ 0, & x \in \mathbb{Q}^c \end{cases}$$

이면 f는 $[0, 1]$에서 리만적분 가능하지 않음을 증명하여라.

TIP $\overline{\int_0^1} f = 1$이고 $\underline{\int_0^1} f = 0$임을 보임으로써 $\overline{\int_0^1} f \ne \underline{\int_0^1} f$임을 증명한다.

증명 | $\mathcal{P} = \{x_0, x_1, \cdots, x_n\}$가 $[0, 1]$의 임의의 분할일 때 $i = 1, 2, \cdots, n$에 대하여 $M_i = 1$이고 $m_i = 0$이다. 따라서 $U(\mathcal{P}, f) = 1$이고 $L(\mathcal{P}, f) = 0$이다.

$\mathcal{P}$가 $[0, 1]$의 임의의 분할이므로

$$\overline{\int_0^1} f = \inf\{U(\mathcal{P}, f) : \mathcal{P}\text{는 } [0, 1]\text{의 분할}\} = 1$$

이고

$$\underline{\int_0^1} f = \sup\{L(\mathcal{P}, f) : \mathcal{P}\text{는 } [0, 1]\text{의 분할}\} = 0$$

이다. 따라서 $\overline{\int_0^1} f \ne \underline{\int_0^1} f$이므로 f는 $[0, 1]$에서 리만적분 불가능하다. ■

예제 1.12

$$g(x)=\begin{cases} 0, & 0\le x<\frac{1}{2} \\ 1, & \frac{1}{2}\le x\le 1 \end{cases}$$

이면 g는 $[0,1]$에서 리만적분 가능함을 증명하여라.

TIP $\overline{\int_0^1} g=\frac{1}{2}=\underline{\int_0^1} g$ 임을 보임으로써 $\int_0^1 g=\frac{1}{2}$을 증명한다.

증명 | $\mathcal{P}=\{x_0, x_1, \cdots, x_n\}$가 $[0,1]$의 분할일 때 적당한 $j\in\{1,\cdots,n\}$가 존재하여

$$x_{j-1}<\frac{1}{2}\le x_j$$

이다. 그러면

$$m_i=\begin{cases} 0, & i=1,2,\cdots,j \\ 1, & i=j+1,\cdots,n \end{cases}$$

이고

$$M_i=\begin{cases} 0, & i=1,2,\cdots,j-1 \\ 1, & i=j,j+1,\cdots,n \end{cases}$$

이다. 따라서

$$L(\mathcal{P},g)=\sum_{i=j+1}^{n}\Delta x_i=1-x_j,\ U(\mathcal{P},g)=\sum_{i=j}^{n}\Delta x_i=1-x_{j-1}$$

이다. $1-x_j\le\frac{1}{2}<1-x_{j-1}$이므로

$$L(\mathcal{P},g)\le\frac{1}{2}\le U(\mathcal{P},g)$$

이고 따라서 $\underline{\int_0^1} g\le\frac{1}{2}\le\overline{\int_0^1} g$ 이다.

이제 $\overline{\int_0^1} g\le\underline{\int_0^1} g$ 임을 보임으로써 $\overline{\int_0^1} g=\underline{\int_0^1} g$ 임을 증명하기로 한다.

임의의 $\epsilon>0$에 대하여 $\mathcal{P}=\{x_0, x_1, \cdots, x_n\}$가 $i=1,2,\cdots,n$에 대하여 $\Delta x_i<\epsilon$인 $[0,1]$의 분할이면 적당한 $j\in\{1,2,\cdots,n\}$에 대하여

$$U(\mathcal{P}, g) - L(\mathcal{P}, g) = \Delta x_j$$

이므로

$$U(\mathcal{P}, g) - L(\mathcal{P}, g) < \epsilon \tag{1}$$

이다. 따라서

$$\begin{aligned}\overline{\int_0^1} g &= \inf\{U(Q, g) : Q\text{는 } [0, 1]\text{의 분할}\}\\ &\le U(\mathcal{P}, g)\\ &< L(\mathcal{P}, g) + \epsilon \qquad ((1)\text{에 의하여})\\ &\le \sup\{L(Q, g) : Q\text{는 } [0, 1]\text{의 분할}\} + \epsilon\\ &= \underline{\int_0^1} g + \epsilon\end{aligned}$$

이고 $\epsilon > 0$ 은 임의의 양수이므로

$$\overline{\int_0^1} g \le \underline{\int_0^1} g$$

이다. 상적분과 하적분의 정의로부터

$$\overline{\int_0^1} g = \underline{\int_0^1} g = \frac{1}{2}$$

이다. ■

정의 1.13

(1) 만일 f가 $x = a$에서 정의되면

$$\int_a^a f = 0$$

으로 정의한다.

(2) 만일 f가 $[a, b]$에서 리만적분 가능하면

$$\int_a^b f = -\int_b^a f$$

으로 정의한다.

6.1 연습문제

1. $f(x)=x^2+2$일 때 $[-1, 2]$의 분할 $\mathcal{P}=\{-1, -0.5, 0, 1, 1.5, 2\}$에 대하여 $U(\mathcal{P}, f)$와 $L(\mathcal{P}, f)$를 구하여라.

2. $g(x)=\begin{cases} 2x+2, & -1\le x<1 \\ -4x+8, & 1\le x<2 \end{cases}$일 때 $[-1, 2]$의 분할 $\mathcal{P}=\{-1, -0.5, 0, 1, 1.5, 2\}$에 대하여 $U(\mathcal{P}, g)$와 $L(\mathcal{P}, g)$를 구하여라.

3. $f:[a, b]\to\mathbb{R}$가 $f(x)=3$이면 $f\in\Re[a, b]$임을 증명하여라.

4. $g(x)=\begin{cases} 0, & x\in(0,1) \\ 1, & x=0 \text{ or } x=1 \end{cases}$이면 $g\in\Re[0, 1]$임을 증명하여라.

5. $f(x)=\begin{cases} 1, & 0\le x<1 \\ 2, & 1\le x<3 \end{cases}$이면 $f\in\Re[0, 3]$임을 증명하여라.

6. $g(x)=\begin{cases} 0, & x\neq\dfrac{1}{2} \\ 1, & x=\dfrac{1}{2} \end{cases}$ 이면 $g\in\Re[0, 1]$임을 증명하여라.

7. $f(x)=\begin{cases} x, & x\in\mathbb{Q}\cap[0, 1] \\ 0, & x\in\mathbb{Q}^c\cap[0, 1] \end{cases}$이면 $f\in\Re[0, 1]$인가?

8. $\mathcal{P}^*$가 $[a, b]$의 분할 $\mathcal{P}$의 세분이면 $L(\mathcal{P}, f)\le L(\mathcal{P}^*, f)$임을 증명하여라.

9. (1) $|f|\in\Re[a, b]$이지만 $f\notin\Re[a, b]$인 f의 예를 들어라.
   (2) $f^2\in\Re[a, b]$이지만 $f\notin\Re[a, b]$인 f의 예를 들어라.

10. 상적분과 하적분의 정의를 이용하여 $\int_0^2(5-x^2)\,dx$를 구하여라.

11. f가 $[0, 1]$에서 유계이고 임의의 $x\in[0, 1]$에 대하여 $f(x)\ge 0$이면 $\underline{\int_0^1} f\ge 0$임을 증명하여라.

12. $f(x)=\begin{cases} 1-x\,, & x \neq \dfrac{1}{2} \\ 1\,, & x=\dfrac{1}{2} \end{cases}$ 일 때 다음을 구하여라.

(1) $\overline{\int_0^1} f$ (2) $\underline{\int_0^1} f$

13. $f(x)=\begin{cases} x\,, & x \in [1,2] \cap \mathbb{Q} \\ 0\,, & x \in [1,2] \cap \mathbb{Q}^c \end{cases}$ 일 때 다음을 구하여라.

(1) $\overline{\int_1^2} f$ (2) $\underline{\int_1^2} f$

14. $f \in \Re[a,b]$이고 f가 임의의 $x \in [a,b]$에 대하여 $f(x) \geq 0$이며 모든 $r \in [a,b] \cap \mathbb{Q}$에 대하여 $f(r)=0$이면 $\int_a^b f = 0$임을 증명하여라.

15. f가 $[a,b]$에서 유계이고 리만적분 가능하면 $[a,b]$에서 f의 리만적분 값은 유일함을 증명하여라.

16. f가 $[0,1]$에서 유계이고 $f \in \Re[0,1]$이면

$$\lim_{n \to \infty} L(P_n, f) = \int_0^1 f = \lim_{n \to \infty} U(P_n, f)$$

인 $[0,1]$의 분할의 수열 $\{P_n\}$이 존재함을 증명하여라.

17. f가 $[0,1]$에서 유계이고 $n \in \mathbb{N}$에 대하여 $a_n = \sum_{k=1}^{n} f\left(\frac{k}{n}\right)\frac{1}{n}$일 때 $\lim_{n \to \infty} a_n$이 존재하면 f는 $[0,1]$에서 리만적분 가능한가?

18. $g(x)=\begin{cases} x^2 \sin \dfrac{1}{x}\,, & x \neq 0 \\ 0\,, & x=0 \end{cases}$ 이면 $\overline{\int_0^1} g$는 유계임을 증명하여라.

19. $f(x)=\begin{cases} n, & x=\dfrac{1}{n} \\ 0, & x\neq \dfrac{1}{n} \end{cases}$ 이면 $f\in \Re[0,1]$ 임을 증명하여라.

20. $n\in \mathbb{N}$ 이고 $f(x)=\begin{cases} 1, & x=\dfrac{1}{n} \\ 0, & x\neq \dfrac{1}{n} \end{cases}$ 이면 $\int_0^1 f=0$ 임을 증명하여라.

21. $f\in \Re[a,b]$이고 $\int_a^b f>0$이면 적당한 부분구간 $I\subset[a,b]$와 $c>0$가 존재하여 모든 $x\in I$에 대하여 $f(x)>c$임을 증명하여라.

6.2 리만적분 가능한 함수들

1절에서 논의한 바와 같이 유계인 폐구간에서 정의된 함수 중 리만적분 가능한 함수도 있고 리만적분 불가능한 함수도 있다. 이제 판별법을 도입하여 리만적분 가능한 함수와 불가능한 함수를 구별하기로 한다.

정리 2.1 리만적분 판별법(criterion for Riemann integral)

f가 $[a, b]$에서 유계일 때 $f \in \Re[a, b]$이기 위한 필요충분조건은 임의의 $\epsilon > 0$에 대하여

$$U(P, f) - L(P, f) < \epsilon$$

인 $[a, b]$의 분할 P가 존재하는 것이다.

상적분과 하적분의 정의와 $f \in \Re[a, b]$이면 $\int_a^b f = \underline{\int_a^b} f = \overline{\int_a^b} f$ 임을 이용한다.

증명 | ($\Rightarrow$) $f \in \Re[a, b]$이면 임의의 $\epsilon > 0$에 대하여

$$U(P_1, f) - \overline{\int_a^b} f < \frac{\epsilon}{2} \text{과 } \underline{\int_a^b} f - L(P_2, f) < \frac{\epsilon}{2}$$

인 $[a, b]$의 분할 P_1과 P_2가 존재한다.

$P = P_1 \cup P_2$라 하면 P는 분할 P_1과 분할 P_2의 세분이므로

$$U(P, f) \le U(P_1, f) < \overline{\int_a^b} f + \frac{\epsilon}{2} = \int_a^b f + \frac{\epsilon}{2}$$

이고

$$\int_a^b f - \frac{\epsilon}{2} = \underline{\int_a^b} f - \frac{\epsilon}{2} < L(P_2, f) \le L(P, f)$$

이다. 그러므로

$$U(P, f) - L(P, f) < \left(\int_a^b f + \frac{\epsilon}{2}\right) - \left(\int_a^b f - \frac{\epsilon}{2}\right) = \epsilon$$

이다.

($\Leftarrow$) 임의의 $\epsilon > 0$에 대하여 $U(P, f) - L(P, f) < \epsilon$인 $[a, b]$의 분할 P가 존재하면 상적분과 하적분의 정의에 의하여

$$0 \leq \overline{\int_a^b} f - \underline{\int_a^b} f \leq U(P, f) - L(P, f) < \epsilon$$

이다. $\epsilon > 0$은 임의의 양수이므로

$$\underline{\int_a^b} f = \overline{\int_a^b} f$$

이다. 따라서 $f \in \mathfrak{R}[a, b]$이다. ■

리만적분 판별법을 이용하여 다양한 함수들이 리만적분 가능함을 증명할 수 있다.

정리 2.2

f가 $[a, b]$에서 연속이면 $f \in \mathfrak{R}[a, b]$이다.

리만적분 판별법과 유계인 폐구간에서 연속인 함수는 평등연속임을 이용한다.

증명 | 임의의 $\epsilon > 0$에 대하여 실수의 조밀성에 의하여

$$0 < \alpha < \frac{\epsilon}{b-a}$$

인 $\alpha \in \mathbb{R}$가 존재한다. f가 $[a, b]$에서 연속이므로 f는 $[a, b]$에서 평등연속이다. 따라서 $\alpha > 0$에 대하여 적당한 $\delta > 0$가 존재하여 $|x - y| < \delta$인 모든 $x, y \in [a, b]$에 대하여

$$|f(x) - f(y)| < \alpha \tag{1}$$

이다. 이제 모든 $i = 1, 2, \cdots, n$에 대하여 $\Delta x_i = x_i - x_{i-1} < \delta$인 $[a, b]$의 분할 $P = \{x_0, x_1, \cdots, x_n\}$를 선택하면 (1)로부터 모든 $i = 1, 2, \cdots, n$에 대하여

$$M_i - m_i \le \alpha$$

이다. 따라서

$$U(P, f) - L(P, f) = \sum_{i=1}^{n} (M_i - m_i)\Delta x_i \le \alpha \sum_{i=1}^{n} \Delta x_i = \alpha(b-a) < \epsilon$$

이므로 리만적분 판별법에 의하여 $f \in \Re[a, b]$이다. ■

다음 예제의 함수가 리만적분 가능한가를 직접 증명하는 것은 어렵지만 정리 2.2를 이용하면 쉽게 증명할 수 있다.

예제 2.3

$$f(x) = \begin{cases} x^2 \sin \dfrac{1}{x}, & x \ne 0 \\ 0, & x = 0 \end{cases}$$

이면 $f \in \Re[-1, 1]$임을 증명하여라.

증명 | $$\lim_{x \to 0} f(x) = \lim_{x \to 0} x^2 \sin \frac{1}{x} = 0 = f(0)$$

이므로 f는 $x = 0$에서 연속이고 따라서 f는 $[-1, 1]$에서 연속이다. 그러므로 정리 2.2에 의하여 $f \in \Re[-1, 1]$이다. ■

정리 2.2의 역은 성립하지 않는다. 1절의 예제 1.12에 의하여

$$g(x) = \begin{cases} 0, & 0 \le x < \dfrac{1}{2} \\ 1, & \dfrac{1}{2} \le x \le 1 \end{cases}$$

이면 $g \in \Re[0, 1]$이지만 g는 $[0, 1]$에서 연속이 아니다.

정리 2.4

f가 $[a, b]$에서 단조함수이면 $f \in \Re[a, b]$이다.

증명 | f가 $[a, b]$에서 증가한다고 가정하자. 임의의 $\epsilon > 0$에 대하여

$$\frac{(b-a)}{n}(f(b)-f(a))<\epsilon \tag{1}$$

인 $n\in \mathbb{N}$ 을 선택한다. 이제 $h=\dfrac{b-a}{n}$ 라 하고 $i=0,1,2,\cdots,n$ 에 대하여 $x_i=a+ih$ 라 하면 $\mathcal{P}=\{x_0,x_1,x_2,\cdots,x_n\}$ 는 $[a,b]$ 의 분할이다. f 가 $[a,b]$ 에서 증가하므로 $i=1,2,\cdots,n$ 에 대하여

$$m_i=f(x_{i-1}),\qquad M_i=f(x_i)$$

이다. 따라서 (1)에 의하여

$$\begin{aligned}U(\mathcal{P},f)-L(\mathcal{P},f)&=\sum_{i=1}^{n}(f(x_i)-f(x_{i-1}))\Delta x_i\\&=h\sum_{i=1}^{n}(f(x_i)-f(x_{i-1}))\\&=h(f(b)-f(a))\\&<\epsilon\end{aligned}$$

이므로 리만적분 판별법에 의하여 $f\in\mathfrak{R}[a,b]$이다. ■

f가 $[a,b]$에서 감소하는 경우에도 같은 방법으로 증명할 수 있다.

예제 2.5 $[\cdot]$가 가우스 함수이고 $f(x)=[x]$이면 $f\in\mathfrak{R}[0,2]$인가?

풀이 |

$$f(x)=\begin{cases}0, & 0\le x<1\\ 1, & 1\le x<2\\ 2, & x=2\end{cases}$$

이므로 f는 $[0,2]$에서 증가한다. 따라서 정리 2.4에 의하여 $f\in\mathfrak{R}[0,2]$이다. ■

함수의 리만적분 가능성은 분할의 수열을 이용하여 증명할 수도 있다.

정리 2.6

f가 $[a, b]$에서 유계일 때

$$\lim_{n\to\infty}(U(\mathcal{P}_n, f) - L(\mathcal{P}_n, f)) = 0$$

인 분할들의 수열 $\{\mathcal{P}_n\}$이 존재하면 $f \in \mathfrak{R}[a, b]$이고

$$\int_a^b f = \lim_{n\to\infty} U(\mathcal{P}_n, f) = \lim_{n\to\infty} L(\mathcal{P}_n, f)$$

이다.

증명 | 임의의 $\epsilon > 0$에 대하여 $\lim_{n\to\infty}(U(\mathcal{P}_n, f) - L(\mathcal{P}_n, f)) = 0$이므로 적당한 $N \in \mathbb{N}$이 존재하여 $n \geq N$인 모든 자연수 n에 대하여

$$U(\mathcal{P}_n, f) - L(\mathcal{P}_n, f) < \epsilon$$

이 성립한다. 따라서 분할 $\mathcal{P}_N$에 대하여

$$U(\mathcal{P}_N, f) - L(\mathcal{P}_N, f) < \epsilon$$

이므로 리만적분 판별법에 의하여 $f \in \mathfrak{R}[a, b]$이다. 리만적분의 정의로부터 모든 $n \in \mathbb{N}$에 대하여

$$L(\mathcal{P}_n, f) \leq \int_a^b f \leq U(\mathcal{P}_n, f)$$

이므로

$$0 \leq U(\mathcal{P}_n, f) - \int_a^b f \leq U(\mathcal{P}_n, f) - L(\mathcal{P}_n, f)$$

이고

$$0 \leq \int_a^b f - L(\mathcal{P}_n, f) \leq U(\mathcal{P}_n, f) - L(\mathcal{P}_n, f)$$

이다. 그러므로 압착정리에 의하여

$$\int_a^b f = \lim_{n\to\infty} U(\mathcal{P}_n, f) = \lim_{n\to\infty} L(\mathcal{P}_n, f)$$

이다. ■

예제 2.7 $g(x)=x^2$이면 $g\in\mathfrak{R}[0,1]$이고 $\int_0^1 g=\frac{1}{3}$임을 증명하여라.

증명 | g가 $[0,1]$에서 연속이므로 정리 2.2에 의하여 $g\in\mathfrak{R}[0,1]$이다.

$n\in\mathbb{N}$에 대하여 $P_n=\left\{\frac{0}{n},\frac{1}{n},\frac{2}{n},\cdots,\frac{n}{n}\right\}$이라 하면 P_n은 $[0,1]$의 분할이다.

g는 $[0,1]$에서 증가하므로

$$L(P_n,g)=\sum_{i=1}^{n}\left(\frac{i-1}{n}\right)^2\frac{1}{n}=\frac{n(n-1)(2n-1)}{6n^3}$$

이고

$$U(P_n,g)=\sum_{i=1}^{n}\left(\frac{i}{n}\right)^2\frac{1}{n}=\frac{n(n+1)(2n+1)}{6n^3}$$

이다. 따라서

$$\lim_{n\to\infty}(U(P_n,g)-L(P_n,g))=\lim_{n\to\infty}\frac{1}{n}=0$$

이므로 정리 2.6에 의하여

$$\int_0^1 g=\lim_{n\to\infty}U(P_n,g)=\lim_{n\to\infty}\frac{n(n+1)(2n+1)}{6n^3}=\frac{1}{3}$$

이다. ■

이제 리만적분 가능한 함수들의 기본 성질을 알아보기로 한다.

정리 2.8

$f,\ g\in\mathfrak{R}[a,b]$이면 다음이 성립한다.

(1) $f+g\in\mathfrak{R}[a,b]$이고 $\int_a^b(f+g)=\int_a^b f+\int_a^b g$이다.

(2) $c\in\mathbb{R}$일 때 $cf\in\mathfrak{R}[a,b]$이고 $\int_a^b cf=c\int_a^b f$이다.

TIP 상적분과 하적분의 정의를 이용하여

$$\overline{\int_a^b}(f+g) \le \int_a^b f + \int_a^b g \quad \text{와} \quad \int_a^b f + \int_a^b g \le \underline{\int_a^b}(f+g)$$

를 보임으로써 $\overline{\int_a^b}(f+g) = \underline{\int_a^b}(f+g)$임을 증명한다.

증명 | (1) 임의의 $\epsilon > 0$에 대하여 $f, g \in \mathfrak{R}[a, b]$이므로 $[a, b]$의 분할 $\mathcal{P}_1$과 $\mathcal{P}_2$가 존재하여

$$U(\mathcal{P}_1, f) < \int_a^b f + \frac{\epsilon}{2} \quad \text{과} \quad U(\mathcal{P}_2, g) < \int_a^b g + \frac{\epsilon}{2}$$

이 성립한다. 이제 $Q = \mathcal{P}_1 \cup \mathcal{P}_2$라 하면 Q는 $\mathcal{P}_1$과 $\mathcal{P}_2$의 세분이므로

$$\begin{aligned} U(Q, f+g) &\le U(Q, f) + U(Q, g) \\ &\le U(\mathcal{P}_1, f) + U(\mathcal{P}_2, g) \\ &< \int_a^b f + \int_a^b g + \epsilon \end{aligned}$$

이다. 그러므로

$$\overline{\int_a^b}(f+g) \le \int_a^b f + \int_a^b g + \epsilon$$

이고 $\epsilon > 0$은 임의의 양수이므로

$$\overline{\int_a^b}(f+g) \le \int_a^b f + \int_a^b g \tag{1}$$

이다. 같은 방법으로

$$\int_a^b f + \int_a^b g \le \underline{\int_a^b}(f+g) \tag{2}$$

이고 (1)과 (2)에 의하여

$$\overline{\int_a^b}(f+g) = \underline{\int_a^b}(f+g)$$

이므로 $f+g \in \Re[a, b]$이고 $\int_a^b (f+g) = \int_a^b f + \int_a^b g$이다.

(2) 연습문제로 한다. ■

정리 2.9

$f, g \in \Re[a, b]$이고 모든 $x \in [a, b]$에 대하여 $f(x) \leq g(x)$이면

$$\int_a^b f \leq \int_a^b g$$

이다.

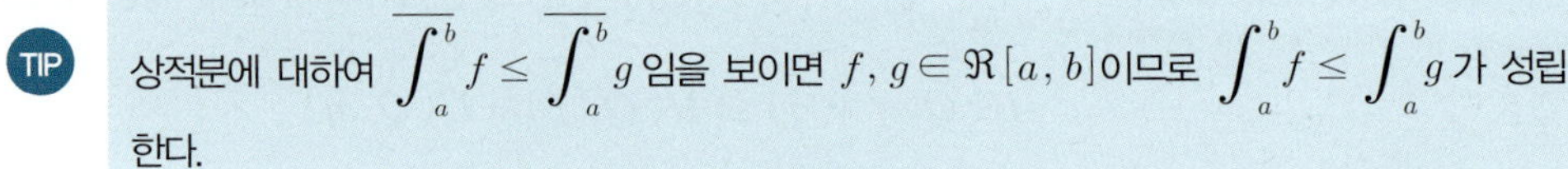

TIP 상적분에 대하여 $\overline{\int_a^b} f \leq \overline{\int_a^b} g$ 임을 보이면 $f, g \in \Re[a, b]$이므로 $\int_a^b f \leq \int_a^b g$가 성립한다.

증명 | $[a, b]$의 분할 $P = \{x_0, x_1, x_2, \cdots, x_n\}$에 대하여 $i = 1, 2, \cdots, n$일 때

$$M_i(f) = \sup\{f(x) : x_{i-1} \leq x \leq x_i\},$$
$$M_i(g) = \sup\{g(x) : x_{i-1} \leq x \leq x_i\}$$

라 하자. 모든 $x \in [a, b]$에 대하여 $f(x) \leq g(x)$이므로

$$U(P, f) = \sum_{i=1}^{n} M_i(f)\,\Delta x_i \leq \sum_{i=1}^{n} M_i(g)\,\Delta x_i = U(P, g)$$

이다. 따라서

$$\begin{aligned}\overline{\int_a^b} f &= \inf\{U(P, f) : P\text{는 } [a, b]\text{의 분할}\} \\ &\leq \inf\{U(P, g) : P\text{는 } [a, b]\text{의 분할}\} = \overline{\int_a^b} g\end{aligned}$$

이고 $f, g \in \Re[a, b]$이므로

$$\int_a^b f \leq \int_a^b g$$

이다. ■

보조정리 2.10

$f \in \Re[a, b]$이고 $a \leq c < d \leq b$이면 $f \in \Re[c, d]$이다.

리만적분 판별법을 사용하여 $f \in \Re[c, d]$임을 증명한다.

증명 | 임의의 $\epsilon > 0$에 대하여 $f \in \Re[a, b]$이므로

$$U(P, f) - L(P, f) < \epsilon$$

인 $[a, b]$의 분할 P가 존재한다. $P_1 = P \cup \{c, d\}$라 하면 P_1은 P의 세분이므로

$$U(P_1, f) - L(P_1, f) \leq U(P, f) - L(P, f)$$

이다. $P_2 = P_1 \cap [c, d]$라 하면 P_2는 $[c, d]$의 분할이고 $[c, d] \subset [a, b]$이므로

$$U(P_2, f) - L(P_2, f) \leq U(P_1, f) - L(P_1, f)$$

이다. 따라서

$$U(P_2, f) - L(P_2, f) \leq U(P_1, f) - L(P_1, f) \leq U(P, f) - L(P, f) < \epsilon$$

이므로 리만적분 판별법에 의하여 $f \in \Re[c, d]$이다. ■

정리 2.11

f가 $[a, b]$에서 유계이고 $c \in (a, b)$라 하자.
$f \in \Re[a, b]$이기 위한 필요충분조건은 $f \in \Re[a, c]$이고 $f \in \Re[c, b]$인 것이다.

증명 | ($\Rightarrow$) $f \in \Re[a, b]$이면 보조정리 2.10에 의하여 $f \in \Re[a, c]$이고 $f \in \Re[c, b]$이다.

($\Leftarrow$) $f \in \Re[a, c]$이고 $f \in \Re[c, b]$라 하자. 임의의 $\epsilon > 0$에 대하여 $[a, c]$의 분할 P_1과 $[c, b]$의 분할 P_2가 존재하여

$$U(P_1, f) - L(P_1, f) < \frac{\epsilon}{2}\text{과 } U(P_2, f) - L(P_2, f) < \frac{\epsilon}{2}$$

이 성립한다. 이제 $P^* = P_1 \cup P_2$라 하면 P^*는 $[a, b]$의 분할이다. 따라서

$$U(P^*, f) - L(P^*, f) = [U(P_1, f) + U(P_2, f)] - [L(P_1, f) + L(P_2, f)]$$
$$< \frac{\epsilon}{2} + \frac{\epsilon}{2} = \epsilon$$

이므로 리만적분 판별법에 의하여 $f \in \Re[a, b]$이다. ■

정리 2.12

f가 $[a, b]$에서 유계이고 $c \in (a, b)$라 하자. 만일 $f \in \Re[a, b]$이면

$$\int_a^b f = \int_a^c f + \int_c^b f$$

이다.

TIP

$$\overline{\int_a^b} f \ge \overline{\int_a^c} f + \overline{\int_c^b} f \text{ 와 } \overline{\int_a^b} f \le \overline{\int_a^c} f + \overline{\int_c^b} f$$

를 보임으로써 $\overline{\int_a^b} f = \overline{\int_a^c} f + \overline{\int_c^b} f$임을 증명한다.

증명 | P가 $[a, b]$의 분할이고 $c \in P$일 때

$$P_1 = P \cap [a, c], \quad P_2 = P \cap [c, b]$$

라 하면 P_1은 $[a, c]$의 분할이고 P_2는 $[c, b]$의 분할이다. 따라서

$$U(P, f) = U(P_1, f) + U(P_2, f) \ge \overline{\int_a^c} f + \overline{\int_c^b} f$$

이다.

Q가 $[a, b]$의 임의의 분할일 때 $P^* = Q \cup \{c\}$라 하면 P^*는 Q의 세분이고 $c \in P^*$이며

$$U(Q, f) \ge U(P^*, f) \ge \overline{\int_a^c} f + \overline{\int_c^b} f$$

이므로

$$\overline{\int_a^b} f \geq \overline{\int_a^c} f + \overline{\int_c^b} f \tag{1}$$

이다.

임의의 $\epsilon > 0$에 대하여 상적분의 정의에 따라서

$$U(\mathcal{P}_1, f) < \overline{\int_a^c} f + \frac{\epsilon}{2} \quad \text{과} \quad U(\mathcal{P}_2, f) < \overline{\int_c^b} f + \frac{\epsilon}{2} \tag{2}$$

인 $[a, c]$의 분할 $\mathcal{P}_1$과 $[c, b]$의 분할 $\mathcal{P}_2$가 존재한다. $\mathcal{P} = \mathcal{P}_1 \cup \mathcal{P}_2$라 하면 $\mathcal{P}$는 $[a, b]$의 분할이고 $c \in \mathcal{P}$이다. 상적분의 정의와 (2)에 의하여

$$\overline{\int_a^b} f \leq U(\mathcal{P}, f) = U(\mathcal{P}_1, f) + U(\mathcal{P}_2, f) < \overline{\int_a^c} f + \overline{\int_c^b} f + \epsilon$$

이고 $\epsilon > 0$은 임의의 양수이므로

$$\overline{\int_a^b} f \leq \overline{\int_a^c} f + \overline{\int_c^b} f \tag{3}$$

이다. (1)과 (3)에 의하여

$$\overline{\int_a^b} f = \overline{\int_a^c} f + \overline{\int_c^b} f$$

이다. 정리 2.11에 의하여 $f \in \mathfrak{R}[a, b]$이면 $f \in \mathfrak{R}[a, c]$이고 $f \in \mathfrak{R}[c, b]$이므로

$$\overline{\int_a^b} f = \int_a^b f, \quad \overline{\int_a^c} f = \int_a^c f, \quad \overline{\int_c^b} f = \int_c^b f$$

이다. 그러므로

$$\int_a^b f = \int_a^c f + \int_c^b f$$

이다. ■

정리 2.13

모든 $x \in [a, b]$에 대하여

$$m \le f(x) \le M$$

이고 g가 $[m, M]$에서 연속이라 하자. 만일 $f \in \Re[a, b]$이면 $g \circ f \in \Re[a, b]$이다.

증명 | 임의의 $\epsilon > 0$에 대하여 g가 $[m, M]$에서 연속이므로 적당한 $K > 0$가 존재하여 모든 $x \in [m, M]$에 대하여

$$|g(x)| \le K$$

이다. 또한 g가 $[m, M]$에서 평등연속이므로 적당한 $\delta > 0$가 존재하여 $|x - y| < \delta$인 모든 $x, y \in [m, M]$에 대하여

$$|g(x) - g(y)| < \frac{\epsilon}{2K + b - a} \tag{1}$$

가 성립한다. (단, δ의 값은 $\delta < \frac{\epsilon}{2K + b - a}$이 되도록 선택한다.)

$f \in \Re[a, b]$이므로 리만적분 판별법에 의하여

$$U(P, f) - L(P, f) < \delta^2 \tag{2}$$

인 $[a, b]$의 분할 $P = \{x_0, x_1, \cdots, x_n\}$가 존재한다. 이제 $i = 1, 2, \cdots, n$에 대하여

$$M_i = \sup\{f(x) : x_{i-1} \le x \le x_i\},\ M_i^* = \sup\{(g \circ f)(x) : x_{i-1} \le x \le x_i\},$$
$$m_i = \inf\{f(x) : x_{i-1} \le x \le x_i\},\ m_i^* = \inf\{(g \circ f)(x) : x_{i-1} \le x \le x_i\},$$
$$A = \{i \in \{1, 2, \cdots, n\} : M_i - m_i < \delta\},\ B = \{i \in \{1, 2, \cdots, n\} : M_i - m_i \ge \delta\}$$

라 하자. 만일 $i \in A$이면 (1)에 의하여

$$M_i^* - m_i^* \le \frac{\epsilon}{2K + b - a}$$

이다. 이를 이용하면

$$\sum_{i \in A} (M_i^* - m_i^*) \Delta x_i \le \frac{\epsilon}{2K + b - a} \sum_{i \in A} \Delta x_i$$

$$\leq \frac{\epsilon}{2K+b-a}\sum_{i=1}^{n}\Delta x_i$$

$$= \frac{\epsilon}{2K+b-a}(b-a) \tag{3}$$

이다. 만일 $i \in B$이면

$$M_i^* - m_i^* \leq 2K$$

이므로 (2)에 의하여

$$\begin{aligned}
\sum_{i\in B}(M_i^* - m_i^*)\Delta x_i &\leq 2K\sum_{i\in B}\Delta x_i \\
&= \frac{2K}{\delta}\left(\delta\sum_{i\in B}\Delta x_i\right) \\
&\leq \frac{2K}{\delta}\left(\sum_{i\in B}(M_i - m_i)\Delta x_i\right) \\
&\leq \frac{2K}{\delta}\left(\sum_{i=1}^{n}(M_i - m_i)\Delta x_i\right) \\
&= \frac{2K}{\delta}\left(U(\mathcal{P}, f) - L(\mathcal{P}, f)\right) \\
&< 2K\delta \\
&< \frac{2K\epsilon}{2K+b-a}
\end{aligned} \tag{4}$$

이다. (3)과 (4)에 의하여

$$\begin{aligned}
U(\mathcal{P}, g\circ f) - L(\mathcal{P}, g\circ f) &= \sum_{i=1}^{n}(M_i^* - m_i^*)\Delta x_i \\
&= \sum_{i\in A}(M_i^* - m_i^*)\Delta x_i + \sum_{i\in B}(M_i^* - m_i^*)\Delta x_i \\
&< \frac{(b-a)\epsilon}{2K+b-a} + \frac{2K\epsilon}{2K+b-a} = \epsilon
\end{aligned}$$

이므로 리만적분 판별법에 의하여 $g\circ f \in \Re[a, b]$이다. ■

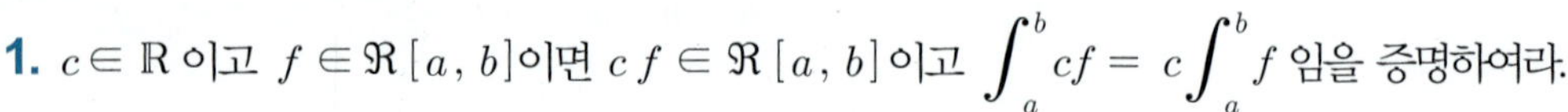

6.2 연습문제

1. $c \in \mathbb{R}$ 이고 $f \in \Re[a, b]$이면 $cf \in \Re[a, b]$ 이고 $\int_a^b cf = c\int_a^b f$ 임을 증명하여라.

2. f가 $[a, b]$에서 감소하면 $f \in \Re[a, b]$임을 증명하여라.

3. $f \in \Re[a, b]$일 때 다음을 증명하여라.

(1) $|f| \in \Re[a, b]$

(2) $\left|\int_a^b f\right| \le \int_a^b |f|$

(3) $\left|\int_{-1}^1 x^2 \cos(e^x)\frac{1}{1+x^2}\,dx\right| \le \frac{2}{3}$

4. $[a, b]$의 적당한 분할 P에 대하여 $U(P, f+g) < U(P, f) + U(P, g)$인 유계인 함수 $f, g : [a, b] \to \mathbb{R}$의 예를 들어라.

5. (1) $f, g \in \Re[a, b]$이면 $fg \in \Re[a, b]$임을 증명하여라.

(2) $fg \in \Re[a, b]$이면 $f \in \Re[a, b]$이거나 $g \in \Re[a, b]$ 인가?

6. $f, g \in \Re[0, 1]$이고 모든 $x \in [0, 1]$에 대하여 $f(x) \le h(x) \le g(x)$이면 $h \in \Re[0, 1]$인가?

7. $f, g : [a, b] \to \mathbb{R}$ 이고

$$p(x) = \max\{f(x), g(x)\},\ q(x) = \min\{f(x), g(x)\}$$

일 때 $p, q \in \Re[a, b]$이면 $f \in \Re[a, b]$이거나 $g \in \Re[a, b]$인가?

8. $f \in \Re[0, 1]$일 때

$$f^+(x) = \begin{cases} f(x), & f(x) \ge 0 \\ 0, & f(x) < 0 \end{cases},\quad f^-(x) = \begin{cases} 0, & f(x) > 0 \\ f(x), & f(x) \le 0 \end{cases}$$

이면 $f^+ \in \Re[0, 1]$이고 $f^- \in \Re[0, 1]$임을 증명하여라.

9. $f \in \Re[a, b]$이고 모든 $x \in [a, b]$에 대하여 $f(x) \ge 0$이라 하자. 만일 f가 $x_0 \in [a, b]$에서 연속이고 $f(x_0) > 0$이면 $\int_a^b f > 0$임을 증명하여라.

10. $f \in \Re[a, b]$이고 $g \in \Re[a, b]$이면 $g \circ f \in \Re[a, b]$인가?

11. f가 $[a, b]$에서 연속이고 $[a, b]$에서 연속인 임의의 함수 g에 대하여 $\int_a^b fg = 0$이면 모든 $x \in [a, b]$ 에 대하여 $f(x) = 0$ 임을 증명하여라.

12. $f(x) = \begin{cases} x^3 \cos \dfrac{1}{x}, & x \ne 0 \\ 0, & x = 0 \end{cases}$ 이면 $f \in \Re[-1, 1]$ 임을 증명하여라.

13. $f \in \Re[0, 1]$이면

$$\lim_{n \to \infty} n \int_0^{\frac{1}{n^2}} f = 0$$

임을 증명하여라.

14. 임의의 $x, y \in [a, b]$에 대하여

$$|f(x) - f(y)| \le M|x - y|$$

인 양수 $M > 0$이 존재하면 $f \in \Re[a, b]$임을 증명하여라.

15. $f \in \Re[0, 1]$이면

$$\lim_{n \to \infty} \int_0^1 x^n f = 0$$

임을 증명하여라.

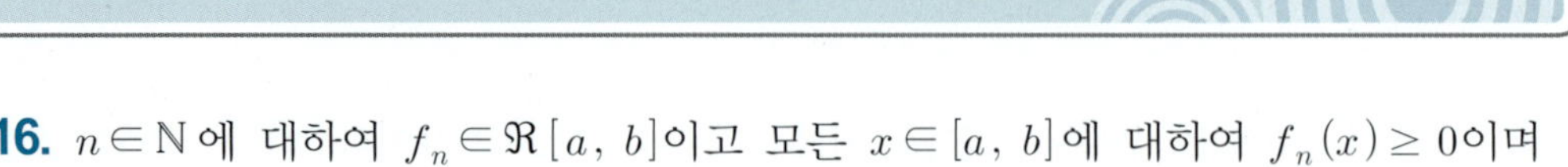

16. $n \in \mathbb{N}$에 대하여 $f_n \in \mathfrak{R}[a, b]$이고 모든 $x \in [a, b]$에 대하여 $f_n(x) \geq 0$이며 $\lim_{n \to \infty} \int_a^b f_n = 0$이면 임의의 $g \in \mathfrak{R}[a, b]$에 대하여

$$\lim_{n \to \infty} \int_a^b f_n g = 0$$

임을 증명하여라.

17. g가 $[0, 1]$에서 유계이고 $0 < a < 1$인 임의의 a에 대하여 $g \in \mathfrak{R}[a, 1]$이면 $g \in \mathfrak{R}[0, 1]$임을 증명하여라.

18. f가 $[0, 1]$에서 연속이면

$$\int_0^1 f = \lim_{n \to \infty} \sum_{i=1}^{n} f\left(\frac{i}{n}\right)\frac{1}{n}$$

임을 증명하여라.

19. $\lim_{n \to \infty} \dfrac{(1^2 + 2^2 + \cdots + n^2)(1^3 + 2^3 + \cdots + n^3)}{(1 + 2 + \cdots + n)(1^4 + 2^4 + \cdots + n^4)}$을 구하여라.

20. $f, g \in \mathfrak{R}[a, b]$이고 모든 $x \in [a, b]$에 대하여 $|g(x)| \geq \alpha$인 양수 $\alpha > 0$가 존재하면 $\dfrac{f}{g} \in \mathfrak{R}[a, b]$임을 증명하여라.

21.

$$f(x) = \begin{cases} 1, & x = 0 \text{ 또는 } x = 1 \\ 0, & x \in [0, 1] \cap \mathbb{Q}^c \\ \dfrac{1}{n}, & x = \dfrac{m}{n},\ (n, m) = 1 \end{cases}$$

이면 $f \in \mathfrak{R}[0, 1]$임을 증명하여라.

22. $f, g : [a, b] \to \mathbb{R}$일 때 $f \in \mathfrak{R}[a, b]$이고

$$\{x \in [a, b] : f(x) \neq g(x)\}$$

가 유한집합이면 $g \in \mathfrak{R}[a, b]$임을 증명하여라.

6.3 미적분학의 기본정리

지금까지는 리만적분을 계산하기 위하여 상합과 하합을 이용하였다. 이제 리만적분을 쉽게 계산할 수 있는 방안으로 미적분학의 기본정리들을 제시하고자 한다.

정의 3.1

D가 구간이고 $f, F: D \to \mathbb{R}$가 모든 $x \in D$에 대하여

$$F'(x) = f(x)$$

이면 F를 f의 **역도함수**(anti-derivative)라 한다.

정리 3.2 미적분학의 기본정리 I (fundamental theorem of calculus I)

$f \in \mathfrak{R}[a, b]$이고 $F: [a, b] \to \mathbb{R}$가 $[a, b]$에서 연속이고 (a, b)에서 미분가능하다고 하자. 만일 F가 f의 역도함수이면

$$\int_a^b f = F(b) - F(a)$$

이다.

증명 | $P = \{x_0, x_1, \cdots, x_n\}$를 $[a, b]$의 분할이라 하자.

평균값정리에 의하여 $i = 1, 2, \cdots, n$에 대하여

$$\frac{F(x_i) - F(x_{i-1})}{x_i - x_{i-1}} = f(c_i)$$

인 $c_i \in (x_{i-1}, x_i)$가 존재한다. 따라서

$$\sum_{i=1}^{n} f(c_i)(x_i - x_{i-1}) = \sum_{i=1}^{n} [F(x_i) - F(x_{i-1})] = F(b) - F(a)$$

이고 상합과 하합의 정의로부터

$$L(P, f) \leq \sum_{i=1}^{n} f(c_i)\Delta x_i \leq U(P, f)$$

이다. P가 $[a, b]$의 임의의 분할이므로

$$\underline{\int_a^b} f \leq F(b) - F(a) \leq \overline{\int_a^b} f$$

이다. $f \in \Re[a, b]$이므로 $\int_a^b f = \underline{\int_a^b} f = \overline{\int_a^b} f$이고 따라서

$$\int_a^b f = F(b) - F(a)$$

이다. ■

예제 3.3 (1) $n \in \mathbb{N}$이고 $f(x) = x^n$일 때 $\int_0^1 f$를 구하여라.

(2) $g(x) = 3^x$일 때 $\int_0^1 g$를 구하여라.

풀이 | (1) f가 $[0, 1]$에서 연속이므로 $f \in \Re[0, 1]$이고 $F(x) = \frac{1}{n+1} x^{n+1}$이라 하면 $F'(x) = f(x)$이다. 따라서 미적분학의 기본정리 I에 의하여

$$\int_0^1 f = F(1) - F(0) = \frac{1}{n+1}$$

이다.

(2) g가 $[0, 1]$에서 연속이므로 $g \in \Re[0, 1]$이고 $G(x) = \frac{3^x}{\ln 3}$이라 하면 $G'(x) = g(x)$이다. 따라서 미적분학의 기본정리 I에 의하여

$$\int_0^1 g = G(1) - G(0) = \frac{2}{\ln 3}$$

이다. ■

미적분학의 기본정리 I을 이용하여 부분적분법을 증명할 수 있다.

정리 3.4 부분적분법(integration by parts)

$f, g : [a, b] \to \mathbb{R}$가 $[a, b]$에서 연속이고 (a, b)에서 미분가능하며 $f', g' \in \mathfrak{R}[a, b]$ 이면

$$\int_a^b f' g = [f(b) g(b) - f(a) g(a)] - \int_a^b f g'$$

이다.

증명 | f와 g가 $[a, b]$에서 연속이므로 fg도 $[a, b]$에서 연속이고

$$(fg)' = f' g + f g' \in \mathfrak{R}[a, b] \tag{1}$$

이다. 따라서 미적분학의 기본정리 I에 의하여

$$\int_a^b (fg)' = (fg)(b) - (fg)(a) = f(b) g(b) - f(a) g(a) \tag{2}$$

이다. (1)에 의하여

$$\int_a^b (fg)' = \int_a^b f' g + \int_a^b f g' \tag{3}$$

이므로 (2)와 (3)에 의하여

$$\int_a^b f' g = [f(b) g(b) - f(a) g(a)] - \int_a^b f g'$$

이다. ■

예제 3.5 다음 적분을 구하여라.

(1) $\displaystyle\int_1^2 x e^x \, dx$　　(2) $\displaystyle\int_0^\pi x \sin x \, dx$

풀이 | (1) $f'(x) = e^x$, $g(x) = x$라 하면 $f(x) = e^x$, $g'(x) = 1$이다. 부분적분법에 의하여

$$\int_1^2 x e^x \, dx = (2e^2 - e^1) - \int_1^2 e^x \, dx = (2e^2 - e) - (e^2 - e) = e^2$$

이다.

(2) $f'(x)=\sin x$, $g(x)=x$라 하면 $f(x)=-\cos x$, $g'(x)=1$이다. 부분적분법에 의하여

$$\int_0^\pi x\sin x\,dx=(-\pi\cos\pi+0\cos 0)+\int_0^\pi \cos x\,dx=\pi$$

이다. ■

정의 3.6

$f\in\Re[a,b]$일 때 $x\in[a,b]$에 대하여

$$F(x)=\int_a^x f(t)\,dt$$

로 정의한 함수 F를 $[a,b]$에서 f의 **부정적분**(indefinite integral)이라 한다.

중간값정리를 이용하여 적분의 평균값정리를 유도할 수 있다.

정리 3.7 적분의 평균값정리(mean value theorem for integrals)

f가 $[a,b]$에서 연속이면

$$\int_a^b f=f(c)(b-a)$$

인 $c\in(a,b)$가 존재한다.

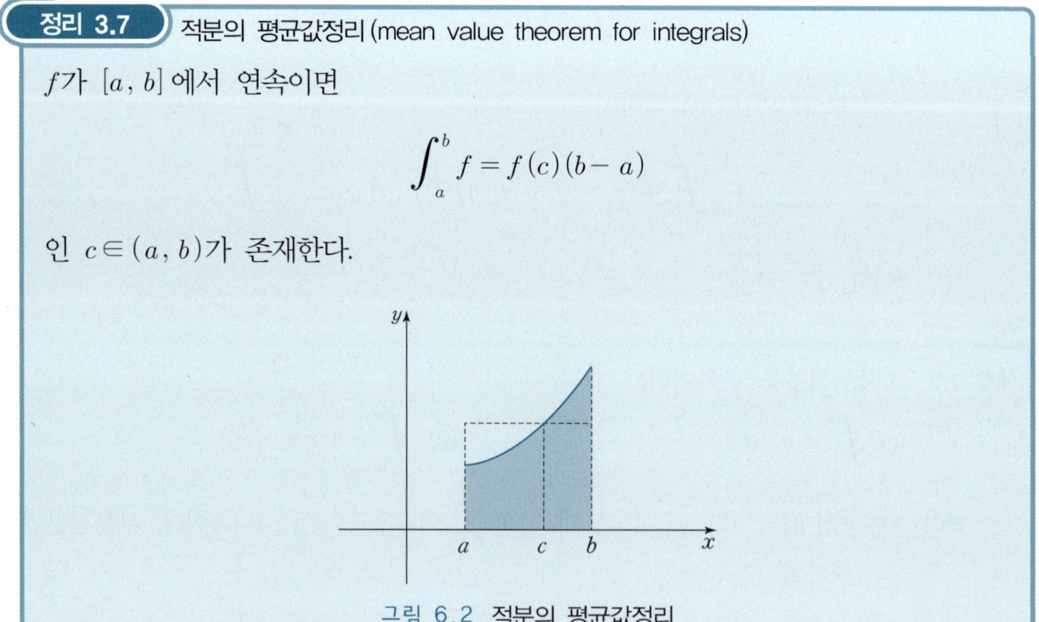

그림 6.2 적분의 평균값정리

증명 | f가 $[a,b]$에서 연속이므로 f는 $[a,b]$에서 최댓값 M과 최솟값 m을 갖는다.

따라서

$$m(b-a) \le \int_a^b f \le M(b-a)$$

이고 이를 정리하면

$$m \le \frac{1}{b-a}\int_a^b f \le M$$

이다. 그러므로 중간값정리에 의하여

$$f(c) = \frac{1}{b-a}\int_a^b f$$

인 $c \in (a, b)$가 존재한다. ■

적분의 평균값정리를 이용하여 미적분학의 기본정리 II를 증명할 수 있다.

정리 3.8 미적분학의 기본정리 II (fundamental theorem of calculus II)

$f \in \Re[a, b]$일 때 임의의 $x \in [a, b]$에 대하여

$$F(x) = \int_a^x f$$

이면 다음이 성립한다.

(1) F는 $[a, b]$에서 평등연속이다.

(2) f가 $[a, b]$에서 연속이면 F는 $[a, b]$에서 미분가능하고 모든 $x \in [a, b]$에 대하여 $F'(x) = f(x)$이다.

(1) F가 $[a, b]$에서 연속이면 $[a, b]$에서 평등연속이므로 임의의 점 $c \in [a, b]$에서 F가 연속임을 증명한다.

(2) 적분의 평균값정리를 이용하여 증명한다.

증명 | (1) $c \in [a, b]$라 하자. $f \in \Re[a, b]$이므로 f는 $[a, b]$에서 유계이다. 따라서 적당한 $M > 0$이 존재하여 모든 $x \in [a, b]$에 대하여

$$|f(x)| \le M$$

이다. 임의의 $\epsilon > 0$에 대하여 $\delta = \dfrac{\epsilon}{M} > 0$이라 하면 $|x-c| < \delta$인 모든 $x \in [a, b]$에 대하여 다음이 성립한다.

(i) 만일 $x \geq c$이면

$$\begin{aligned}|F(x) - F(c)| &= \left|\int_a^x f - \int_a^c f\right| = \left|\int_c^x f\right| \\ &\leq \int_c^x |f| \leq M(x-c) < \epsilon\end{aligned}$$

이다.

(ii) 만일 $x < c$이면

$$\begin{aligned}|F(c) - F(x)| &= \left|\int_a^c f - \int_a^x f\right| = \left|\int_x^c f\right| \\ &\leq \int_x^c |f| \leq M(c-x) < \epsilon\end{aligned}$$

이다.

(i)과 (ii)에 의하여 F는 $x = c$에서 연속이고 $x = c$는 $[a, b]$의 임의의 점이므로 F는 $[a, b]$에서 연속이다. $[a, b]$가 유계인 폐구간이므로 F는 $[a, b]$에서 평등연속이다.

(2) $\alpha \in [a, b]$라 하자. 그러면

$$\begin{aligned}F'(\alpha) &= \lim_{h \to 0} \frac{F(\alpha + h) - F(\alpha)}{h} \\ &= \lim_{h \to 0} \frac{1}{h}\left(\int_a^{\alpha+h} f - \int_a^{\alpha} f\right) \\ &= \lim_{h \to 0} \frac{1}{h}\int_{\alpha}^{\alpha+h} f\end{aligned}$$

이다. f가 $[a, b]$에서 연속이므로 적분의 평균값정리에 의하여

$$\frac{1}{h}\int_{\alpha}^{\alpha+h} f = f(c_\alpha)$$

인 c_α가 α와 $\alpha + h$ 사이에 존재한다. f가 $x = \alpha$에서 연속이므로

$$F'(\alpha) = \lim_{h \to 0} f(c_\alpha) = f(\alpha)$$

이고 α는 $[a, b]$의 임의의 점이므로 임의의 $x \in [a, b]$에 대하여

$$F'(x) = f(x)$$

이다. ■

미적분학의 기본정리 I과 기본정리 II를 이용하여 치환적분법을 증명할 수 있다.

정리 3.9 치환적분법 (integration by substitution)

g가 $[a, b]$에서 미분가능하고 $g' \in \Re[a, b]$이며 f가 $I = g([a, b])$에서 연속이면

$$\int_a^b f(g(t))\, g'(t)\, dt = \int_{g(a)}^{g(b)} f(x)\, dx$$

이다.

증명 | $f \circ g$가 $[a, b]$에서 연속이고 $g' \in \Re[a, b]$이므로 $(f \circ g)\, g' \in \Re[a, b]$이다. $x \in I$에 대하여

$$F(x) = \int_{g(a)}^{x} f(t)\, dt$$

라 하면 미적분학의 기본정리 II에 의하여

$$F'(x) = f(x)$$

이다. 또한 $t \in [a, b]$에 대하여

$$G(t) = (F \circ g)(t)$$

라 하면 연쇄법칙에 의하여

$$G'(t) = F'(g(t))\, g'(t) = f(g(t))\, g'(t)$$

이다. 따라서 미적분학의 기본정리 I에 의하여

$$\begin{aligned}
\int_a^b f(g(t))\, g'(t)\, dt &= \int_a^b G'(t)\, dt \\
&= G(b) - G(a) \\
&= (F \circ g)(b) - (F \circ g)(a) \\
&= F(g(b)) - F(g(a))
\end{aligned}$$

$$= \int_{g(a)}^{g(b)} f(x)\, dx$$

이다. ■

예제 3.10 다음 적분을 구하여라.

(1) $\displaystyle\int_1^2 \frac{t}{t^2+1}\, dt$ (2) $\displaystyle\int_1^2 x \sin x^2\, dx$

풀이 | (1) $g(t) = t^2 + 1$, $f(t) = \dfrac{1}{t}$이라 하면

$$\begin{aligned}\int_1^2 \frac{t}{t^2+1}\, dt &= \frac{1}{2}\int_1^2 f(g(t))g'(t)\, dt \\ &= \frac{1}{2}\int_2^5 \frac{1}{x}\, dx \\ &= \frac{1}{2}(\ln 5 - \ln 2) = \frac{1}{2}\ln\frac{5}{2}\end{aligned}$$

이다.

(2) $g(x) = x^2$, $f(x) = \sin x$ 라 하면

$$\begin{aligned}\int_1^2 x \sin x^2\, dx &= \frac{1}{2}\int_1^2 f(g(x))g'(x)\, dx \\ &= \frac{1}{2}\int_1^4 \sin t\, dt \\ &= \frac{1}{2}(\cos 1 - \cos 4)\end{aligned}$$

이다. ■

> 미적분학의 기본정리 I과 II는 교재에 따라서 본 교재와 같은 순서 또는 다른 순서로 표기된다. 예를 들어, Kenneth A. Ross의 *Elementary Analysis : The Theory of Calculus* 에서는 본 교재와 같은 순서로 언급되어 있지만 Robert G. Bartle & Donald R. Sherbert의 *Introduction to Real Analysis* 에서는 본 교재와 다른 순서로 언급되어 있다.

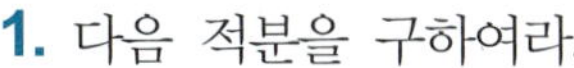

6.3 연습문제

1. 다음 적분을 구하여라.

(1) $\displaystyle\int_1^e x^{10}\ln x\,dx$　　(2) $\displaystyle\int_0^1 x\,\mathrm{Tan}^{-1}x\,dx$

(3) $\displaystyle\int_1^2 \ln x\,dx$　　(4) $\displaystyle\int_0^1 x\sin x\,dx$

2. 다음 적분을 구하여라.

(1) $\displaystyle\int_1^{e^3}\frac{\ln x}{x}\,dx$　　(2) $\displaystyle\int_1^9\frac{\sqrt{3-\sqrt{x}}}{\sqrt{x}}\,dx$

(3) $\displaystyle\int_1^4\frac{e^{\sqrt{x}}}{\sqrt{x}}\,dx$　　(4) $\displaystyle\int_1^4\frac{\cos(\ln x)}{x}\,dx$

3. 다음을 구하여라.

(1) $\displaystyle\lim_{h\to 0}\frac{1}{h}\int_0^h \sin(e^t)\,dt$　　(2) $\displaystyle\lim_{x\to 1}\frac{1}{x-1}\int_1^x e^{\sqrt{t}}\,dt$

4. (1) g 가 $[0,1]$ 에서 유계이고 $(0,1]$에서 연속이면 $g\in\Re[0,1]$임을 증명하여라.

(2)

$$g(x)=\begin{cases}-\cos\dfrac{1}{x}+2x\sin\dfrac{1}{x}, & x\neq 0\\ 0, & x=0\end{cases}$$

일 때 $\displaystyle\int_0^1 g$ 를 구하여라.

5. 다음을 구하여라.

(1) $\displaystyle F(x)=\int_2^{x^3} e^{\sin t}\,dt$ 일 때 $F'(2)$

(2) $\displaystyle G(x)=\int_{-3x}^{2x+1}\cos(t^2+1)\,dt$ 일 때 $G'(0)$

6. $a > 0$ 이고 $f \in \Re[-a, a]$일 때 다음을 증명하여라.

(1) f가 기함수이면 $\int_{-a}^{a} f = 0$이다.

(2) f가 우함수이면 $\int_{-a}^{a} f = 2\int_{0}^{a} f$이다.

7. f가 $[0, 1]$에서 음의 값을 갖지 않는 연속함수이고 $\int_{0}^{1} f = 0$이면 모든 $x \in [0, 1]$에 대하여 $f(x) = 0$임을 증명하여라.

8. 다음 함수들은 $\mathbb{R}$에서 연속이므로 역도함수가 존재한다. 역도함수를 구하여라.

(1) $f(x) = |x|$

(2) $g(x) = \begin{cases} x, & x < 1 \\ x^2, & x \geq 1 \end{cases}$

(3) $h(x) = \begin{cases} x \ln x^2, & x \neq 0 \\ 0, & x = 0 \end{cases}$

9. f가 $[a, b]$에서 연속이고 $g \in \Re[a, b]$이며 모든 $x \in [a, b]$에 대하여 $g(x) \geq 0$이면

$$\int_{a}^{b} f(x)g(x)\,dx = f(c)\int_{a}^{b} g(x)\,dx$$

인 $c \in [a, b]$가 존재함을 증명하여라.

10. f와 g가 $[a, b]$에서 연속이고 $\int_{a}^{b} f = \int_{a}^{b} g$이면 $f(c) = g(c)$인 $c \in [a, b]$가 존재함을 증명하여라.

11. $x \geq 1$인 모든 x에 대하여 $\ln x \leq 2(\sqrt{x} - 1)$임을 증명하여라.

12. $f \in \Re[a, b]$이고 모든 $x \in [a, b]$에 대하여 $F(x) = \int_{a}^{x} f(t)\,dt$이면 F는 (a, b)에서 미분가능한가?

13. f가 $[0, 1]$에서 연속이고 모든 $x \in [a, b]$에 대하여 $f(x) \neq 0$이며

$$(f(x))^2 = 2\int_0^x f(t)\,dt$$

이면 모든 $x \in [0, 1]$에 대하여 $f(x) = x$임을 증명하여라.

14. $f \in \mathfrak{R}[a, b]$이면

$$\int_a^c f(x)\,dx = \int_c^b f(x)\,dx$$

인 $c \in [a, b]$가 존재함을 증명하여라.

15. f가 $[0, 1]$에서 연속이고 임의의 $x \in [0, 1]$에 대하여

$$\int_0^x f(t)\,dt = \int_x^1 f(t)\,dt$$

이면 모든 $x \in [0, 1]$에 대하여 $f(x) = 0$임을 증명하여라.

16. f가 $\mathbb{R}$에서 연속이고 $x \in \mathbb{R}$에 대하여

$$g(x) = \int_{x-1}^{x+1} f(t)\,dt$$

이면 g는 $\mathbb{R}$에서 미분가능함을 증명하여라.

17. f와 g가 $[a, b]$에서 연속이면

$$\left(\int_a^b f(x)g(x)\,dx\right)^2 \leq \int_a^b (f(x))^2\,dx + \int_a^b (g(x))^2\,dx$$

임을 증명하여라.

18. f가 $[0, 1]$에서 연속이면

$$\lim_{n\to\infty}\int_0^1 f(x^n)\,dx = f(0)$$

임을 증명하여라.

19. $a>0$ 일 때 f가 $[a, b]$에서 연속이고 $\int_a^b f = 0$이면

$$\int_a^c f(x)\,dx = cf(c)$$

인 $c \in [a, b]$가 존재함을 증명하여라.

20. f와 g가 $[a, b]$에서 연속이면

$$g(c)\int_a^b f(x)\,dx = f(c)\int_a^b g(x)\,dx$$

인 $c \in [a, b]$ 가 존재함을 증명하여라.

21. g가 $[a, b]$에서 연속이고 f가 $[a, b]$에서 미분가능하며 f'이 $[a, b]$에서 연속이고 모든 $x \in [a, b]$에 대하여 $f'(x) \geq 0$이면

$$\int_a^b f(t)g(t)\,dt = f(a)\int_a^c g(t)\,dt + f(b)\int_c^b g(t)\,dt$$

인 $c \in [a, b]$가 존재함을 증명하여라.

22. f가 $[a, b]$에서 연속이면

$$\int_a^b f = f(a)(c-a) + f(b)(b-c)$$

인 $c \in [a, b]$가 존재함을 증명하여라.

23. f가 $[0, 1]$에서 연속이면

$$\int_0^1 xf(x)\,dx = \frac{1}{2}f(c)$$

인 $c \in [0, 1]$가 존재함을 증명하여라.

24. f가 $[0, 1]$에서 연속인 2계 도함수를 가지면

$$f(1) = f(0) + f'(0) + \int_0^1 f''(x)(1-x)\,dx$$

임을 증명하여라.

25. f가 $[1, \infty)$에서 연속이고 임의의 $x \in [1, \infty)$에 대하여 $f(x) \geq 0$이며

$$\int_1^x f(t)\,dt \leq (f(x))^2$$

이면 모든 $x \in [1, \infty)$에 대하여

$$\frac{1}{2}(x-1) \leq f(x)$$

임을 증명하여라.

26. f가 $[0, 1]$에서 연속이면

$$\lim_{p \to \infty} \left(\int_0^1 |f(x)|^p\,dx \right)^{1/p} = \max_{x \in [0, 1]} |f(x)|$$

임을 증명하여라.

6.4 특이 리만적분

1절에서 리만적분을 정의할 때 함수들에 대하여 다음의 두 가지를 제한하였다.

(1) f는 유계인 폐구간 $[a, b]$에서 정의되어야 한다.

(2) f는 정의역에서 유계이어야 한다.

이제 주어진 함수가 이 두 조건 중의 하나 또는 둘 모두를 만족하지 않을 때 함수의 적분을 논의하고자 한다.

f가 $(a, b]$ 또는 $[a, b)$에서 정의되지만 유계가 아닌 경우의 특이 리만적분은 다음과 같이 정의한다.

정의 4.1

(1) $f : (a, b] \to \mathbb{R}$가 임의의 $c \in (a, b)$에 대하여 $f \in \mathfrak{R}[c, b]$이면 $(a, b]$에서 f의 **특이 리만적분**(improper Riemann integral)은

$$\int_a^b f = \lim_{c \to a^+} \int_c^b f$$

로 정의한다.

(2) $f : [a, b) \to \mathbb{R}$가 임의의 $c \in (a, b)$에 대하여 $f \in \mathfrak{R}[a, c]$이면 $[a, b)$에서 f의 **특이 리만적분**(improper Riemann integral)은

$$\int_a^b f = \lim_{c \to b^-} \int_a^c f$$

로 정의한다.

정의 4.1의 (1)과 (2)에서 우변의 극한이 존재하면 f가 $(a, b]$와 $[a, b)$에서 **특이 리만적분 가능하다** 또는 **특이 리만적분은 수렴한다**고 한다.

또한 정의 4.1의 (1)과 (2)에서 우변의 극한이 존재하지 않으면 f가 $(a, b]$와 $[a, b)$에서 **특이 리만적분 가능하지 않다** 또는 **특이 리만적분은 발산한다**고 한다.

이제 특이 리만적분을 간단히 **특이적분**(improper integral)이라 하기로 한다.

예제 4.2 (1) $f(x)=\dfrac{1}{x}$이면 특이적분 $\displaystyle\int_0^1 f$는 수렴하는가?

(2) $g(x)=\ln x$이면 특이적분 $\displaystyle\int_0^1 g$는 수렴하는가?

TIP $c\in(0,1]$일 때 $[c,1]$에서 f와 g가 모두 연속이므로 $f, g\in\Re[c,1]$이다.

풀이 | (1)
$$\int_0^1 f=\lim_{c\to 0^+}\int_c^1 f=\lim_{c\to 0^+}(-\ln c)=\infty$$

이므로 특이적분 $\displaystyle\int_0^1 f$는 발산한다.

(2)
$$\int_0^1 g=\lim_{c\to 0^+}\int_c^1 g=\lim_{c\to 0^+}\left((-\ln c\cdot c)-\int_c^1 1\,dx\right)=-1$$

이므로 특이적분 $\displaystyle\int_0^1 g$는 수렴한다. ■

정의 4.3

$f:[a,b]-\{c\}\to\mathbb{R}$가 $[a,c)$와 $(c,b]$에서 특이적분 가능하면 f는 $[a,b]$에서 **특이적분 가능하다**고 하고

$$\int_a^b f=\lim_{p\to c^-}\int_a^p f+\lim_{q\to c^+}\int_q^b f$$

로 정의한다.

예제 4.4 $\displaystyle\int_{-1}^1\frac{1}{x^2}\,dx$를 계산하려고 한다. $\dfrac{1}{x^2}$의 역도함수가 $-\dfrac{1}{x}$이므로 미적분학의 기본정리를 이용하여

$$\int_{-1}^1\frac{1}{x^2}\,dx=-\frac{1}{x}\Big|_{-1}^1=-2$$

로 계산하였을 때 오류를 설명하고 올바른 계산을 하여라.

풀이 | $\frac{1}{x^2}$의 역도함수인 $-\frac{1}{x}$은 $[-1, 1]$에서 연속이 아니므로 미적분학의 기본정리를 사용할 수 없다.

$$\lim_{p \to 0^-} \int_{-1}^{p} \frac{1}{x^2}\, dx = \lim_{p \to 0^-} \left[-\frac{1}{p} + 1\right] = \infty,$$

$$\lim_{q \to 0^+} \int_{q}^{1} \frac{1}{x^2}\, dx = \lim_{q \to 0^+} \left[-1 + \frac{1}{q}\right] = \infty$$

이므로

$$\int_{-1}^{1} \frac{1}{x^2}\, dx = \infty$$

이다. ■

f가 $[a, \infty)$ 또는 $(-\infty, b]$에서 정의된 유계인 함수일 때 특이적분은 다음과 같이 정의한다.

정의 4.5

(1) $f : [a, \infty) \to \mathbb{R}$가 $a < c$인 임의의 $c \in \mathbb{R}$에 대하여 $f \in \Re[a, c]$이면 **$[a, \infty)$에서 f의 특이적분**은

$$\int_a^{\infty} f = \lim_{c \to \infty} \int_a^c f$$

로 정의한다.

(2) $f : (-\infty, b] \to \mathbb{R}$가 $c < b$인 임의의 $c \in \mathbb{R}$에 대하여 $f \in \Re[c, b]$이면 **$(-\infty, b]$에서 f의 특이적분**은

$$\int_{-\infty}^{b} f = \lim_{c \to -\infty} \int_c^b f$$

로 정의한다.

정의 4.5의 (1)과 (2)에서 우변의 극한이 존재하면 **특이적분 가능하다** 또는 **특이적분은 수렴한다**고 한다. 또한 정의 4.5의 (1)과 (2)에서 우변의 극한이 존재하지 않으면 **특이적분**

가능하지 않다 또는 **특이적분은 발산한다**고 한다.

예제 4.6 (1) $f(x)=\dfrac{1}{x}$ 이면 $\displaystyle\int_1^{\infty} f$는 수렴하는가?

(2) $g(x)=\dfrac{1}{x^2}$ 이면 $\displaystyle\int_1^{\infty} g$는 수렴하는가?

TIP 임의의 $c\in[a,\infty)$에 대하여 f와 g는 $[1, c]$에서 연속이므로 $f, g\in\Re[1, c]$이다.

풀이 | (1)

$$\int_1^{\infty} f = \lim_{c\to\infty}\int_1^{c} f = \lim_{c\to\infty}(\ln c-\ln 1)=\infty$$

이므로 $\displaystyle\int_1^{\infty} f$는 발산한다.

(2)

$$\int_1^{\infty} g = \lim_{c\to\infty}\int_1^{c} g = \lim_{c\to\infty}\left(-\frac{1}{c}+1\right)=1$$

이므로 $\displaystyle\int_1^{\infty} g$는 수렴한다. ■

특이적분을 직접 계산하여 수렴과 발산을 판정할 수 없는 경우 다음 정리는 유용하게 사용된다.

정리 4.7

$f, g: [a,\infty)\to\mathbb{R}$가 $a<b$인 임의의 $b\in\mathbb{R}$에 대하여 $f, g\in\Re[a, b]$이고 모든 $x\in[a,\infty)$에 대하여 $0\le f(x)\le g(x)$라 하자.

(1) $\displaystyle\int_a^{\infty} g$가 수렴하면 $\displaystyle\int_a^{\infty} f$도 수렴한다.

(2) $\displaystyle\int_a^{\infty} f$가 발산하면 $\displaystyle\int_a^{\infty} g$도 발산한다.

증명 | (1) 임의의 $x\in[a,\infty)$에 대하여

$$F(x)=\int_a^{x} f,\ \ G(x)=\int_a^{x} g$$

라 하면 $0\le f(x)\le g(x)$이므로 $0\le F(x)\le G(x)$이다. $\displaystyle\int_a^{\infty} g$가 수렴

하므로 적당한 $\alpha \in \mathbb{R}$ 가 존재하여 $\int_a^{\infty} g = \alpha < \infty$ 이다. 임의의 $x \in [a, \infty)$ 에 대하여

$$F(x) \le G(x) \le \int_a^{\infty} g = \alpha$$

이고 F는 $[a, \infty)$에서 증가함수이므로 $\int_a^{\infty} f = \lim_{x \to \infty} \int_a^x f \le \alpha$이다. 따라서 $\int_a^{\infty} f$도 수렴한다.

(2) 연습문제로 한다. ■

예제 4.8 $\int_2^{\infty} \frac{1}{\sqrt{x^4+3}} dx$ 는 수렴하는가?

풀이 | 임의의 $x \in [2, \infty)$에 대하여

$$\frac{1}{\sqrt{x^4+3}} \le \frac{1}{\sqrt{x^4}} = \frac{1}{x^2}$$

이고

$$\int_2^{\infty} \frac{1}{x^2} dx = \lim_{t \to \infty} \int_2^t \frac{1}{x^2} dx = \lim_{t \to \infty} \left(-\frac{1}{t} + \frac{1}{2} \right) = \frac{1}{2} < \infty$$

이므로 $\int_2^{\infty} \frac{1}{\sqrt{x^4+3}} dx$ 는 수렴한다. ■

f가 $\mathbb{R}$ 에서 정의된 유계인 함수일 때 특이적분은 다음과 같이 정의한다.

정의 4.9

f가 적당한 $p \in \mathbb{R}$ 에 대하여 $(-\infty, p]$와 $[p, \infty)$에서 특이적분 가능하면 f는 **$\mathbb{R}$ 에서 특이적분 가능하다**고 하고

$$\int_{-\infty}^{\infty} f = \int_{-\infty}^{p} f + \int_p^{\infty} f$$

로 정의한다.

예제 4.10 $\displaystyle\int_{-\infty}^{\infty} \frac{1}{x^2+1}\, dx$ 의 수렴성을 판정하여라.

풀이 |

$$\int_0^{\infty} \frac{1}{x^2+1}\, dx = \lim_{c\to\infty}\int_0^c \frac{1}{x^2+1}\, dx$$
$$= \lim_{c\to\infty}(\mathrm{Tan}^{-1}(c) - \mathrm{Tan}^{-1}(0)) = \frac{\pi}{2}$$

이고

$$\int_{-\infty}^{0} \frac{1}{x^2+1}\, dx = \lim_{c\to-\infty}\int_c^0 \frac{1}{x^2+1}\, dx$$
$$= \lim_{c\to-\infty}(\mathrm{Tan}^{-1}(0) - \mathrm{Tan}^{-1}(c)) = \frac{\pi}{2}$$

이다. 따라서

$$\int_{-\infty}^{\infty} \frac{1}{x^2+1}\, dx = \int_{-\infty}^{0} \frac{1}{x^2+1}\, dx + \int_0^{\infty} \frac{1}{x^2+1}\, dx = \pi$$

이므로 $\displaystyle\int_{-\infty}^{\infty} \frac{1}{x^2+1}\, dx$는 수렴한다. ■

$\mathbb{R}$ 에서 f의 특이적분을

$$\int_{-\infty}^{\infty} f = \lim_{p\to\infty}\int_{-p}^{p} f$$

라 하는 것은 옳지 않다. 다음 예제는 이 등식이 옳지 않음을 보여준다.

예제 4.11 $\displaystyle\int_{-\infty}^{\infty} x\, dx$ 의 수렴성을 판정하여라.

풀이 | 임의의 $a \in \mathbb{R}$ 에 대하여

$$\int_a^{\infty} x\, dx = \lim_{c\to\infty}\int_a^c x\, dx = \lim_{c\to\infty}\left(\frac{c^2}{2} - \frac{a^2}{2}\right) = \infty$$

이므로 정의 4.9에 의하여 $\displaystyle\int_{-\infty}^{\infty} x\, dx$ 는 발산한다. ■

만일 $\int_{-\infty}^{\infty} f = \lim_{p\to\infty}\int_{-p}^{p} f$를 이용하여 계산하면 임의의 $p\in\mathbb{R}$ 에 대하여

$$\int_{-p}^{p} x\,dx = 0$$

이므로 $\int_{-\infty}^{\infty} x\,dx$가 수렴한다고 결론을 내리는 오류를 범할 수 있다.

특이적분을 이용한 함수들 중 가장 중요한 함수가 감마함수이다.

정의 4.12

$a>0$일 때

$$\Gamma(a)=\int_0^{\infty} t^{a-1}e^{-t}\,dt$$

를 **감마함수**(gamma function)라 한다.

정리 4.13

$a>0$ 일 때 감마함수 $\Gamma(a)=\int_0^{\infty} t^{a-1}e^{-t}\,dt$는 수렴한다.

$\int_0^1 t^{a-1}e^{-t}\,dt$ 와 $\int_1^{\infty} t^{a-1}e^{-t}\,dt$가 모두 수렴함을 보임으로써 $\Gamma(a)$가 수렴함을 증명한다.

증명 | $a>0$이고 $0<t\le 1$일 때

$$t^{a-1}e^{-t}\le t^{a-1}$$

이고 $\int_0^1 t^{a-1}\,dt$ 가 수렴하므로 $\int_0^1 t^{a-1}e^{-t}\,dt$도 수렴한다.

임의의 $t\in[1,\infty)$에 대하여 $f(t)=t^{a+1}e^{-t}$이라 하자. $f'(t)=t^a e^{-t}(a+1-t)$이므로 f는 $t=a+1$일 때 최댓값 $f(a+1)=(a+1)^{a+1}e^{-a-1}$을 갖는다. 따라서

$$\begin{aligned}\int_1^\infty t^{a-1}e^{-t}\,dt &= \int_1^\infty (t^{a+1}e^{-t})\frac{1}{t^2}\,dt \\ &\le (a+1)^{a+1}e^{-a-1}\int_1^\infty \frac{1}{t^2}\,dt\end{aligned}$$

이고 $\int_1^\infty \frac{1}{t^2}\,dt$ 가 수렴하므로 $\int_1^\infty t^{a-1}e^{-t}\,dt$ 도 수렴한다.

따라서 $a>0$ 일 때 $\Gamma(a)=\int_0^\infty t^{a-1}e^{-t}\,dt$ 는 수렴한다. ■

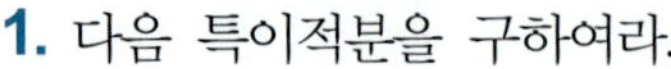

6.4 연습문제

1. 다음 특이적분을 구하여라.

(1) $\displaystyle\int_0^1 \frac{1}{\sqrt[3]{x}}\,dx$ (2) $\displaystyle\int_0^1 \tan\left(\frac{\pi}{2}x\right)dx$

(3) $\displaystyle\int_0^1 \frac{1}{x(x+1)}\,dx$ (4) $\displaystyle\int_0^1 \ln x\,dx$

2. 다음 특이적분을 구하여라.

(1) $\displaystyle\int_2^\infty \frac{1}{x\ln x}\,dx$ (2) $\displaystyle\int_2^\infty \frac{x}{x^2-1}\,dx$

(3) $\displaystyle\int_1^\infty \frac{1}{x(x+1)}\,dx$ (4) $\displaystyle\int_1^\infty \frac{2x}{\sqrt{1+x^2}}\,dx$

3. 다음을 구하여라.

(1) $\displaystyle\int_{-\infty}^\infty \frac{1}{x^2}\,dx$ (2) $\displaystyle\lim_{x\to\infty}\frac{1}{x}\int_2^x \sqrt{4+\frac{1}{(t-1)^2}}\,dt$

4. $a>0$ 일 때 $\Gamma(a+1)=a\Gamma(a)$ 임을 증명하여라.

5. $a>0$ 이고 $r>0$ 일 때

$$\int_0^\infty t^{a-1}e^{-rt}\,dt = r^{-a}\,\Gamma(a)$$

임을 증명하여라.

6. $f(x)=\dfrac{1}{x^a}$ 일 때 다음 특이적분이 수렴하는 a 의 값을 구하여라.

(1) $\displaystyle\int_0^1 f$ (2) $\displaystyle\int_1^\infty f$

7. $\displaystyle\int_0^\infty \frac{x^p}{1+x}\,dx$ 가 수렴하는 p 의 값을 구하여라.

8. f와 g가 모든 $x \in [a,\ \infty)$에 대하여 $0 \le f(x) \le g(x)$라 하자. $a \le b$인 모든 b에 대하여 $f, g \in \mathfrak{R}[a,\ b]$일 때 $\int_a^\infty f$가 발산하면 $\int_a^\infty g$도 발산함을 증명하여라.

9. $(a,\ b]$에서 f의 특이적분이 수렴하면 $(a,\ b]$에서 f^2의 특이적분도 수렴하는가?

10. f와 g가 $[a, \infty)$에서 특이적분 가능하고 $\alpha,\ \beta \in \mathbb{R}$이면

$$\int_a^\infty (\alpha f + \beta g) = \alpha \int_a^\infty f + \beta \int_a^\infty g$$

임을 증명하여라.

11. $f,\ g : [1, \infty) \to \mathbb{R}$이면

$$\int_1^\infty (f+g) = \int_1^\infty f + \int_1^\infty g$$

가 성립하는가?

12. 다음 특이적분의 수렴과 발산을 판정하여라.

(1) $\displaystyle\int_1^\infty \frac{x}{(x^3+1)(x^2+1)}\,dx$ (2) $\displaystyle\int_2^\infty \frac{x^2+1}{x^3-1}\,dx$

13. $\int_a^\infty |f|$가 수렴하면 $\int_a^\infty f$도 수렴함을 증명하여라.

14. 모든 $x \in [0,\ \infty)$에 대하여 $f(x) \ge 0$이고 f가 $[0,\ \infty)$에서 평등연속이며 특이적분 가능하면 $\lim_{x\to\infty} f(x) = 0$임을 증명하여라.

15. f가 $[0,\ \infty)$에서 유계이고 특이적분 가능하면 $\lim_{x\to\infty} f(x) = 0$이 성립하는가?

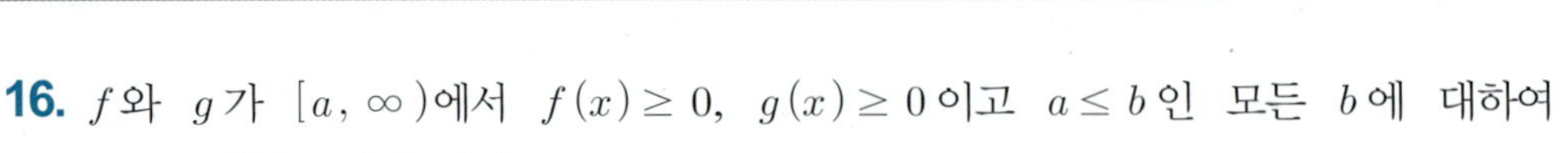

16. f와 g가 $[a, \infty)$에서 $f(x) \ge 0$, $g(x) \ge 0$이고 $a \le b$인 모든 b에 대하여 $f, g \in \Re[a, b]$라 하자.

(1) $\lim_{x \to \infty} \dfrac{f(x)}{g(x)} = 0$이고 $\int_a^\infty g$가 수렴하면 $\int_a^\infty f$도 수렴함을 증명하여라.

(2) $\lim_{x \to \infty} \dfrac{f(x)}{g(x)} = \infty$이고 $\int_a^\infty g$가 발산하면 $\int_a^\infty f$도 발산함을 증명하여라.

17. f와 g가 $[a, \infty)$에서 $f(x) \ge 0$, $g(x) \ge 0$이고 $a \le b$인 모든 b에 대하여 $f, g \in \Re[a, b]$이며 $\lim_{x \to \infty} \dfrac{f(x)}{g(x)} = \alpha > 0$일 때 $\int_a^\infty f$가 수렴하기 위한 필요충분조건이 $\int_a^\infty g$가 수렴하는 것임을 증명하여라.

18. f가 $[a, \infty)$에서 특이적분 가능하면 임의의 $\epsilon > 0$에 대하여 적당한 양의 상수 N이 존재하여 $p \ge q \ge N$인 모든 $p, q \in [a, \infty)$에 대하여

$$\left| \int_q^p f \right| < \epsilon$$

임을 증명하여라.

19. $\displaystyle\int_\pi^\infty \frac{|\sin x|}{x}\, dx$가 발산함을 증명하여라.

20. $\displaystyle\int_0^\infty \frac{\sin x}{x}\, dx$가 수렴함을 증명하여라.

21. f가 $[1, \infty)$에서 특이적분 가능하고 g가 $[1, \infty)$에서 유계인 단조함수이면 fg도 $[1, \infty)$에서 특이적분 가능함을 증명하여라.

6.5 리만-스틸체스 적분

리만적분을 일반화한 적분이 리만-스틸체스 적분이며 두 적분은 다음과 같은 차이가 있다. f가 $[a, b]$에서 유계일 때 $[a, b]$의 분할 $P = \{x_0, x_1, x_2, \cdots, x_n\}$에 대하여 리만적분에서는 i번째 구간 $[x_{i-1}, x_i]$의 길이를 $\Delta x_i = x_i - x_{i-1}$로 정의한다. 반면 리만-스틸체스 적분에서는 Δx_i 대신에 증가함수인 α에 대하여 $\Delta \alpha_i = \alpha(x_i) - \alpha(x_{i-1})$로 나타내고 상합과 하합을 새롭게 정의하고 리만-스틸체스 적분을 정의한다.

따라서 $\alpha(x) = x$이면 $\Delta \alpha_i = \Delta x_i$이므로 리만-스틸체스 적분은 리만적분을 일반화한 것으로 판단할 수 있다.

f가 $[a, b]$에서 유계인 함수이고 α가 $[a, b]$에서 증가함수라 하자. $[a, b]$의 분할 $P = \{x_0, x_1, \cdots, x_n\}$에 대하여

$$\Delta \alpha_i = \alpha(x_i) - \alpha(x_{i-1})$$

이라 하면 $i = 1, 2, \cdots, n$에 대하여 $\Delta \alpha_i \geq 0$이고 리만적분에서와 같이

$$m_i = \inf\{f(x) : x_{i-1} \leq x \leq x_i\}, \quad M_i = \sup\{f(x) : x_{i-1} \leq x \leq x_i\}$$

로 나타낸다. 이를 이용하여 리만-스틸체스 상합과 하합을 다음과 같이 정의한다.

정의 5.1

f가 $[a, b]$에서 유계인 함수이고 α가 $[a, b]$에서 증가함수라 하자. $P = \{x_0, x_1, \cdots, x_n\}$가 $[a, b]$의 분할일 때

(1) $$U(P, f, \alpha) = \sum_{i=1}^{n} M_i \Delta \alpha_i$$

를 **α에 관한 f의 리만-스틸체스 상합**(upper Riemann-Stieltjes sum)이라 한다.

(2) $$L(P, f, \alpha) = \sum_{i=1}^{n} m_i \Delta \alpha_i$$

를 **α에 관한 f의 리만-스틸체스 하합**(lower Riemann-Stieltjes sum)이라 한다.

예제 5.2 $\alpha(x)=\begin{cases} 0, & 0\le x<\frac{1}{2} \\ 1, & \frac{1}{2}\le x\le 1 \end{cases}$ 이고 $P=\left\{0, \frac{1}{3}, \frac{2}{3}, 1\right\}$일 때

(1) $[0, 1]$에서 α에 관한 $f(x)=x$의 리만-스틸체스 상합을 구하여라.

(2) $[0, 1]$에서 α에 관한 $f(x)=x$의 리만-스틸체스 하합을 구하여라.

풀이 | (1) $U(P, f, \alpha)=\sum_{i=1}^{n} M_i \Delta \alpha_i$

$$=\frac{1}{3}\left(\alpha\left(\frac{1}{3}\right)-\alpha(0)\right)+\frac{2}{3}\left(\alpha\left(\frac{2}{3}\right)-\alpha\left(\frac{1}{3}\right)\right)+1\left(\alpha(1)-\alpha\left(\frac{2}{3}\right)\right)$$

$$=\frac{1}{3}\cdot 0+\frac{2}{3}\cdot 1+1\cdot 0=\frac{2}{3}$$

(2) $L(P, f, \alpha)=\sum_{i=1}^{n} m_i \Delta \alpha_i$

$$=0\left(\alpha\left(\frac{1}{3}\right)-\alpha(0)\right)+\frac{1}{3}\left(\alpha\left(\frac{2}{3}\right)-\alpha\left(\frac{1}{3}\right)\right)+\frac{2}{3}\left(\alpha(1)-\alpha\left(\frac{2}{3}\right)\right)$$

$$=0\cdot 0+\frac{1}{3}\cdot 1+\frac{2}{3}\cdot 0=\frac{1}{3}$$ ■

리만적분과 비슷한 방법으로 리만-스틸체스 상적분과 하적분을 정의한다.

정의 5.3

f가 $[a, b]$에서 유계인 함수이고 α가 $[a, b]$에서 증가함수라 하자.

(1) $$\overline{\int_a^b} f\,d\alpha=\inf\{U(P, f, \alpha): P\text{는 } [a, b]\text{의 분할}\}$$

을 $[a, b]$에서 **α에 관한 f의 리만-스틸체스 상적분**(upper Riemann-Stieltjes integral)이라 한다.

(2) $$\underline{\int_a^b} f\,d\alpha=\sup\{L(P, f, \alpha): P\text{는 } [a, b]\text{의 분할}\}$$

을 $[a, b]$에서 **α에 관한 f의 리만-스틸체스 하적분**(lower Riemann-Stieltjes integral)이라 한다.

리만적분의 경우와 같이 리만-스틸체스 상적분과 하적분 사이에는 다음과 같은 관계가 있다. 증명은 리만적분과 유사하므로 연습문제로 한다.

정리 5.4

f가 $[a, b]$에서 유계인 함수이고 α가 $[a, b]$에서 증가함수이면

$$\underline{\int_a^b} f\, d\alpha \leq \overline{\int_a^b} f\, d\alpha$$

이다.

정의 5.5

f가 $[a, b]$에서 유계인 함수이고 α가 $[a, b]$에서 증가함수일 때

$$\underline{\int_a^b} f\, d\alpha = \overline{\int_a^b} f\, d\alpha \tag{1}$$

이면 f는 $[a, b]$에서 **α에 관하여 리만-스틸체스 적분가능하다**고 한다. 이때 (1)의 값을

$$\int_a^b f\, d\alpha$$

로 나타내고 이를 **α에 관한 f의 리만-스틸체스 적분**이라 한다.

구간 $[a, b]$에서 증가함수 α에 관한 리만-스틸체스 적분가능한 함수들의 집합은 $\mathfrak{R}_\alpha[a, b]$로 나타낸다.

예제 5.6 f가 $[0, 1]$에서 연속이고 $\alpha(x) = \begin{cases} 0, & 0 \leq x < \frac{1}{2} \\ 1, & \frac{1}{2} \leq x \leq 1 \end{cases}$ 이면

$$\int_0^1 f\, d\alpha = f\left(\frac{1}{2}\right)$$

임을 증명하여라.

TIP α는 $x=\frac{1}{2}$에서 불연속이지만 f가 $x=\frac{1}{2}$에서 연속이라는 점을 이용하여 증명한다.

증명 | 임의의 $\epsilon>0$에 대하여 f가 $x=\frac{1}{2}$에서 연속이므로 적당한 $\delta>0$가 존재하여 $\left|x-\frac{1}{2}\right|<\delta$인 모든 $x\in[0,1]$에 대하여

$$f\left(\frac{1}{2}\right)-\epsilon<f(x)<f\left(\frac{1}{2}\right)+\epsilon \tag{1}$$

이 성립한다. $\mathcal{P}=\{x_0, x_1, x_2, \cdots, x_n\}$를 모든 $j=1, 2, \cdots, n$에 대하여 $x_{j+1}-x_j<\delta$인 $[0,1]$의 분할이라 하면 $x_{i-1}<\frac{1}{2}\le x_i$인 $i\in\{1, 2, \cdots, n\}$가 존재한다. 이때

$$\Delta\alpha_j=\begin{cases}1, & j=i\\ 0, & j\neq i\end{cases}$$

이므로

$$U(\mathcal{P}, f, \alpha)=M_i\Delta\alpha_i=M_i, \quad L(\mathcal{P}, f, \alpha)=m_i\Delta\alpha_i=m_i$$

이다. 따라서 (1)로부터

$$f\left(\frac{1}{2}\right)-\epsilon<m_i\le M_i<f\left(\frac{1}{2}\right)+\epsilon$$

이므로

$$f\left(\frac{1}{2}\right)-\epsilon\le\underline{\int_0^1}f\,d\alpha\le\overline{\int_0^1}f\,d\alpha\le f\left(\frac{1}{2}\right)+\epsilon$$

이다. $\epsilon>0$은 임의의 양수이므로

$$\int_0^1 f\,d\alpha=f\left(\frac{1}{2}\right)$$

이다. ■

예제 5.7 $f(x)=\begin{cases}1, & x\in\mathbb{Q}\\ 0, & x\in\mathbb{Q}^c\end{cases}$이면 $\alpha(a)\neq\alpha(b)$인 임의의 증가함수 α에 대하여 $\int_a^b f\,d\alpha$가 존재하지 않음을 증명하여라.

TIP $\underline{\int_a^b} f\,d\alpha = 0$ 이고 $\overline{\int_a^b} f\,d\alpha = \alpha(b)-\alpha(a) > 0$ 임을 보임으로써 $\underline{\int_a^b} f\,d\alpha \neq \overline{\int_a^b} f\,d\alpha$ 임을 증명한다.

증명 | $P=\{x_0, x_1, \cdots, x_n\}$ 가 $[a, b]$의 임의의 분할일 때 $i=1, 2, \cdots, n$ 에 대하여 $m_i=0$ 이므로 $L(P, f, \alpha)=0$ 이다. 따라서 $\underline{\int_a^b} f\,d\alpha=0$ 이다. 또한 $i=1, 2, \cdots, n$ 에 대하여 $M_i=1$ 이므로

$$U(P, f, \alpha)=\sum_{i=1}^{n} M_i(\alpha(x_i)-\alpha(x_{i-1}))=\alpha(b)-\alpha(a)>0$$

이다. 따라서 $\underline{\int_a^b} f\,d\alpha \neq \overline{\int_a^b} f\,d\alpha$ 이므로 $\int_a^b f\,d\alpha$ 는 존재하지 않는다. ■

리만-스틸체스 적분판별법은 리만적분 판별법과 유사하며 증명과정도 유사하므로 증명은 생략한다.

정리 5.8 리만-스틸체스 적분판별법(criterion for Riemann-Stieltjes integral)

f가 $[a, b]$에서 유계인 함수이고 α가 $[a, b]$에서 증가함수라 하자. $f \in \Re_\alpha[a, b]$이기 위한 필요충분조건은 임의의 $\epsilon>0$ 에 대하여

$$U(P, f, \alpha)-L(P, f, \alpha)<\epsilon$$

인 $[a, b]$의 분할 P가 존재하는 것이다.

다음 정리는 2절의 정리 2.2, 정리 2.4와 유사하게 증명할 수 있다.

정리 5.9

f가 $[a, b]$에서 유계인 함수이고 α가 $[a, b]$에서 증가함수일 때 다음이 성립한다.

(1) f가 $[a, b]$에서 연속이면 $f \in \Re_\alpha[a, b]$이다.

(2) f가 $[a, b]$에서 단조함수이고 α가 $[a, b]$에서 연속함수이면 $f \in \Re_\alpha[a, b]$이다.

증명 | (1) 연습문제로 한다.

(2) f가 $[a, b]$에서 증가한다고 하자. 임의의 $\epsilon > 0$에 대하여

$$\frac{\alpha(b)-\alpha(a)}{N}(f(b)-f(a)) < \epsilon$$

인 $N \in \mathbb{N}$을 선택한다. 함수 α가 $[a, b]$에서 연속이므로 중간값정리에 의하여

$$\Delta\alpha_i = \alpha(x_i) - \alpha(x_{i-1}) = \frac{1}{N}[\alpha(b)-\alpha(a)]$$

인 $[a, b]$의 분할 $\mathcal{P}_N = \{x_0, x_1, \cdots, x_N\}$이 존재한다.

$$M_i = f(x_i), \quad m_i = f(x_{i-1})$$

이므로

$$\begin{aligned} U(\mathcal{P}_N, f, \alpha) - L(\mathcal{P}_N, f, \alpha) &= \sum_{i=1}^{N}(f(x_i) - f(x_{i-1}))\Delta\alpha_i \\ &= \frac{[\alpha(b)-\alpha(a)]}{N}\sum_{i=1}^{N}[f(x_i)-f(x_{i-1})] \\ &= \frac{\alpha(b)-\alpha(a)}{N}(f(b)-f(a)) < \epsilon \end{aligned}$$

이므로 리만-스틸체스 적분판별법에 의하여 $f \in \mathfrak{R}_\alpha[a, b]$이다. ■

리만-스틸체스 적분가능한 함수들의 기본성질은 리만적분 가능한 함수들의 성질과 유사하며 증명은 연습문제로 한다.

정리 5.10

$f, g \in \mathfrak{R}_\alpha[a, b]$일 때 다음이 성립한다.

(1) $f+g \in \mathfrak{R}_\alpha[a, b]$이다.

(2) $k \in \mathbb{R}$이면 $kf \in \mathfrak{R}_\alpha[a, b]$이다.

(3) $c \in (a, b)$이면 $f \in \mathfrak{R}_\alpha[a, c]$이고 $f \in \mathfrak{R}_\alpha[c, b]$이며

$$\int_a^b f\,d\alpha = \int_a^c f\,d\alpha + \int_c^b f\,d\alpha$$

이다.

(4) 임의의 $x \in [a, b]$에 대하여 $f(x) \le g(x)$이면 $\int_a^b f\,d\alpha \le \int_a^b g\,d\alpha$이다.

(5) 임의의 $x \in [a, b]$에 대하여 $|f(x)| \le M$이면 $|f| \in \Re_\alpha[a, b]$이고

$$\left| \int_a^b f\, d\alpha \right| \le \int_a^b |f|\, d\alpha \le M(\alpha(b) - \alpha(a))$$

이다.

다음 정리는 리만-스틸체스 적분가능한 함수들이 갖고 있는 특별한 성질이다.

정리 5.11

$f \in \Re_\alpha[a, b]$이고 $f \in \Re_\beta[a, b]$이면 $f \in \Re_{\alpha+\beta}[a, b]$이고

$$\int_a^b f\, d(\alpha+\beta) = \int_a^b f\, d\alpha + \int_a^b f\, d\beta$$

이다.

 리만-스틸체스 적분판별법을 사용하여 증명한다.

증명 | 임의의 $\epsilon > 0$에 대하여 $f \in \Re_\alpha[a, b]$이므로

$$U(P_1, f, \alpha) - L(P_1, f, \alpha) < \frac{\epsilon}{2}$$

인 $[a, b]$의 분할 P_1이 존재한다. 또한 $f \in \Re_\beta[a, b]$이므로

$$U(P_2, f, \beta) - L(P_2, f, \beta) < \frac{\epsilon}{2}$$

인 $[a, b]$의 분할 P_2가 존재한다. 이제 $P = P_1 \cup P_2$라 하면 P는 P_1과 P_2의 세분이다. $i = 1, 2, \cdots, n$에 대하여

$$\begin{aligned} \Delta(\alpha+\beta)_i &= (\alpha+\beta)(x_i) - (\alpha+\beta)(x_{i-1}) \\ &= [(\alpha(x_i) - \alpha(x_{i-1})] + [(\beta(x_i) - \beta(x_{i-1})] \\ &= \Delta\alpha_i + \Delta\beta_i \end{aligned}$$

이므로

$$
\begin{aligned}
&U(P, f, \alpha+\beta)-L(P, f, \alpha+\beta)\\
&\quad = U(P, f, \alpha)-L(P, f, \alpha)+U(P, f, \beta)-L(P, f, \beta)\\
&\quad < \frac{\epsilon}{2}+\frac{\epsilon}{2}=\epsilon
\end{aligned}
$$

이다. 따라서 리만-스틸체스 적분판별법에 의하여 $f \in \Re_{\alpha+\beta}[a, b]$이다.
$[a, b]$의 임의의 분할 P에 대하여

$$
\begin{aligned}
L(P, f, \alpha+\beta) &= L(P, f, \alpha)+L(P, f, \beta)\\
&\le \int_a^b f\, d\alpha+\int_a^b f\, d\beta\\
&\le U(P, f, \alpha)+U(P, f, \beta)\\
&= U(P, f, \alpha+\beta)
\end{aligned}
$$

이므로

$$
\underline{\int_a^b} f\, d(\alpha+\beta) \le \int_a^b f\, d\alpha+\int_a^b f\, d\beta \le \overline{\int_a^b} f\, d(\alpha+\beta)
$$

이다. $f \in \Re_{\alpha+\beta}[a, b]$이므로 $\int_a^b f\, d(\alpha+\beta)=\int_a^b f\, d\alpha+\int_a^b f\, d\beta$이다. ■

다음 정리는 리만-스틸체스 적분을 계산하는 데 이용되는 중요한 정리이다.

정리 5.12

$f \in \Re[a, b]$이고 α가 $[a, b]$에서 증가하고 미분가능한 함수이며 $\alpha' \in \Re[a, b]$이면 $f \in \Re_\alpha[a, b]$이고

$$
\int_a^b f\, d\alpha = \int_a^b f(x)\, \alpha'(x)\, dx
$$

이다.

증명 | $f \in \Re[a, b]$이고 $\alpha' \in \Re[a, b]$이므로 $f\alpha' \in \Re[a, b]$이다. 임의의 $\epsilon > 0$에 대하여 $\alpha' \in \Re[a, b]$ 이므로 리만-스틸체스 적분판별법에 의하여

$$U(\mathcal{P},\alpha')-L(\mathcal{P},\alpha')<\epsilon \tag{1}$$

인 $[a,b]$의 분할 $\mathcal{P}$가 존재한다. 이제 $K=\{x_0, x_1, \cdots, x_n\}$를 $\mathcal{P}$의 세분이라 하면 $i=1, 2, \cdots, n$에 대하여

$$U(K, f, \alpha)-\sum_{i=1}^{n} f(y_i)\Delta\alpha_i<\epsilon \tag{2}$$

인 $y_i\in[x_{i-1}, x_i]$가 존재한다. 또한 평균값정리에 의하여 $i=1, 2, \cdots, n$에 대하여

$$\Delta\alpha_i=\alpha(x_i)-\alpha(x_{i-1})=\alpha'(t_i)\Delta x_i$$

인 $t_i\in[x_{i-1}, x_i]$가 존재한다. 따라서

$$\sum_{i=1}^{n} f(y_i)\Delta\alpha_i=\sum_{i=1}^{n} f(y_i)\alpha'(t_i)\Delta x_i \tag{3}$$

이다. $i=1, 2, \cdots, n$에 대하여

$$M_i^*=\sup\{\alpha'(x): x_{i-1}\le x\le x_i\},\quad m_i^*=\inf\{\alpha'(x): x_{i-1}\le x\le x_i\}$$

라 하면

$$|\alpha'(y_i)-\alpha'(t_i)|\le M_i^*-m_i^*$$

이다. $M=\sup\{|f(x)|: a\le x\le b\}$라 하면 (1)에 의하여

$$\begin{aligned}&\left|\sum_{i=1}^{n} f(y_i)\alpha'(y_i)\Delta x_i-\sum_{i=1}^{n} f(y_i)\alpha'(t_i)\Delta x_i\right|\\ &\le \sum_{i=1}^{n}|f(y_i)||\alpha'(y_i)-\alpha'(t_i)|\Delta x_i\\ &\le M\sum_{i=1}^{n}(M_i^*-m_i^*)\Delta x_i<M\epsilon\end{aligned}$$

이다. 따라서

$$\sum_{i=1}^{n} f(y_i)\alpha'(t_i)\Delta x_i\le\sum_{i=1}^{n} f(y_i)\alpha'(y_i)\Delta x_i+M\epsilon\le U(K, f\alpha')+M\epsilon \tag{4}$$

이다. (2)와 (4)에 의하여

$$U(K, f, \alpha) < U(K, f\alpha') + (M+1)\epsilon$$

이다. $f\alpha' \in \Re[a, b]$이므로

$$U(K, f\alpha') < \int_a^b f(x)\alpha'(x)\,dx + \epsilon$$

인 P의 세분 K가 존재하고 이로부터

$$\overline{\int_a^b} f\,d\alpha < \int_a^b f(x)\,\alpha'(x)\,dx + (M+2)\epsilon$$

이다. $\epsilon > 0$은 임의의 양수이므로 $\overline{\int_a^b} f\,d\alpha \leq \int_a^b f(x)\,\alpha'(x)\,dx$이다.

같은 방법으로 $\int_a^b f(x)\alpha'(x)\,dx \leq \underline{\int_a^b} f\,d\alpha$임을 증명할 수 있으므로 $\int_a^b f\,d\alpha = \int_a^b f(x)\,\alpha'(x)\,dx$이다. ■

예제 5.13 다음 적분을 구하여라.

(1) $\int_0^1 x^2\,dx^3$

(2) $\int_0^2 [x]\,dx^2$ (단, [·]는 가우스 함수)

풀이 | 정리 5.12를 이용하여 계산한다.

(1) $\int_0^1 x^2\,dx^3 = \int_0^1 x^2(3x^2)\,dx = \int_0^1 3x^4\,dx = \frac{3}{5}$

(2) $\int_0^2 [x]\,dx^2 = \int_0^1 0\,dx^2 + \int_1^2 1\,dx^2 = \int_1^2 2x\,dx = 3$ ■

6.5 연습문제

1. $f(x)=\begin{cases} 0, & 0 \le x < \frac{1}{3} \\ 1, & \frac{1}{3} \le x \le 1 \end{cases}$ 이고 $\alpha(x)=\begin{cases} 0, & 0 \le x < \frac{2}{3} \\ 1, & \frac{2}{3} \le x \le 1 \end{cases}$ 이면 $f \in \Re_\alpha[0, 1]$

임을 증명하여라.

2. $g(x)=\begin{cases} 0, & 0 \le x < \frac{1}{2} \\ 1, & \frac{1}{2} \le x \le 1 \end{cases}$ 이고 $\alpha(x)=\begin{cases} 0, & 0 \le x < \frac{1}{2} \\ 1, & \frac{1}{2} \le x \le 1 \end{cases}$ 이면 $g \notin \Re_\alpha[0, 1]$

임을 증명하여라.

3. f가 $[a, b]$에서 유계인 함수이고 α가 $[a, b]$에서 증가함수이면 $[a, b]$의 임의의 분할 P에 대하여

$$L(P, f, \alpha) \le U(P, f, \alpha)$$

임을 증명하여라.

4. f가 $[a, b]$에서 유계인 함수이고 α가 $[a, b]$에서 증가함수이며 P_1과 P_2가 $[a, b]$의 분할이고 $P_1 \subset P_2$ 이면

$$U(P_1, f, \alpha) \le U(P_2, f, \alpha)$$

임을 증명하여라.

5. f가 $[0, 1]$에서 유계인 함수이고 α가 $[0, 1]$에서 증가함수이면

$$\overline{\int_0^1} f\, d\alpha = -\underline{\int_0^1} (-f)\, d\alpha$$

임을 증명하여라.

6. f와 g가 $[a, b]$에서 유계인 함수이고 α가 $[a, b]$에서 증가함수이면

$$\overline{\int_a^b} (f+g)\, d\alpha \le \overline{\int_a^b} f\, d\alpha + \overline{\int_a^b} g\, d\alpha$$

임을 증명하여라.

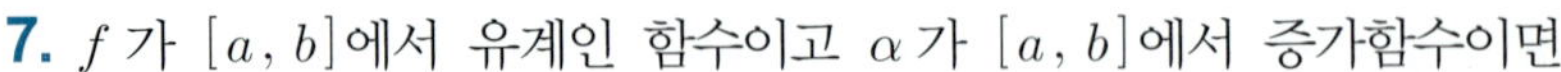

7. f가 $[a, b]$에서 유계인 함수이고 α가 $[a, b]$에서 증가함수이면

$$\underline{\int_a^b} f\, d\alpha \leq \overline{\int_a^b} f\, d\alpha$$

임을 증명하여라.

8. (1) $f, g \in \Re_\alpha[a, b]$이면 $f+g \in \Re_\alpha[a, b]$임을 증명하여라.
(2) $f \notin \Re_\alpha[a, b]$이고 $g \notin \Re_\alpha[a, b]$이지만 $f+g \in \Re_\alpha[a, b]$인 예를 들어라.

9. f가 $[a, b]$에서 유계인 연속함수이고 α가 $[a, b]$에서 증가함수이면 $f \in \Re_\alpha[a, b]$ 임을 증명하여라.

10. $[a, b]$에서 임의의 연속인 함수 f에 대하여 $\int_a^b f\, d\alpha = 0$이면 α는 $[a, b]$에서 상수함수임을 증명하여라.

11. f가 $[a, b]$에서 유계인 함수이고 α가 $[a, b]$에서 상수함수이면 $\int_a^b f\, d\alpha = 0$ 임을 증명하여라.

12. $f, g \in \Re_\alpha[a, b]$이면 $\min\{f, g\} \in \Re_\alpha[a, b]$임을 증명하여라.

13. $f \in \Re_\alpha[a, b]$이고 임의의 $x \in [a, b]$에 대하여 $|f(x)| \leq M$이면 $|f| \in \Re_\alpha[a, b]$ 이고

$$\left| \int_a^b f\, d\alpha \right| \leq \int_a^b |f|\, d\alpha \leq M[\alpha(b) - \alpha(a)]$$

임을 증명하여라.

14. f가 $[a,\ b]$에서 $f(x) = c$인 상수함수이고 α가 $[a,\ b]$에서 증가함수이면

$$\int_a^b f\,d\alpha = c[\alpha(b) - \alpha(a)]$$

임을 증명하여라.

15. f가 $[a,\ b]$에서 증가함수이고 α가 $[a,\ b]$에서 증가함수이면

$$\int_a^b f\,d\alpha = f(c)[\alpha(b) - \alpha(a)]$$

인 $c \in [a,\ b]$가 존재함을 증명하여라.

16. 다음 적분을 구하여라.

(1) $\displaystyle\int_0^3 x^2\,de^x$ (2) $\displaystyle\int_0^1 \sqrt{x}\,dx^3$

(3) $\displaystyle\int_2^3 (x-1)\,d(x^2+2)$ (4) $\displaystyle\int_0^{\frac{\pi}{2}} \cos x\,d(\sin x)$

(5) $\displaystyle\int_0^3 [x]\,dx^2$ ($[\cdot]$는 가우스 함수) (6) $\displaystyle\int_1^4 x^2\,d[x]$ ($[\cdot]$는 가우스 함수)

17. $\alpha(x) = 3x - |x|$일 때 $\displaystyle\int_{-3}^2 x^2\,d\alpha$를 구하여라.

18. $\alpha,\ \beta,\ \gamma$가 $[-1,\ 1]$에서 증가함수들이고

$$\alpha(x) = \begin{cases} 0, & -1 \le x \le 0 \\ 1, & 0 < x \le 1 \end{cases},$$

$$\beta(x) = \begin{cases} 0, & -1 \le x < 0 \\ 1, & 0 \le x \le 1 \end{cases},$$

$$\gamma(x) = \frac{1}{2}(\alpha(x) + \beta(x))$$

일 때 f가 $x = 0$에서 연속이면 $f \in \mathfrak{R}_\gamma[-1,\ 1]$임을 증명하여라.

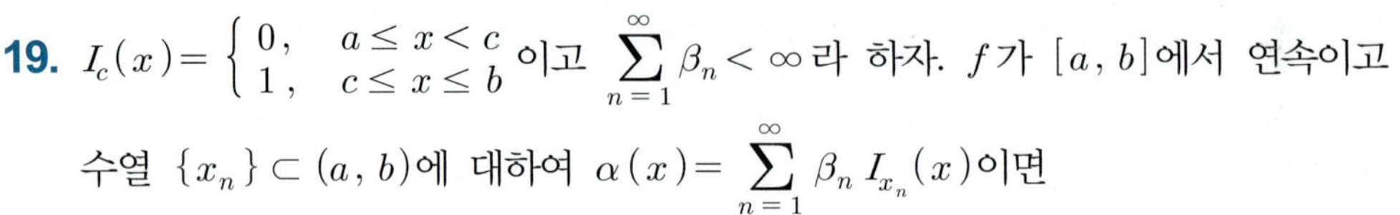

19. $I_c(x) = \begin{cases} 0, & a \le x < c \\ 1, & c \le x \le b \end{cases}$ 이고 $\sum_{n=1}^{\infty} \beta_n < \infty$ 라 하자. f가 $[a, b]$에서 연속이고 수열 $\{x_n\} \subset (a, b)$에 대하여 $\alpha(x) = \sum_{n=1}^{\infty} \beta_n I_{x_n}(x)$이면

$$\int_a^b f\,d\alpha = \sum_{n=1}^{\infty} \beta_n f(x_n)$$

임을 증명하여라.

20. (리만-스틸체스 부분적분법) α와 β가 $[a, b]$에서 증가함수일 때 $\alpha \in \Re_\beta[a, b]$이기 위한 필요충분조건이 $\beta \in \Re_\alpha[a, b]$인 것이고 이 경우

$$\int_a^b \alpha\,d\beta = [\alpha(b)\beta(b) - \alpha(a)\beta(a)] - \int_a^b \beta\,d\alpha$$

임을 증명하여라.

급수

학 습 목 표

- 무한급수를 도입하고 부분합의 극한을 이용하여 무한급수의 수렴성을 정의하는 방법을 이해한다.
- 무한등비급수와 단축급수의 합을 계산하는 방법을 익히고 발산정리를 이해하여 급수의 발산을 판정할 수 있는 방법을 학습한다.
- 비교판정법, 적분판정법, 극한비판정법, 비판정법, 근판정법을 이용하여 양항급수의 수렴성을 판정하는 방법을 익힌다.
- 일반급수의 수렴성을 판정하는 방법을 익히고 특별한 일반급수의 수렴성을 판정하기 위하여 아벨판정법과 디리클레판정법을 이해한다.

미리보기

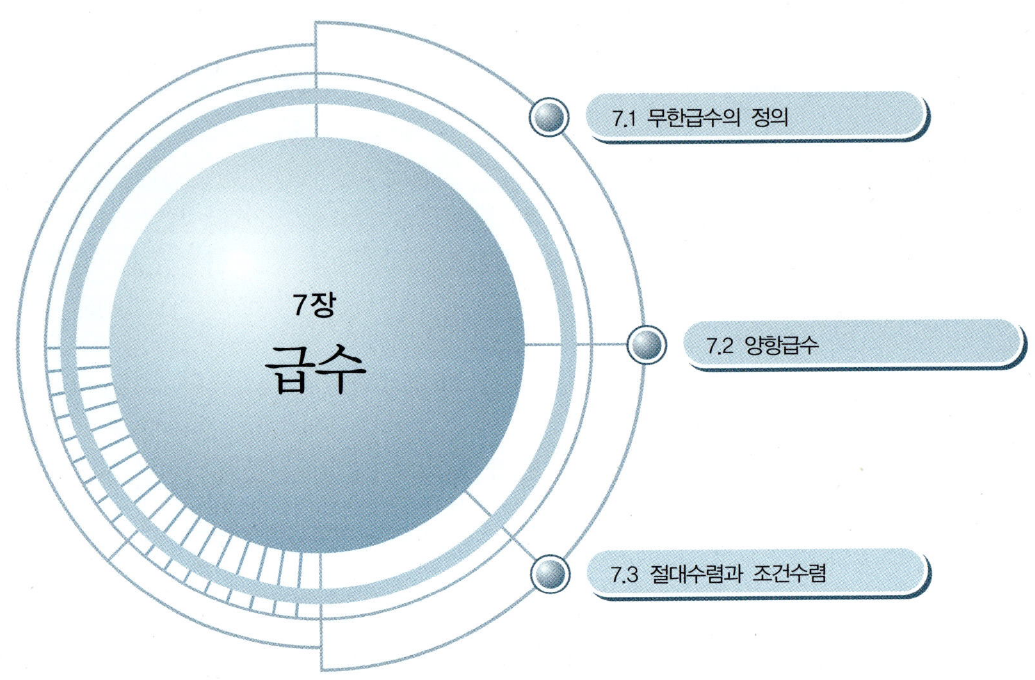

이 장에서는 무한급수의 수렴과 발산을 판정하는 방법에 대하여 알아보기로 한다. 부분합 수열의 극한을 이용하여 무한급수의 수렴성을 정의하는 방법을 익히고 무한등비급수와 단축급수의 합을 계산하는 방법을 이해한다. 급수의 모든 항이 음이 아닐 때 비교판정법, 적분판정법, 극한비판정법, 비판정법, 근판정법을 이용하여 수렴성을 판정하는 방법을 익힌다. 교대급수판정법과 양항급수판정법을 활용하여 일반급수의 수렴성을 확인할 수 있는 방법을 검증하고 특별한 일반급수의 수렴성을 판정하기 위하여 아벨판정법과 디리클레판정법을 학습한다.

7.1 무한급수의 정의

실수의 수열이 주어졌을 때 극한 개념을 이용하여 이 수열의 모든 항의 합이 존재하는가를 논의하고자 한다.

정의 1.1

수열 $\{a_n\}$에 대하여

$$a_1 + a_2 + a_3 + \cdots = \sum_{n=1}^{\infty} a_n$$

을 **무한급수**(infinite series) 또는 **급수**(series)라 한다. 이때 a_n을 급수의 **n번째 항**이라 하며 급수의 첫 번째 항부터 n번째 항까지의 합

$$S_n = a_1 + a_2 + \cdots + a_n = \sum_{k=1}^{n} a_k$$

을 급수의 **부분합**(partial sum)이라 한다.

정의 1.2

$\sum_{n=1}^{\infty} a_n$에 대하여 부분합의 수열 $\{S_n\}$이 $S \in \mathbb{R}$로 수렴하면 $\sum_{n=1}^{\infty} a_n$은 S로 **수렴한다**(converge)고 하고

$$\sum_{n=1}^{\infty} a_n = S$$

로 나타낸다. 만일 부분합의 수열 $\{S_n\}$이 어떤 실수 값으로 수렴하지 않으면 $\sum_{n=1}^{\infty} a_n$은 **발산한다**(diverge)고 한다.

정의 1.2로부터 $\sum_{n=1}^{\infty} a_n$의 부분합의 수열 $\{S_n\}$이 $S \in \mathbb{R}$로 수렴하면

$$\sum_{n=1}^{\infty} a_n = S = \lim_{n\to\infty} S_n = \lim_{n\to\infty} \sum_{k=1}^{n} a_k$$

이다.

예제 1.3 다음 급수의 수렴성을 판정하여라.

(1) $\sum_{n=1}^{\infty} \left(\frac{1}{2}\right)^n$ (2) $\sum_{n=1}^{\infty} (-1)^n$

TIP 정의 1.2에 따라서 부분합 S_n을 구한 후 극한이 존재하는가를 확인한다.

풀이 | (1) $n \in \mathbb{N}$에 대하여

$$S_n = \sum_{k=1}^{n} \left(\frac{1}{2}\right)^k = \frac{1}{2} \frac{1-\left(\frac{1}{2}\right)^n}{1-\frac{1}{2}} = 1 - \left(\frac{1}{2}\right)^n$$

이므로 $\lim_{n\to\infty} S_n = 1$이다. 따라서 $\sum_{n=1}^{\infty} \left(\frac{1}{2}\right)^n$은 수렴한다.

(2) $n \in \mathbb{N}$에 대하여

$$S_n = \sum_{k=1}^{n} (-1)^k = \begin{cases} 0, & n\text{이 짝수} \\ -1, & n\text{이 홀수} \end{cases}$$

이므로 $\lim_{n\to\infty} S_n$은 수렴하지 않는다. 따라서 $\sum_{n=1}^{\infty} (-1)^n$은 발산한다. ■

주어진 급수의 수렴성은 부분합의 극한을 이용하여 확인할 수 있으며 수렴하는 수열이 코시수열과 동치임을 이용하여 다음 정리를 얻을 수 있다.

정리 1.4 코시판별법 (Cauchy criterion for series)

$\sum_{n=1}^{\infty} a_n$의 부분합의 수열을 $\{S_n\}$이라 하자. $\sum_{n=1}^{\infty} a_n$이 수렴하기 위한 필요충분조건은 임의의 $\epsilon > 0$에 대하여 적당한 $N \in \mathbb{N}$이 존재하여 $m > n \geq N$인 모든 자연수 m, n에 대하여

$$|S_m - S_n| = \left| \sum_{k=n+1}^{m} a_k \right| < \epsilon$$

이 성립하는 것이다.

무한급수의 대표적인 예가 **기하급수**(geometric series)이다. 초항이 a이고 공비가 r인 기하급수는

$$\sum_{n=0}^{\infty} ar^n = a + ar + ar^2 + \cdots$$

이다.

정리 1.5

$0 \neq a \in \mathbb{R}$ 이라 하자.

(1) 만일 $|r| < 1$이면 기하급수 $\sum_{n=0}^{\infty} ar^n$은 수렴하고 수렴 값은 $\frac{a}{1-r}$이다.

(2) 만일 $|r| \geq 1$이면 기하급수 $\sum_{n=0}^{\infty} ar^n$은 발산한다.

증명 | $r \neq 1$이고 $n \in \mathbb{N}$ 이면

$$S_n = a + ar + ar^2 + \cdots + ar^{n-1} = a\frac{1-r^n}{1-r}$$

이다.

(1) $|r| < 1$이면 $\lim_{n\to\infty} r^n = 0$이므로

$$\lim_{n\to\infty} S_n = \frac{a}{1-r}\lim_{n\to\infty}(1-r^n) = \frac{a}{1-r}$$

이다. 따라서 $\sum_{n=0}^{\infty} ar^n$은 수렴하고 $\sum_{n=0}^{\infty} ar^n = \lim_{n\to\infty} S_n = \frac{a}{1-r}$이다.

(2) $|r| > 1$이면 $\lim_{n\to\infty} r^n$이 존재하지 않으므로 $\lim_{n\to\infty} S_n$도 존재하지 않는다. 따라서 $\sum_{n=0}^{\infty} ar^n$은 발산한다.

$r = 1$이면 $S_n = an$이므로 $\lim_{n\to\infty} S_n$은 존재하지 않는다. 따라서 $\sum_{n=0}^{\infty} ar^n$은 발산한다.

$r = -1$이면 $S_n = a \cdot \frac{1-(-1)^n}{1-(-1)}$이므로 $\lim_{n\to\infty} S_n$은 존재하지 않는다. 따라서 $\sum_{n=0}^{\infty} ar^n$은 발산한다. ■

예제 1.6 $\sum_{n=1}^{\infty} \frac{2}{3^n}$ 를 구하여라.

풀이 | 이 급수는 초항이 $\frac{2}{3}$ 이고 공비가 $\frac{1}{3}$ 인 기하급수이다. 정리 1.5에 의하여 $\sum_{n=1}^{\infty} \frac{2}{3^n}$ 는 수렴하고 급수의 합은 $\frac{a}{1-r} = \frac{\frac{2}{3}}{1-\frac{1}{3}} = 1$ 이다. ■

기하급수는 부분합 S_n을 쉽게 구할 수 있기 때문에 다루기가 매우 편리하다. 이와 비슷하게 이웃하는 많은 항들이 상쇄되어 부분합 S_n을 쉽게 구할 수 있는 급수가 **단축급수**(telescoping series)이다.

예제 1.7 $\sum_{n=1}^{\infty} \frac{1}{n(n+1)}$ 을 구하여라.

풀이 | $n \in \mathbb{N}$ 에 대하여

$$
\begin{aligned}
S_n &= \sum_{k=1}^{n} \frac{1}{k(k+1)} \\
&= \sum_{k=1}^{n} \left(\frac{1}{k} - \frac{1}{k+1} \right) \\
&= \left(1 - \frac{1}{2}\right) + \left(\frac{1}{2} - \frac{1}{3}\right) + \cdots + \left(\frac{1}{n} - \frac{1}{n+1}\right) \\
&= 1 - \frac{1}{n+1}
\end{aligned}
$$

이므로 $\lim_{n\to\infty} S_n = \lim_{n\to\infty}\left(1 - \frac{1}{n+1}\right) = 1$이다. 따라서 $\sum_{n=1}^{\infty} \frac{1}{n(n+1)} = 1$이다. ■

예제 1.7에서 $\left(1 - \frac{1}{2}\right) + \left(\frac{1}{2} - \frac{1}{3}\right) + \cdots + \left(\frac{1}{n} - \frac{1}{n+1}\right)$을 계산할 때 이웃한 항들이 상쇄되어 없어지고 남은 항은 1과 $-\frac{1}{n+1}$뿐인데 이것이 이 급수를 단축급수라고 하는 이유이다.

예제 1.8 $\sum_{n=1}^{\infty} \frac{1}{n(n+3)}$ 을 구하여라.

풀이 | $n \in \mathbb{N}$ 에 대하여

$$\begin{aligned} S_n &= \sum_{k=1}^{n} \frac{1}{k(k+3)} \\ &= \sum_{k=1}^{n} \frac{1}{3}\left(\frac{1}{k} - \frac{1}{k+3}\right) \\ &= \frac{1}{3}\left(\left(1-\frac{1}{4}\right)+\left(\frac{1}{2}-\frac{1}{5}\right)+\left(\frac{1}{3}-\frac{1}{6}\right)+\left(\frac{1}{4}-\frac{1}{7}\right)+\cdots+\left(\frac{1}{n}-\frac{1}{n+3}\right)\right) \\ &= \frac{1}{3}\left(1+\frac{1}{2}+\frac{1}{3}-\frac{1}{n+1}-\frac{1}{n+2}-\frac{1}{n+3}\right) \end{aligned}$$

이므로 $\lim_{n\to\infty} S_n = \frac{1}{3}\left(1+\frac{1}{2}+\frac{1}{3}\right) = \frac{11}{18}$ 이다. 따라서 $\sum_{n=1}^{\infty} \frac{1}{n(n+3)} = \frac{11}{18}$ 이다. ■

정리 1.9

$\alpha, \beta \in \mathbb{R}$ 이고 $\sum_{n=1}^{\infty} a_n = \alpha$, $\sum_{n=1}^{\infty} b_n = \beta$ 이면 다음이 성립한다.

(1) $\sum_{n=1}^{\infty} (a_n + b_n) = \alpha + \beta$ 이다.

(2) 임의의 $c \in \mathbb{R}$ 에 대하여 $\sum_{n=1}^{\infty} c a_n = c\alpha$ 이다.

증명 | (1) $n \in \mathbb{N}$ 에 대하여

$$S_n = \sum_{k=1}^{n} a_k, \qquad T_n = \sum_{k=1}^{n} b_k$$

라 하면 가정에 의하여 $\lim_{n\to\infty} S_n = \alpha$ 이고 $\lim_{n\to\infty} T_n = \beta$ 이다. 2.2절의 정리 2.5에 의하여

$$\lim_{n\to\infty} (S_n + T_n) = \alpha + \beta$$

이다. 따라서 $n \in \mathbb{N}$ 에 대하여

$$S_n + T_n = \sum_{k=1}^{n} a_k + \sum_{k=1}^{n} b_k = \sum_{k=1}^{n} (a_k + b_k)$$

이므로

$$\sum_{k=1}^{\infty} (a_k + b_k) = \lim_{n \to \infty} \sum_{k=1}^{n} (a_k + b_k) = \lim_{n \to \infty} (S_n + T_n) = \alpha + \beta$$

이다.

(2) $n \in \mathbb{N}$에 대하여 $S_n = \sum_{k=1}^{n} a_k$라 하면 가정에 의하여 $\lim_{n \to \infty} S_n = \alpha$ 이다. $\sum_{k=1}^{\infty} c\, a_k$의 초항부터 n항까지의 합은

$$c a_1 + c a_2 + \cdots + c a_n = c(a_1 + a_2 + \cdots + a_n) = c S_n$$

이고

$$\lim_{n \to \infty} c S_n = c \lim_{n \to \infty} S_n = c\alpha$$

이므로 $\sum_{n=1}^{\infty} c a_n = c\alpha$ 이다. ■

예제 1.10 $\sum_{n=1}^{\infty} \left(\frac{1}{3^{2n}} + \frac{2}{n(n+1)} \right)$를 구하여라.

풀이 | $\sum_{n=1}^{n} \frac{1}{3^{2n}}$은 초항이 $\frac{1}{9}$이고 공비가 $\frac{1}{9}$인 기하급수이므로 수렴하고 그 값은

$$\frac{\frac{1}{9}}{1 - \frac{1}{9}} = \frac{1}{8}$$

이다. 또한 단축급수의 성질에 의하여

$$\sum_{n=1}^{\infty} \frac{2}{n(n+1)} = \lim_{n \to \infty} \sum_{k=1}^{n} 2\left(\frac{1}{k} - \frac{1}{k+1} \right) = \lim_{n \to \infty} 2\left(1 - \frac{1}{n+1} \right) = 2$$

이므로 정리 1.9에 의하여 $\sum_{n=1}^{\infty} \left(\frac{1}{3^{2n}} + \frac{2}{n(n+1)} \right) = \frac{1}{8} + 2 = \frac{17}{8}$ 이다. ■

지금까지 부분합을 이용하여 무한급수의 수렴성을 판정하는 방법에 대하여 논의하였다. 하지만 대부분의 급수에서 부분합을 구하는 것은 매우 어렵고 경우에 따라서는 불가능한 경우도 있다. 이제 부분합을 이용하지 않고 급수의 수렴성을 판정하는 가장 기본적인 방법을 설명하고자 한다.

정리 1.11

$\sum_{n=1}^{\infty} a_n$ 이 수렴하면 $\lim_{n\to\infty} a_n = 0$ 이다.

증명 | $n \in \mathbb{N}$ 에 대하여 $S_n = \sum_{k=1}^{n} a_k$라 하자. $\sum_{n=1}^{\infty} a_n$이 수렴하므로 적당한 $\alpha \in \mathbb{R}$ 가 존재하여

$$\lim_{n\to\infty} S_n = \alpha$$

이다. $n \in \mathbb{N}$ 에 대하여 $a_n = S_n - S_{n-1}$이므로

$$\lim_{n\to\infty} a_n = \lim_{n\to\infty} (S_n - S_{n-1}) = \alpha - \alpha = 0$$

이다. ■

정리 1.11의 역은 일반적으로 성립하지 않는다.

예를 들어 $n \in \mathbb{N}$ 에 대하여 $a_n = \frac{1}{n}$ 이면 $\lim_{n\to\infty} a_n = 0$ 이지만 $\sum_{n=1}^{\infty} a_n = \sum_{n=1}^{\infty} \frac{1}{n} = \infty$ 이므로 $\sum_{n=1}^{\infty} a_n$ 은 발산한다.

하지만 $n \in \mathbb{N}$ 에 대하여 $b_n = \frac{1}{n^2}$ 이면 $\lim_{n\to\infty} b_n = 0$ 이지만 $\sum_{n=1}^{\infty} b_n = \sum_{n=1}^{\infty} \frac{1}{n^2} < \infty$ 이므로 $\sum_{n=1}^{\infty} b_n$ 은 수렴한다.

따라서 $\lim_{n\to\infty} a_n = 0$인 경우 $\sum_{n=1}^{\infty} a_n$은 수렴할 수도 있고 발산할 수도 있다.

정리 1.11로부터 발산정리를 얻을 수 있다. 발산정리는 정리 1.11의 대우이므로 당연히 성립한다.

따름정리 1.12 발산정리(divergence theorem)

$\lim_{n\to\infty} a_n \neq 0$이면 $\sum_{n=1}^{\infty} a_n$은 발산한다.

예제 1.13 다음 급수의 수렴성을 판정하여라.

(1) $\sum_{n=1}^{\infty} 1$ (2) $\sum_{n=1}^{\infty} \frac{2n-1}{3n+1}$

풀이 | (1) $\lim_{n\to\infty} 1 = 1 \neq 0$이므로 발산정리에 의하여 $\sum_{n=1}^{\infty} 1$은 발산한다.

(2) $\lim_{n\to\infty} \frac{2n-1}{3n+1} = \frac{2}{3} \neq 0$이므로 발산정리에 의하여 $\sum_{n=1}^{\infty} \frac{2n-1}{3n+1}$은 발산한다.

■

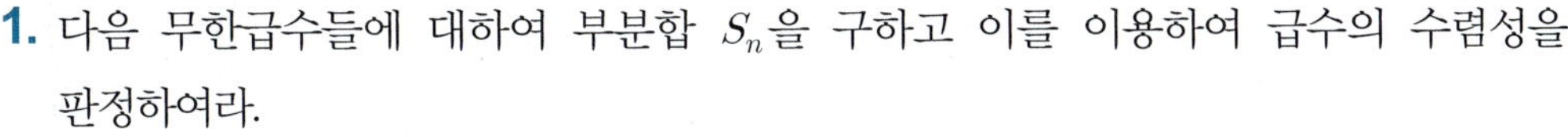

7.1 연습문제

1. 다음 무한급수들에 대하여 부분합 S_n을 구하고 이를 이용하여 급수의 수렴성을 판정하여라.

(1) $\sum_{n=1}^{\infty}\left(-\frac{1}{2}\right)^n$

(2) $\sum_{k=1}^{\infty} 2^k$

(3) $\sum_{n=1}^{\infty}\left(-\frac{3}{2}\right)^n$

(4) $\sum_{k=1}^{\infty} 5\left(\frac{3}{4}\right)^k$

(5) $\sum_{n=1}^{\infty}\left(\frac{e}{\pi}\right)^n$

(6) $\sum_{n=1}^{\infty}(-1)^n 2^{-2n}$

2. 다음 설명에서 잘못된 부분을 지적하여라.

> $1+2+4+8+\cdots=S$라 하면 $2+4+8+\cdots=2S$이다.
> 두 식에서 좌변끼리, 우변끼리 뺄셈을 하면 $1=-S$이므로 $S=-1$이다.
> 따라서 $1+2+4+8+\cdots=-1$이다.

3. $\sum_{n=1}^{\infty}\frac{1}{4n^2-1}$을 구하여라.

4. $n\in\mathbb{N}$에 대하여 $\{r_n\}$이 다음과 같이 정의된다.

$$\frac{1}{2},\ \frac{1}{3},\ \frac{2}{3},\ \frac{1}{4},\ \frac{2}{4},\ \frac{3}{4},\ \frac{1}{5},\ \cdots$$

$\sum_{n=1}^{\infty} r_n$은 수렴하는가?

5. $k\in\mathbb{N}$일 때 $\sum_{n=1}^{\infty}\frac{1}{n(n+k)}$을 구하여라.

6. $\sum_{n=1}^{\infty}\frac{3n^2+3n+1}{n^3(n+1)^3}$을 구하여라.

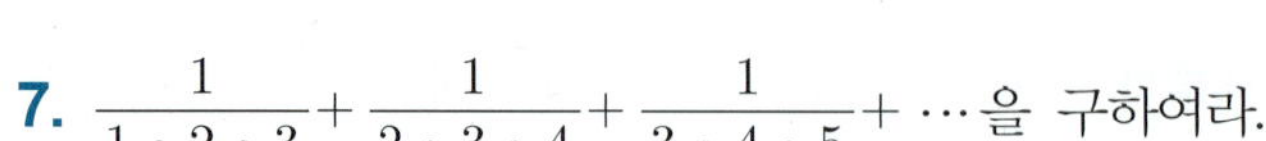

7. $\frac{1}{1\cdot2\cdot3}+\frac{1}{2\cdot3\cdot4}+\frac{1}{3\cdot4\cdot5}+\cdots$을 구하여라.

8. $\sum_{n=1}^{\infty}\frac{3n-2}{n(n+1)(n+2)}$를 구하여라.

9. $\sum_{n=3}^{\infty}\frac{n-1}{n!}$을 구하여라.

10. $\sum_{n=1}^{\infty}a_n$이 수렴하기 위한 필요충분조건은 임의의 $k\in\mathbb{N}\cup\{0\}$에 대하여 $\sum_{n=1}^{\infty}a_{n+k}$가 수렴하는 것임을 증명하여라.

11. $n\in\mathbb{N}$에 대하여 $a_n>0$이고 $\sum_{n=1}^{\infty}a_n$이 수렴하면 $\sum_{n=1}^{\infty}\frac{1}{a_n}$은 발산함을 증명하여라.

12. $n\in\mathbb{N}$에 대하여 $a_n>0$이고 $\sum_{n=1}^{\infty}a_n$이 발산하면 $\sum_{n=1}^{\infty}\frac{1}{a_n}$은 수렴하는가?

13. $\frac{1}{2}\le\sum_{n=1}^{\infty}\frac{1}{n^3}\le\frac{3}{2}$임을 증명하여라.

14. 조화급수(harmonic series) $\sum_{n=1}^{\infty}\frac{1}{n}$이 발산함을 증명하여라.

15. $\sum_{k=1}^{\infty}\frac{k}{k^4+k^2+1}$를 구하여라.

16. $\sum_{n=1}^{\infty}3^{n-1}\sin^3\frac{1}{3^n}=\frac{1}{4}(1-\sin 1)$임을 증명하여라.

17. 단조수렴정리를 이용하여 $\sum_{n=1}^{\infty} \frac{1}{n^2}$이 수렴함을 증명하여라.

18. $L, M \in \mathbb{R}$ 이고 $\sum_{n=1}^{\infty} a_n = L$, $\sum_{n=1}^{\infty} b_n = M$이면 $\sum_{n=1}^{\infty} a_n b_n = LM$이 성립하는가?

19. $\sum_{n=1}^{\infty} a_n$과 $\sum_{n=1}^{\infty} b_n$ 이 모두 수렴이면 $\sum_{n=1}^{\infty} a_n b_n$ 도 수렴하는가?

20. $\sum_{n=1}^{\infty} (a_{2n-1} + a_{2n})$이 수렴하면 $\sum_{n=1}^{\infty} a_n$ 도 수렴하는가?

21. $\{a_n\}$이 단조감소수열이고 $n \in \mathbb{N}$에 대하여 $a_n > 0$이며 $\sum_{n=1}^{\infty} a_n$ 이 수렴하면 $\lim_{n\to\infty} n\, a_n = 0$임을 증명하여라.

22. $n \in \mathbb{N}$에 대하여 $a_n > 0$이고 $\sum_{n=1}^{\infty} a_n$ 이 수렴하지만 $\lim_{n\to\infty} na_n$이 존재하지 않는 예를 들어라.

23. $\sum_{n=1}^{\infty} \frac{1}{n!}$은 수렴한다. $\sum_{n=1}^{\infty} \frac{1}{n!} = a$라 할 때 a는 무리수임을 증명하여라.

7.2 양항급수

이 절에서는 급수의 모든 항이 음이 아닐 때 급수의 수렴성을 판정하는 방법을 살펴보기로 한다.

정의 2.1

모든 $n \in \mathbb{N}$ 에 대하여 $a_n \geq 0$ 이면 $\sum_{n=1}^{\infty} a_n$ 을 **양항급수**(series of positive terms)라 한다.

양항급수에서 부분합의 수열 $\{S_n\}$ 은 증가수열이다. 따라서 $\{S_n\}$ 이 위로 유계이면 단조수렴정리에 의하여 $\{S_n\}$ 은 수렴하므로 1절의 정의 1.2에 의하여 양항급수는 수렴한다.

양항급수는 다양한 판정법을 통하여 수렴과 발산을 판정할 수 있다. 다만 어떤 판정법이 다른 판정법에 비하여 더 뛰어난 것은 아니며 주어진 급수에 따라서 적용이 가능한 판정법과 적용이 불가능한 판정법이 있으므로 급수에 맞는 판정법을 찾도록 노력하여야 한다.

정리 2.2 비교판정법(comparison test)

모든 $n \in \mathbb{N}$ 에 대하여 $0 \leq a_n \leq b_n$ 일 때 다음이 성립한다.

(1) $\sum_{n=1}^{\infty} b_n$ 이 수렴하면 $\sum_{n=1}^{\infty} a_n$ 도 수렴한다.

(2) $\sum_{n=1}^{\infty} a_n$ 이 발산하면 $\sum_{n=1}^{\infty} b_n$ 도 발산한다.

증명 | (1) $n \in \mathbb{N}$ 에 대하여

$$S_n = a_1 + a_2 + \cdots + a_n, \quad T_n = b_1 + b_2 + \cdots + b_n$$

이라 하면 $S_n \leq T_n$ 이다.

$\sum_{n=1}^{\infty} b_n$이 수렴하므로 $\{T_n\}$은 단조증가하고 위로 유계가 되어 단조수렴정리에 의하여 $\{T_n\}$은 수렴한다. $\{T_n\}$의 극한을 T라 하면 모든 $n \in \mathbb{N}$에 대하여

$$S_n \le T_n \le T$$

이다. 따라서 $\{S_n\}$ 도 단조증가하고 위로 유계이므로 단조수렴정리에 의하여 $\{S_n\}$ 은 수렴한다. 따라서 $\sum_{n=1}^{\infty} a_n$ 도 수렴한다.

(2) 만일 $\sum_{n=1}^{\infty} b_n$이 수렴한다면 (1)에 의하여 $\sum_{n=1}^{\infty} a_n$도 수렴해야 한다. 그런데 이는 $\sum_{n=1}^{\infty} a_n$이 발산한다는 가정에 모순이다. 따라서 $\sum_{n=1}^{\infty} a_n$이 발산하면 $\sum_{n=1}^{\infty} b_n$도 발산한다. ■

비교판정법을 사용할 때 비교의 대상으로 가장 많이 사용하는 급수가 $\sum_{n=1}^{\infty} \frac{1}{n^p}$이다. 이 급수를 p **급수**(p series)라 하며 p 급수는 p의 값에 따라서 수렴하거나 발산한다.

정리 2.3 p 급수판정법(p series test)

(1) $p > 1$이면 $\sum_{n=1}^{\infty} \frac{1}{n^p}$은 수렴한다.

(2) $p \le 1$이면 $\sum_{n=1}^{\infty} \frac{1}{n^p}$은 발산한다.

증명 | (1) $p > 1$이면

$$\begin{aligned}
\sum_{n=1}^{\infty} \frac{1}{n^p} &= 1 + \frac{1}{2^p} + \frac{1}{3^p} + \frac{1}{4^p} + \frac{1}{5^p} + \cdots \\
&= 1 + \left(\frac{1}{2^p} + \frac{1}{3^p}\right) + \left(\frac{1}{4^p} + \frac{1}{5^p} + \frac{1}{6^p} + \frac{1}{7^p}\right) + \cdots \\
&< 1 + 2\left(\frac{1}{2^p}\right) + 4\left(\frac{1}{4^p}\right) + 8\left(\frac{1}{8^p}\right) + \cdots \\
&= 1 + \frac{1}{2^{p-1}} + \left(\frac{1}{2^{p-1}}\right)^2 + \left(\frac{1}{2^{p-1}}\right)^3 + \cdots \\
&= \sum_{n=1}^{\infty} \left(\frac{1}{2^{p-1}}\right)^{n-1}
\end{aligned}$$

이다. $\sum_{n=1}^{\infty}\left(\frac{1}{2^{p-1}}\right)^{n-1}$은 초항이 1이고 공비가 $\frac{1}{2^{p-1}}<1$인 기하급수이므로 수렴한다. 따라서 비교판정법에 의하여 $\sum_{n=1}^{\infty}\frac{1}{n^p}$은 수렴한다.

(2) $p=1$이면 $\sum_{n=1}^{\infty}\frac{1}{n^p}=\sum_{n=1}^{\infty}\frac{1}{n}$은 조화급수이므로 발산한다.

$p<1$이면

$$\begin{aligned}\sum_{n=1}^{\infty}\frac{1}{n^p}&=1+\frac{1}{2^p}+\frac{1}{3^p}+\frac{1}{4^p}+\frac{1}{5^p}+\cdots\\&>1+\frac{1}{2}+\frac{1}{3}+\frac{1}{4}+\frac{1}{5}+\cdots\end{aligned}$$

이고 $\sum_{n=1}^{\infty}\frac{1}{n}$은 조화급수이므로 발산한다. 따라서 비교판정법에 의하여 $\sum_{n=1}^{\infty}\frac{1}{n^p}$은 발산한다. ■

예제 2.4 다음 급수의 수렴성을 판정하여라.

(1) $\sum_{n=1}^{\infty}\frac{1}{n^2(n+1)}$ (2) $\sum_{n=1}^{\infty}(\sqrt{n+1}-\sqrt{n})$

풀이 | (1) 모든 $n\in\mathbb{N}$에 대하여

$$\frac{1}{n^2(n+1)}\leq\frac{1}{n^2}$$

이고 p 급수판정법에 의하여 $\sum_{n=1}^{\infty}\frac{1}{n^2}$은 수렴한다. 따라서 비교판정법에 의하여 $\sum_{n=1}^{\infty}\frac{1}{n^2(n+1)}$은 수렴한다.

(2) 모든 $n\in\mathbb{N}$에 대하여

$$\sqrt{n+1}-\sqrt{n}=\frac{1}{\sqrt{n+1}+\sqrt{n}}\geq\frac{1}{2\sqrt{n+1}}$$

이고 p 급수판정법에 의하여 $\sum_{n=1}^{\infty}\frac{1}{2\sqrt{n+1}}$은 발산한다. 따라서 비교판정법에

의하여 $\sum_{n=1}^{\infty}(\sqrt{n+1}-\sqrt{n})$은 발산한다. ■

정리 2.5 적분판정법 (integral test)

f가 $[1, \infty)$에서 음이 아닌 감소하는 연속함수이고 모든 $n \in \mathbb{N}$에 대하여 $a_n = f(n)$일 때 $\sum_{n=1}^{\infty} a_n$이 수렴하기 위한 필요충분조건은 $\lim_{n\to\infty}\int_1^n f(x)\,dx$가 수렴하는 것이다.

증명 | $k = 2, 3, \cdots, n$일 때 f는 $[k-1, k]$에서 음이 아닌 감소함수이므로

$$a_k = f(k) \le \int_{k-1}^{k} f(x)\,dx \le f(k-1) = a_{k-1}$$

이다. $n \in \mathbb{N}$에 대하여 $S_n = \sum_{k=1}^{n} a_k$라 하면

$$S_n - a_1 \le \int_1^n f(x)\,dx \le S_{n-1} \tag{1}$$

이다.

만일 $\sum_{n=1}^{\infty} a_n$이 수렴하면 1절의 정의 1.2에 의하여 적당한 $\alpha \in \mathbb{R}$가 존재하여 $\lim_{n\to\infty} S_{n-1} = \alpha$이다. $\left\{\int_1^n f(x)\,dx\right\}$는 증가수열이고 α가 수열의 상계이므로 단조수렴정리에 의하여 $\lim_{n\to\infty}\int_1^n f(x)\,dx$가 존재한다.

만일 $\lim_{n\to\infty}\int_1^n f(x)\,dx = \beta$ (단, $\beta \in \mathbb{R}$)이면 $\{S_n - a_1\}$은 증가수열이고 (1)에 의하여 β가 수열의 상계이므로 단조수렴정리에 의하여 $\lim_{n\to\infty} S_n$이 존재한다. 따라서 $\sum_{n=1}^{\infty} a_n$은 수렴한다. ■

예제 2.6 $\sum_{n=2}^{\infty} \frac{n^2}{n^3-3}$의 수렴성을 판정하여라.

풀이 | $f(x) = \frac{x^2}{x^3-3}$이라 하면 f는 $[2, \infty)$에서 음이 아닌 감소하는 연속함수이고

$$\lim_{n\to\infty}\int_2^n f(x)\,dx = \lim_{n\to\infty}\frac{1}{3}(\ln(n^3-3)-\ln 5) = \infty$$

이므로 적분판정법에 의하여 $\displaystyle\sum_{n=2}^{\infty}\frac{n^2}{n^3-3}$ 은 발산한다. ■

적분판정법에서 f가 음이 아닌 감소하는 연속함수라는 조건이 반드시 필요함을 다음 예제에서 확인할 수 있다.

예제 2.7 f가 $[1,\infty)$에서 음이 아닌 연속함수이고 $\displaystyle\sum_{n=1}^{\infty} f(n)$이 수렴할 때 특이적분 $\displaystyle\int_1^{\infty} f(x)dx$가 발산하는 예를 들어라.

풀이 | $f(x)=\sin^2\pi x$라 하면 f는 $[1,\infty)$에서 음이 아닌 연속함수이다. $n\in\mathbb{N}$에 대하여 $f(n)=\sin^2\pi n=0$이므로 $\displaystyle\sum_{n=1}^{\infty} f(n)=0$이다. 따라서 $\displaystyle\sum_{n=1}^{\infty} f(n)$은 수렴하지만

$$\begin{aligned}\int_1^{\infty} f(x)dx &= \lim_{n\to\infty}\int_1^n \sin^2\pi x\,dx \\ &= \lim_{n\to\infty}\int_1^n \frac{1-\cos 2\pi x}{2}dx \\ &= \lim_{n\to\infty}\left[\left(\frac{1}{2}n-\frac{1}{4\pi}\sin 2\pi n\right)-\left(\frac{1}{2}-\frac{1}{4\pi}\sin 2\pi\right)\right] \\ &= \infty\end{aligned}$$

이므로 $\displaystyle\int_1^{\infty} f(x)dx$는 발산한다. ■

정리 2.8 극한비교판정법(limit comparison test)

모든 $n\in\mathbb{N}$에 대하여 $a_n,\ b_n>0$ 이고

$$\lim_{n\to\infty}\frac{a_n}{b_n}=L\quad(\text{단, } 0<L<\infty)$$

일 때 $\displaystyle\sum^{\infty} a_n$이 수렴하기 위한 필요충분조건은 $\displaystyle\sum^{\infty} b_n$이 수렴하는 것이다.

증명 | $\epsilon=\frac{1}{2}L>0$에 대하여 $\displaystyle\lim_{n\to\infty}\frac{a_n}{b_n}=L$이므로 적당한 $N\in\mathbb{N}$이 존재하여 $n\geq N$인 모든 자연수 n에 대하여

$$\left| \frac{a_n}{b_n} - L \right| < \epsilon$$

이 성립한다. 따라서 $n \geq N$ 인 모든 자연수 n 에 대하여

$$\frac{1}{2} L < \frac{a_n}{b_n} < \frac{3}{2} L$$

이고 이를 정리하면

$$\left(\frac{1}{2} L \right) b_n < a_n < \left(\frac{3}{2} L \right) b_n$$

이다. 비교판정법에 의하여 $\sum_{n=N}^{\infty} a_n$ 이 수렴하기 위한 필요충분조건은 $\sum_{n=N}^{\infty} b_n$ 이 수렴하는 것이다. $\sum_{n=1}^{N-1} a_n < \infty$ 이고 $\sum_{n=1}^{N-1} b_n < \infty$ 이므로 $\sum_{n=1}^{\infty} a_n$ 이 수렴하기 위한 필요충분조건은 $\sum_{n=1}^{\infty} b_n$ 이 수렴하는 것이다. ■

극한비교판정법에서 $L=0$ 이거나 $L=\infty$ 이면 이 판정법으로는 급수의 수렴성을 판정할 수 없으므로 다른 판정법을 사용하여 급수의 수렴성을 판정하여야 한다.

예제 2.9 $\sum_{n=1}^{\infty} \frac{1}{n^3 - 3n + 3}$ 의 수렴성을 판정하여라.

TIP 극한비교판정법을 사용하고 비교하는 급수로 p 급수를 이용한다.

풀이 |

$$\lim_{n \to \infty} \frac{\frac{1}{n^3}}{\frac{1}{n^3 - 3n + 3}} = \lim_{n \to \infty} \frac{n^3 - 3n + 3}{n^3} = 1$$

이고 p 급수판정법에 의하여 $\sum_{n=1}^{\infty} \frac{1}{n^3}$ 은 수렴한다.

따라서 극한비교판정법에 의하여 $\sum_{n=1}^{\infty} \frac{1}{n^3 - 3n + 3}$ 은 수렴한다. ■

만일 주어진 급수가 $\sum_{n=1}^{\infty} \frac{1}{n^3+3n+3}$ 이면 모든 $n \in \mathbb{N}$에 대하여 $\frac{1}{n^3+3n+3} \le \frac{1}{n^3}$ 이므로 비교판정법을 사용하는 것이 가능하다. 하지만 예제 2.9에서는 분모에 있는 "$-3n$"으로 인하여 비교판정법을 사용하는 것은 쉽지 않다.

정리 2.10 비판정법 (ratio test)

모든 $n \in \mathbb{N}$에 대하여 $a_n > 0$이고

$$\lim_{n\to\infty} \frac{a_{n+1}}{a_n} = M$$

일 때 다음이 성립한다.

(1) $M < 1$이면 $\sum_{n=1}^{\infty} a_n$은 수렴한다.

(2) $M > 1$이면 $\sum_{n=1}^{\infty} a_n$은 발산한다.

증명 | (1) $M < 1$ 이므로 $M + \epsilon_0 < 1$인 양수 $\epsilon_0 > 0$가 존재한다. $\epsilon_0 > 0$에 대하여

$$\lim_{n\to\infty} \frac{a_{n+1}}{a_n} = M$$

이므로 적당한 $N \in \mathbb{N}$이 존재하여 $n \ge N$인 모든 자연수 n에 대하여

$$\left| \frac{a_{n+1}}{a_n} - M \right| < \epsilon_0$$

이 성립하고 이를 정리하면 $n \ge N$인 모든 자연수 n에 대하여

$$\frac{a_{n+1}}{a_n} < M + \epsilon_0$$

이다. 따라서 $n \ge N$인 모든 자연수 n에 대하여

$$\frac{a_n}{a_N} = \left(\frac{a_n}{a_{n-1}}\right)\left(\frac{a_{n-1}}{a_{n-2}}\right)\cdots\left(\frac{a_{N+1}}{a_N}\right) < (M+\epsilon_0)^{n-N}$$

이고 이로부터

$$a_n \le a_N(M+\epsilon_0)^{n-N}$$

이다. $\sum_{n=N}^{\infty} a_N(M+\epsilon_0)^{n-N}$은 공비가 1보다 작은 기하급수이므로 수렴한다. 그러므로

$$\sum_{n=1}^{\infty} a_n = \sum_{n=1}^{N-1} a_n + \sum_{n=N}^{\infty} a_n \le \sum_{n=1}^{N-1} a_n + \sum_{n=N}^{\infty} a_N(M+\epsilon_0)^{n-N}$$

이고 $\sum_{n=1}^{N-1} a_n + \sum_{n=N}^{\infty} a_N(M+\epsilon_0)^{n-N}$이 수렴하므로 비교판정법에 의하여 $\sum_{n=1}^{\infty} a_n$은 수렴한다.

(2) $M > 1$일 때 $\epsilon = \frac{1}{2}(M-1) > 0$에 대하여

$$\lim_{n\to\infty} \frac{a_{n+1}}{a_n} = M$$

이므로 적당한 $N \in \mathbb{N}$이 존재하여 $n \ge N$인 모든 자연수 n에 대하여

$$\left| \frac{a_{n+1}}{a_n} - M \right| < \epsilon$$

이 성립하고 이를 정리하면 $n \ge N$인 모든 자연수 n에 대하여

$$1 < \frac{1}{2}M + \frac{1}{2} = M - \epsilon < \frac{a_{n+1}}{a_n}$$

이다. 따라서 $n \ge N$인 모든 자연수 n에 대하여

$$\frac{a_n}{a_N} = \left(\frac{a_n}{a_{n-1}}\right)\left(\frac{a_{n-1}}{a_{n-2}}\right)\cdots\left(\frac{a_{N+1}}{a_N}\right) \ge 1$$

이므로 $a_n \ge a_N > 0$이다. 따라서 $\lim_{n\to\infty} a_n \ne 0$이므로 발산정리에 의하여 $\sum_{n=1}^{\infty} a_n$은 발산한다. ■

비판정법에서 $M=1$인 경우에는 주어진 급수의 수렴성을 판정할 수 없다.

예제 2.11 $\sum_{n=1}^{\infty} \frac{1}{n!}$ 의 수렴성을 판정하여라.

풀이 | $n \in \mathbb{N}$ 에 대하여 $a_n = \frac{1}{n!}$ 이라 하면

$$\lim_{n\to\infty} \frac{a_{n+1}}{a_n} = \lim_{n\to\infty} \frac{\frac{1}{(n+1)!}}{\frac{1}{n!}} = \lim_{n\to\infty} \frac{1}{n+1} = 0$$

이므로 비판정법에 의하여 $\sum_{n=1}^{\infty} \frac{1}{n!}$ 은 수렴한다. ■

일반적으로 예제 2.11에서와 같이 급수의 항에 $n!$이 포함되어 있는 경우 비판정법을 우선적으로 선택하여 급수의 수렴성을 판정하는 것이 좋다.

정리 2.12 근판정법 (root test)

모든 $n \in \mathbb{N}$ 에 대하여 $a_n \geq 0$ 이고

$$\lim_{n\to\infty} \sqrt[n]{a_n} = M$$

일 때 다음이 성립한다.

(1) $M < 1$ 이면 $\sum_{n=1}^{\infty} a_n$ 은 수렴한다.

(2) $M > 1$ 이면 $\sum_{n=1}^{\infty} a_n$ 은 발산한다.

증명 | (1) $M < 1$ 이면 실수의 조밀성에 의하여 $M < p < 1$ 인 $p \in \mathbb{R}$ 가 존재한다. $\epsilon_0 = p - M > 0$ 이라 하면 $\lim_{n\to\infty} \sqrt[n]{a_n} = M$ 이므로 적당한 $N \in \mathbb{N}$ 이 존재하여 $n \geq N$ 인 모든 자연수 n 에 대하여

$$\left| \sqrt[n]{a_n} - M \right| < \epsilon_0$$

이 성립하고 이를 정리하면 $n \geq N$ 인 모든 자연수 n 에 대하여

$$\sqrt[n]{a_n} < M + \epsilon_0 = p$$

이다. 따라서 $n \geq N$인 모든 자연수 n에 대하여 $a_n < p^n$이고 $\sum_{n=1}^{\infty} p^n$은 공비가 1보다 작은 기하급수이므로 수렴한다. 그러므로

$$\sum_{n=1}^{\infty} a_n = \sum_{n=1}^{N-1} a_n + \sum_{n=N}^{\infty} a_n \leq \sum_{n=1}^{N-1} a_n + \sum_{n=N}^{\infty} p^n$$

이고 $\sum_{n=1}^{N-1} a_n + \sum_{n=N}^{\infty} p^n$이 수렴하므로 비교판정법에 의하여 $\sum_{n=1}^{\infty} a_n$은 수렴한다.

(2) $M > 1$일 때 $\epsilon = \frac{1}{2}(M-1) > 0$에 대하여 $\lim_{n\to\infty} \sqrt[n]{a_n} = M$이므로 적당한 $N \in \mathbb{N}$이 존재하여 $n \geq N$인 모든 자연수 n에 대하여

$$\left| \sqrt[n]{a_n} - M \right| < \epsilon$$

이 성립하고 이를 정리하면 $n \geq N$인 모든 자연수 n에 대하여

$$1 < \frac{1}{2}M + \frac{1}{2} = M - \epsilon < \sqrt[n]{a_n}$$

이다. 따라서 $n \geq N$인 모든 자연수 n에 대하여 $1 \leq a_n$이므로 $\lim_{n\to\infty} a_n \neq 0$이고 발산정리에 의하여 $\sum_{n=1}^{\infty} a_n$은 발산한다. ■

근판정법에서 $M = 1$인 경우에는 주어진 급수의 수렴성을 판정할 수 없다.

예제 2.13 $\sum_{n=1}^{\infty} \frac{3^n}{e^n}$의 수렴성을 판정하여라.

풀이 |

$$\lim_{n\to\infty} \sqrt[n]{\frac{3^n}{e^n}} = \frac{3}{e} > 1$$

이므로 근판정법에 의하여 $\sum_{n=1}^{\infty} \frac{3^n}{e^n}$은 발산한다. ■

일반적으로 예제 2.13에서와 같이 급수의 항에 a^n의 꼴이 포함되어 있는 경우 근판정법을 우선적으로 선택하여 급수의 수렴성을 판정하는 것이 좋다.

7.2 연습문제

1. 다음 급수의 수렴성을 판정하여라.

(1) $\displaystyle\sum_{n=1}^{\infty} \frac{1}{n^4+3n}$

(2) $\displaystyle\sum_{n=1}^{\infty} \frac{1}{n+\sqrt{n}}$

(3) $\displaystyle\sum_{n=2}^{\infty} \frac{2n+6}{n^3-3n}$

(4) $\displaystyle\sum_{n=1}^{\infty} \frac{1}{n}(\sqrt{n+1}-\sqrt{n})$

(5) $\displaystyle\sum_{n=1}^{\infty} \frac{n^3}{n!}$

(6) $\displaystyle\sum_{n=1}^{\infty} \frac{(2n)!}{n^n}$

(7) $\displaystyle\sum_{n=2}^{\infty} \frac{1}{n\ln n}$

(8) $\displaystyle\sum_{n=1}^{\infty} \frac{\cos^2 n}{n^2}$

(9) $\displaystyle\sum_{n=1}^{\infty} 4^n \frac{n!}{(2n)!}$

(10) $\displaystyle\sum_{n=1}^{\infty} \left(\frac{n}{n+1}\right)^{n^2}$

2. 양항급수 $\displaystyle\sum_{n=1}^{\infty} a_n$이 수렴하기 위한 필요충분조건이 부분합의 수열 $\{S_n\}$이 위로 유계인 것임을 증명하여라.

3. 적분판정법을 이용하여 p 급수판정법을 증명하여라.

4. 양항급수 $\displaystyle\sum_{n=1}^{\infty} a_n$과 $\displaystyle\sum_{n=1}^{\infty} b_n$이 수렴하면 $\displaystyle\sum_{n=1}^{\infty} a_n b_n$도 수렴함을 증명하여라.

5. (1) 양항급수 $\displaystyle\sum_{n=1}^{\infty} a_n$이 수렴하면 $\displaystyle\sum_{n=1}^{\infty} a_n^2$ 도 수렴함을 증명하여라.

(2) $n \in \mathbb{N}$에 대하여 $a_n \geq 0$ 이고 $\displaystyle\sum_{n=1}^{\infty} a_n^2$ 이 수렴하면 $\displaystyle\sum_{n=1}^{\infty} a_n$ 도 수렴하는가?

6. 양항급수 $\displaystyle\sum_{n=1}^{\infty} a_n$이 수렴하면 $\displaystyle\sum_{n=1}^{\infty} \sqrt{a_n}$ 도 수렴하는가?

7. 양항급수 $\displaystyle\sum_{n=1}^{\infty} a_n$이 수렴하면 $\displaystyle\sum_{n=1}^{\infty} \frac{\sqrt{a_n}}{n}$ 도 수렴함을 증명하여라.

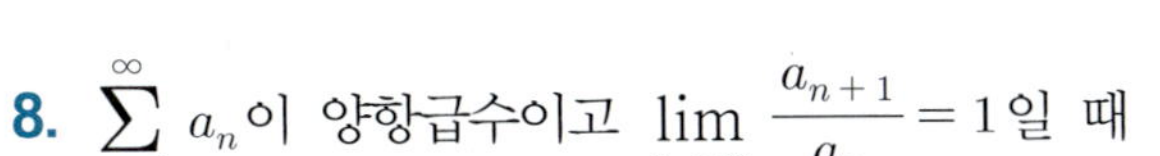

8. $\sum_{n=1}^{\infty} a_n$이 양항급수이고 $\lim_{n\to\infty} \frac{a_{n+1}}{a_n} = 1$일 때

(1) $\sum_{n=1}^{\infty} a_n$이 수렴하는 예를 들어라.

(2) $\sum_{n=1}^{\infty} a_n$이 발산하는 예를 들어라.

9. $a > 0$일 때 $\sum_{n=1}^{\infty} \frac{a^n}{\sqrt{n!}}$이 수렴함을 증명하여라.

10. $\sum_{n=1}^{\infty} \left(1 - \cos \frac{1}{n}\right)$ 이 수렴함을 증명하여라.

11. $n \in \mathbb{N}$에 대하여 $a_n \geq 0$이고 $\sum_{n=1}^{\infty} a_n^2$이 수렴하면 $\sum_{n=1}^{\infty} a_n^3$도 수렴함을 증명하여라.

12. $n \in \mathbb{N}$에 대하여 $x_n \geq 0$이고 $\sum_{n=1}^{\infty} x_n$이 수렴하면 $\sum_{n=1}^{\infty} \sqrt{x_n x_{n+1}}$도 수렴하는가?

13. $n \in \mathbb{N}$에 대하여 $x_n \geq 0$이고 $\sum_{n=1}^{\infty} \sqrt{x_n x_{n+1}}$이 수렴하면 $\sum_{n=1}^{\infty} x_n$도 수렴하는가?

14. $n \in \mathbb{N}$에 대하여 $x_n \geq 0$ 이고 $\sum_{n=1}^{\infty} x_n$이 수렴하면 $\sum_{n=1}^{\infty} \frac{x_1 + x_2 + \cdots + x_n}{n}$도 수렴하는가?

15. $0 \leq a < 1$이고 $0 < p$이면 $\sum_{n=1}^{\infty} a^n n^p$은 수렴함을 증명하여라.

16. $\sum_{n=1}^{\infty} \frac{1}{n^{1+1/n}}$이 발산함을 증명하여라.

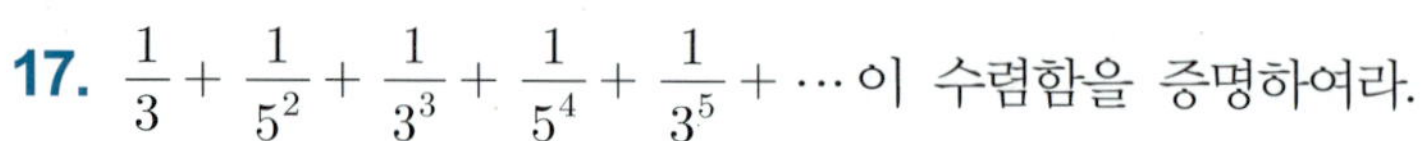

17. $\frac{1}{3}+\frac{1}{5^2}+\frac{1}{3^3}+\frac{1}{5^4}+\frac{1}{3^5}+\cdots$ 이 수렴함을 증명하여라.

18. $n \in \mathbb{N}$ 에 대하여 $a_n \geq 0$ 이고 $\sum_{n=1}^{\infty} a_n$ 이 발산하면 $\sum_{n=1}^{\infty} \frac{a_n}{1+a_n}$ 도 발산함을 증명하여라.

19. $n \in \mathbb{N}$ 에 대하여 $a_n \geq 0$ 일 때 다음을 증명하여라.

(1) $\lim_{n\to\infty} n^2 a_n = 1$ 이면 $\sum_{n=1}^{\infty} a_n$ 은 수렴한다.

(2) $\lim_{n\to\infty} n a_n = 1$ 이면 $\sum_{n=1}^{\infty} a_n$ 은 발산한다.

20. 양항급수 $\sum_{n=3}^{\infty} \frac{1}{n^a (\ln n)^b}$ 이 수렴하도록 하는 a 와 b 의 값을 구하여라.

21. (1) $n \in \mathbb{N}$ 에 대하여 $a_n \geq 0$ 이고 $a_{n+1} \leq a_n$ 이며 $\sum_{n=1}^{\infty} a_n$ 이 수렴하면 $\lim_{n\to\infty} n a_n = 0$ 임을 증명하여라.

(2) $n \in \mathbb{N}$ 에 대하여 $a_n \geq 0$ 이고 $\sum_{n=1}^{\infty} a_n$ 이 수렴하지만 $\lim_{n\to\infty} n a_n \neq 0$ 인 예를 들어라.

22. $n \in \mathbb{N}$ 에 대하여 $a_n \geq 0$ 이고 $\sum_{n=1}^{\infty} a_n$ 이 수렴하면 $\sum_{n=1}^{\infty} \sin a_n$ 도 수렴함을 증명하여라.

23. $n \in \mathbb{N}$ 에 대하여 $a_n \geq 0$ 이고 $\sum_{n=1}^{\infty} a_n$ 이 수렴하면 $\sum_{n=1}^{\infty} \cos a_n$ 도 수렴하는가?

24. $\sum_{n=2}^{\infty} \frac{1}{(\ln n)^{\ln n}}$ 이 수렴함을 증명하여라.

7.3 절대수렴과 조건수렴

7.2절에서 급수의 모든 항이 음이 아닌 값을 갖는 경우인 양항급수의 수렴성을 알아보았다. 이 절에서는 급수의 항이 양의 값과 음의 값을 갖고 있는 일반적인 급수의 수렴성을 살펴보기로 한다.

정의 3.1

$n \in \mathbb{N}$에 대하여 $a_n \in \mathbb{R}$이라 하자.

(1) $\sum_{n=1}^{\infty} |a_n|$이 수렴하면 $\sum_{n=1}^{\infty} a_n$은 **절대수렴한다**(converge absolutely)고 한다.

(2) $\sum_{n=1}^{\infty} |a_n|$은 발산하지만 $\sum_{n=1}^{\infty} a_n$이 수렴하면 $\sum_{n=1}^{\infty} a_n$은 **조건수렴한다**(converge conditionally)고 한다.

양항급수의 경우 급수는 수렴을 하거나 발산을 하지만 정의 3.1에서 알 수 있듯이 일반 급수의 경우에는 절대수렴, 조건수렴, 발산의 세 가지로 판정한다.

절대수렴을 판정하기 위하여 주어진 급수의 각 항에 절댓값을 취한 후 급수의 수렴성을 확인한다. 따라서 절대수렴을 판정할 때는 2절에서 학습한 비교판정법, 적분판정법, 극한비교판정법, 비판정법, 근판정법을 사용한다.

예제 3.2 다음 급수의 절대수렴성을 판정하여라.

(1) $\sum_{n=1}^{\infty} \frac{(-1)^n}{n}$　　(2) $\sum_{n=1}^{\infty} \frac{\sin n}{n^2+n}$

풀이 | (1) $\sum_{n=1}^{\infty} \left| \frac{(-1)^n}{n} \right| = \sum_{n=1}^{\infty} \frac{1}{n}$이고 $\sum_{n=1}^{\infty} \frac{1}{n}$은 p급수판정법에 의하여 수렴하지 않는다. 따라서 $\sum_{n=1}^{\infty} \frac{(-1)^n}{n}$은 절대수렴하지 않는다.

(2) $\sum_{n=1}^{\infty} \left| \frac{\sin n}{n^2+n} \right| \le \sum_{n=1}^{\infty} \frac{1}{n^2+n}$이고 극한비교판정법에 의하여 $\sum_{n=1}^{\infty} \frac{1}{n^2+n}$

은 수렴한다. 따라서 비교판정법에 의하여 $\sum_{n=1}^{\infty}\left|\frac{\sin n}{n^2+n}\right|$ 이 수렴하므로 $\sum_{n=1}^{\infty}\frac{\sin n}{n^2+n}$ 은 절대수렴한다. ■

정의 3.1에서 언급한 바와 같이 예제 3.2의 (1)에서 $\sum_{n=1}^{\infty}\frac{(-1)^n}{n}$ 은 절대수렴하지 않지만 조건수렴할 수 있으므로 주어진 급수가 절대수렴하지 않는다고 해서 반드시 발산한다고는 결론을 내릴 수 없다. 또한 예제 3.2의 (2)에서 급수는 양항급수처럼 보이지만 n 의 값에 따라서 $\sin n$ 이 양의 값과 음의 값을 가지므로 이 급수는 일반급수이고 따라서 절대수렴을 판정하여야 한다.

정리 3.3

절대수렴하는 급수는 수렴한다.

코시수열과 수렴하는 수열이 동등함을 이용하여 증명한다.

증명 | $\sum_{n=1}^{\infty} a_n$ 이 절대수렴하는 급수일 때 $n \in \mathbb{N}$ 에 대하여

$$S_n = \sum_{k=1}^{n} a_k\,, \qquad T_n = \sum_{k=1}^{n} |a_k|$$

라 하자. 가정에 의하여 $\{T_n\}$ 이 수렴하므로 $\{T_n\}$ 은 코시수열이다. 따라서 임의의 $\epsilon > 0$ 에 대하여 적당한 $N \in \mathbb{N}$ 이 존재하여 $m > n \geq N$ 인 모든 자연수 $m,\ n$ 에 대하여

$$|T_m - T_n| < \epsilon$$

이 성립한다. $m > n \geq N$ 인 모든 자연수 $m,\ n$ 에 대하여

$$\begin{aligned}|S_m - S_n| &= \left|\sum_{k=n+1}^{m} a_k\right| \\ &\leq \sum_{k=n+1}^{m} |a_k| \\ &= |T_m - T_n| < \epsilon\end{aligned}$$

이므로 $\{S_n\}$은 코시수열이고 따라서 $\{S_n\}$은 수렴한다. 그러므로 $\sum_{n=1}^{\infty} a_n$은 수렴한다. ■

정의 3.4

$n \in \mathbb{N}$에 대하여 $a_n > 0$이면 $\sum_{n=1}^{\infty} (-1)^n a_n$을 **교대급수**(alternating series)라 한다.

$n \in \mathbb{N}$에 대하여 $a_n > 0$일 때 $\sum_{n=1}^{\infty} (-1)^n a_n$을 교대급수라 하는 이유는 급수의 항들이 번갈아서 양의 값과 음의 값을 갖기 때문이다.

정리 3.5 교대급수판정법(alternating series test)

$n \in \mathbb{N}$에 대하여 $a_n > 0$이고 $\{a_n\}$이 감소수열이며 $\lim_{n\to\infty} a_n = 0$이면 교대급수 $\sum_{n=1}^{\infty} (-1)^n a_n$은 수렴한다.

TIP 정리 3.3에서와 같이 코시수열과 수렴하는 수열이 동등함을 이용하여 증명한다.

증명 | $\{a_n\}$이 감소수열이므로 모든 $k \in \mathbb{N}$에 대하여 $a_k - a_{k+1} \geq 0$이다. 따라서 $m > n$인 모든 자연수 m, n에 대하여

$$0 \leq a_{n+1} - a_{n+2} + a_{n+3} - \cdots \pm a_m \leq a_{n+1}$$

이다. 임의의 $\epsilon > 0$에 대하여 $\lim_{n\to\infty} a_n = 0$이므로 적당한 $N \in \mathbb{N}$이 존재하여 $n \geq N$인 모든 자연수 n에 대하여

$$|a_n - 0| = a_n < \epsilon$$

이 성립한다. S_n을 교대급수의 초항부터 n항까지의 부분합이라 하면 $m > n \geq N$인 모든 자연수 m, n에 대하여

$$\begin{aligned} |S_m - S_n| &= |a_{n+1} - a_{n+2} + a_{n+3} - \cdots \pm a_m| \\ &\leq |a_{n+1}| \\ &= a_{n+1} < \epsilon \end{aligned}$$

이므로 $\{S_n\}$은 코시수열이고 따라서 $\{S_n\}$은 수렴한다. 그러므로 교대급수 $\sum_{n=1}^{\infty}(-1)^n a_n$ 은 수렴한다. ■

예제 3.6 $\sum_{n=1}^{\infty}\frac{(-1)^n}{n}$이 조건수렴함을 증명하여라.

풀이| 예제 3.2의 (1)에서 증명한 바와 같이 $\sum_{n=1}^{\infty}\frac{(-1)^n}{n}$은 절대수렴하지 않는다. $n\in\mathbb{N}$에 대하여 $a_n=\frac{1}{n}$이라 하면 $a_n\ge a_{n+1}>0$이고 $\lim_{n\to\infty}a_n=0$이므로 교대급수판정법에 의하여 $\sum_{n=1}^{\infty}\frac{(-1)^n}{n}$은 수렴한다. 따라서 $\sum_{n=1}^{\infty}\frac{(-1)^n}{n}$은 조건수렴한다.■

교대급수판정법에서 $\{a_n\}$이 감소수열이어야 한다는 조건이 필요함을 다음 예제에서 확인할 수 있다.

예제 3.7 $n\in\mathbb{N}$에 대하여 $a_n>0$이고 $\lim_{n\to\infty}a_n=0$ 이지만 교대급수 $\sum_{n=1}^{\infty}(-1)^n a_n$이 수렴하지 않는 예를 들어라.

풀이| $n\in\mathbb{N}$에 대하여

$$a_n=\begin{cases}\frac{1}{n}, & n\text{이 짝수}\\ \frac{1}{n^2}, & n\text{이 홀수}\end{cases}$$

라 하면 $a_n>0$이고 $\lim_{n\to\infty}a_n=0$이지만 $\sum_{n=1}^{\infty}(-1)^n a_n$은 발산한다. ■

$\{a_n\}$이 적당한 $N\in\mathbb{N}$이 존재하며 $n\ge N$인 모든 자연수 n에 대하여 $a_n\ge a_{n+1}$이면 $\{a_n\}$을 **약감소수열**(weakly decreasing sequence)이라 한다. 교대급수판정법은 수열 $\{a_n\}$의 조건을 감소수열에서 약감소수열로 대체하여도 성립한다.

예를 들어 교대급수

$$\sum_{n=1}^{\infty}(-1)^n a_n=\sum_{n=1}^{\infty}\frac{(-1)^n}{(2n-7)^2}$$

에서 $\{a_n\}=\left\{\frac{1}{(2n-7)^2}\right\}$은 $n\ge 4$에 대하여 감소수열이므로 약감소수열이다. 하지만

$\lim_{n\to\infty} a_n = 0$이므로 교대급수판정법에 의하여 $\sum_{n=1}^{\infty} \frac{(-1)^n}{(2n-7)^2}$은 수렴한다.

주어진 급수가 교대급수일 경우 교대급수판정법은 매우 효율적이다. 하지만

$$1-\frac{1}{2}-\frac{1}{3}+\frac{1}{4}+\frac{1}{5}-\frac{1}{6}-\frac{1}{7}+\frac{1}{8}+\frac{1}{9}-\cdots$$

은 교대급수가 아니므로 교대급수판정법을 적용할 수 없다. 이런 경우 디리클레판정법과 아벨판정법이 유용하게 사용된다.

정리 3.8 디리클레판정법 (Dirichlet's test)

$n \in \mathbb{N}$에 대하여 $a_n \geq a_{n+1} \geq 0$이고 $\lim_{n\to\infty} a_n = 0$인 $\{a_n\}$과 $n \in \mathbb{N}$에 대하여 $B_n = \sum_{k=1}^{n} b_k$일 때 $\{B_n\}$이 유계인 수열이 되게 하는 $\{b_n\}$에 대하여 $\sum_{n=1}^{\infty} a_n b_n$은 수렴한다.

증명 | $\{B_n\}$이 유계인 수열이므로 적당한 $B > 0$가 존재하여 모든 $n \in \mathbb{N}$에 대하여

$$|B_n| \leq B$$

이다. 임의의 $\epsilon > 0$에 대하여 $\lim_{n\to\infty} a_n = 0$이므로 적당한 $N \in \mathbb{N}$이 존재하여 $n \geq N$인 모든 자연수 n에 대하여

$$|a_n - 0| = |a_n| < \frac{\epsilon}{2B} \tag{1}$$

이 성립한다. $n \in \mathbb{N}$에 대하여 $S_n = \sum_{k=1}^{n} a_k b_k$라 하면 (1)에 의하여 $m > n \geq N$인 모든 자연수 m, n에 대하여

$$\begin{aligned}
|S_m - S_n| &= \left|\sum_{k=n+1}^{m} a_k b_k\right| = \left|\sum_{k=n+1}^{m} a_k (B_k - B_{k-1})\right| \\
&= \left|(a_m B_m - a_{n+1} B_n) + \sum_{k=n+1}^{m-1} (a_k - a_{k+1}) B_k\right| \\
&\leq (a_m + a_{n+1}) B + \sum_{k=n+1}^{m-1} (a_k - a_{k+1}) B \\
&= [(a_m + a_{n+1}) + (a_{n+1} - a_m)] B
\end{aligned}$$

$$= 2a_{n+1}B < \epsilon$$

이므로 $\{S_n\}$은 코시수열이고 따라서 $\{S_n\}$은 수렴한다.

그러므로 $\sum_{n=1}^{\infty} a_n b_n$은 수렴한다. ■

예제 3.9 $1+\frac{1}{2}-\frac{1}{3}-\frac{1}{4}+\frac{1}{5}+\frac{1}{6}-\frac{1}{7}-\frac{1}{8}+\frac{1}{9}+\cdots$의 수렴성을 판정하여라.

풀이 | $n\in\mathbb{N}$에 대하여 $a_n=\frac{1}{n}$이면 $\{a_n\}$은 감소수열이고 $\lim_{n\to\infty} a_n = 0$이다.
$\{b_n\}=\{1, 1, -1, -1, 1, 1, -1, -1, 1, \cdots\}$이라 하면 $n\in\mathbb{N}$에 대하여

$$0 \le B_n = \sum_{k=1}^{n} b_k \le 2$$

이므로 $\{B_n\}$은 유계인 수열이다. 디리클레판정법에 의하여 주어진 급수는 수렴한다.

■

디리클레판정법을 이용하면 아벨판정법을 쉽게 증명할 수 있다.

정리 3.10 아벨판정법 (Abel's test)

$\{a_n\}$이 감소하는 양항수열이고 극한이 존재하며 $\sum_{n=1}^{\infty} b_n$이 수렴하면 $\sum_{n=1}^{\infty} a_n b_n$은 수렴한다.

증명 | $n\in\mathbb{N}$에 대하여 $B_n=\sum_{k=1}^{n} b_k$이면 $\sum_{n=1}^{\infty} b_n$이 수렴하므로 $\{B_n\}$은 수렴하고 따라서 $\{B_n\}$은 유계이다.
$\lim_{n\to\infty} a_n = a$ (단, $a\in\mathbb{R}$)이라 하면 $\lim_{n\to\infty}(a_n - a) = 0$이다.
$n\in\mathbb{N}$에 대하여 $A_n = a_n - a$라 하면 $A_n > A_{n+1} > 0$이고 $\lim_{n\to\infty} A_n = 0$이다. 따라서 디리클레판정법에 의하여 $\sum_{n=1}^{\infty} A_n b_n$은 수렴한다. 또한 $a\sum_{n=1}^{\infty} b_n$도 수렴하므로

$$\sum_{n=1}^{\infty} A_n b_n + a\sum_{n=1}^{\infty} b_n = \sum_{n=1}^{\infty}(A_n + a)b_n = \sum_{n=1}^{\infty} a_n b_n$$

도 수렴한다. ■

이제 주어진 급수의 연산 순서를 바꾸는 것이 가능한가에 대하여 알아보기로 한다.

정의 3.11

$f:\mathbb{N}\to\mathbb{N}$가 전단사 함수일 때 $\sum_{n=1}^{\infty} a_{f(n)}$을 $\sum_{n=1}^{\infty} a_n$의 **재배열급수**(rearrangement of series)라 한다.

예를 들어 $\frac{1}{2}+1+\frac{1}{4}+\frac{1}{3}+\frac{1}{6}+\frac{1}{5}+\cdots$은 $1+\frac{1}{2}+\frac{1}{3}+\frac{1}{4}+\frac{1}{5}+\frac{1}{6}+\cdots$의 재배열급수이다. 만일 주어진 급수를 재배열하면 원래의 급수와 같은 결과를 갖는가? 같은 결과를 가질 수도 있지만 그렇지 않을 수도 있다.

예제 3.12 교대급수 $1-\frac{1}{2}+\frac{1}{3}-\frac{1}{4}+\cdots$은 수렴한다. 그 합을 L이라 할 때

$$\left(1-\frac{1}{2}-\frac{1}{4}\right)+\left(\frac{1}{3}-\frac{1}{6}-\frac{1}{8}\right)+\left(\frac{1}{5}-\frac{1}{10}-\frac{1}{12}\right)+\cdots$$

의 값을 L을 이용하여 나타내어라.

풀이 |

$$\begin{aligned}
&\left(1-\frac{1}{2}-\frac{1}{4}\right)+\left(\frac{1}{3}-\frac{1}{6}-\frac{1}{8}\right)+\left(\frac{1}{5}-\frac{1}{10}-\frac{1}{12}\right)+\cdots\\
&=\left(\frac{1}{2}-\frac{1}{4}\right)+\left(\frac{1}{6}-\frac{1}{8}\right)+\left(\frac{1}{10}-\frac{1}{12}\right)+\cdots\\
&=\frac{1}{2}-\frac{1}{4}+\frac{1}{6}-\frac{1}{8}+\frac{1}{10}-\frac{1}{12}+\cdots\\
&=\frac{1}{2}\left(1-\frac{1}{2}+\frac{1}{3}-\frac{1}{4}+\frac{1}{5}-\frac{1}{6}+\cdots\right)\\
&=\frac{1}{2}L
\end{aligned}$$

■

이 예제에서 알 수 있듯이 급수를 재배열하였을 때 원래의 급수와 다른 결과를 얻을 수 있으므로 급수의 합을 구할 때는 주의하여야 한다. 하지만 주어진 급수가 절대수렴하면 재배열 급수도 같은 값으로 항상 수렴한다.

정리 3.13

$\sum_{n=1}^{\infty} a_n$ 이 절대수렴하고 $\sum_{n=1}^{\infty} a_n = L$ 이면 $\sum_{n=1}^{\infty} a_n$ 의 임의의 재배열 급수인 $\sum_{n=1}^{\infty} a_{f(n)}$ 에 대하여 $\sum_{n=1}^{\infty} a_{f(n)} = L$이다.

증명 | 임의의 $\epsilon > 0$에 대하여 $\sum_{n=1}^{\infty} |a_n|$이 수렴하므로 적당한 $N_1 \in \mathbb{N}$이 존재하여 $k \geq N_1$ 인 모든 자연수 k에 대하여

$$\sum_{n=k}^{\infty} |a_n| < \frac{\epsilon}{2} \tag{1}$$

이 성립한다. 또한 $\sum_{n=1}^{\infty} a_n = L$이므로 적당한 $N_2 \in \mathbb{N}$가 존재하여 $n \geq N_2$ 인 모든 자연수 k에 대하여

$$\left| \sum_{n=1}^{k} a_n - L \right| < \frac{\epsilon}{2} \tag{2}$$

이 성립한다.

이제 $N = \max\{N_1, N_2\}$라 하고 $\{a_1, a_2, \cdots, a_N\} \subset \{a_{f(1)}, a_{f(2)}, \cdots, a_{f(M)}\}$가 될 수 있도록 충분히 큰 $M \in \mathbb{N}$을 선택한다. (1)에 의하여 $k \geq M$인 모든 자연수 k에 대하여

$$\left| \sum_{n=1}^{k} a_{f(n)} - \sum_{n=1}^{N} a_n \right| \leq \left| \sum_{n=N+1}^{\infty} a_n \right| \leq \sum_{n=N+1}^{\infty} |a_n| < \frac{\epsilon}{2}$$

이며 (1)과 (2)에 의하여 $k \geq M$인 모든 자연수 k에 대하여

$$\left| \sum_{n=1}^{k} a_{f(n)} - L \right| \leq \left| \sum_{n=1}^{k} a_{f(n)} - \sum_{n=1}^{N} a_n \right| + \left| \sum_{n=1}^{N} a_n - L \right| < \frac{\epsilon}{2} + \frac{\epsilon}{2} = \epsilon$$

이다. 따라서 $\sum_{n=1}^{\infty} a_{f(n)} = L$ 이다. ■

7.3 연습문제

1. 다음 급수의 절대수렴, 조건수렴 또는 발산을 판정하여라.

(1) $\displaystyle\sum_{n=1}^{\infty} \frac{(-1)^n n}{n+3}$

(2) $\displaystyle\sum_{n=1}^{\infty} \frac{(-1)^n}{\ln(n+1)}$

(3) $\displaystyle\sum_{n=1}^{\infty} \frac{(-1)^n (n!)^2}{(2n)!}$

(4) $\displaystyle\sum_{n=1}^{\infty} \frac{(-1)^{n+1}}{(\ln(2n+1))^2}$

(5) $\displaystyle\sum_{n=1}^{\infty} \frac{(-1)^n (n^3+1)}{3n^{9/2}+7n^2}$

(6) $\displaystyle\sum_{n=1}^{\infty} \frac{(-1)^n n!}{1 \cdot 3 \cdot \cdots \cdot (2n-3)(2n-1)}$

2. $n \in \mathbb{N}$에 대하여 $a_n \in \mathbb{R}$이면

$$\left| \sum_{n=1}^{\infty} a_n \right| \leq \sum_{n=1}^{\infty} |a_n|$$

임을 증명하여라.

3. $\displaystyle\sum_{n=1}^{\infty} a_n$과 $\displaystyle\sum_{n=1}^{\infty} b_n$이 모두 수렴하는 급수라 하자.

(1) $n \in \mathbb{N}$에 대하여 $c_n = \max\{a_n, b_n\}$이면 $\displaystyle\sum_{n=1}^{\infty} c_n$은 수렴하는가?

(2) $n \in \mathbb{N}$에 대하여 $d_n = \min\{a_n, b_n\}$이면 $\displaystyle\sum_{n=1}^{\infty} d_n$은 수렴하는가?

4. $x \in \mathbb{R}$일 때 $\displaystyle\sum_{n=1}^{\infty} \frac{x^n}{n!}$은 절대수렴함을 증명하여라.

5. $\displaystyle\sum_{n=1}^{\infty} a_n^2$과 $\displaystyle\sum_{n=1}^{\infty} b_n^2$이 수렴하면 $\displaystyle\sum_{n=1}^{\infty} a_n b_n$이 절대수렴함을 증명하여라.

6. $\{a_n\}$이 증가하는 양항수열이고 극한이 존재하며 $\displaystyle\sum_{n=1}^{\infty} b_n$이 수렴하면 $\displaystyle\sum_{n=1}^{\infty} a_n b_n$도 수렴함을 증명하여라.

7. α가 양의 유리수이고 $|x| < 1$이면 $\displaystyle\sum_{n=1}^{\infty} n^{\alpha} x^n$은 절대수렴함을 증명하여라.

8. $\sum_{n=1}^{\infty} a_n$이 수렴하면 $\sum_{n=1}^{\infty} \frac{(-1)^n a_n}{n}$도 수렴하는가?

9. (1) $\sum_{n=1}^{\infty} a_n = 1 + \frac{1}{2} - \frac{1}{3} + \frac{1}{4} + \frac{1}{5} - \frac{1}{6} + \cdots$에 디리클레판정법을 적용할 수 있는가?

(2) $\sum_{n=1}^{\infty} a_n = 1 + \frac{1}{2} - \frac{1}{3} + \frac{1}{4} + \frac{1}{5} - \frac{1}{6} + \cdots$의 수렴성을 판정하여라.

10. 디리클레판정법을 이용하여 교대급수판정법을 증명하여라.

11. $\sum_{n=1}^{\infty} n a_n$이 수렴하면 $\sum_{n=1}^{\infty} a_n$도 수렴함을 증명하여라.

12. $\sum_{n=1}^{\infty} (-1)^n \sin \frac{1}{n}$은 절대수렴하지 않음을 증명하여라.

13. (1) $\sum_{n=1}^{\infty} \frac{\sin n}{n}$은 절대수렴하지 않음을 증명하여라.

(2) $\sum_{n=1}^{\infty} \frac{\sin n}{n}$은 수렴함을 증명하여라.

14. $1 - \frac{1}{2} - \frac{1}{3} + \frac{1}{4} + \frac{1}{5} - \frac{1}{6} - \frac{1}{7} + \cdots$이 수렴함을 증명하여라.

15. $1 - 1 + \frac{1}{2} - \frac{1}{2} + \frac{1}{3} - \frac{1}{3} + \cdots$은 조건수렴하는가?

16. $\{a_n\}$이 감소수열이고 $\lim_{n\to\infty} a_n = 0$이면 $\sum_{n=1}^{\infty} (-1)^n \left(\frac{a_1 + a_2 + \cdots + a_n}{n}\right)$이 수렴함을 증명하여라.

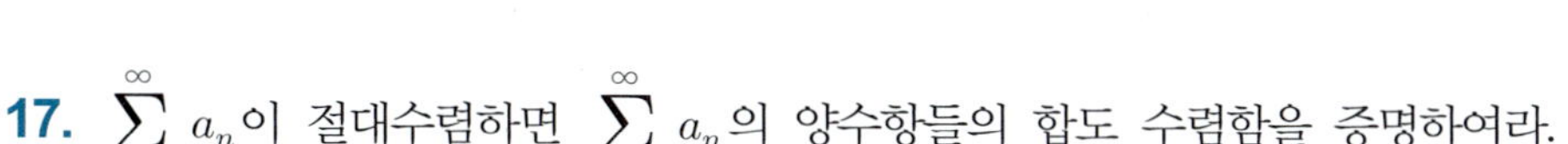

17. $\sum_{n=1}^{\infty} a_n$이 절대수렴하면 $\sum_{n=1}^{\infty} a_n$의 양수항들의 합도 수렴함을 증명하여라.

18. $\sum_{n=1}^{\infty} a_n$이 조건수렴하면 $\sum_{n=1}^{\infty} a_n$의 양수항들의 합은 발산함을 증명하여라.

19.

$$\sum_{n=1}^{\infty} \frac{(-1)^{n+1}}{n} = 1 - \frac{1}{2} + \frac{1}{3} - \frac{1}{4} + \frac{1}{5} - \frac{1}{6} + \cdots$$

은 조건수렴한다. 이 급수의 값을 A라 할 때

$$1 - \frac{1}{2} - \frac{1}{4} + \frac{1}{3} - \frac{1}{6} - \frac{1}{8} + \cdots$$

의 값을 A를 이용하여 나타내어라.

20. $\sum_{n=1}^{\infty} (a_n + b_n)$이 수렴하면 $a_1 + b_1 + a_2 + b_2 + a_3 + b_3 + \cdots$도 수렴하는가?

21. $\sum_{n=1}^{\infty} \frac{(-1)^n}{n}$은 조건수렴한다. 이 급수의 모든 재배열 급수 $\sum_{n=1}^{\infty} a_n$도 수렴하는가?

22. $\sum_{n=0}^{\infty} a_n$, $\sum_{n=0}^{\infty} b_n$과 $n \in \mathbb{N} \cup \{0\}$에 대하여

$$c_n = \sum_{k=0}^{n} a_k b_{n-k}$$

이라 할 때 $\sum_{n=0}^{\infty} c_n$을 $\sum_{n=0}^{\infty} a_n$과 $\sum_{n=0}^{\infty} b_n$의 **코시곱**(Cauchy product)이라 한다.

(1) $\sum_{n=0}^{\infty} a_n$과 $\sum_{n=0}^{\infty} b_n$이 모두 절대수렴하면 코시곱 $\sum_{n=0}^{\infty} c_n$도 절대수렴함을 증명하여라.

(2) $\sum_{n=0}^{\infty} a_n$과 $\sum_{n=0}^{\infty} b_n$이 모두 수렴하지만 코시곱 $\sum_{n=0}^{\infty} c_n$은 발산하는 예를 들어라.

함수열

학습목표

- 함수열을 도입하고 이를 이용하여 함수열 급수의 점별수렴과 평등수렴을 정의한다.
- 함수열 급수의 점별수렴과 평등수렴의 차이를 이해한다.
- 함수열 급수의 평등수렴을 판정하는 다양한 방법을 익힌다.
- 멱급수를 정의하고 멱급수의 수렴구간과 수렴반경을 구하는 방법을 학습한다.

미리보기

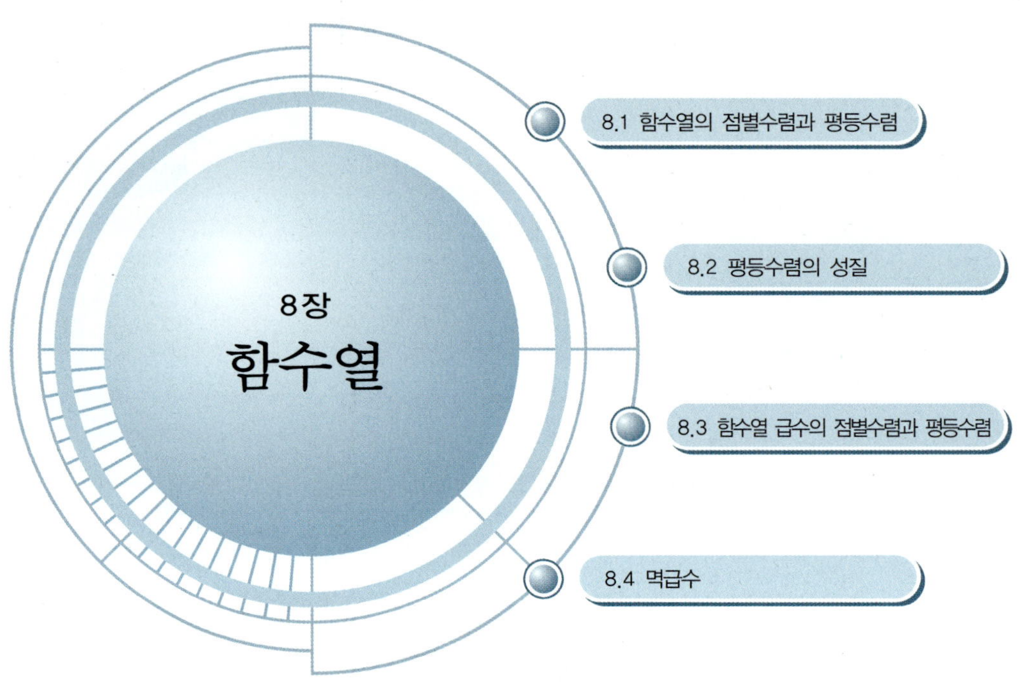

이 장에서는 함수열과 함수열 급수의 수렴과 발산을 판정하는 방법에 대하여 알아보기로 한다. 다양한 함수열과 함수열 급수의 예제들을 이용하여 점별수렴과 평등수렴의 차이를 이해한다. 일반적인 함수열 급수의 수렴성을 바이어스트라스 M 판정법을 이용하여 증명하는 방법을 이해하고 복잡한 함수열 급수의 수렴성은 디리클레 판정법과 아벨판정법을 이용하여 증명한다. 응용분야에서 중요하게 사용되는 멱급수를 정의하고 무한급수의 판정법을 이용하여 멱급수가 수렴하는 수렴구간과 수렴반경을 구하는 방법을 익힌다.

8.1 함수열의 점별수렴과 평등수렴

함수들의 수열과 급수를 학습하기 위하여 우선 함수의 수열을 정의하기로 한다.

정의 1.1

$\varnothing \neq D \subset \mathbb{R}$ 이고 모든 $n \in \mathbb{N}$ 에 대하여

$$f_n : D \to \mathbb{R}$$

일 때 $\{f_n\}$을 D에서 함수들의 수열 또는 간단히 **함수열**(sequence of functions)이라 한다.

8장에서 언급하는 D는 $\varnothing \neq D \subset \mathbb{R}$를 의미한다고 가정한다.

이제 함수열의 수렴성과 점별극한함수에 대하여 알아보기로 한다.

정의 1.2

$n \in \mathbb{N}$에 대하여 $f_n : D \to \mathbb{R}$이라 하자.
만일 임의의 $x_0 \in D$에 대하여 수열 $\{f_n(x_0)\}$가 수렴하면 함수열 $\{f_n\}$은 D에서 **점별수렴한다**(converge pointwise)고 한다. 이 경우 모든 $x_0 \in D$에 대하여

$$f(x_0) := \lim_{n \to \infty} f_n(x_0)$$

인 함수 f를 D에서 함수열 $\{f_n\}$의 **점별극한함수**(pointwise limit function)라 한다.

점별수렴의 정의에서 "임의의 $x_0 \in D$"의 의미는 x_0를 마음대로 선택할 수 있지만 선택한 후에는 고정한다는 것을 의미이다. 이를 명확하게 설명하기 위하여 "x" 대신에 "x_0"를 사용하였다. 점별수렴을 논의할 때 반드시 x_0의 값을 먼저 선택하여 고정한 후 $n \to \infty$ 일 때 $f_n(x_0)$의 극한값을 계산해야 한다는 점을 유의하여야 한다.

8장에서 f가 정의역의 모든 점에서 함숫값이 0인 상수함수일 때 $f \equiv 0$으로 표현한다.

예제 1.3 $n \in \mathbb{N}$에 대하여 $f_n(x) = \dfrac{x}{n}$일 때 $\mathbb{R}$에서 함수열 $\{f_n\}$의 점별극한함수를 구하여라.

풀이 |

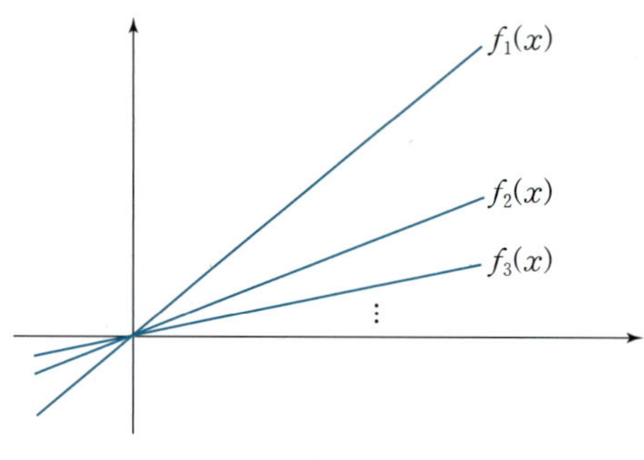

그림 8.1 $f_n(x) = \dfrac{x}{n}$의 그래프

임의의 $x_0 \in \mathbb{R}$에 대하여

$$\lim_{n\to\infty} f_n(x_0) = \lim_{n\to\infty} \frac{x_0}{n} = 0$$

이므로 $\mathbb{R}$에서 함수열 $\{f_n\}$의 점별극한함수는 $f \equiv 0$이다. ■

다음 예제는 함수열이 점별극한함수를 갖지 않을 수 있음을 보여준다.

예제 1.4 $n \in \mathbb{N}$에 대하여 $g_n(x) = x^n$일 때 $\mathbb{R}$에서 함수열 $\{g_n\}$의 점별극한함수를 구하여라.

풀이 | $x_0 > 1$이면

$$\lim_{n\to\infty} g_n(x_0) = \lim_{n\to\infty} x_0^n = \infty$$

이므로 함수열 $\{g_n\}$은 $\mathbb{R}$에서 점별수렴하지 않는다. 따라서 $\mathbb{R}$에서 함수열 $\{g_n\}$의 점별극한함수는 존재하지 않는다. ■

정의 1.2의 점별수렴을 수학적으로 엄밀하게 정의하면 다음과 같다.

정의 1.5 점별수렴의 엄밀한 정의

$n \in \mathbb{N}$에 대하여 $f_n : D \to \mathbb{R}$이고 $f : D \to \mathbb{R}$이라 하자.
임의의 $x_0 \in D$와 임의의 $\epsilon > 0$에 대하여 적당한 $N = N(x_0, \epsilon) \in \mathbb{N}$이 존재하여 $n \geq N$인 모든 자연수 n에 대하여

$$|f_n(x_0) - f(x_0)| < \epsilon$$

이 성립하면 함수열 $\{f_n\}$은 D에서 f로 **점별수렴한다**고 한다.

정의 1.5에서 "$N(x_0, \epsilon)$"의 의미는 N의 값이 x_0와 $\epsilon > 0$에 따라서 결정됨을 의미한다.

예제 1.6 $n \in \mathbb{N}$에 대하여 $f_n(x) = x^n$이면 함수열 $\{f_n\}$은 $[0, 1]$에서

$$f(x) = \begin{cases} 0, & x \in [0, 1) \\ 1, & x = 1 \end{cases}$$

로 점별수렴함을 증명하여라.

TIP 수열의 극한에서와 같이 $x_0 \in (0, 1)$일 때

$$|f_n(x_0) - f(x_0)| = |x_0^n| < \epsilon$$

으로부터 $N = N(x_0, \epsilon)$의 값을 $N > \dfrac{\ln \epsilon}{\ln x_0}$으로 선택한다.

증명 | (1) $x_0 = 0$인 경우와 $x_0 = 1$인 경우

임의의 $\epsilon > 0$과 모든 $n \in \mathbb{N}$에 대하여

$$|f_n(0) - f(0)| = 0 < \epsilon, \ |f_n(1) - f(1)| = 0 < \epsilon$$

이다.

(2) $x_0 \in (0, 1)$인 경우

임의의 $\epsilon > 0$에 대하여 $N > \dfrac{\ln \epsilon}{\ln x_0}$인 $N \in \mathbb{N}$을 선택하면 $n \geq N$인 모든 자연수 n에 대하여

$$|f_n(x_0) - f(x_0)| = |x_0^n| = |x_0|^n \leq |x_0|^N < \epsilon$$

이다.

(1)과 (2)에 의하여 함수열 $\{f_n\}$은 $[0, 1]$에서 f로 점별수렴한다. ■

점별수렴하는 함수열이 갖고 있는 공통적인 성질을 점별극한함수는 갖지 않을 수 있다.

질문 1 $n \in \mathbb{N}$에 대하여 f_n이 $[a, b]$에서 연속이고 함수열 $\{f_n\}$이 $[a, b]$에서 f로 점별수렴하면 f도 $[a, b]$에서 연속일까?

예제 1.7 $n \in \mathbb{N}$에 대하여 $f_n(x) = \dfrac{1}{1+x^n}$이면 $[0, 1]$에서 함수열 $\{f_n\}$의 점별극한함수는 연속이 아님을 증명하여라.

풀이 | $n \in \mathbb{N}$에 대하여 f_n은 $[0, 1]$에서 연속이다.

$x_0 \in [0, 1)$이면 $\displaystyle\lim_{n\to\infty} f_n(x_0) = \lim_{n\to\infty} \frac{1}{1+x_0^n} = 1$이다.

$x_0 = 1$이면 $\displaystyle\lim_{n\to\infty} f_n(x_0) = \lim_{n\to\infty} \frac{1}{1+1^n} = \frac{1}{2}$이다.

따라서 $[0, 1]$에서 함수열 $\{f_n\}$에 대한 점별극한함수는

$$f(x) = \begin{cases} 1, & x \in [0, 1) \\ \dfrac{1}{2}, & x = 1 \end{cases}$$

이므로 f는 $[0, 1]$에서 연속이 아니다. ■

예제 1.7에서 알 수 있듯이 점별수렴은 연속성을 보존하지 않을 수 있다. 하지만 함수열에 따라서는 다음 예제처럼 점별극한함수가 연속일 수 있다.

예제 1.8 $n \in \mathbb{N}$에 대하여 $f_n(x) = \dfrac{x}{1+nx^2}$이면 함수열 $\{f_n\}$의 점별극한함수는 $\mathbb{R}$에서 연속임을 증명하여라.

증명 | 만일 $x_0 = 0$이면 모든 $n \in \mathbb{N}$에 대하여 $f_n(0) = 0$이므로

$$\lim_{n\to\infty} f_n(x_0) = 0 = f(x_0)$$

이다. 만일 $x_0 \neq 0$이면

$$\lim_{n\to\infty} f_n(x_0) = \lim_{n\to\infty} \frac{x_0}{1+nx_0^2} = 0$$

이므로 $\lim_{n\to\infty} f_n(x_0) = 0 = f(x_0)$이다.

따라서 $\mathbb{R}$에서 함수열 $\{f_n\}$의 점별극한함수는 $f \equiv 0$이므로 f는 $\mathbb{R}$에서 연속이다. ■

질문 2 $n \in \mathbb{N}$에 대하여 f_n이 $[a, b]$에서 미분가능하고 함수열 $\{f_n\}$이 $[a, b]$에서 f로 점별수렴하면 함수열 $\{f_n'\}$도 $[a, b]$에서 f'으로 점별수렴할까?

예제 1.9 $n \in \mathbb{N}$에 대하여 $f_n(x) = \dfrac{\sin n^2 x}{n}$이면

(1) 함수열 $\{f_n\}$은 $\mathbb{R}$에서 $f \equiv 0$으로 점별수렴함을 증명하여라.

(2) 함수열 $\{f_n'\}$은 $\mathbb{R}$에서 $f' \equiv 0$으로 점별수렴하는가?

풀이 | (1) 임의의 $x_0 \in \mathbb{R}$와 임의의 $\epsilon > 0$에 대하여 $N > \dfrac{1}{\epsilon}$인 $N \in \mathbb{N}$을 선택하면 $n \geq N$인 모든 자연수 n에 대하여

$$|f_n(x_0) - 0| = \left|\frac{\sin n^2 x_0}{n}\right| \leq \frac{1}{n} \leq \frac{1}{N} < \epsilon$$

이므로 $\lim_{n\to\infty} f_n(x_0) = 0$이다. x_0는 $\mathbb{R}$의 임의의 점이므로 함수열 $\{f_n\}$은 $\mathbb{R}$에서 $f \equiv 0$으로 점별수렴한다.

(2) $n \in \mathbb{N}$에 대하여

$$f_n'(x) = \frac{n^2 \cos n^2 x}{n} = n \cos n^2 x$$

이므로

$$\lim_{n\to\infty} f_n'(0) = \lim_{n\to\infty} n = \infty \neq 0 = f'(0)$$

이다. 따라서 함수열 $\{f_n'\}$은 $\mathbb{R}$에서 $f' \equiv 0$으로 점별수렴하지 않는다. ■

질문 3 $n \in \mathbb{N}$에 대하여 $f_n \in \mathfrak{R}[a, b]$이고 함수열 $\{f_n\}$이 $[a, b]$에서 f로 점별수렴하면 $\lim_{n\to\infty} \int_a^b f_n(x)dx = \int_a^b f(x)dx$가 성립할까?

예제 1.10 $n \in \mathbb{N}$에 대하여

$$f_n(x) = \begin{cases} 0, & x = 0 \\ n, & 0 < x \le \frac{1}{n} \\ 0, & \frac{1}{n} < x \le 1 \end{cases}$$

일 때

(1) $[0, 1]$에서 함수열 $\{f_n\}$의 점별극한함수를 구하여라.

(2) $\lim_{n\to\infty} \int_0^1 f_n(x)\,dx = \int_0^1 f(x)\,dx$ 가 성립하는가?

풀이 | (1) $x_0 \in (0, 1)$이면 $\frac{1}{N} < x_0$인 $N \in \mathbb{N}$이 존재한다. 따라서 $n \ge N$인 모든 자연수 n에 대하여 $f_n(x_0) = 0$이므로 $\lim_{n\to\infty} f_n(x_0) = 0$이다.

$x_0 = 0$이거나 $x_1 = 1$이면 모든 $n \in \mathbb{N}$에 대하여 $f_n(x_0) = 0$이므로 $\lim_{n\to\infty} f_n(x_0) = 0$이다.

따라서 $[0, 1]$에서 함수열 $\{f_n\}$의 점별극한함수는 $f \equiv 0$이다.

(2) $n \in \mathbb{N}$에 대하여 $f_n \in \mathfrak{R}[0, 1]$이고 $\int_0^1 f_n(x)\,dx = \int_0^{1/n} n\,dx = 1$이므로 $\lim_{n\to\infty} \int_0^1 f_n(x)\,dx = 1$이다. 하지만 $\int_0^1 f(x)\,dx = 0$이므로

$$\lim_{n\to\infty} \int_0^1 f_n(x)\,dx \ne \int_0^1 f(x)\,dx$$

이다. ■

예제 1.10은 함수열 $\{f_n\}$이 f로 점별수렴한다고 해서 극한과 적분의 계산 순서를 교환할 수 있는 것은 아님을 보여준다.

이제 함수열 $\{f_n\}$이 f로 평등수렴하는 것에 대하여 알아보기로 한다.

정의 1.11

$n \in \mathbb{N}$에 대하여 $f_n : D \to \mathbb{R}$ 이고 $f : D \to \mathbb{R}$ 이라 하자.

임의의 $\epsilon > 0$에 대하여 적당한 $N = N(\epsilon) \in \mathbb{N}$ 이 존재하여 $n \ge N$인 모든 자연수 n과 모든 $x \in D$에 대하여

$$|f_n(x) - f(x)| < \epsilon$$

이 성립하면 함수열 $\{f_n\}$은 D에서 f로 **평등수렴한다**(converge uniformly)고 한다.

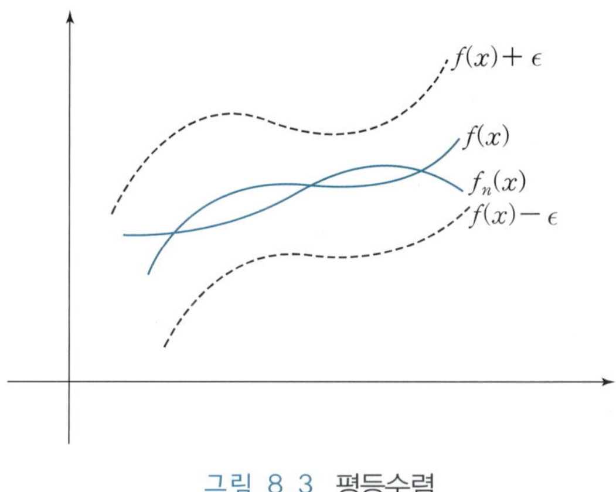

그림 8.3 평등수렴

점별수렴에서는 $N = N(\epsilon, x)$이지만 평등수렴에서는 $N = N(\epsilon)$임을 유의하여야 한다. 이것은 평등수렴에서는 N의 값이 x와 관계없이 오직 $\epsilon > 0$에 의해서만 선택되어야 함을 의미한다.

평등수렴함을 증명하는 방법

함수열 $\{f_n\}$이 D에서 f로 평등수렴함을 증명하고자 할 경우 모든 $x \in D$에 대하여 적당한 양의 상수 a와 b가 존재하여

$$|f_n(x) - f(x)| < \frac{a}{n^b}$$

임을 유도하고 이를 이용하여 N의 값을 정한다.

이때 부등식의 우변에는 x가 나타나지 않아야 한다.

예제 1.12 $n \in \mathbb{N}$ 에 대하여 $f_n(x) = \dfrac{\sin nx}{n}$ 이면 함수열 $\{f_n\}$은 $\mathbb{R}$ 에서 $f \equiv 0$으로 평등수렴함을 증명하여라.

임의의 $x \in \mathbb{R}$에 대하여

$$|f_n(x) - f(x)| = \left|\frac{\sin nx}{n}\right| \le \frac{1}{n}$$

이므로 $N > \dfrac{1}{\epsilon}$인 $N \in \mathbb{N}$을 선택한다.

증명 | 임의의 $\epsilon > 0$ 에 대하여 $N > \dfrac{1}{\epsilon}$인 $N \in \mathbb{N}$을 선택한다. 그러면 $n \ge N$인 모든 자연수 n과 모든 $x \in \mathbb{R}$ 에 대하여

$$|f_n(x) - f(x)| = \left|\frac{\sin nx}{n}\right| \le \frac{1}{n} \le \frac{1}{N} < \epsilon$$

이므로 함수열 $\{f_n\}$은 $\mathbb{R}$ 에서 $f \equiv 0$으로 평등수렴한다. ■

다음 정리는 함수열의 평등수렴성을 증명하는 데 중요하게 사용된다.

정리 1.13

함수열 $\{f_n\}$이 D에서 f로 점별수렴하고 $n \in \mathbb{N}$에 대하여

$$M_n = \sup_{x \in D} |f_n(x) - f(x)|$$

일 때 함수열 $\{f_n\}$이 D에서 f로 평등수렴할 필요충분조건은 $\lim_{n \to \infty} M_n = 0$인 것이다.

증명 | ($\Rightarrow$) 함수열 $\{f_n\}$이 D에서 f로 평등수렴하므로 임의의 $\epsilon > 0$에 대하여 적당한 $N \in \mathbb{N}$이 존재하여 $n \ge N$인 모든 자연수 n과 모든 $x \in D$에 대하여

$$|f_n(x) - f(x)| < \frac{\epsilon}{2}$$

이 성립한다. 따라서 $n \ge N$인 모든 자연수 n에 대하여

$$M_n = \sup_{x \in D} |f_n(x) - f(x)| \le \frac{\epsilon}{2} < \epsilon$$

이므로 $\lim_{n\to\infty} M_n = 0$ 이다.

($\Leftarrow$) 임의의 $\epsilon > 0$ 에 대하여 $\lim_{n\to\infty} M_n = 0$이므로 $N \in \mathbb{N}$이 존재하여 $n \geq N$인 모든 자연수 n에 대하여

$$M_n < \epsilon$$

이 성립한다. 따라서 $n \geq N$인 모든 자연수 n과 모든 $x \in D$에 대하여

$$|f_n(x) - f(x)| \leq \sup_{x \in D} |f_n(x) - f(x)| = M_n < \epsilon$$

이므로 함수열 $\{f_n\}$은 D에서 f로 평등수렴한다. ■

정리 1.13을 이용하고자 할 때 f가 주어지지 않은 경우 함수열 $\{f_n\}$의 점별극한함수 f를 우선 구해야 한다.

예제 1.14 $n \in \mathbb{N}$에 대하여 $f_n(x) = \dfrac{1}{1+nx^2}$이면 함수열 $\{f_n\}$은 $[1, \infty)$에서 평등수렴함을 증명하여라.

> **TIP** $[1, \infty)$에서 함수열 $\{f_n\}$의 점별극한함수가 $f \equiv 0$임을 증명한다.
> $n \in \mathbb{N}$에 대하여
> $$M_n = \sup_{x \in [1, \infty)} |f_n(x) - f(x)| = \sup_{x \in [1, \infty)} \frac{1}{1+nx^2} = \frac{1}{1+n}$$
> 이므로 $\lim_{n\to\infty} M_n = 0$임을 이용한다.

증명 | 임의의 $x_0 \in [1, \infty)$에 대하여

$$\lim_{n\to\infty} f_n(x_0) = \lim_{n\to\infty} \frac{1}{1+nx_0^2} = 0$$

이므로 $[1, \infty)$에서 함수열 $\{f_n\}$의 점별극한함수는 $f \equiv 0$이다.

$n \in \mathbb{N}$ 에 대하여

$$M_n = \sup_{x \in [1, \infty)} |f_n(x) - f(x)| = \sup_{x \in [1, \infty)} \frac{1}{1+nx^2} = \frac{1}{1+n}$$

이므로 $\lim_{n\to\infty} M_n = 0$ 이다. 정리 1.13에 의하여 함수열 $\{f_n\}$은 $[1, \infty)$에서 $f \equiv 0$으로 평등수렴한다. ■

평등수렴을 확인할 수 있는 또 다른 방법은 코시판별법이다. 이 판별법의 특징은 함수열 $\{f_n\}$이 평등수렴함을 증명하기 위하여 점별극한함수 f를 구할 필요가 없다는 데 있다. 코시판별법의 증명은 코시수열이 수렴하는 수열과 동등하다는 정리의 증명과 유사하므로 연습문제로 한다.

정리 1.15 평등수렴에 대한 코시판별법(Cauchy criterion for uniform convergence)

함수열 $\{f_n\}$이 D에서 평등수렴하기 위한 필요충분조건은 임의의 $\epsilon > 0$에 대하여 적당한 $N \in \mathbb{N}$이 존재하여 모든 $x \in D$와 $m, n \geq N$인 모든 자연수 m, n에 대하여

$$|f_m(x) - f_n(x)| < \epsilon$$

인 것이다.

평등수렴의 정의와 평등수렴에 관련된 정리들로부터 함수열 $\{f_n\}$이 D에서 평등수렴하지 않음을 보이려면 다음에 제시하는 다섯 가지 조건 중 하나의 조건이 참임을 보이면 된다.

평등수렴하지 않음을 증명하는 방법

(1) 함수열 $\{f_n\}$이 D에서 점별극한함수를 갖지 않는다.

(2) 점별극한함수 $f : D \to \mathbb{R}$에 대하여 적당한 $\epsilon_0 > 0$와 모든 $N \in \mathbb{N}$에 대하여

$$|f_n(x) - f(x)| \geq \epsilon_0$$

인 $x \in D$와 $n \geq N$인 $n \in \mathbb{N}$이 존재한다.

(3) 점별극한함수 $f : D \to \mathbb{R}$에 대하여 적당한 $\epsilon_0 > 0$와 임의의 $k \in \mathbb{N}$에 대하여

$$|f_{n_k}(x_k) - f(x_k)| \geq \epsilon_0$$

인 함수열 $\{f_n\}$의 부분수열 $\{f_{n_k}\}$와 수열 $\{x_k\} \subset D$가 존재한다.

(4) 점별극한함수 $f : D \to \mathbb{R}$과 $n \in \mathbb{N}$에 대하여 $M_n = \sup_{x \in D} |f_n(x) - f(x)|$일 때 $\lim_{n \to \infty} M_n \neq 0$이다.

(5) 함수열 $\{f_n\}$이 D에서 평등수렴에 대한 코시판별법을 만족하지 않는다.

예제 1.16 $n \in \mathbb{N}$에 대하여 $f_n(x) = x^n$이면 함수열 $\{f_n\}$은 $[0, 1]$에서

$$f(x) = \begin{cases} 0, & x \in [0, 1) \\ 1, & x = 1 \end{cases}$$

로 점별수렴한다. 함수열 $\{f_n\}$은 $[0, 1]$에서 f로 평등수렴하는가?

풀이 | $\epsilon_0 = \dfrac{1}{2} > 0$이라 하자. $k \in \mathbb{N}$에 대하여 $x_k = \left(\dfrac{2}{3}\right)^{1/k}$이라 하면 $x_k \in [0, 1]$이고

$$|f_k(x_k) - f(x_k)| = \frac{2}{3} \geq \frac{1}{2} = \epsilon_0$$

이므로 함수열 $\{f_n\}$은 $[0, 1]$에서 f로 평등수렴하지 않는다. ■

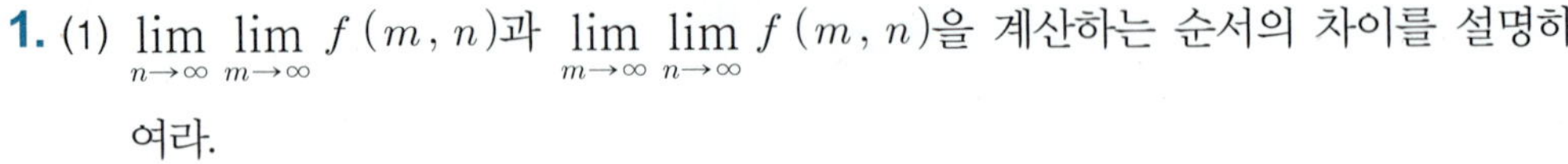

8.1 연습문제

1. (1) $\lim_{n\to\infty}\lim_{m\to\infty} f(m, n)$과 $\lim_{m\to\infty}\lim_{n\to\infty} f(m, n)$을 계산하는 순서의 차이를 설명하여라.

(2) $\lim_{n\to\infty}\lim_{m\to\infty}\left(\dfrac{n^2-m^2}{n^2+m^2}\right)$을 구하여라.

(3) $\lim_{m\to\infty}\lim_{n\to\infty}\left(\dfrac{n^2-m^2}{n^2+m^2}\right)$을 구하여라.

2. $n\in\mathbb{N}$ 에 대하여 $f_n(x)=\begin{cases} x, & 0\le x\le n \\ 0, & n<x \end{cases}$ 일 때 다음 극한을 구하여라.

(1) $\lim_{n\to\infty}\lim_{x\to\infty} f_n(x)$

(2) $\lim_{x\to\infty}\lim_{n\to\infty} f_n(x)$

3. $\mathbb{R}$ 에서 다음 함수열의 점별극한함수를 구하여라.

(1) $f_n(x)=\begin{cases} 1, & x\in[-n, n] \\ 0, & x\in\mathbb{R}-[-n, n] \end{cases}$

(2) $g_n(x)=\begin{cases} 1, & x\in\left[-\dfrac{1}{n}, \dfrac{1}{n}\right] \\ 0, & x\in\mathbb{R}-\left[-\dfrac{1}{n}, \dfrac{1}{n}\right] \end{cases}$

4. 다음 함수열의 점별극한함수를 구하여라.

(1) $f_n(x)=\dfrac{x}{1+nx}$, $[0, 1]$

(2) $f_n(x)=\dfrac{nx}{1+nx}$, $[0, 1]$

(3) $f_n(x)=\dfrac{n^2x}{1+nx}$, $[0, 1]$

(4) $f_n(x)=\dfrac{\sin nx}{1+nx}$, $[0, \infty)$

5. (1) $n\in\mathbb{N}$ 에 대하여

$$f_n(x)=\begin{cases} nx, & x\in\left[0, \dfrac{1}{n}\right) \\ 1, & x\in\left[\dfrac{1}{n}, 1\right] \end{cases}$$

일 때 $[0, 1]$에서 함수열 $\{f_n\}$의 점별극한함수를 구하여라.

(2) $n \in \mathbb{N}$에 대하여

$$g_n(x) = \begin{cases} 1 - nx, & x < \dfrac{1}{n} \\ 0, & x \geq \dfrac{1}{n} \end{cases}$$

일 때 $[0, 1]$에서 함수열 $\{g_n\}$의 점별극한함수를 구하여라.

6. $n \in \mathbb{N}$에 대하여 $f_n(x) = \dfrac{x^n + 2}{x^n + 1}$일 때 $[0, 1]$에서 함수열 $\{f_n\}$의 점별극한함수를 구하여라.

7. $n \in \mathbb{N}$에 대하여 $f_n(x) = \dfrac{x}{1 + nx^2}$이면 함수열 $\{f_n\}$은 $\mathbb{R}$에서 $f \equiv 0$으로 평등수렴함을 증명하여라.

8. $n \in \mathbb{N}$에 대하여 $g_n(x) = \dfrac{nx^2}{1 + nx}$이면 함수열 $\{g_n\}$은 $[0, 1]$에서 평등수렴함을 증명하여라.

9. $n \in \mathbb{N}$에 대하여 $h_n(x) = \dfrac{1 - x^n}{1 - x}$이면 함수열 $\{h_n\}$은 $\left[-\dfrac{1}{2}, \dfrac{1}{2}\right]$에서 평등수렴함을 증명하여라.

10. $n \in \mathbb{N}$에 대하여 $f_n(x) = x^n(1 - x)$이면 함수열 $\{f_n\}$은 $[0, 1]$에서 평등수렴하는가?

11. $n \in \mathbb{N}$에 대하여 $f_n(x) = \dfrac{\sin nx}{2nx}$일 때

(1) $(0, \infty)$에서 함수열 $\{f_n\}$의 점별극한함수 f를 구하여라.

(2) 함수열 $\{f_n\}$이 $(0, \infty)$에서 f로 평등수렴하지 않음을 증명하여라.

12. $n \in \mathbb{N}$에 대하여 $f_n(x) = \dfrac{1}{x} + \dfrac{x}{n}$이면 함수열 $\{f_n\}$은 $(0, 1]$에서 평등수렴하는가?

13. $n \in \mathbb{N}$에 대하여 $f_n(x) = nx(1-x)^n$일 때

(1) $[0, 1]$에서 함수열 $\{f_n\}$의 점별극한함수 f를 구하여라.

(2) 함수열 $\{f_n\}$은 $[0, 1]$에서 f로 평등수렴하는가?

14. $n \in \mathbb{N}$에 대하여 $f_n(x) = \dfrac{nx^2+1}{n+1}$일 때

(1) 임의의 $K > 0$에 대하여 함수열 $\{f_n\}$은 $[-K, K]$에서 평등수렴함을 증명하여라.

(2) 함수열 $\{f_n\}$은 $\mathbb{R}$에서 평등수렴하지 않음을 증명하여라.

15. $n \in \mathbb{N}$에 대하여 $g_n(x) = \dfrac{n+2x}{2n+x}$일 때

(1) 임의의 $K > 0$에 대하여 함수열 $\{g_n\}$은 $[0, K]$에서 평등수렴함을 증명하여라.

(2) 함수열 $\{g_n\}$은 $[0, \infty)$에서 평등수렴하는가?

16. $n \in \mathbb{N}$에 대하여 $f_n(x) = \dfrac{nx}{1+n^2x^2}$일 때

(1) $a > 0$이면 함수열 $\{f_n\}$은 $[a, \infty)$에서 평등수렴함을 증명하여라.

(2) 함수열 $\{f_n\}$은 $[0, \infty)$에서 평등수렴하지 않음을 증명하여라.

17. $n \in \mathbb{N}$에 대하여 $f_n(x) = \dfrac{\cos nx}{1+nx}$일 때

(1) 함수열 $\{f_n\}$은 $[1, \infty)$에서 평등수렴함을 증명하여라.

(2) 함수열 $\{f_n\}$은 $[0, \infty)$에서 평등수렴하지 않음을 증명하여라.

18. $n \in \mathbb{N}$에 대하여 $f_n(x) = \dfrac{x^n}{1+x^n}$일 때

(1) $[0, 1]$에서 함수열 $\{f_n\}$의 점별극한함수 f를 구하여라.

(2) $0 < a < 1$이면 함수열 $\{f_n\}$은 $[0, a]$에서 f로 평등수렴하는가?

(3) 함수열 $\{f_n\}$은 $[0, 1]$에서 f로 평등수렴하는가?

19. $n \in \mathbb{N}$에 대하여 $f_n(x) = nx^n(1-x)$일 때

(1) $[0, 1]$에서 함수열 $\{f_n\}$의 점별극한함수 f를 구하여라.

(2) 함수열 $\{f_n\}$은 $[0, 1]$에서 f로 평등수렴하는가?

(3) $\lim_{n \to \infty} \int_0^1 f_n = \int_0^1 f$가 성립하는가?

20. $n \in \mathbb{N}$에 대하여 f_n은 D에서 리만적분가능하지만 함수열 $\{f_n\}$의 점별극한함수는 D에서 리만적분가능하지 않은 예를 들어라.

21. 함수열 $\{f_n\}$이 D에서 f로 평등수렴하기 위한 필요충분조건은 임의의 $\epsilon > 0$에 대하여 적당한 $N \in \mathbb{N}$이 존재하여 모든 $x \in D$와 $m, n \geq N$인 모든 자연수 m, n에 대하여

$$|f_m(x) - f_n(x)| < \epsilon$$

인 것임을 증명하여라.

8.2 평등수렴의 성질

1절에서 함수열 $\{f_n\}$이 D에서 f로 점별수렴하면 f는 f_n들이 공통적으로 갖고 있는 성질을 가질 수도 있고 그렇지 않을 수도 있음을 알았다. 이 절에서는 함수열 $\{f_n\}$이 D에서 f로 평등수렴하면 f는 f_n들이 공통적으로 갖고 있는 성질을 갖게 됨을 증명하고자 한다.

정리 2.1

$n \in \mathbb{N}$에 대하여 f_n이 D에서 연속이고 함수열 $\{f_n\}$이 D에서 f로 평등수렴하면 f는 D에서 연속이다.

정의역 D의 한 점에서 f가 연속임을 증명하고 이 점이 정의역의 임의의 점임을 이용하여 f가 D에서 연속임을 증명한다.

증명 | $x_0 \in D$라 하자. 임의의 $\epsilon > 0$에 대하여 함수열 $\{f_n\}$이 D에서 f로 평등수렴하므로 적당한 $N \in \mathbb{N}$이 존재하여 $n \geq N$인 모든 자연수 n과 모든 $x \in D$에 대하여

$$|f_n(x) - f(x)| < \frac{\epsilon}{3}$$

이 성립한다. f_N은 $x_0 \in D$에서 연속이므로 적당한 $\delta > 0$가 존재하여 $|x - x_0| < \delta$인 모든 $x \in D$에 대하여

$$|f_N(x) - f_N(x_0)| < \frac{\epsilon}{3}$$

이 성립한다. 따라서 $|x - x_0| < \delta$인 모든 $x \in D$에 대하여

$$\begin{aligned} |f(x) - f(x_0)| &\leq |f(x) - f_N(x)| + |f_N(x) - f_N(x_0)| + |f_N(x_0) - f(x_0)| \\ &< \frac{\epsilon}{3} + \frac{\epsilon}{3} + \frac{\epsilon}{3} = \epsilon \end{aligned}$$

이므로 f는 $x = x_0$에서 연속이다.

x_0는 D의 임의의 점이므로 f는 D에서 연속이다. ■

정리 2.1의 결과를 정리하면 다음과 같다.

(1) $n \in \mathbb{N}$에 대하여 f_n이 $x = x_0$에서 연속이므로 $\lim_{x \to x_0} f_n(x) = f_n(x_0)$이다.

(2) 함수열 $\{f_n\}$이 f로 평등수렴하므로 $\lim_{n \to \infty} f_n(x_0) = f(x_0)$이다.

(3) f가 $x = x_0$에서 연속이므로 $\lim_{x \to x_0} f(x) = f(x_0)$이다.

따라서 (1)과 (2)로부터

$$f(x_0) = \lim_{n \to \infty} f_n(x_0) = \lim_{n \to \infty} [\lim_{x \to x_0} f_n(x)]$$

이고 (2)와 (3)으로부터

$$f(x_0) = \lim_{x \to x_0} f(x) = \lim_{x \to x_0} [\lim_{n \to \infty} f_n(x)]$$

이다. 그러므로

$$\lim_{n \to \infty} [\lim_{x \to x_0} f_n(x)] = \lim_{x \to x_0} [\lim_{n \to \infty} f_n(x)]$$

이고 이것은 연속인 함수열 $\{f_n\}$이 f로 평등수렴하면 $f_n(x)$에 대한 "$\lim_{x \to x_0}$"와 "$\lim_{n \to \infty}$"의 계산은 계산 순서와 관계없이 같은 결과를 얻을 수 있음을 의미한다.

정리 2.1을 이용하면 주어진 함수열이 점별극한함수로 평등수렴하지 않음도 쉽게 보일 수도 있다.

예제 2.2 $n \in \mathbb{N}$에 대하여 $f_n(x) = \dfrac{1}{(1+x)^n}$이면 함수열 $\{f_n\}$은 $[0, 1]$에서 평등수렴하는가?

풀이 | $[0, 1]$에서 함수열 $\{f_n\}$의 점별극한함수는 $f(x) = \begin{cases} 1, & x = 0 \\ 0, & 0 < x \leq 1 \end{cases}$이다.
$n \in \mathbb{N}$에 대하여 f_n은 $[0, 1]$에서 연속이므로 함수열 $\{f_n\}$이 $[0, 1]$에서 f로 평등수렴한다면 정리 2.1에 의하여 f는 $[0, 1]$에서 연속이어야 한다. 하지만 f가 $[0, 1]$에서 불연속이므로 함수열 $\{f_n\}$은 $[0, 1]$에서 평등수렴하지 않는다. ■

정리 2.3

$n \in \mathbb{N}$ 에 대하여 $f_n \in \mathfrak{R}[a, b]$이고 함수열 $\{f_n\}$이 $[a, b]$에서 f로 평등수렴하면 $f \in \mathfrak{R}[a, b]$이고

$$\lim_{n\to\infty} \int_a^b f_n = \int_a^b f$$

이다.

TIP 상적분과 하적분을 이용하여 $f \in \mathfrak{R}[a, b]$임을 증명한다.
정리 1.13의 M_n 을 이용하여 $\lim_{n\to\infty} \int_a^b f_n = \int_a^b f$ 임을 증명한다.

증명 | $n \in \mathbb{N}$ 에 대하여 $M_n = \sup_{x \in [a, b]} |f_n(x) - f(x)|$라 하면 함수열 $\{f_n\}$은 $[a, b]$에서 f로 평등수렴하므로 정리 1.13에 의하여 $\lim_{n\to\infty} M_n = 0$ 이다.

임의의 $\epsilon > 0$ 에 대하여 $\lim_{n\to\infty} M_n = 0$이므로 적당한 $N \in \mathbb{N}$ 이 존재하여 $n \geq N$인 모든 자연수 n 에 대하여

$$M_n < \frac{\epsilon}{4(b-a)} \tag{1}$$

이 성립한다. 임의의 $x \in [a, b]$와 $n \in \mathbb{N}$ 에 대하여 $|f_n(x) - f(x)| \leq M_n$이므로

$$f_n(x) - M_n \leq f(x) \leq f_n(x) + M_n$$

이고 가정에 의하여 $f_n \in \mathfrak{R}[a, b]$이므로 $f_n \pm M_n \in \mathfrak{R}[a, b]$이다. 따라서

$$\begin{aligned}\int_a^b (f_n - M_n) = \underline{\int_a^b} (f_n - M_n) &\leq \underline{\int_a^b} f \\ &\leq \overline{\int_a^b} f \\ &\leq \overline{\int_a^b} (f_n + M_n) = \int_a^b (f_n + M_n) \qquad (2)\end{aligned}$$

이다. (1)과 (2)에 의하여 $n \geq N$인 모든 자연수 n 에 대하여

$$0 \leq \overline{\int_a^b} f - \underline{\int_a^b} f \leq 2M_n(b-a) < \epsilon$$

이고 $\epsilon > 0$ 은 임의의 양수이므로 $f \in \Re[a, b]$이다.

또한 (2)에서 $n \geq N$인 모든 자연수 n에 대하여

$$\left| \int_a^b f - \int_a^b f_n \right| \leq \int_a^b M_n = M_n(b-a) < \epsilon$$

이므로 $\lim_{n\to\infty} \int_a^b f_n = \int_a^b f$이다. ■

정리 2.3에서와 같이 리만적분가능한 함수열 $\{f_n\}$이 $[a, b]$에서 f로 평등수렴하면 f_n에 대한 "$\int_a^b$"와 "$\lim_{n\to\infty}$"의 계산은 계산 순서와 관계없이 같은 결과를 얻을 수 있음을 알 수 있다.

예제 2.4 $\lim_{n\to\infty} \int_1^5 \frac{1}{e^{nx^3}}\, dx = 0$임을 증명하여라.

TIP $\int_1^5 \frac{1}{e^{nx^3}}\, dx$를 직접 계산할 수 없으므로 함수열 $\left\{\frac{1}{e^{nx^3}}\right\}$이 $[1, 5]$에서 $f \equiv 0$으로 평등수렴함을 이용하여 증명한다.

증명 | $n \in \mathbb{N}$에 대하여 $f_n(x) = \frac{1}{e^{nx^3}}$이면 f_n은 $[1, 5]$에서 연속이므로 $f_n \in \Re[1, 5]$이다. 임의의 $x_0 \in [1, 5]$에 대하여

$$\lim_{n\to\infty} f_n(x_0) = \lim_{n\to\infty} \frac{1}{e^{nx_0}} = 0$$

이므로 함수열 $\{f_n\}$은 $[1, 5]$에서 $f \equiv 0$으로 점별수렴한다.

$n \in \mathbb{N}$에 대하여

$$M_n = \sup_{x \in [1, 5]} |f_n(x) - f(x)| = \frac{1}{e^n}$$

이므로 $\lim_{n\to\infty} M_n = 0$이다. 따라서 정리 1.13에 의하여 함수열 $\{f_n\}$은 $[1, 5]$에서 $f \equiv 0$으로 평등수렴하므로 정리 2.3에 의하여

$$\lim_{n\to\infty} \int_1^5 \frac{1}{e^{nx^3}}\, dx = \int_1^5 0\, dx = 0$$

이다. ■

정리 2.5

$n \in \mathbb{N}$ 에 대하여 f_n이 $[a, b]$에서 미분가능하며 f_n' 이 $[a, b]$에서 연속이고 함수열 $\{f_n\}$이 $[a, b]$에서 f로 점별수렴한다고 하자. 만일 함수열 $\{f_n'\}$이 $[a, b]$에서 g로 평등수렴하면 f'은 $[a, b]$에서 연속이고 $f' = g$이다.

TIP 미적분학의 기본정리를 이용하여 증명한다.

증명 | $n \in \mathbb{N}$ 에 대하여 f_n' 이 $[a, b]$에서 연속이므로 미적분학의 기본정리 I에 의하여 임의의 $x \in [a, b]$에 대하여

$$\int_a^x f_n' = f_n(x) - f_n(a)$$

이다. 함수열 $\{f_n\}$ 이 $[a, b]$에서 f로 점별수렴하고 함수열 $\{f_n'\}$이 $[a, b]$에서 g로 평등수렴하므로 정리 2.3에 의하여

$$f(x) - f(a) = \lim_{n\to\infty}(f_n(x) - f_n(a)) = \lim_{n\to\infty}\int_a^x f_n' = \int_a^x g$$

이다. 따라서 $f(x) = \int_a^x g + f(a)$이고 연속인 함수열 $\{f_n'\}$이 $[a, b]$에서 g로 평등수렴하므로 g는 $[a, b]$에서 연속이다. 따라서 f'은 $[a, b]$에서 연속이고 $f' = g$이다. ■

정리 2.5에서 "함수열 $\{f_n'\}$이 $[a, b]$ 에서 g로 평등수렴하면"이라는 조건이 빠지면 어떻게 될까?

예제 2.6 $n \in \mathbb{N}$ 에 대하여 $f_n(x) = \dfrac{\sin n^2 x}{n}$ 이면

(1) 함수열 $\{f_n\}$은 $[0, 1]$에서 $f \equiv 0$으로 평등수렴함을 증명하여라.

(2) 함수열 $\{f_n'\}$은 $[0, 1]$ 에서 $f' \equiv 0$ 으로 평등수렴하는가?

풀이 | (1) $n \in \mathbb{N}$ 에 대하여 f_n은 $[0, 1]$에서 미분가능하며

$$M_n = \sup_{x \in [0,\, 1]} f_n(x) - f(x)| \le \frac{1}{n}$$

이므로 $\lim_{n\to\infty} M_n = 0$이다. 따라서 함수열 $\{f_n\}$은 $[0,\, 1]$에서 $f \equiv 0$으로 평등수렴한다.

(2) $n \in \mathbb{N}$에 대하여

$$f'_n(x) = n\cos n^2 x$$

이고

$$M_n = \sup_{x \in [0,\, 1]} |f'_n(x) - f'(x)| = n$$

이므로 $\lim_{n\to\infty} M_n = \infty \ne 0$이다. 그러므로 함수열 $\{f'_n\}$은 $[0,\, 1]$에서 $f' \equiv 0$으로 평등수렴하지 않는다. ■

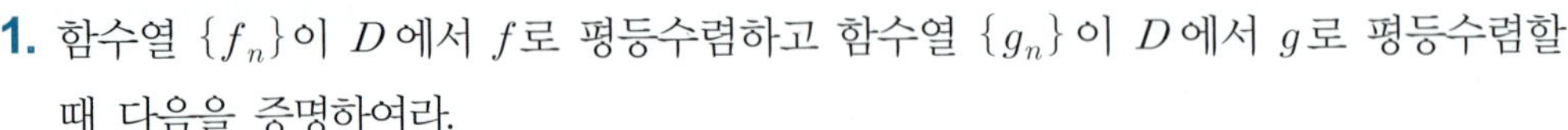

8.2 연습문제

1. 함수열 $\{f_n\}$이 D에서 f로 평등수렴하고 함수열 $\{g_n\}$이 D에서 g로 평등수렴할 때 다음을 증명하여라.

(1) 함수열 $\{f_n + g_n\}$은 D에서 $f+g$로 평등수렴한다.

(2) 함수열 $\{f_n - g_n\}$은 D에서 $f-g$로 평등수렴한다.

2. 함수열 $\{f_n\}$이 D에서 f로 평등수렴하고 함수열 $\{g_n\}$이 D에서 g로 평등수렴하며 적당한 상수 $M>0$과 $N>0$이 존재하여 임의의 $n\in\mathbb{N}$과 $x\in D$에 대하여 $|f_n(x)|\le M$이고 $|g_n(x)|\le N$이면 함수열 $\{f_n g_n\}$은 D에서 평등수렴함을 증명하여라.

3. 함수열 $\{f_n\}$과 $\{g_n\}$이 모두 D에서 평등수렴하지만 함수열 $\{f_n g_n\}$은 D에서 평등수렴하지 않는 예를 들어라.

4. f가 $\mathbb{R}$에서 평등연속이고 $n\in\mathbb{N}$에 대하여 $f_n(x)=f\left(x-\dfrac{1}{n}\right)$이면 함수열 $\{f_n\}$은 $\mathbb{R}$에서 f에 평등수렴함을 증명하여라.

5. $n\in\mathbb{N}$에 대하여 f_n이 D에서 평등연속이고 함수열 $\{f_n\}$이 D에서 f에 평등수렴하면 f는 D에서 평등연속임을 증명하여라.

6. $n\in\mathbb{N}$에 대하여 f_n이 $[a, b]$에서 연속이고 함수열 $\{f_n\}$이 $[a, b]$에서 f로 점별수렴하며 f도 $[a, b]$에서 연속이면 함수열 $\{f_n\}$은 $[a, b]$에서 f로 평등수렴하는가?

7. $n\in\mathbb{N}$에 대하여 f_n이 모든 $x\in D$에서 불연속이지만 함수열 $\{f_n\}$은 D에서 연속인 함수 f로 평등수렴하는 예를 들어라.

8. 함수열 $\{f_n\}$이 D에서 f로 평등수렴하고 모든 $x\in D$에 대하여 $|f(x)|>1$이면 함수열 $\left\{\dfrac{1}{f_n}\right\}$은 D에서 $\dfrac{1}{f}$로 평등수렴함을 증명하여라.

9. $n \in \mathbb{N}$ 에 대하여 $f_n(x) = \dfrac{1}{ne^{nx}}$ 이면

(1) 함수열 $\{f_n\}$은 $[0, \infty)$ 에서 평등수렴하는가?

(2) 함수열 $\{f_n'\}$은 $[0, \infty)$ 에서 평등수렴하는가?

10. $n \in \mathbb{N}$ 에 대하여 f_n이 D 에서 미분가능하고 함수열 $\{f_n\}$이 D에서 f 로 평등수렴하면 함수열 $\{f_n\}$도 D에서 f'으로 평등수렴하는가?

11. $n \in \mathbb{N}$ 에 대하여 f_n이 D 에서 유계라 하자.

(1) 함수열 $\{f_n\}$이 D에서 f 로 점별수렴하면 f 도 D에서 유계인가?

(2) 함수열 $\{f_n\}$이 D에서 f 로 평등수렴하면 f 도 D에서 유계인가?

12. 함수열 $\{f_n\}$이 D 에서 f 로 평등수렴하고 f가 D에서 연속이면 f_n 도 D 에서 연속인가?

13. $n \in \mathbb{N}$ 에 대하여 f_n이 D에서 연속이고 함수열 $\{f_n\}$이 D에서 f 로 점별수렴하며 임의의 $x \in D$ 에 대하여 $f_1(x) \le f_2(x) \le f_3(x) \le \cdots$ 이면 함수열 $\{f_n\}$은 D 에서 f 로 평등수렴함을 증명하여라.

14. $n \in \mathbb{N}$ 에 대하여 f_n이 $[0, 2]$ 에서 연속이고 함수열 $\{f_n\}$이 $[0, 2]$ 에서 평등수렴하면 $\lim_{n\to\infty} x_n = 1$ 일 때 $\lim_{n\to\infty} f_n(x_n) = f(1)$임을 증명하여라.

15. 함수열 $\{f_n\}$이 $[0, 1]$ 에서 평등수렴하고 또한 $[1, 2]$ 에서도 평등수렴하면 함수열 $\{f_n\}$은 $[0, 2]$ 에서 평등수렴함을 증명하여라.

16. $\displaystyle\lim_{n\to\infty} \int_1^{\frac{\pi}{2}} \frac{\sin nx}{nx}\, dx = 0$ 임을 증명하여라.

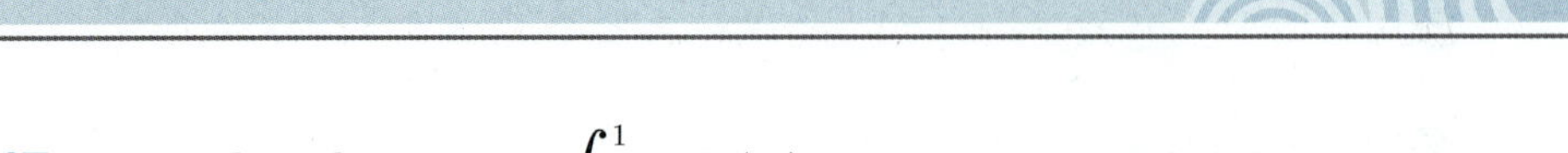

17. $f \in \mathfrak{R}[0,1]$이면 $\lim_{n\to\infty} \int_0^1 x^n f(x)\,dx = 0$임을 증명하여라.

18. $n \in \mathbb{N}$에 대하여 $f_n \in \mathfrak{R}[a,b]$이고 $f \in \mathfrak{R}[a,b]$이며

$$\lim_{n\to\infty} \int_a^b f_n = \int_a^b f$$

이면 함수열 $\{f_n\}$은 $[a,b]$에서 f로 평등수렴하는가?

19. 함수열 $\{f_n\}$이 $[0,1]$에서 f로 평등수렴하고 $g \in \mathfrak{R}[0,1]$이면

$$\lim_{n\to\infty} \int_0^1 f_n g = \int_0^1 fg$$

임을 증명하여라.

20. $n \in \mathbb{N}$에 대하여 f_n이 $[a,b]$에서 연속이고 $\lim_{n\to\infty} a_n = a$이고 $\lim_{n\to\infty} b_n = b$인 수열 $\{a_n\}, \{b_n\} \subset [a,b]$이 존재할 때 함수열 $\{f_n\}$이 $[a,b]$에서 f로 평등수렴하면

$$\lim_{n\to\infty} \int_{a_n}^{b_n} f_n = \int_a^b f$$

임을 증명하여라.

21. f가 $[0,1]$에서 연속일 때 $n \in \mathbb{N}$에 대하여

$$B_n(f,x) = \sum_{k=0}^{n} f\left(\frac{k}{n}\right)\binom{n}{k} x^k (1-x)^{n-k}$$

이면 함수열 $\{B_n(f)\}$는 $[0,1]$에서 f로 평등수렴함을 증명하여라.

8.3 함수열 급수의 점별수렴과 평등수렴

$\{f_n\}$이 함수열일 때 $\sum_{n=1}^{\infty} f_n$을 **함수열 급수**(series of functions)라 한다. 이 절에서는 함수열 급수의 수렴성에 대하여 알아보기로 한다.

정의 3.1

$n \in \mathbb{N}$에 대하여 $f_n : D \to \mathbb{R}$이고 $f : D \to \mathbb{R}$이며 $S_n(x) = \sum_{k=1}^{n} f_k(x)$라 하자.

(1) 함수열 $\{S_n\}$이 D에서 f로 점별수렴하면 $\sum_{n=1}^{\infty} f_n$은 D에서 f로 **점별수렴한다**고 한다.

(2) 함수열 $\{S_n\}$이 D에서 f로 평등수렴하면 $\sum_{n=1}^{\infty} f_n$은 D에서 f로 **평등수렴한다**고 한다.

(3) 모든 $x \in D$에 대하여 $\sum_{n=1}^{\infty} |f_n(x)|$가 수렴하면 $\sum_{n=1}^{\infty} f_n$은 D에서 **절대수렴한다**고 한다.

예제 3.2 $n \in \mathbb{N}$에 대하여 $f_n(x) = x^n$이면

(1) $\sum_{n=1}^{\infty} f_n$은 $(-1, 1)$에서 점별수렴함을 증명하여라.

(2) $\sum_{n=1}^{\infty} f_n$은 $(-1, 1)$에서 평등수렴하지 않음을 증명하여라.

TIP 부분합의 함수열 $\{S_n\}$의 점별극한함수를 구하고 이를 이용하여 평등수렴하지 않음을 증명한다.

증명 | (1) $x \in (-1, 1)$에 대하여

$$S_n(x) = \sum_{k=1}^{n} x^k = \frac{x - x^{n+1}}{1 - x}$$

이므로 함수열 $\{S_n\}$은 $(-1,\ 1)$에서 $S(x)=\dfrac{x}{1-x}$로 점별수렴한다.

따라서 $\displaystyle\sum_{n=1}^{\infty} f_n$은 $(-1,\ 1)$에서 점별수렴한다.

(2) $n \in \mathbb{N}$에 대하여

$$M_n = \sup_{x \in (-1,\ 1)} |S_n(x) - S(x)| = \sup_{x \in (-1,\ 1)} \left| \frac{x^{n+1}}{1-x} \right| = \infty$$

이므로 함수열 $\{S_n\}$은 $(-1,\ 1)$에서 $S(x)=\dfrac{x}{1-x}$로 평등수렴하지 않는다.

따라서 $\displaystyle\sum_{n=1}^{\infty} f_n$은 $(-1,\ 1)$에서 평등수렴하지 않는다. ■

1절의 정리 1.13을 이용하면 다음 예제의 함수열 급수가 평등수렴함을 쉽게 증명할 수 있다.

예제 3.3 $0<a<1$이고 $n \in \mathbb{N}$에 대하여 $f_n(x)=x^n$이면 $\displaystyle\sum_{n=1}^{\infty} f_n$은 $[-a,\ a]$에서 평등수렴함을 증명하여라.

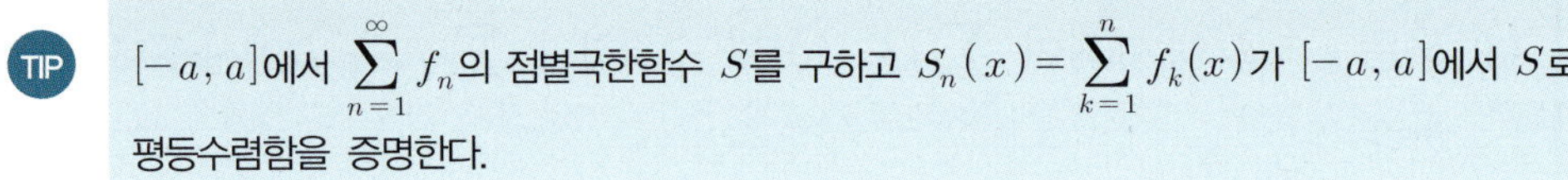

증명 | $n \in \mathbb{N}$에 대하여

$$S_n(x) = \sum_{k=1}^{n} f_k(x) = \frac{x - x^{n+1}}{1-x}$$

이므로 함수열 $\{S_n\}$은 $[-a,\ a]$에서 $S(x)=\dfrac{x}{1-x}$로 점별수렴한다.

$n \in \mathbb{N}$에 대하여

$$M_n = \sup_{x \in [-a,\ a]} |S_n(x) - S(x)| = \sup_{x \in [-a,\ a]} \left| \frac{x^{n+1}}{1-x} \right| = \frac{a^{n+1}}{1-a}$$

이므로 $\displaystyle\lim_{n\to\infty} M_n = 0$이다. 따라서 함수열 $\{S_n\}$은 $[-a,\ a]$에서 S로 평등수렴하므로 $\displaystyle\sum_{n=1}^{\infty} f_n$은 $[-a,\ a]$에서 평등수렴한다. ■

함수열 급수에 대한 정의와 2절의 정리 2.3을 이용하여 다음 정리를 얻을 수 있다.

정리 3.4

$n\in\mathbb{N}$에 대하여 $f_n\in\Re[a, b]$이고 $\sum_{n=1}^{\infty} f_n$이 $[a, b]$에서 f로 평등수렴하면

$$\int_a^b f=\sum_{n=1}^{\infty}\int_a^b f_n$$

이다.

TIP $k\in\mathbb{N}$일 때 리만적분의 성질에 의하여 $\int_a^b \sum_{n=1}^{k} f_n=\sum_{n=1}^{k}\int_a^b f_n$임을 이용한다.

증명 | $k\in\mathbb{N}$에 대하여 $S_k=\sum_{n=1}^{k} f_n$이라 하자.

$\sum_{n=1}^{\infty} f_n$이 $[a, b]$에서 f로 평등수렴하므로 함수열 $\{S_k\}$는 $[a, b]$에서 f로 평등수렴한다.

2절의 정리 2.3과 리만적분의 성질에 의하여

$$\int_a^b f=\lim_{k\to\infty}\int_a^b S_k=\lim_{k\to\infty}\int_a^b\sum_{n=1}^{k} f_n=\lim_{k\to\infty}\sum_{n=1}^{k}\int_a^b f_n=\sum_{n=1}^{\infty}\int_a^b f_n$$

이다. ■

함수열 급수의 코시판별법을 이용하여 함수열 급수의 평등수렴을 증명할 수 있다.

정리 3.5 함수열 급수의 코시판별법

$n\in\mathbb{N}$에 대하여 $f_n : D\to\mathbb{R}$이라 하자.

$\sum_{n=1}^{\infty} f_n$이 D에서 평등수렴할 필요충분조건은 임의의 $\epsilon>0$에 대하여 적당한 $N\in\mathbb{N}$이 존재하여 $m>n\geq N$인 모든 자연수 m, n과 모든 $x\in D$에 대하여

$$\left|\sum_{k=n+1}^{m} f_k(x)\right|<\epsilon$$

이 성립하는 것이다.

증명 | ($\Rightarrow$) $n \in \mathbb{N}$에 대하여 $S_n = \sum_{k=1}^{n} f_k$라 하자. 임의의 $\epsilon > 0$에 대하여 함수열 $\{S_n\}$이 D에서 f로 평등수렴하므로 적당한 $N \in \mathbb{N}$이 존재하여 $n \geq N$인 모든 자연수 n과 모든 $x \in D$에 대하여

$$|S_n(x) - f(x)| < \frac{\epsilon}{2}$$

이 성립한다. 따라서 $m > n \geq N$인 모든 자연수 m, n과 모든 $x \in D$에 대하여

$$\begin{aligned}\left|\sum_{k=n+1}^{m} f_k(x)\right| &= |S_m(x) - S_n(x)| \\ &\leq |S_m(x) - f(x)| + |f(x) - S_n(x)| \\ &< \frac{\epsilon}{2} + \frac{\epsilon}{2} = \epsilon\end{aligned}$$

이다.

($\Leftarrow$) 가정에 의하여 임의의 $\epsilon > 0$에 대하여 적당한 $N \in \mathbb{N}$이 존재하여 $m > n \geq N$인 모든 자연수 m, n과 모든 $x \in D$에 대하여

$$|S_m(x) - S_n(x)| = \left|\sum_{k=n+1}^{m} f_k(x)\right| < \frac{\epsilon}{2}$$

이므로 모든 $x \in D$에 대하여 $\{S_n(x)\}$는 코시수열이고 따라서 $\{S_n(x)\}$는 수렴한다.

$x \in D$에 대하여 $\lim_{n \to \infty} S_n(x) = f(x)$라 하자.

$n \geq N$인 모든 자연수 n과 모든 $x \in D$에 대하여

$$\begin{aligned}|S_n(x) - f(x)| &= \left|\sum_{k=1}^{n} f_k(x) - \sum_{k=1}^{\infty} f_k(x)\right| \\ &= \left|\sum_{k=n+1}^{\infty} f_k(x)\right| \\ &= \lim_{m \to \infty}\left|\sum_{k=n+1}^{m} f_k(x)\right| \\ &\leq \frac{\epsilon}{2} < \epsilon\end{aligned}$$

이므로 함수열 $\{S_n\}$은 D에서 f로 평등수렴한다. 따라서 $\sum_{n=1}^{\infty} f_n$은 D에서 평등수렴한다. ■

함수열 급수의 코시판별법으로부터 다음 따름정리를 얻을 수 있다.

따름정리 3.6

$n \in \mathbb{N}$에 대하여 $f_n : D \to \mathbb{R}$이라 하자.
$\sum_{n=1}^{\infty} f_n$이 D에서 평등수렴하면 임의의 $\epsilon > 0$에 대하여 적당한 $N \in \mathbb{N}$이 존재하여 $n \geq N$인 모든 자연수 n과 모든 $x \in D$에 대하여

$$|f_n(x)| < \epsilon$$

이다.

따름정리 3.6의 결과는 $\sum_{n=1}^{\infty} f_n$이 D에서 평등수렴하면 함수열 $\{f_n\}$은 D에서 $f \equiv 0$으로 평등수렴해야 함을 의미한다.

따름정리 3.6의 대우를 이용하여 함수열 급수가 평등수렴하지 않음을 보일 수 있다.

예제 3.7 $\sum_{n=1}^{\infty} x^n$은 $(-1, 1)$에서 평등수렴하지 않음을 증명하여라.

증명 | $n \in \mathbb{N}$에 대하여 $f_n(x) = x^n$이라 하면

$$M_n = \sup_{x \in (-1,1)} |f_n(x)| = \sup_{x \in (-1,1)} |x^n| = 1$$

이므로 $\lim_{n \to \infty} M_n = 1 \neq 0$이다. 따라서 함수열 $\{f_n\}$은 $(-1, 1)$에서 $f \equiv 0$으로 평등수렴하지 않으므로 따름정리 3.6에 의하여 $\sum_{n=1}^{\infty} x^n$은 $(-1, 1)$에서 평등수렴하지 않는다. ■

함수열 급수의 평등수렴을 정의를 이용하여 증명하는 것은 쉽지 않으며 함수열 급수의 코시판별법을 사용하는 것도 다소 복잡하다. 따라서 함수열 급수의 평등수렴을 증명하고자 하는 경우 다음에 제시하는 바이어스트라스 M 판정법을 이용하는 것이 가장 일반적이다.

정리 3.8 바이어스트라스 M 판정법(Weierstrass M test)

$n \in \mathbb{N}$에 대하여 $f_n : D \to \mathbb{R}$일 때 적당한 양의 상수 $M_n > 0$이 존재하여 모든 $x \in D$에 대하여 $|f_n(x)| \leq M_n$이고 $\sum_{n=1}^{\infty} M_n < \infty$이면 $\sum_{n=1}^{\infty} f_n$은 D에서 평등수렴한다.

TIP 함수열 급수의 코시판별법을 이용하여 증명한다.

증명 | 임의의 $\epsilon > 0$에 대하여 $\sum_{n=1}^{\infty} M_n < \infty$이므로 적당한 $N \in \mathbb{N}$이 존재하여 $m > n \geq N$인 모든 자연수 m, n에 대하여

$$\sum_{k=n+1}^{m} M_k < \epsilon$$

이 성립한다. $p \in \mathbb{N}$에 대하여 $S_p(x) = \sum_{k=1}^{p} f_k(x)$라 하면 $m > n \geq N$인 모든 자연수 m, n과 모든 $x \in D$에 대하여

$$|S_m(x) - S_n(x)| = \left| \sum_{k=n+1}^{m} f_k(x) \right| \leq \sum_{k=n+1}^{m} |f_k(x)| \leq \sum_{k=n+1}^{m} M_k < \epsilon$$

이므로 함수열 급수의 코시판별법에 의하여 함수열 $\{S_n\}$은 D에서 평등수렴한다. 그러므로 $\sum_{n=1}^{\infty} f_n$은 D에서 평등수렴한다. ■

예제 3.9 $0 < a < 1$이면 $\sum_{n=1}^{\infty} \frac{x^n}{n^2}$은 $[-a, a]$에서 평등수렴함을 증명하여라.

증명 | $n \in \mathbb{N}$에 대하여 $f_n(x) = \frac{x^n}{n^2}$이라 하면 모든 $x \in [-a, a]$에서

$$|f_n(x)| = \left| \frac{x^n}{n^2} \right| \leq \frac{a^n}{n^2} \leq \frac{1}{n^2}$$

이고 p급수판정법에 의하여 $\sum_{n=1}^{\infty} \frac{1}{n^2} < \infty$이다. 따라서 바이어스트라스 M 판정법에 의하여 $\sum_{n=1}^{\infty} \frac{x^n}{n^2}$은 $[-a, a]$에서 평등수렴한다. ■

주어진 함수열 급수에 바이어스트라스 M 판정법을 적용하여 $\sum_{n=1}^{\infty} M_n < \infty$ 이면 함수열 급수가 평등수렴한다고 판정한다. 만일 $\sum_{n=1}^{\infty} M_n = \infty$ 이면 $\sum_{n=1}^{\infty} f_n$ 은 반드시 평등수렴하지 않는다고 할 수 있을까?

예를 들어 $\sum_{n=1}^{\infty} (-1)^{n+1} \frac{x^n}{n}$ 은 모든 $x \in [0, 1]$와 $n \in \mathbb{N}$ 에 대하여

$$\left| (-1)^{n+1} \frac{x^n}{n} \right| \le \frac{1}{n}$$

이고 $\sum_{n=1}^{\infty} \frac{1}{n} = \infty$ 이므로 바이어스트라스 M 판정법을 적용할 수 없다.

하지만 $\sum_{n=1}^{\infty} (-1)^{n+1} \frac{x^n}{n}$ 은 $[0, 1]$에서 평등수렴한다는 것을 다음과 같이 증명할 수 있다.

예제 3.10 $\sum_{n=1}^{\infty} (-1)^{n+1} \frac{x^n}{n}$ 은 $[0, 1]$에서 평등수렴함을 증명하여라.

증명 | $n \in \mathbb{N}$ 에 대하여 $f_n(x) = \frac{x^n}{n}$ 이라 하자.

모든 $x \in [0, 1]$에 대하여 $f_1(x) \ge f_2(x) \ge \cdots \ge 0$이고 $\lim_{n \to \infty} f_n(x) = 0$이므로 교대급수판정법에 의하여 $\sum_{n=1}^{\infty} (-1)^{n+1} f_n(x)$는 $[0, 1]$에서 점별수렴한다.

$x \in [0, 1]$에 대하여 $S(x) = \sum_{n=1}^{\infty} (-1)^{n+1} \frac{x^n}{n}$ 이라 하자.

임의의 $\epsilon > 0$에 대하여 적당한 $N \in \mathbb{N}$ 이 존재하여 $\frac{1}{N+1} < \epsilon$ 이 성립한다.

이제 $p \in \mathbb{N}$ 에 대하여

$$S_p(x) = \sum_{k=1}^{p} (-1)^{k+1} \frac{x^k}{k}$$

이라 하면 $n \ge N$인 모든 자연수 n과 모든 $x \in [0, 1]$에 대하여

$$|S(x) - S_n(x)| \le \frac{x^{n+1}}{n+1} \le \frac{1}{n+1} < \epsilon$$

이므로 함수열 $\{S_n\}$은 $[0, 1]$에서 S로 평등수렴한다.

따라서 $\sum_{n=1}^{\infty} (-1)^{n+1} \frac{x^n}{n}$ 은 $[0, 1]$에서 평등수렴한다. ■

바이어스트라스 M 판정법을 이용하여 함수열 급수의 평등수렴을 보일 수 없는 경우 함수열 급수에 대한 디리클레판정법과 아벨판정법은 매우 유용하게 사용된다.

정리 3.11 함수열 급수의 디리클레판정법

$n \in \mathbb{N}$에 대하여 $f_n : D \to \mathbb{R}$이고 $S_n(x) = \sum_{k=1}^{n} f_k(x)$라 하자.
모든 $n \in \mathbb{N}$과 모든 $x \in D$에 대하여 $|S_n(x)| \le M$인 상수 $M > 0$이 존재하고 모든 $x \in D$에 대하여 $0 \le g_{n+1}(x) \le g_n(x)$이고 함수열 $\{g_n\}$이 D에서 $g \equiv 0$으로 평등수렴하면 $\sum_{n=1}^{\infty} f_n g_n$은 D에서 평등수렴한다.

TIP 함수열 급수의 코시판별법을 이용하여 증명한다.

증명 | 임의의 $\epsilon > 0$에 대하여 함수열 $\{g_n\}$이 D에서 $g \equiv 0$에 평등수렴하므로 적당한 $N \in \mathbb{N}$이 존재하여 $n \ge N$인 모든 자연수 n과 모든 $x \in D$에 대하여

$$g_n(x) < \frac{\epsilon}{2M}$$

이 성립한다. $m > n \ge N$인 모든 자연수 m, n에 대하여

$$\begin{aligned}\sum_{k=n}^{m} f_k(x) g_k(x) &= \sum_{k=n}^{m} (S_k(x) - S_{k-1}(x)) g_k(x) \\ &= -S_{n-1}(x) g_n(x) + \sum_{k=n}^{m-1} S_k(x)(g_k(x) - g_{k+1}(x)) \\ &\quad + S_m(x) g_m(x)\end{aligned}$$

이므로 $m > n \ge N$인 모든 자연수 m, n과 모든 $x \in D$에 대하여

$$\begin{aligned}|S_m(x) - S_n(x)| &= \left| \sum_{k=n}^{m} f_k(x) g_k(x) \right| \\ &\le M g_n(x) + M \sum_{k=n}^{m-1} (g_k(x) - g_{k+1}(x)) + M g_m(x) \\ &= 2M g_n(x) \\ &< \epsilon\end{aligned}$$

이다. 따라서 함수열 급수의 코시판별법에 의하여 $\sum_{n=1}^{\infty} f_n g_n$은 D에서 평등수렴한다. ■

예제 3.12 $\sum_{n=1}^{\infty} \frac{(-1)^n}{n+x}$은 $[0, \infty)$에서 평등수렴함을 증명하여라.

증명 | $n \in \mathbb{N}$에 대하여 $f_n(x) = (-1)^n$이라 하면 모든 $n \in \mathbb{N}$과 모든 $x \in [0, \infty)$에 대하여

$$|S_n(x)| = \left| \sum_{k=1}^{n} f_k(x) \right| \leq 1$$

이다.

$n \in \mathbb{N}$에 대하여 $g_n(x) = \frac{1}{n+x}$이라 하면 모든 $n \in \mathbb{N}$과 모든 $x \in [0, \infty)$에 대하여 $0 \leq g_{n+1}(x) \leq g_n(x)$이다. $n \in \mathbb{N}$에 대하여

$$M_n = \sup_{x \in [0, \infty)} |g_n(x) - g(x)| = \frac{1}{n}$$

이므로 $\lim_{n \to \infty} M_n = 0$이다. 따라서 함수열 $\{g_n\}$은 $[0, \infty)$에서 $g \equiv 0$으로 평등수렴하므로 함수열 급수의 디리클레판정법에 의하여 $\sum_{n=1}^{\infty} \frac{(-1)^n}{n+x}$은 $[0, \infty)$에서 평등수렴한다. ■

정리 3.13 함수열 급수의 아벨판정법

$n \in \mathbb{N}$에 대하여 $f_n : D \to \mathbb{R}$이고 $\sum_{n=1}^{\infty} f_n$이 D에서 평등수렴한다고 하자. 모든 $n \in \mathbb{N}$과 모든 $x \in D$에 대하여 $0 \leq g_{n+1}(x) \leq g_n(x)$이고 $g_n(x) \leq M$인 상수 $M > 0$이 존재하면 $\sum_{n=1}^{\infty} f_n g_n$은 D에서 평등수렴한다.

TIP 디리클레판정법의 증명과 같이 함수열 급수의 코시판별법을 이용하여 증명한다.

증명 | 임의의 $\epsilon > 0$에 대하여 $\sum_{n=1}^{\infty} f_n$이 D에서 평등수렴하므로 적당한 $N \in \mathbb{N}$이 존재하여 $m > n \geq N$인 모든 자연수 m, n과 모든 $x \in D$에 대하여

$$\left|\sum_{k=n}^{m} f_k(x)\right| < \frac{\epsilon}{2M}$$

이 성립한다. 이제 $p \geq n$인 자연수 p에 대하여

$$\sigma_p(x) = \sum_{k=n}^{p} f_k(x)$$

라 하면

$$\begin{aligned}\sum_{k=n}^{m} f_k(x) g_k(x) &= \sigma_n(x) g_n(x) + \sum_{k=n+1}^{m} (\sigma_k(x) - \sigma_{k-1}(x)) g_k(x) \\ &= \sum_{k=n}^{m-1} \sigma_k(x)(g_k(x) - g_{k+1}(x)) + \sigma_m(x) g_m(x)\end{aligned}$$

이다. 따라서 $m > n \geq N$인 모든 자연수 m, n과 모든 $x \in D$에 대하여

$$\begin{aligned}\left|\sum_{k=n}^{m} f_k(x) g_k(x)\right| &\leq \frac{\epsilon}{2M} \sum_{k=n}^{m-1} (g_k(x) - g_{k+1}(x)) + \frac{\epsilon}{2M} g_m(x) \\ &= \frac{\epsilon}{2M} g_n(x) \\ &< \epsilon\end{aligned}$$

이므로 함수열 급수의 코시판별법에 의하여 $\sum_{n=1}^{\infty} f_n g_n$은 D에서 평등수렴한다. ■

예제 3.14 $\sum_{n=1}^{\infty} (-1)^n \frac{e^{-nx}}{n}$은 $[0, \infty)$에서 평등수렴함을 증명하여라.

증명 | $n \in \mathbb{N}$에 대하여 $f_n(x) = \frac{(-1)^n}{n}$, $g_n(x) = \frac{1}{e^{nx}}$이라 하자.

교대급수판정법에 의하여 $\sum_{n=1}^{\infty} \frac{(-1)^n}{n}$이 수렴하므로 $\sum_{n=1}^{\infty} f_n$은 $[0, \infty)$에서 평등수렴한다. 모든 $n \in \mathbb{N}$과 모든 $x \in [0, \infty)$에 대하여

$$g_{n+1}(x) = \frac{1}{e^{(n+1)x}} \leq \frac{1}{e^{nx}} = g_n(x)$$

이고 $g_n(x) = \frac{1}{e^{nx}} \leq 1$이므로 함수열 급수의 아벨판정법에 의하여 $\sum_{n=1}^{\infty} (-1)^n \frac{e^{-nx}}{n}$은 $[0, \infty)$에서 평등수렴한다. ■

| 정의역의 모든 점에서 연속이지만 모든 점에서 미분불가능한 함수 |

$f(x)=|x|$는 $\mathbb{R}$에서 연속이고 한 점 $x=0$을 제외한 $\mathbb{R}$의 모든 점에서 미분가능하다. 또한 $g(x)=|x|+|x-1|$도 $\mathbb{R}$에서 연속이고 두 점 $x=0$과 $x=1$을 제외한 $\mathbb{R}$의 모든 점에서 미분가능하다. 같은 방법으로 $\mathbb{R}$에서 연속이고 유한개의 점에서 미분 불가능한 수학적 함수는 쉽게 예상해 볼 수 있다.

그렇다면 정의역의 모든 점에서 연속이지만 모든 점에서 미분 불가능한 함수를 예상해 볼 수 있을까? 직관적으로는 존재성을 인정하기 어렵지만 다음과 같은 과정을 통해서 이 조건을 만족하는 함수가 존재함을 알 수 있다.

$f_0 : \mathbb{R} \to \mathbb{R}$가 다음 그림의 함수라 하자.

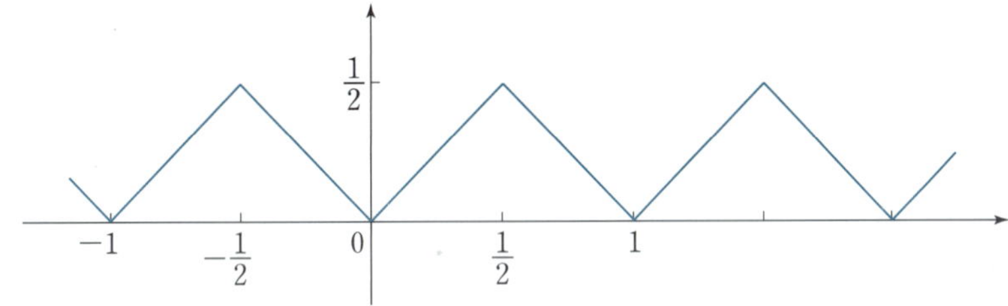

이제 $f : [0, 1] \to \mathbb{R}$가 $f(x)=\displaystyle\sum_{n=0}^{\infty}\frac{f_0(2^n x)}{2^n}$라 하자.

단계 1 f는 $[0, 1]$에서 연속이다.

증명 | $n \in \mathbb{N} \cup \{0\}$에 대하여 $f_n(x)=\dfrac{f_0(2^n x)}{2^n}$라 하면 f_n은 $[0, 1]$에서 연속이다. 또한 모든 $x \in [0, 1]$에 대하여

$$|f_n(x)|=\left|\frac{f_0(2^n x)}{2^n}\right| \le \frac{1}{2^n}$$

이고 $\displaystyle\sum_{n=0}^{\infty}\frac{1}{2^n}<\infty$이므로 바이어스트라스 M 판별법에 의하여 $\displaystyle\sum_{n=0}^{\infty} f_n$은 평등수렴하므로 정리 2.1에 의하여 f는 $[0, 1]$에서 연속이다. ■

단계 2 f는 $[0, 1]$의 모든 점에서 미분불가능하다.

증명 | $x_0 \in [0, 1]$이고 $K \in \mathbb{N}$일 때 $i = 1, 2, \cdots, K$에 대하여 $a_i = 0$ 또는 1이라 하면

$$\frac{a_1}{2} + \cdots + \frac{a_K}{2^K} \leq x_0 \leq \frac{a_1}{2} + \cdots + \frac{a_K}{2^K} + \frac{1}{2^K}$$

이다.

$$\alpha_K = \frac{a_1}{2} + \cdots + \frac{a_K}{2^K}, \quad \beta_K = \frac{a_1}{2} + \cdots + \frac{a_K}{2^K} + \frac{1}{2^K}$$

라 하면 $\alpha_K \leq x_0 < \beta_K$이고 따라서

$$\frac{f(\beta_K) - f(\alpha_K)}{\beta_K - \alpha_K} = \sum_{n=0}^{K-1} \frac{f_0(2^n \beta_K) - f_0(2^n \alpha_K)}{2^n \beta_K - 2^n \alpha_K} + \sum_{n=K}^{\infty} \frac{f_0(2^n \beta_K) - f_0(2^n \alpha_K)}{2^n \beta_K - 2^n \alpha_K}$$

이다.

식의 우변을 계산하여 보자.

(1) $0 \leq n \leq K-1$인 경우

$$m = 2^{K-1} a_1 + 2^{K-2} a_2 + \cdots + a_K$$

라 하면

$$2^n \beta_K = 2^n \left(\frac{2^{K-1} a_1 + 2^{K-2} a_2 + \cdots + a_K + 1}{2^K} \right) = \frac{m+1}{2^{K-n}}$$

이고

$$2^n \alpha_K = 2^n \left(\frac{2^{K-1} a_1 + 2^{K-2} a_2 + \cdots + a_K}{2^K} \right) = \frac{m}{2^{K-n}}$$

이다. f_0는 $K-n \geq 1$일 때 $\left[\frac{m}{2^{K-n}}, \frac{m+1}{2^{K-n}} \right]$에서 선형이므로

$$\sum_{n=0}^{K-1} \frac{f_0(2^n \beta_K) - f_0(2^n \alpha_K)}{2^n \beta_K - 2^n \alpha_K} = \sum_{n=0}^{K-1} \pm 1$$

이다.

(2) $n \geq K$인 경우

$2^n \beta_K = \dfrac{m+1}{2^{K-n}}$과 $2^n \alpha_K = \dfrac{m}{2^{K-n}}$은 모두 정수이므로

$$\sum_{n=K}^{\infty} \frac{f_0(2^n \beta_K) - f_0(2^n \alpha_K)}{2^n \beta_K - 2^n \alpha_K} = 0$$

이다.

만일 f가 $x = x_0$에서 미분가능하다면

$$\lim_{\beta_K \to \alpha_K} \frac{f(\beta_K) - f(\alpha_K)}{\beta_K - \alpha_K} = f'(x_0)$$

이어야 하지만

$$f'(x_0) = \sum_{n=0}^{\infty} \pm 1$$

이므로 f는 $x = x_0$에서 미분불가능하다. x_0는 $[0, 1]$의 임의의 점이므로 f는 $[0, 1]$의 모든 점에서 미분불가능하다. ■

8.3 연습문제

1. $n \in \mathbb{N}$에 대하여

$$f_n(x) = \begin{cases} 0, & x < n \\ (-1)^n, & x \geq n \end{cases}$$

이면 $\sum_{n=1}^{\infty} f_n$은 $\mathbb{R}$에서 점별수렴하는가?

2. $\sum_{n=1}^{\infty} \frac{1}{n^3 + x^2}$은 $\mathbb{R}$에서 점별수렴함을 증명하여라.

3. $n \in \mathbb{N}$에 대하여 f_n이 D에서 연속이고 $\sum_{n=1}^{\infty} f_n$이 D에서 f로 평등수렴하면 f도 D에서 연속임을 증명하여라.

4. $\sum_{n=1}^{\infty} f_n$이 $[a, b]$에서 f로 점별수렴한다고 하자. $n \in \mathbb{N}$에 대하여 f_n'이 $[a, b]$에서 연속이고 $\sum_{n=1}^{\infty} f_n'$이 $[a, b]$에서 g로 평등수렴하면 f는 $[a, b]$에서 미분가능하고 모든 $x \in [a, b]$에 대하여 $f'(x) = g(x)$임을 증명하여라.

5. $\sum_{n=1}^{\infty} \int_0^{\frac{1}{2}} x^n \, dx$를 구하여라.

6. 정리 3.4를 이용하여 $\sum_{n=1}^{\infty} \frac{1}{n 2^n} = \ln 2$임을 증명하여라.

7. 다음 함수열 급수가 주어진 영역에서 평등수렴하는지를 판정하여라.

(1) $\sum_{n=1}^{\infty} 3^n x^n, \quad (-1, 1)$

(2) $\sum_{n=1}^{\infty} 3^n x^n, \quad \left(-\frac{1}{3}, \frac{1}{3}\right)$

(3) $\sum_{n=1}^{\infty} \frac{1}{1 + n^2 x^2}, \quad (1, \infty)$

(4) $\sum_{n=1}^{\infty} \frac{\sin(\cos nx)}{n^2}, \quad \mathbb{R}$

8. (1) $0 < a < 1$일 때 $\sum_{n=1}^{\infty} \frac{x^n}{1+x^{2n}}$은 $[-a, a]$에서 평등수렴함을 증명하여라.

(2) $\sum_{n=1}^{\infty} \frac{x^n}{1+x^{2n}}$은 $[-1, 1]$에서 평등수렴하지 않음을 증명하여라.

9. (1) $a > 0$일 때 $\sum_{n=1}^{\infty} \frac{x^n}{n!}$은 $[-a, a]$에서 평등수렴함을 증명하여라.

(2) $\sum_{n=1}^{\infty} \frac{x^n}{n!}$은 $\mathbb{R}$에서 평등수렴하지 않음을 증명하여라.

10. (1) $\sum_{n=0}^{\infty} \frac{x^2}{(1+x^2)^n}$은 $[0, 1]$에서 점별수렴함을 증명하여라.

(2) $\sum_{n=0}^{\infty} \frac{x^2}{(1+x^2)^n}$은 $[0, 1]$에서 평등수렴하지 않음을 증명하여라.

11. (1) $\sum_{n=0}^{\infty} x^n(1-x^n)$은 $[0, 1]$에서 점별수렴함을 증명하여라.

(2) $\sum_{n=0}^{\infty} x^n(1-x^n)$은 $[0, 1]$에서 평등수렴하지 않음을 증명하여라.

12. $\sum_{n=1}^{\infty} \left(\frac{x}{1+x}\right)^n$은 $[0, \infty)$에서 평등수렴하지 않음을 증명하여라.

13. $\sum_{n=1}^{\infty} \frac{\sin nx}{e^{nx}}$는 $[0, \infty)$에서 평등수렴하는가?

14. $\sum_{n=1}^{\infty} \frac{n}{n+1} x^n$은 $(0, 1)$에서 평등수렴하는가?

15. $\sum_{n=0}^{\infty} xe^{-nx}$은 $[0, \infty)$에서 연속이 아님을 증명하여라.

16. $n \in \mathbb{N}$ 에 대하여 $g_n(x) = \dfrac{(-1)^n \cos nx}{\sqrt{n}}$ 이면 $\displaystyle\sum_{n=1}^{\infty} g_n$ 은 $\mathbb{R}$ 에서 연속임을 증명하여라.

17. 모든 $n \in \mathbb{N}$ 과 모든 $x \in D$ 에 대하여 $|f_n(x)| \le |g_n(x)|$ 이고 $\displaystyle\sum_{n=1}^{\infty} |g_n|$ 이 D 에서 평등수렴하면 $\displaystyle\sum_{n=1}^{\infty} f_n$ 도 D 에서 평등수렴함을 증명하여라.

18. $\displaystyle\sum_{n=1}^{\infty} |a_n|$ 이 수렴하면 $\displaystyle\sum_{n=1}^{\infty} a_n x^n$ 은 $[0,\ 1]$ 에서 평등수렴함을 증명하여라.

19. $\displaystyle\sum_{n=1}^{\infty} \frac{1}{n} \ln\left(1 + \frac{x}{n}\right)$ 는 $[0,\ 1]$ 에서 평등수렴함을 증명하여라.

20. $\displaystyle\sum_{n=0}^{\infty} \frac{x^n}{n!}$ 은 $\mathbb{R}$ 에서 e^x 으로 평등수렴하지 않음을 증명하여라.

21. $\displaystyle\sum_{n=1}^{\infty} \frac{\sin nx}{n}$ 가 $[1,\ 2\pi - 1]$ 에서 평등수렴함을 증명하여라.

22. $\displaystyle\sum_{n=1}^{\infty} \frac{\cos nx}{n}$ 가 $\left[\frac{\pi}{4},\ \frac{7\pi}{4}\right]$ 에서 평등수렴함을 증명하여라.

8.4 멱급수

이제 특별한 함수열 급수인 멱급수에 대하여 알아보기로 한다.

정의 4.1

수열 $\{a_n\}$과 $c \in \mathbb{R}$에 대하여

$$a_0 + a_1(x-c) + a_2(x-c)^2 + \cdots = \sum_{n=0}^{\infty} a_n(x-c)^n$$

을 $x=c$에서의 **멱급수**(power series)라 한다.

멱급수는 x의 값에 따라서 수렴할 수도 있고 발산할 수도 있다. 정의 4.1에서 $x=c$이면

$$\sum_{n=0}^{\infty} a_n(x-c)^n = a_0 < \infty$$

이므로 모든 멱급수는 적어도 한 점에서 수렴한다.

멱급수가 수렴하는 구간을 구하기 위하여 다음 두 정리를 이용한다.

정리 4.2 근판정법을 이용한 방법

$\sum_{n=0}^{\infty} a_n(x-c)^n$에 대하여

$$\alpha = \lim_{n\to\infty} \sqrt[n]{|a_n|}$$

일 때 $R = \frac{1}{\alpha}$이라 하면 $\sum_{n=0}^{\infty} a_n(x-c)^n$은 $|x-c| < R$일 때 절대수렴하고 $|x-c| > R$일 때 발산한다.

(만일 $\alpha = 0$이면 $R = \infty$로, $\alpha = \infty$이면 $R = 0$으로 간주한다.)

TIP 7.2절의 근판정법을 이용한다.

증명 | $$\lim_{n\to\infty} \sqrt[n]{|a_n||x-c|^n} = |x-c| \lim_{n\to\infty} \sqrt[n]{|a_n|} = \alpha|x-c|$$

이므로 근판정법에 의하여 $\alpha|x-c|<1$이면 $\sum_{n=0}^{\infty} a_n(x-c)^n$은 절대수렴하므로 $|x-c|<\dfrac{1}{\alpha}=R$일 때 $\sum_{n=0}^{\infty} a_n(x-c)^n$은 절대수렴한다.

또한 $\alpha|x-c|>1$이면 $\sum_{n=0}^{\infty} a_n(x-c)^n$은 발산하므로 $|x-c|>\dfrac{1}{\alpha}=R$일 때 $\sum_{n=0}^{\infty} a_n(x-c)^n$은 발산한다. ■

정리 4.2에서 $|x-c|=R$일 때 $\sum_{n=0}^{\infty} a_n(x-c)^n$의 수렴과 발산은 멱급수에 $x=c+R$과 $x=c-R$을 대입하여 판정한다.

예제 4.3 다음 멱급수가 수렴하는 x의 범위를 구하여라.

(1) $\sum_{n=0}^{\infty} \dfrac{1}{2^n}(x-1)^n$ (2) $\sum_{n=1}^{\infty} \dfrac{x^n}{n}$

TIP 정리 4.2를 이용하여 R을 구하고 $x=c+R$, $x=c-R$일 때 멱급수의 수렴성을 확인한다.

풀이 | (1) $\alpha=\lim_{n\to\infty}\sqrt[n]{\dfrac{1}{2^n}}=\dfrac{1}{2}$이므로 $R=2$이다.

$|x-1|=2$일 때 $\sum_{n=0}^{\infty} \dfrac{1}{2^n}(x-1)^n$의 수렴성을 확인하여 보자.

$x=-1$일 때

$$\sum_{n=0}^{\infty} \frac{1}{2^n}(x-1)^n = \sum_{n=0}^{\infty} \frac{1}{2^n}(-2)^n = \sum_{n=0}^{\infty}(-1)^n$$

이므로 $\sum_{n=0}^{\infty} \dfrac{1}{2^n}(x-1)^n$은 수렴하지 않는다.

$x=3$일 때

$$\sum_{n=0}^{\infty} \frac{1}{2^n}(x-1)^n = \sum_{n=0}^{\infty} \frac{1}{2^n}(2)^n = \sum_{n=0}^{\infty} 1$$

이므로 $\sum_{n=0}^{\infty} \frac{1}{2^n}(x-1)^n$은 수렴하지 않는다.

따라서 $\sum_{n=0}^{\infty} \frac{1}{2^n}(x-1)^n$은 $(-1, 3)$에서 수렴한다.

(2) 로피탈의 법칙에 의하여 $\alpha = \lim_{n\to\infty} \sqrt[n]{\frac{1}{n}} = 1$이므로 $R = 1$이다.

$|x-0| = 1$일 때 $\sum_{n=1}^{\infty} \frac{x^n}{n}$의 수렴성을 확인하여 보자.

$x = -1$일 때 $\sum_{n=1}^{\infty} \frac{x^n}{n} = \sum_{n=1}^{\infty} \frac{(-1)^n}{n}$이므로 교대급수판정법에 의하여 $\sum_{n=1}^{\infty} \frac{x^n}{n}$은 수렴한다.

$x = 1$일 때 $\sum_{n=1}^{\infty} \frac{x^n}{n} = \sum_{n=1}^{\infty} \frac{1}{n}$이므로 p급수판정법에 의하여 $\sum_{n=1}^{\infty} \frac{x^n}{n}$은 발산한다.

따라서 $\sum_{n=1}^{\infty} \frac{x^n}{n}$은 $[-1, 1)$에서 수렴한다. ■

정리 4.4 비판정법을 이용한 방법

$\sum_{n=0}^{\infty} a_n(x-c)^n$에 대하여

$$\beta = \lim_{n\to\infty} \left| \frac{a_{n+1}}{a_n} \right|$$

일 때 $R = \frac{1}{\beta}$이라 하면 $\sum_{n=0}^{\infty} a_n(x-c)^n$은 $|x-c| < R$일 때 절대수렴하고 $|x-c| > R$일 때 발산한다.

(만일 $\beta = 0$이면 $R = \infty$로, $\beta = \infty$이면 $R = 0$으로 간주한다.)

TIP 7.2절의 비판정법을 이용한다.

증명 |

$$\lim_{n\to\infty} \left| \frac{a_{n+1}(x-c)^{n+1}}{a_n(x-c)^n} \right| = |x-c| \lim_{n\to\infty} \left| \frac{a_{n+1}}{a_n} \right| = \beta|x-c|$$

이므로 비판정법에 의하여 $\beta|x-c| < 1$이면 $\sum_{n=0}^{\infty} a_n(x-c)^n$은 절대수렴하므로

$|x-c| < \dfrac{1}{\beta} = R$일 때 $\sum_{n=0}^{\infty} a_n (x-c)^n$은 절대수렴한다.

또한 $\beta|x-c| > 1$이면 $\sum_{n=0}^{\infty} a_n (x-c)^n$은 발산하므로 $|x-c| > \dfrac{1}{\beta} = R$일 때 $\sum_{n=0}^{\infty} a_n (x-c)^n$은 발산한다. ■

예제 4.5 다음 멱급수가 수렴하는 x의 범위를 구하여라.

(1) $\sum_{n=0}^{\infty} n!(x+1)^n$　　　(2) $\sum_{n=0}^{\infty} \dfrac{(x+1)^n}{n!}$

TIP 모든 멱급수는 적어도 한 점에서 수렴함에 유의하여야 한다.

풀이 | (1) $\beta = \lim_{n\to\infty} \left| \dfrac{a_{n+1}}{a_n} \right| = \lim_{n\to\infty} (n+1) = \infty$이므로 $R=0$이다.

$|x+1| = 0$일 때 $\sum_{n=0}^{\infty} n!(x+1)^n$의 수렴성을 확인하여 보자.

$x = -1$일 때 $\sum_{n=0}^{\infty} n!(x+1)^n = 1$이므로 $\sum_{n=0}^{\infty} n!(x+1)^n$은 $\{-1\}$에서만 수렴한다.

(2) $\beta = \lim_{n\to\infty} \left| \dfrac{a_{n+1}}{a_n} \right| = \lim_{n\to\infty} \left(\dfrac{1}{n+1} \right) = 0$이므로 $R = \infty$이다.

따라서 $\sum_{n=0}^{\infty} \dfrac{(x+1)^n}{n!}$은 $(-\infty, \infty)$에서 수렴한다. ■

정의 4.6

정리 4.2 또는 정리 4.4에서 구한 R을 $\sum_{n=0}^{\infty} a_n (x-c)^n$의 **수렴반경**(radius of convergence)이라 하고 $\sum_{n=0}^{\infty} a_n (x-c)^n$이 수렴하는 점들 전체의 집합을 **수렴구간**(interval of convergence)이라 한다.

$\sum_{n=0}^{\infty} a_n (x-c)^n$의 수렴반경을 R이라 할 때 $\sum_{n=0}^{\infty} a_n (x-c)^n$의 수렴구간을 I라 하면

$$(c-R, c+R) \subset I \subset [c-R, c+R]$$

이다. 만일 $\sum_{n=0}^{\infty} a_n(x-c)^n$이 단 한 점에서만 수렴하면 $R=0$이다.

정리 4.7

$0<R\le\infty$일 때 $\sum_{n=0}^{\infty} a_n(x-c)^n$의 수렴반경을 R이라 하면 다음이 성립한다.

(1) $|x-c|<R$일 때 $\sum_{n=0}^{\infty} a_n(x-c)^n$은 절대수렴한다.

(2) $|x-c|>R$일 때 $\sum_{n=0}^{\infty} a_n(x-c)^n$은 발산한다.

(3) $0<r<R$일 때 $\sum_{n=0}^{\infty} a_n(x-c)^n$은 $[c-r,\ c+r]$에서 평등수렴한다.

바이어스트라스 M 판정법을 이용하여 (3)을 증명한다.

증명 | (1)과 (2)는 이미 정리 4.2와 정리 4.4에서 증명하였으므로 (3)만 증명한다.
$0<r<s<R$인 s를 선택하면

$$\lim_{n\to\infty}\sqrt[n]{|a_n|}=\frac{1}{R}<\frac{1}{s}$$

이므로 적당한 $N\in\mathbb{N}$이 존재하여 $n\ge N$인 모든 자연수 n에 대하여

$$\sqrt[n]{|a_n|}<\frac{1}{s}$$

이다. 따라서 $n\ge N$인 모든 자연수 n과 $|x-c|\le r$인 모든 x에 대하여

$$|a_n(x-c)^n|\le|a_n|r^n<\left(\frac{r}{s}\right)^n$$

이다. $\sum_{n=0}^{\infty}\left(\frac{r}{s}\right)^n<\infty$이므로 바이어스트라스 M 판별법에 의하여 $\sum_{n=0}^{\infty} a_n(x-c)^n$은 $[c-r,\ c+r]$에서 평등수렴한다. ■

정리 4.7은 멱급수의 미분과 적분이 수렴반경 내에서 항별로 미분과 적분을 계산할 수 있음을 설명한다.

정리 4.8

$0 < R \leq \infty$일 때 $f(x) = \sum_{n=0}^{\infty} a_n (x-c)^n$의 수렴반경을 R이라 하면 임의의 $x \in (c-R,\ c+R)$에 대하여

$$\int_c^x f(t)\,dt = \sum_{n=0}^{\infty} \frac{a_n}{n+1}(x-c)^{n+1}$$

이다.

정리 4.7과 3절의 정리 3.4를 이용한다.

증명 | $0 < r < R$일 때 정리 4.7에 의하여 $f(x) = \sum_{n=0}^{\infty} a_n (x-c)^n$은 $[c-r,\ c+r]$에서 평등수렴한다. 따라서 3절의 정리 3.4에 의하여

$$\int_c^x f(t)\,dt = \sum_{n=0}^{\infty} \int_c^x a_n (t-c)^n\,dt = \sum_{n=0}^{\infty} \frac{a_n}{n+1}(x-c)^{n+1}$$

이다. ■

정리 4.9의 증명은 정리 4.8과 유사하므로 연습문제로 한다.

정리 4.9

$0 < R \leq \infty$일 때 $f(x) = \sum_{n=0}^{\infty} a_n (x-c)^n$의 수렴반경을 R이라 하면 임의의 $x \in (c-R,\ c+R)$에 대하여

$$f'(x) = \sum_{n=1}^{\infty} n a_n (x-c)^{n-1}$$

이다.

예제 4.10 $\sum_{n=1}^{\infty} \frac{n}{2^n}$ 을 구하여라.

풀이 | $|x|< 1$ 일 때 $\sum_{n=0}^{\infty} x^n = \frac{1}{1-x}$ 이고 양변을 미분하면 정리 4.9에 의하여

$$\frac{1}{(1-x)^2} = \frac{d}{dx}\left(\frac{1}{1-x}\right) = \frac{d}{dx}\left(\sum_{n=0}^{\infty} x^n\right) = \sum_{n=1}^{\infty} n x^{n-1}$$

이다. 식의 양변에 x 를 곱하면

$$\frac{x}{(1-x)^2} = \sum_{n=1}^{\infty} n x^n$$

이고 이 식에 $x = \frac{1}{2}$을 대입하면

$$\sum_{n=1}^{\infty} \frac{n}{2^n} = \frac{\frac{1}{2}}{(1-\frac{1}{2})^2} = 2$$

이다. ■

정리 4.9에 의하여 $0 < R \leq \infty$ 일 때 $f(x) = \sum_{n=0}^{\infty} a_n (x-c)^n$의 수렴반경을 R이라 하면 임의의 $x \in (c-R,\ c+R)$에 대하여 f는 모든 차수의 도함수를 갖는다. 따라서 $k \in \mathbb{N}$에 대하여

$$f^{(k)}(x) = \sum_{n=k}^{\infty} n(n-1)\cdots(n-k+1) a_n (x-c)^{n-k}$$

이고 $f^{(k)}(c) = k! a_k$ 이므로 $a_k = \frac{f^{(k)}(c)}{k!}$ 이다.

이로부터

$$f(x) = \sum_{n=0}^{\infty} \frac{f^{(n)}(c)}{n!}(x-c)^n$$

을 얻을 수 있는데 이를 $x = c$ 에서 f의 **테일러 급수**(Taylor series)라 한다. 특히, $c = 0$인 경우의 테일러 급수를 **매클로린 급수**(Maclaurin series)라 한다.

예제 4.11 (1) $f(x) = \sin x$ 일 때 매클로린 급수를 구하여라.

(2) $g(x) = \ln x$ 일 때 $x = 1$에서 테일러 급수를 구하여라.

풀이 | (1) $n \in \mathbb{N}$일 때

$$f^{(4n)}(x) = \sin x,\ f^{(4n+1)}(x) = \cos x,$$
$$f^{(4n+2)}(x) = -\sin x,\ f^{(4n+3)}(x) = -\cos x$$

이다. 따라서 $f^{(4n)}(0) = f^{(4n+2)}(0) = 0$, $f^{(4n+1)}(0) = 1$이고 $f^{(4n+3)}(0) = -1$이므로 $f(x) = \sin x$의 매클로린 급수는 $\sum_{n=0}^{\infty} \frac{(-1)^n}{(2n+1)!} x^{2n+1}$이다.

(2) $g'(x) = \frac{1}{x}$, $g''(x) = -\frac{1}{x^2}$, $g^{(3)}(x) = \frac{2!}{x^3}$, $g^{(4)}(x) = -\frac{3!}{x^4}$, $\cdots$

이므로 $n \in \mathbb{N}$에 대하여 $g^{(n)}(x) = (-1)^{n+1}\frac{(n-1)!}{x^n}$이다. 따라서 $g^{(n)}(1) = (-1)^{n+1}(n-1)!$이므로 $x=1$에서 $g(x) = \ln x$의 테일러 급수는 $\sum_{n=1}^{\infty} \frac{(-1)^n}{n}(x-1)^n$이다. ■

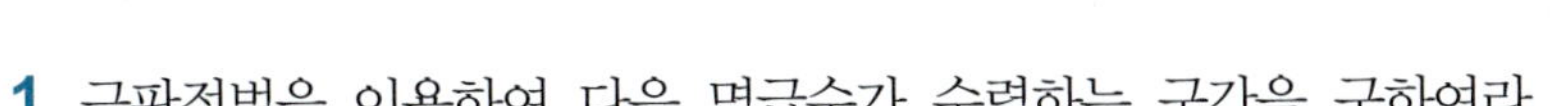

8.4 연습문제

1. 근판정법을 이용하여 다음 멱급수가 수렴하는 구간을 구하여라.

(1) $\displaystyle\sum_{n=1}^{\infty}\frac{1}{3^n}(x+1)^n$ (2) $\displaystyle\sum_{n=1}^{\infty}n\left(-\frac{1}{3}\right)^n(x-2)^n$

2. 문제 1에 있는 멱급수의 수렴반경을 구하여라.

3. 비판정법을 이용하여 다음 멱급수가 수렴하는 구간을 구하여라.

(1) $\displaystyle\sum_{n=1}^{\infty}\frac{(x-1)^n}{2^n(n+1)}$ (2) $\displaystyle\sum_{n=1}^{\infty}n!(x+1)^n$

4. 문제 3에 있는 멱급수의 수렴반경을 구하여라.

5. $f(x)=\dfrac{1}{x+5}$ 일 때 주어진 점에서 f의 테일러 급수를 구하여라.

(1) $x=-3$ (2) $x=-4$

6. 주어진 함수에 대한 매클로린 급수를 구하여라.

(1) $f(x)=\dfrac{1}{1+x^2}$ (2) $g(x)=\cos 2x$

7. $R>0$이고 $\displaystyle\sum_{n=0}^{\infty}a_n(x-c)^n$의 수렴반경이 R이면 $\displaystyle\sum_{n=1}^{\infty}na_n(x-c)^{n-1}$의 수렴반경도 R임을 증명하여라.

8. 문제 7을 이용하여 $0<R\leq\infty$이고 $f(x)=\displaystyle\sum_{n=0}^{\infty}a_n(x-c)^n$의 수렴반경이 R이면 임의의 $x\in(c-R,\,c+R)$에 대하여

$$f'(x)=\sum_{n=1}^{\infty}na_n x^{n-1}$$

임을 증명하여라.

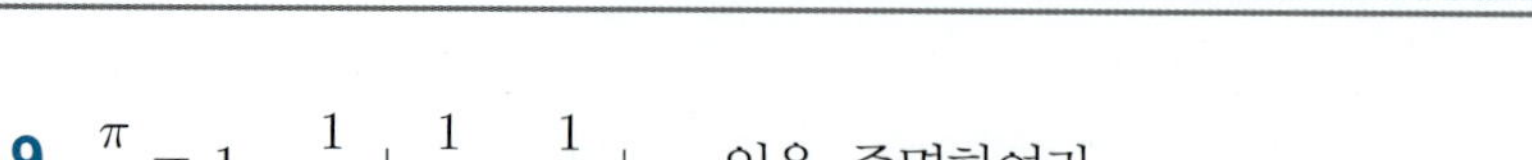

9. $\frac{\pi}{4} = 1 - \frac{1}{3} + \frac{1}{5} - \frac{1}{7} + \cdots$ 임을 증명하여라.

10. 테일러 급수를 이용하여

$$f(x) = \begin{cases} \frac{\sin x}{x}, & x \neq 0 \\ 1, & x = 0 \end{cases}$$

일 때 $\int_0^1 f(x)\,dx$를 구하여라.

11. 매클로린 급수를 이용하여 $\int_0^x e^{-s^2}\,ds$를 구하여라.

12. 테일러 급수를 이용하여 $x \geq 0$일 때

$$1 - \frac{1}{2}x \leq \frac{1}{\sqrt{1+x}} \leq 1 - \frac{1}{2}x + \frac{3}{8}x^3$$

임을 증명하여라.

13. $\int_0^x \sum_{n=0}^{\infty} \frac{t^n}{n!}\,dt = e^x - 1$ 임을 증명하여라.

14. $|x| < 1$ 이면 $\sum_{n=1}^{\infty} \frac{x^n}{n} = -\ln(1-x)$임을 증명하여라.

15. e^x 에 대한 매클로린 급수를 이용하여 $x = 2$에서 $f(x) = e^{2x-5}$의 테일러 급수를 구하여라.

16. $x=2$에서 $f(x)=(x-2)e^x$의 테일러 급수를 구하여라.

17. $n\in\mathbb{N}$에 대하여

$$a_n=\begin{cases}\dfrac{1}{n}, & n=2m\\ 1, & n=2m+1\end{cases}\qquad (\text{단, } m\in\mathbb{N})$$

일 때 $\sum_{n=1}^{\infty} a_n x^n$의 수렴반경을 구하여라.

18. $R>0$일 때 $\sum_{n=0}^{\infty} a_n(x-c)^n$과 $\sum_{n=0}^{\infty} b_n(x-c)^n$이 $|x-c|<R$인 모든 x에 대하여 수렴할 때

$$\sum_{n=0}^{\infty} a_n(x-c)^n=\sum_{n=0}^{\infty} b_n(x-c)^n$$

이면 모든 $n\in\mathbb{N}$에 대하여 $a_n=b_n$임을 증명하여라.

19. $0<R<\infty$이고 $\sum_{n=0}^{\infty} a_n(x-c)^n$의 수렴반경이 R일 때 $x=R$에서 $\sum_{n=0}^{\infty} a_n(x-c)^n$이 수렴하면 구간 $[0, R]$에서 $\sum_{n=0}^{\infty} a_n(x-c)^n$이 평등수렴함을 증명하여라.

20. $(-1, 1)$에서 다음 멱급수의 값을 구하여라.

(1) $\sum_{n=0}^{\infty} \dfrac{x^n}{n+1}$　　　(2) $\sum_{n=1}^{\infty} n x^n$

21. 테일러 급수를 이용하여 다음 급수의 값을 구하여라.

(1) $\sum_{n=1}^{\infty} \dfrac{1}{2n^2-n}$　　　(2) $\sum_{n=1}^{\infty} \dfrac{n}{(n+1)!}$

22. $(-1, 1)$ 에서 $\text{Tan}^{-1}x$ 의 멱급수가 $\sum_{n=0}^{\infty}(-1)^n\frac{x^{2n+1}}{2n+1}$ 임을 이용하여

$$\sum_{n=0}^{\infty}\left(-\frac{1}{3}\right)^n\frac{1}{\sqrt{3}(2n+1)}=\frac{\pi}{6}$$

임을 증명하여라.

23. 테일러 급수를 이용하여

$$2\sin x\cos x=\sin 2x$$

임을 증명하여라.

연습문제 풀이

1.1절 연습문제

1. $x \in A \cup (B \cap C)$

$\Rightarrow x \in A$ 이거나 $x \in B \cap C$

$\Rightarrow x \in A$ 이거나 ($x \in B$ 이고 $x \in C$)

$\Rightarrow$ ($x \in A$ 이거나 $x \in B$)이고 ($x \in A$ 이거나 $x \in C$)

$\Rightarrow x \in A \cup B$ 이고 $x \in A \cup C$

$\Rightarrow x \in (A \cup B) \cap (A \cup C)$

따라서

$A \cup (B \cap C) \subset (A \cup B) \cap (A \cup C)$ 이다.

$x \in (A \cup B) \cap (A \cup C)$

$\Rightarrow x \in A \cup B$ 이고 $x \in A \cup C$

$\Rightarrow$ ($x \in A$ 이거나 $x \in B$)이고 ($x \in A$ 이거나 $x \in C$)

$\Rightarrow x \in A$ 이거나 ($x \in B$ 이고 $x \in C$)

$\Rightarrow x \in A$ 이거나 $x \in B \cap C$

$\Rightarrow x \in A \cup (B \cap C)$

따라서

$(A \cup B) \cap (A \cup C) \subset A \cup (B \cap C)$ 이다.

그러므로

$A \cup (B \cap C) = (A \cup B) \cap (A \cup C)$ 이다.

3. (1) $C-(A \cup B) = C \cap (A \cup B)^c$

$= C \cap (A^c \cap B^c)$

(드모르간의 법칙)

$= (C \cap A^c) \cap (C \cap B^c)$

$= (C-A) \cap (C-B)$

5. $\{\phi, \{2\}, \{3\}, \{5\}, \{2, 3\}, \{2, 5\}, \{3, 5\}, \{2, 3, 5\}\}$

7. $A = \{1, 2, 3\}$, $B = \{3, 4, 5\}$, $X = \{2, 3, 4\}$ 이면 $X \in P(A \cup B)$이다.

하지만 $X \notin P(A)$이고 $X \notin P(B)$이므로 $X \notin P(A) \cup P(B)$이다. 따라서 $P(A \cup B) \neq P(A) \cup P(B)$이다.

9. (1) $y \in f(A)$이면 적당한 $x \in A$가 존재하여 $f(x) = y$이다. $A \subset B$이므로 $x \in B$이고 따라서 $y = f(x) \in f(B)$ 이다.

(3) $A \cap B \subset A$이므로 (1)에 의하여 $f(A \cap B) \subset f(A)$ 이다. $A \cap B \subset B$이므로 (1)에 의하여 $f(A \cap B) \subset f(B)$ 이다. 따라서 $f(A \cap B) \subset f(A) \cap f(B)$ 이다.

1.2절 연습문제

1. 수학적 귀납법(I)을 이용한다.

$n=1$ 일 때 $1^3 = \dfrac{1^2 \cdot 2^2}{4}$이 성립한다.

$n=k$ 일 때 $1^3 + 2^3 + \cdots + k^3 = \dfrac{k^2(k+1)^2}{4}$

이 성립한다고 가정하자.

$n=k+1$ 일 때

$$\begin{aligned} & 1^3 + 2^3 + \cdots + k^3 + (k+1)^3 \\ &= \frac{k^2(k+1)^2}{4} + (k+1)^3 \quad \text{(가정에 의하여)} \\ &= \frac{(k+1)^2}{4}(k^2 + 4k + 4) \\ &= \frac{(k+1)^2(k+2)^2}{4} \end{aligned}$$

이다. 따라서 모든 $n \in \mathbb{N}$에 대하여

$$1^3 + 2^3 + \cdots + n^3 = \frac{n^2(n+1)^2}{4}$$

이다.

3. 수학적 귀납법(I)을 이용한다.

$n=7$일 때 $7!=5040>2187=3^7$이 성립한다.

$n=k$일 때 $k!>3^k$이 성립한다고 가정하자.

$n=k+1$일 때

$$(k+1)!=(k+1)\,k! \quad \text{(가정에 의하여)}$$
$$>3\cdot 3^k$$
$$=3^{k+1}$$

이다.

따라서 $n\geq 7$인 모든 자연수 n에 대하여

$$n!>3^n$$

이다.

5. 수학적 귀납법(I)을 이용한다.

$n=1$일 때 자명하게 성립한다.

$n=k$일 때

$$x^k-y^k=(x-y)(x^{k-1}+x^{k-2}y+\cdots+y^{k-1})$$

이 성립한다고 가정하자.

$n=k+1$일 때

$$\begin{aligned} x^{k+1}-y^{k+1} &= x^{k+1}-x^ky+x^ky-y^{k+1} \\ &= x^k(x-y)+y(x^k-y^k) \\ &= x^k(x-y)+y(x-y) \\ &\quad (x^{k-1}+x^{k-2}y+\cdots+y^{k-1}) \\ &\qquad\qquad \text{(가정에 의하여)} \\ &= x^k(x-y)+(x-y) \\ &\quad (x^{k-1}y+x^{k-2}y^2+\cdots+y^k) \\ &= (x-y)(x^k+x^{k-1}y+\cdots+y^k) \end{aligned}$$

이다.

따라서 모든 $n\in\mathbb{N}$에 대하여

$$x^n-y^n=(x-y)(x^{n-1}+x^{n-2}y+\cdots+y^{n-1})$$

이다.

7. (1) $p(n)$이 참이라 가정하면 n^2+3n-1은 짝수이다. $p(n+1)$은

$$\begin{aligned} &(n+1)^2+3(n+1)-1 \\ &= n^2+2n+1+3n+3-1 \\ &= n^2+3n-1+(2n+4) \end{aligned}$$

이고 $2n+4$는 짝수이며 가정에 의하여 n^2+3n-1이 짝수이므로 명제 $p(n+1)$도 짝수이다.

9. 수학적 귀납법(I)을 이용한다.

$n=1$일 때 부등식은 자명하게 성립한다.

$n=k$일 때

$$\begin{aligned} &1-a_1-a_2-\cdots-a_k \\ &\leq (1-a_1)(1-a_2)\cdots(1-a_k) \end{aligned}$$

가 성립한다고 가정하자.

$n=k+1$일 때

$$\begin{aligned} &1-a_1-a_2-\cdots-a_k-a_{k+1} \\ &\leq (1-a_1)\cdots(1-a_k)-a_{k+1} \quad \text{(가정에 의하여)} \\ &\leq (1-a_1)\cdots(1-a_k)-(1-a_1)\cdots(1-a_k)a_{k+1} \\ &\leq (1-a_1)(1-a_2)\cdots(1-a_{k+1}) \end{aligned}$$

이다.

따라서 모든 $n\in\mathbb{N}$에 대하여

$$\begin{aligned} &1-a_1-a_2-\cdots-a_n \\ &\leq (1-a_1)(1-a_2)\cdots(1-a_n) \end{aligned}$$

이다.

1.3절 연습문제

1. (존재성)

체의 공리에 의하여

$$\begin{aligned} ax &= a(a^{-1}b)=(aa^{-1})b \\ &= 1\cdot b=b \end{aligned}$$

이므로 $x=a^{-1}b$는 $ax=b$의 해이다.

(유일성)

$ax'=b$일 때 $x=x'$임을 보임으로써 유일성을 증명한다.

$ax'=b=ax$의 양변에 a^{-1}를 곱하면 체의

공리에 의하여

$$a^{-1}(ax') = a^{-1}(ax)$$
$$\Rightarrow (a^{-1}a)x' = (a^{-1}a)x$$
$$\Rightarrow 1 \cdot x' = 1 \cdot x$$

이므로 $x' = x$ 이다.

3. $x < y$이면 $y - x \in P$이다. 정리 3.4에 의하여 $y = -(-y)$이고

$$y - x = -x + y = -x - (-y) \in P$$

이므로 $-y < -x$ 이다.

5. $0 < x < y$이므로 $y - x \in P$ 이고 $\sqrt{x} + \sqrt{y} \in P$ 이다.
따라서

$$\sqrt{y} - \sqrt{x} = \frac{y - x}{\sqrt{y} + \sqrt{x}} \in P$$

이므로 $\sqrt{x} < \sqrt{y}$ 이다.

7. $0 < a < 1$일 때 정리 3.9의 (2)에 의하여 $a \cdot a < 1 \cdot a$이고 따라서 $a^2 < a$이다.

9. $(a+b) + (-a-b) = (a-a) + (b-b) = 0$ 이므로 $-(a+b) = -a-b$ 이다.

1.4절 연습문제

1. (1) $\sup A = 1, \quad \inf A = 0$
(3) $\sup C = \infty, \quad \inf C = -\infty$
(5) $\sup E = 25, \quad \inf E = -3$
(7) $\sup G = \sqrt{2}, \quad \inf G = -\sqrt{2}$
(9) $\sup I = \frac{5}{9}, \quad \inf I = \frac{1}{2}$

3. $m \in (1, 3]$을 최대하계라 하면 $\frac{m+1}{2} \in (1, 3]$이고 $1 < \frac{m+1}{2} < m$ 이므로 m 이 최대하계라는 것에 모순이 된다.

5. A 가 위로 유계인 집합이라 가정하면 실수의 완비성에 의하여 A 는 최소상계 b 를 갖는다. 이때 $\frac{b}{a}$는 A 의 상계가 아니므로 $a^n > \frac{b}{a}$인 적당한 $n \in \mathbb{N}$이 존재하고 이를 정리하면 $a^{n+1} > b$ 이다. 따라서 b는 A 의 상계가 될 수 없다.

7. $a = \sup A$가 A의 상계이므로 모든 $x \in A$에 대하여 $x \le a$이다. $A_0 \subset A$ 이므로 모든 $y \in A_0$ 는 $y \in A$이다. 따라서 A_0의 모든 원소 y에 대하여 $y \le a$이다. 그러므로 a는 A_0의 상계이고 $\sup A_0 \le a = \sup A$이다.

9. (1) $\sup A = \alpha$, $\sup B = \beta$라 하면 A와 B가 위로 유계인 집합이므로 $\alpha, \beta \in \mathbb{R}$ 이다. 모든 $a \in A$에 대하여 $a \le \alpha$ 이고 모든 $b \in B$에 대하여 $b \le \beta$이므로 $a + b \le \alpha + \beta$이다. 따라서 $\alpha + \beta$는 $A + B$의 상계이므로

$$\sup(A+B) \le \sup A + \sup B \qquad (1)$$

이다. $\gamma = \sup(A+B)$라 하면 모든 $a \in A$와 $b \in B$에 대하여 $a + b \le \gamma$이다. $b_0 \in B$라 할 때 모든 $a \in A$에 대하여 $a \le \gamma - b_0$ 이므로 $\alpha \le \gamma - b_0$ 이다. 따라서 $b_0 \le \gamma - \alpha$ 이고 b_0가 B의 임의의 원소이므로 $\beta \le \gamma - \alpha$ 이다. 그러므로

$$\sup A + \sup B = \alpha + \beta \le \gamma = \sup(A+B) \qquad (2)$$

이다.
(1)과 (2)에 의하여
$\sup(A+B) = \sup A + \sup B$이다.

1.5절 연습문제

1. (1) $x=-4$, $x=2$ (3) $x=\frac{17}{2}$, $x=-\frac{1}{2}$

3. (1) $\{x : x<0\}$

(3) $\left\{x : -6 \le x \le -\frac{3}{2}\right\} \cup \left\{x : \frac{3}{2} \le x \le 6\right\}$

5. $y=|x-1|+|x-4|$라 하면

$$y=\begin{cases} -2x+5, & x \le 1 \\ 3, & 1 \le x < 4 \\ 2x-5, & 4 \le x \end{cases}$$

이므로 $a \in \{x \in \mathbb{R} : x<3\}$이면 $A=\varnothing$이다.

7. $|a| \ge r$이라 하자. a가 양수이면 $a \ge r$이고 a가 음수이면 $-a \ge r$이므로 $a \le -r$이다. $a \ge r$이거나 $a \le -r$이라 하자. 그러면 $a \ge r$이거나 $-a \ge r$이므로 $|a| \ge r$이다.

9. (1) 삼각부등식을 두 번 사용하여 증명한다.

$$\begin{aligned} |x+y+z| &= |(x+y)+z| \\ &\le |x+y|+|z| \\ &\qquad \text{(삼각부등식에 의하여)} \\ &\le (|x|+|y|)+|z| \\ &\qquad \text{(삼각부등식에 의하여)} \\ &= |x|+|y|+|z| \end{aligned}$$

2.1절 연습문제

1. (1) 임의의 $\epsilon>0$에 대하여 $N>\frac{4}{\epsilon}$인 $N \in \mathbb{N}$을 선택한다. 그러면 $n \ge N$인 모든 자연수 n에 대하여

$$\left|\frac{2n}{n+2}-2\right|=\frac{4}{n+2} \le \frac{4}{n}<\epsilon$$

이므로 $\lim_{n\to\infty}\frac{2n}{n+1}=2$이다.

(3) 임의의 $\epsilon>0$에 대하여 $N>\frac{1}{8}\left(\frac{7}{\epsilon}+2\right)$인 $N \in \mathbb{N}$을 선택한다. 그러면 $n \ge N$인 모든 자연수 n에 대하여

$$\left|\frac{2n+3}{4n-1}-\frac{1}{2}\right|=\frac{7}{8n-2}<\epsilon$$

이므로 $\lim_{n\to\infty}\frac{2n+3}{4n-1}=\frac{1}{2}$이다.

(5) 임의의 $\epsilon>0$에 대하여 $N>\frac{1}{\epsilon}$인 $N \in \mathbb{N}$을 선택한다. 그러면 $n \ge N$인 모든 자연수 n에 대하여

$$\left|\frac{\sin n}{n+3}-0\right| \le \frac{1}{n+3}<\frac{1}{n}<\epsilon$$

이므로 $\lim_{n\to\infty}\frac{\sin n}{n+3}=0$이다.

(7) 임의의 $\epsilon>0$에 대하여 $N>\frac{1}{\epsilon}$인 $N \in \mathbb{N}$을 선택한다. 그러면 $n \ge N$인 모든 자연수 n에 대하여

$$\left|\frac{n-(-1)^n}{n}-1\right|=\left|\frac{(-1)^n}{n}\right|=\frac{1}{n}<\epsilon$$

이므로 $\lim_{n\to\infty}\frac{n-(-1)^n}{n}=1$이다.

3. 임의의 $\epsilon>0$에 대하여 $N>\frac{1}{3\epsilon^2}$인 $N \in \mathbb{N}$을 선택한다. 그러면 $n \ge N$인 모든 자연수 n에 대하여

$$\begin{aligned} &|\sqrt{3n+2}-\sqrt{3n+1}| \\ &=\left|\frac{1}{\sqrt{3n+2}+\sqrt{3n+1}}\right| \\ &\le \frac{1}{\sqrt{3n+1}} \le \frac{1}{\sqrt{3n}}<\epsilon \end{aligned}$$

이므로 $\lim_{n\to\infty}(\sqrt{3n+2}-\sqrt{3n+1})=0$이다.

5. 임의의 $\epsilon > 0$에 대하여 $N > \frac{2}{\epsilon}$ 인 $N \in \mathbb{N}$을 선택한다. 그러면 $n \geq N$인 모든 자연수 n에 대하여

$$\left|\frac{n^5-3n^4-9n^2-1}{7n^6+5n^4+3n^3+11}\right| \leq \frac{n^5+3n^4+9n^2+1}{7n^6}$$
$$\leq \frac{14n^5}{7n^6} = \frac{2}{n} < \epsilon$$

이므로 $\lim_{n\to\infty} \frac{n^5-3n^4-9n^2-1}{7n^6+5n^4+3n^3+11} = 0$ 이다.

7. 수학적 귀납법에 의하여 $n \geq 6$일 때 $n^3 - n - 163 > 0$이므로 $n \geq 4$ 인 모든 자연수 n에 대하여

$$\left|\frac{1}{2n^3-n-163}\right| = \left|\frac{1}{n^3+(n^3-n-163)}\right|$$
$$= \frac{1}{n^3+(n^3-n-163)}$$
$$< \frac{1}{n^3} \leq \frac{1}{n}$$

이다. 따라서 임의의 $\epsilon > 0$에 대하여 $N > \max\left\{\frac{1}{\epsilon}, 6\right\}$인 $N \in \mathbb{N}$을 선택한다. $n \geq N$인 모든 자연수 n에 대하여

$$\left|\frac{1}{2n^3-n-163}\right| = \left|\frac{1}{n^3+(n^3-n-163)}\right|$$
$$= \frac{1}{n^3+(n^3-n-163)}$$
$$< \frac{1}{n^3} \leq \frac{1}{n} < \epsilon$$

이므로 $\lim_{n\to\infty} \frac{1}{2n^3-n-163} = 0$이다.

9. 임의의 $\epsilon > 0$에 대하여 $N > \frac{1}{|a|\epsilon}$ 인 $N \in \mathbb{N}$을 선택한다. $n \geq N$인 모든 자연수 n에 대하여

$$\left|\frac{1}{an} - 0\right| = \left|\frac{1}{an}\right| = \frac{1}{|a|n} < \epsilon$$

이므로 $\lim_{n\to\infty} \frac{1}{an} = 0$ 이다.

2.2절 연습문제

1. (1) $\frac{3}{5}$ (3) 0 (5) $\frac{1}{2}$

3. 압착정리에 의하여

$$\lim_{p\to\infty} \{(a_1^p + a_2^p + \cdots + a_n^p)\}^{\frac{1}{p}}$$
$$= \max\{a_1, a_2, \cdots, a_n\}$$

이다.

5. 임의의 $\epsilon > 0$ 에 대하여 $\lim_{n\to\infty} a_n = 3$이므로 적당한 $N \in \mathbb{N}$이 존재하여 $n \geq N$인 모든 자연수 n에 대하여

$$|a_n - 3| < \varepsilon$$

이 성립한다. 따라서 $n \geq N$인 모든 자연수 n에 대하여 $n+1 \geq N$이므로

$$|a_{n+1} - 3| < \epsilon$$

이다. 그러므로 $n \geq N$인 모든 자연수 n에 대하여

$$\left|\frac{a_n + a_{n+1}}{2} - 3\right|$$
$$\leq \frac{1}{2}|a_n - 3| + \frac{1}{2}|a_{n+1} - 3|$$
$$< \frac{\epsilon}{2} + \frac{\epsilon}{2} = \epsilon$$

이므로 $\lim_{n\to\infty} \frac{a_n + a_{n+1}}{2} = 3$ 이다.

7. 임의의 $\epsilon > 0$에 대하여 $\lim_{n\to\infty} a_n = 1$이므로 적당한 $N_1 \in \mathbb{N}$이 존재하여 $n \geq N_1$인 모든 자연수 n 에 대하여

$$|a_n - 1| < \frac{\epsilon}{2}$$

이 성립한다. 또한 적당한 $N_2 \in \mathbb{N}$가 존재하여 $n \geq N_2$인 모든 자연수 n에 대하여

$$\frac{1}{n} < \frac{\epsilon}{2}$$

이 성립한다. $N = \max\{N_1, N_2\}$라 하면 $n \geq N$인 모든 자연수 n에 대하여

$$\begin{aligned} |b_n - 1| &\leq |b_n - a_n| + |a_n - 1| \\ &< \frac{\epsilon}{2} + \frac{\epsilon}{2} = \epsilon \end{aligned}$$

이므로 $\lim_{n \to \infty} b_n = 1$이다.

9. (1) $a_n = (-1)^n$, $b_n = (-1)^n$이라 하면 $\{a_n\}$과 $\{b_n\}$은 모두 수렴하지 않는 수열이지만 $\{c_n\}$은 수렴하는 수열이다.

2.3절 연습문제

1. (1) $n \in \mathbb{N}$에 대하여 $a_n = n^3 - n$이라 하면

$$\begin{aligned} a_{n+1} - a_n &= (n+1)^3 - (n+1) - n^3 + n \\ &= 3n^2 + 3n > 0 \end{aligned}$$

이므로 $\{a_n\}$은 단조증가수열이다.

(3) $n \in \mathbb{N}$에 대하여 $b_n = \frac{n-1}{n+1}$이라 하면

$$\begin{aligned} b_{n+1} - b_n &= \frac{n}{n+2} - \frac{n-1}{n+1} \\ &= \frac{2}{(n+2)(n+1)} > 0 \end{aligned}$$

이므로 $\{b_n\}$은 단조증가수열이다.

(5) $n \in \mathbb{N}$에 대하여 $c_n = \frac{n^2}{5^n}$이라 하면

$$\begin{aligned} c_{n+1} - c_n &= \frac{(n+1)^2}{5^{n+1}} - \frac{n^2}{5^n} \\ &= \frac{-4n^2 + 2n + 1}{5^{n+1}} < 0 \end{aligned}$$

이므로 $\{c_n\}$은 단조감소수열이다.

3. (1) 산술평균과 기하평균의 관계로부터 모든 $n \in \mathbb{N}$에 대하여

$$0 < a_n < b_n$$

이 성립한다. 따라서 임의의 $n \in \mathbb{N}$에 대하여 $a_n^2 \leq a_n b_n$이고 이로부터

$$a_n \leq \sqrt{a_n b_n} = a_{n+1}$$

이므로 $\{a_n\}$은 단조증가수열이다.

5. (1) 모든 $n \in \mathbb{N}$에 대하여 $a_n > a_{n+1}$이고 $b_n > b_{n+1}$이므로

$$c_n = a_n + b_n > a_{n+1} + b_{n+1} = c_{n+1}$$

이다. 따라서 $\{c_n\}$은 단조감소수열이다.

7. $n = 1$일 때 $b_1 = 4 > \sqrt{14} = b_2$이다.
$n = k$일 때 $b_k > b_{k+1}$이라 가정하자.
$n = k+1$일 때
$b_{k+1} = \sqrt{5b_k - 6} > \sqrt{5b_{k+1} - 6} = b_{k+2}$이다.
따라서 수학적 귀납법에 의하여 $\{b_n\}$은 단조감소수열이다.
$n = 1$일 때 $b_1 > 2$이다.
$n = k$일 때 $b_k > 2$라 가정하자.
$n = k+1$일 때
$b_{k+1} = \sqrt{5b_k - 6} > \sqrt{10 - 6} = 2$이다.
따라서 수학적 귀납법에 의하여 $\{b_n\}$은 아래로 유계인 수열이다.
그러므로 단조수렴정리에 의하여 $\{b_n\}$은 수렴한다.

9. $E = \{a_n : n \in \mathbb{N}\}$는 공집합이 아닌 $\mathbb{R}$의 부분집합이고 가정에 의하여 아래로 유계이므로 완비성공리에 의하여 최대하계를 갖는다.

$\inf E = b$ 라 하고 $\lim_{n\to\infty} a_n = b$ 임을 증명한다. 임의의 $\epsilon > 0$에 대하여 최대하계의 정의에 따라서

$$b \le a_N < b + \epsilon$$

인 $a_N \in E$이 존재한다. $\{a_n\}$은 단조감소수열이므로 $n \ge N$인 모든 n에 대하여

$$b \le a_n < a_N < b + \epsilon$$

이다. 따라서 $n \ge N$인 모든 n에 대하여

$$|a_n - b| < \epsilon$$

이므로 $\{a_n\}$은 수렴한다.

2.4절 연습문제

1. (1) 0 (3) $0, \frac{2}{3}$ (5) 1, 2, 3

3. (1) $\overline{\lim_{n\to\infty}} x_n = \overline{\lim_{n\to\infty}} y_n = 1$이므로
$\overline{\lim_{n\to\infty}} x_n + \overline{\lim_{n\to\infty}} y_n = 2$이다.

(3) $\underline{\lim_{n\to\infty}} x_n = \underline{\lim_{n\to\infty}} y_n = -1$이므로
$\underline{\lim_{n\to\infty}} x_n + \underline{\lim_{n\to\infty}} y_n = -2$이다.

5. $n \in \mathbb{N}$에 대하여 $a_n = n$, $b_n = -n$이라 하면 모든 $n \in \mathbb{N}$ 에 대하여

$$a_n + b_n = 0$$

이므로 $\overline{\lim_{n\to\infty}}(a_n + b_n) = 0$ 이다. 하지만

$$\overline{\lim_{n\to\infty}} a_n + \overline{\lim_{n\to\infty}} b_n = \infty - \infty$$

이므로 $\overline{\lim_{n\to\infty}}(a_n + b_n)$과 $\overline{\lim_{n\to\infty}} a_n + \overline{\lim_{n\to\infty}} b_n$의 크기를 비교할 수 없다.

7. $\{n\}$은 유계가 아닌 수열이고 이 수열의 어떤 부분수열도 수렴하지 않는다.

9. (1) 임의의 $\epsilon > 0$에 대하여 $\lim_{n\to\infty} a_{2n} = a$이므로 적당한 $N_1 \in \mathbb{N}$이 존재하여 $n \ge N_1$ 인 모든 자연수 n 에 대하여

$$|a_{2n} - a| < \epsilon$$

이 성립한다. 또한 $\lim_{n\to\infty} a_{2n+1} = a$이므로 적당한 $N_2 \in \mathbb{N}$가 존재하여 $n \ge N_2$인 모든 자연수 n에 대하여

$$|a_{2n+1} - a| < \epsilon$$

이 성립한다. 이제 $N = \max\{2N_1, 2N_2 + 1\}$이라 하면 $n \ge N$인 모든 자연수 n에 대하여

$$|a_n - a| < \epsilon$$

이므로 $\lim_{n\to\infty} a_n = a$이다.

2.5절 연습문제

1. (1) 수열이 수렴하지 않으므로 $\{n\}$은 코시수열이 아니다.

(3) 수열이 수렴하므로 $\left\{2 + \frac{(-1)^n}{n}\right\}$은 코시수열이다.

3. (1) 임의의 $\epsilon > 0$에 대하여 $\{a_n\}$이 코시수열이므로 적당한 $N \in \mathbb{N}$이 존재하여 $m, n \ge N$인 모든 자연수 m, n에 대하여

$$|a_m - a_n| < a^2 \epsilon$$

이 성립한다. 따라서 $m, n \ge N$인 모든 자연수 m, n에 대하여

$$\left|\frac{1}{a_m} - \frac{1}{a_n}\right| = \left|\frac{1}{a_m a_n}\right| |a_m - a_n| < \frac{1}{a^2}|a_m - a_n| < \epsilon$$

이므로 $\left\{\dfrac{1}{a_n}\right\}$은 코시수열이다.

5. 임의의 $\epsilon>0$에 대하여 $\dfrac{1}{\epsilon}<N$인 $N\in\mathbb{N}$을 선택한다. $m>n\geq N$인 모든 자연수 m, n에 대하여

$$\begin{aligned}|b_m-b_n| &= \left|\sum_{i=n+1}^{m}\frac{1}{i^2}\right| \\ &\leq \sum_{i=n+1}^{m}\left|\frac{1}{i(i-1)}\right| \\ &= \sum_{i=n+1}^{m}\left|\frac{1}{i-1}-\frac{1}{i}\right| \\ &= \left|\frac{1}{n}-\frac{1}{m}\right| \\ &< \frac{1}{n}<\frac{1}{N}<\epsilon\end{aligned}$$

이므로 $\{b_n\}$은 코시수열이다.

7. $x_n=\sqrt{n}$이라 하면

$$\begin{aligned}\lim_{n\to\infty}|x_{n+1}-x_n| &= \lim_{n\to\infty}(\sqrt{n+1}-\sqrt{n}) \\ &= \lim_{n\to\infty}\frac{1}{\sqrt{n+1}+\sqrt{n}}=0\end{aligned}$$

이다. 하지만

$$\lim_{n\to\infty}x_n=\lim_{n\to\infty}\sqrt{n}=\infty$$

이므로 $\{x_n\}$은 발산한다. 따라서 $\{x_n\}$은 코시수열이 아니다.

9. $m>n$일 때

$$\begin{aligned}a_m-a_n &= \frac{1}{(n+1)!}+\frac{1}{(n+2)!}+\cdots+\frac{1}{m!} \\ &= \frac{1}{(n+1)!}\left\{1+\frac{(n+1)!}{(n+2)!}+\cdots+\frac{(n+1)!}{m!}\right\} \\ &\leq \frac{1}{(n+1)!}\left\{1+\frac{1}{2!}+\cdots+\frac{1}{(m-n)!}\right\} \\ &< \frac{1}{(n+1)!}e \\ &\leq \frac{e}{n+1}\end{aligned}$$

이다. 따라서 임의의 $\epsilon>0$에 대하여 $\dfrac{e}{N+1}<\epsilon$인 $N\in\mathbb{N}$을 선택한다. $m>n\geq N$인 모든 자연수 m, n에 대하여

$$|a_m-a_n|<\epsilon$$

이므로 $\{a_n\}$은 코시수열이다.

2.6절 연습문제

1. (1) 임의의 $M>0$에 대하여 $N>M^{\frac{2}{3}}$인 $N\in\mathbb{N}$을 선택하면 $n\geq N$인 모든 자연수 n에 대하여

$$\sqrt{n^3}\geq\sqrt{N^3}>M$$

이므로 $\displaystyle\lim_{n\to\infty}\sqrt{n^3}=\infty$이다.

(3) n이 짝수이면 $n(2+(-1)^n)=3n>n$이고 n이 홀수이면 $n(2+(-1)^n)=n$이다. 따라서 모든 $n\in\mathbb{N}$에 대하여 $n(2+(-1)^n)\geq n$이다.
임의의 $M>0$에 대하여 $N>M$인 $N\in\mathbb{N}$을 선택하면 $n\geq N$인 모든 자연수 n에 대하여

$$b_n=n(2+(-1)^n)\geq n>N>M$$

이므로 $\displaystyle\lim_{n\to\infty}n(2+(-1)^n)=\infty$이다.

(5) 임의의 $M>0$에 대하여 $N>\sqrt{3}M$인 $N\in\mathbb{N}$을 선택하면 $n\geq N$인 모든 자연수 n에 대하여

$$\sqrt{\frac{n^2+1}{3}}\geq\sqrt{\frac{N^2+1}{3}}>\frac{N}{\sqrt{3}}>M$$

이므로 $\displaystyle\lim_{n\to\infty}\sqrt{\frac{n^2+1}{3}}=\infty$이다.

(7) 임의의 $M>0$에 대하여
$N>\max\{M, 2\}$인 $N\in\mathbb{N}$을 선택하면
$n\ge N$인 모든 자연수 n에 대하여

$$n^2-n=n(n-1)\ge n\ge N>M$$

이므로 $\lim\limits_{n\to\infty}(n^2-n)=\infty$이다.

3. 임의의 양수 $M>0$에 대하여
$N>\max\left\{\frac{M}{3}, 2M+1\right\}$인 $N\in\mathbb{N}$을 선택하면 $n\ge N$인 모든 홀수 n에 대하여

$$a_n=3n>3N>M$$

이고 $n\ge N$인 모든 짝수 n에 대하여

$$a_n=\frac{1}{2}(n-1)>\frac{1}{2}(N-1)>M$$

이므로 $\lim\limits_{n\to\infty}a_n=\infty$이다.

5. (⇒) $\lim\limits_{n\to\infty}a_n=\infty$이면 임의의 $M>0$에 대하여 적당한 $N\in\mathbb{N}$이 존재하여 $n\ge N$인 모든 자연수 n에 대하여 $a_n\ge M$이므로 $-a_n\le -M$이 성립한다. 따라서 $n\ge N$인 모든 자연수 n에 대하여 $-a_n\le -M$이므로 $\lim\limits_{n\to\infty}(-a_n)=-\infty$이다.

(⇐) $\lim\limits_{n\to\infty}(-a_n)=-\infty$이면 임의의 $M>0$에 대하여 적당한 $N\in\mathbb{N}$이 존재하여 $n\ge N$인 모든 자연수 n에 대하여 $-a_n\le -M$이므로 $a_n\ge M$이 성립한다. 따라서 $n\ge N$인 모든 자연수 n에 대하여 $a_n\ge M$이므로 $\lim\limits_{n\to\infty}a_n=\infty$이다.

7. 임의의 $M>0$에 대하여 $\{a_n\}$이 유계가 아니므로

$$a_N<-M$$

인 $a_N\in\{a_n\}$이 존재한다. $\{a_n\}$은 단조감소수열이므로 $n\ge N$인 모든 자연수 n에 대하여

$$a_n\le a_N<-M$$

이므로 $\lim\limits_{n\to\infty}a_n=-\infty$이다.

9. $\epsilon=\frac{1}{2}>0$에 대하여 $\lim\limits_{n\to\infty}b_n=1$이므로 적당한 $N_1\in\mathbb{N}$이 존재하여 $n\ge N_1$인 모든 자연수 n에 대하여

$$b_n>\frac{1}{2}$$

이 성립한다.
임의의 $M>0$에 대하여 $\lim\limits_{n\to\infty}a_n=\infty$이므로 적당한 $N_2\in\mathbb{N}$가 존재하여 $n\ge N_2$인 모든 자연수 n에 대하여

$$a_n>2M$$

이 성립한다. 이제 $N=\max\{N_1, N_2\}$라 하면 $n\ge N$인 모든 자연수 n에 대하여

$$a_nb_n\ge\frac{1}{2}a_n\ge M$$

이므로 $\lim\limits_{n\to\infty}a_nb_n=\infty$이다.

3.1절 연습문제

1. (1) $\delta=\frac{\epsilon}{2}=\frac{0.01}{3}$ (3) $\delta=\frac{\epsilon}{3}=\frac{0.01}{3}$
(5) $\delta=2\epsilon=0.4$

3. 임의의 $\epsilon>0$에 대하여 $\delta=1>0$이라 하면 $0<|x-a|<\delta$인 모든 x에 대하여

$$|f(x)-\pi|=|\pi-\pi|=0<\epsilon$$

이므로 $\lim\limits_{x\to a}f(x)=\pi$이다.

5. $n\in\mathbb{N}$에 대하여 $x_n=\frac{1}{n}$, $y_n=-\frac{1}{n}$이라 하면

$\lim_{n\to\infty} x_n = 0 = \lim_{n\to\infty} y_n$이다. 하지만

$$\lim_{n\to\infty} f(x_n) = 1 \neq -1 = \lim_{n\to\infty} f(y_n)$$

이므로 $\lim_{x\to 0} f(x)$는 존재하지 않는다.

7. 임의의 $\epsilon > 0$에 대하여 $\delta = \dfrac{\epsilon}{M} > 0$이라 하면 $0 < |x-a| < \delta$인 모든 $x \in D$에 대하여

$$|f(x) - f(a)| \leq M|x-a| < M \cdot \frac{\epsilon}{M} = \epsilon$$

이므로 $\lim_{x\to a} f(x)$가 존재한다.

9. $n \in \mathbb{N}$에 대하여 $x_n = 2 + \dfrac{1}{n}$, $y_n = 2 - \dfrac{1}{n}$이라 하면 $\lim_{n\to\infty} x_n = 2 = \lim_{n\to\infty} y_n$이다. 하지만

$$\begin{aligned}\lim_{n\to\infty} f(x_n) &= \lim_{n\to\infty} 3\left(2 + \frac{1}{n}\right) = 6 \neq 3 \\ &= \lim_{n\to\infty}\left(2\left(2 - \frac{1}{n}\right) - 1\right) \\ &= \lim_{n\to\infty} f(y_n)\end{aligned}$$

이므로 $\lim_{x\to 2} f(x)$는 존재하지 않는다.

3.2절 연습문제

1. (1) 4 (3) $\dfrac{1}{2}$ (5) $\dfrac{a}{b}$

3. (1) $\dfrac{\sqrt{3}}{3}$

5. 만일 $c = 0$이면 $\lim_{x\to a} cf(x) = c\lim_{x\to a} f(x)$은 당연히 성립한다.
이제 $c \neq 0$이라 하고 $\lim_{x\to a} f(x) = L$이라 하자. (단 $L \in \mathbb{R}$)
임의의 $\epsilon > 0$에 대하여 $\lim_{x\to a} f(x) = L$이므로 적당한 $\delta > 0$가 존재하여 $0 < |x-a| < \delta$인 모든 x에 대하여

$$|f(x) - L| < \frac{\epsilon}{|c|}$$

이 성립한다. 또한 $0 < |x-a| < \delta$인 모든 x에 대하여

$$\begin{aligned}|cf(x) - c \cdot L| &= |c||f(x) - L| \\ &< |c|\frac{\epsilon}{|c|} = \epsilon\end{aligned}$$

이므로 $\lim_{x\to a} cf(x) = c\lim_{x\to a} f(x)$이다.

7. $\lim_{x\to 0} \sin\dfrac{1}{x}$이 존재하지 않기 때문에

$$\lim_{x\to 0} x\sin\frac{1}{x} \neq \lim_{x\to 0} x \lim_{x\to 0} \sin\frac{1}{x}$$

이다.

9. (1) $f(x) = \dfrac{1}{x}$, $g(x) = -\dfrac{1}{x}$이라 하면

$$\lim_{x\to 0}(f(x) + g(x)) = \lim_{x\to 0} 0 = 0$$

이지만 $\lim_{x\to 0} f(x)$과 $\lim_{x\to 0} g(x)$는 모두 존재하지 않으므로 등식이 성립하지 않는다.

3.3절 연습문제

1. (1) 1 (3) $-\infty$ (5) $-\infty$ (7) ∞ (9) -2

3. (1) 2 (3) 1

5. (1) ∞ (3) 0

7. (1) $\displaystyle\lim_{x\to -1^-} \frac{|x+1|}{x^2 - x - 2}$

$$= \lim_{x\to -1^-} \frac{-(x+1)}{(x-2)(x+1)}$$

$$= \lim_{x \to -1^-} \frac{-1}{x-2} = \frac{1}{3}$$

이다. 만일 $|x+1| < 1$ 이면 $-2 < x < 0$ 이고 $-4 < x-2 < -2$ 이다. 따라서

$\left|\frac{1}{x-2}\right| < \frac{1}{2}$ 이다.

임의의 $\epsilon > 0$에 대하여 $\delta = \min\{1, 6\epsilon\} > 0$ 이라 하면 $-\delta < x+1 < 0$인 모든 x에 대하여

$$\left|\frac{-1}{x-2} - \frac{1}{3}\right| = \frac{1}{3}\left|\frac{x+1}{x-2}\right| < \frac{1}{6}|x+1| < \epsilon$$

이므로 $\lim_{x \to -1^-} f(x) = \frac{1}{3}$ 이다.

9. (1) 임의의 $K > 0$에 대하여 $M = K+1 > 0$이라 하자. 그러면 $x \ge M$인 모든 x에 대하여

$$x^n \ge M^n \ge M > K$$

이므로 $\lim_{x \to \infty} f(x) = \infty$ 이다.

(3) n 이 홀수일 때 임의의 $K > 0$에 대하여 $X = -K-1 < 0$이라 하자. 그러면 $x \le X$ 인 모든 x에 대하여

$$x^n \le X^n \le X < -K$$

이므로 $\lim_{x \to -\infty} f(x) = -\infty$ 이다.

4.1절 연습문제

1. (1) $y = x^3$

(3) $f(x) = \begin{cases} x, & x \in \mathbb{Q} \\ 1, & x \in \mathbb{Q}^c \end{cases}$

(5) $y = \frac{1}{x(x-1)}$

3. (1) f가 $x = 1$ 에서 우연속이려면

$\lim_{x \to 1^+} f(x) = f(1)$ 이어야 한다.

$\lim_{x \to 1^+} f(x) = 2$ 이고 $f(1) = a+b$ 이므로 $a+b = 2$ 인 모든 실수 a와 b에 대하여 f는 $x = 1$ 에서 우연속이다.

5. (1) $\mathbb{R} - \{1\}$ (3) $[0, \infty)$

(5) $(-\infty, -1) \cup (1, \infty)$

7. $a \in \mathbb{R}$ 일 때 임의의 $\epsilon > 0$에 대하여 $\delta = \epsilon > 0$ 으로 선택한다. 그러면 $|x-a| < \delta$인 모든 x에 대하여

$$\begin{aligned} &|\cos x - \cos a| \\ &= 2\left|\sin\left(\frac{x+a}{2}\right)\sin\left(\frac{x-a}{2}\right)\right| \\ &\le 2\left|\sin\left(\frac{x-a}{2}\right)\right| \\ &\le |x-a| \\ &< \epsilon \end{aligned}$$

이므로 f는 $x = a$에서 연속이고 a는 $\mathbb{R}$ 의 임의의 점이므로 f는 $\mathbb{R}$ 에서 연속이다.

9. $f(x) = \frac{1}{x}$ 이면 f는 $(0, 1)$에서 연속이다. 하지만 $\lim_{x \to 0^+} f(x) = \infty$ 이므로 $\lim_{x \to 0^+} f(x)$는 존재하지 않는다.

4.2절 연습문제

1. (1) $a \in \mathbb{R}$ 일 때 임의의 $\epsilon > 0$에 대하여 $\delta = \epsilon > 0$이라 하면 $|x-a| < \delta$인 모든 x에 대하여

$$||x| - |a|| \le |x-a| < \delta = \epsilon$$

이므로 $|\cdot|$은 $x = a$에서 연속이다. a는 $\mathbb{R}$ 의 임의의 점이므로 $|\cdot|$는 $\mathbb{R}$ 에서 연속이다.

3. (1) $\epsilon_0 = 1 > 0$에 대하여 g가 $x=a$에서 연속이므로 적당한 $\delta_1 > 0$이 존재하여 $|x-a| < \delta_1$인 모든 $x \in D$에 대하여

$$|g(x) - g(a)| < 1$$

이 성립한다. 삼각부등식에 의하여 $|x-a| < \delta_1$인 모든 $x \in D$에 대하여

$$|g(x)| < |g(a)| + 1$$

이다.
임의의 $\epsilon > 0$에 대하여 f가 $x=a$에서 연속이므로 적당한 $\delta_2 > 0$가 존재하여 $|x-a| < \delta_2$인 모든 $x \in D$에 대하여

$$|f(x) - f(a)| < \frac{\epsilon}{2(|g(a)|+1)}$$

이 성립한다. 또한 g가 $x=a$에서 연속이므로 적당한 $\delta_3 > 0$가 존재하여 $|x-a| < \delta_3$인 모든 $x \in D$에 대하여

$$|g(x) - g(a)| < \frac{\epsilon}{2(|f(a)|+1)}$$

이 성립한다. 이제 $\delta = \min\{\delta_1, \delta_2, \delta_3\} > 0$라 하면 $|x-a| < \delta$인 모든 $x \in D$에 대하여

$$\begin{aligned}
&|f(x)g(x) - f(a)g(a)| \\
&= |f(x)g(x) - f(a)g(x) + f(a)g(x) \\
&\quad - f(a)g(a)| \\
&\le |g(x)||f(x) - f(a)| \\
&\quad + |f(a)||g(x) - g(a)| \\
&< (|g(a)|+1)|f(x) - f(a)| \\
&\quad + |f(a)||g(x) - g(a)| \\
&< \frac{\epsilon}{2} + \frac{\epsilon}{2} = \epsilon
\end{aligned}$$

이므로 fg는 $x=a$ 에서 연속이다.

5. $f(x) = \frac{\pi}{2} - x - \sin x$ 라 하면 f는 $\left[0, \frac{\pi}{2}\right]$에서 연속이다. 또한 $f(0) = \frac{\pi}{2} > 0$ 이고 $f\left(\frac{\pi}{2}\right) = -1 < 0$ 이므로 중간값정리에 의하여 $f(c) = 0$ 인 $c \in \left(0, \frac{\pi}{2}\right)$가 존재한다.

7. $g(x) = x^4 - 2x^3 - 13x^2 + 6x + 24$ 라 하면 g는 사차다항함수이므로 g는 $[-5, 5]$에서 연속이다.
$g(-5)g(-2) < 0$이므로 중간값정리에 의하여 $g(x) = 0$ 는 $[-5, -2]$에서 근을 갖는다.
$g(-2)g(0) < 0$이므로 중간값정리에 의하여 $g(x) = 0$ 는 $[-2, 0]$에서 근을 갖는다.
$g(0)g(3) < 0$이므로 중간값정리에 의하여 $g(x) = 0$는 $[0, 3]$에서 근을 갖는다.
$g(3)g(5) < 0$이므로 중간값정리에 의하여 $g(x) = 0$는 $[3, 5]$에서 근을 갖는다.

9. 유리수의 조밀성에 의하여 $b \in \mathbb{Q}^c$에 대하여 적당한 유리수 수열 $\{r_n\} \subset \mathbb{R}$이 존재하여 $\lim_{n\to\infty} r_n = b$이다. f가 $x=b$에서 연속이므로 $\lim_{n\to\infty} f(r_n) = f(b)$이고 모든 $n \in \mathbb{N}$에 대하여 $f(r_n) = 0$이므로 $f(b) = 0$ 이다. b는 임의의 무리수이므로 모든 $x \in \mathbb{R}$에 대하여 $f(x) = 0$ 이다.

4.3절 연습문제

1. (1) 임의의 $\epsilon > 0$에 대하여 f가 D에서 평등연속이므로 적당한 $\delta_1 > 0$이 존재하여 $|x-y| < \delta_1$인 모든 $x, y \in D$에 대하여

$$|f(x) - f(y)| < \frac{\epsilon}{2}$$

이 성립한다. 또한 g가 D에서 평등연속이므로 적당한 $\delta_2 > 0$가 존재하여 $|x-y| < \delta_2$인 모든 $x, y \in D$에 대하여

$$|g(x) - g(y)| < \frac{\epsilon}{2}$$

이 성립한다. 이제 $\delta = \min\{\delta_1, \delta_2\} > 0$ 라 하면 $|x-y| < \delta$ 인 모든 $x, y \in D$에 대하여

$$\begin{aligned}&|(f(x)+g(x))-(f(y)+g(y))|\\&\le |f(x)-f(y)|+|g(x)-g(y)|\\&< \frac{\epsilon}{2}+\frac{\epsilon}{2}=\epsilon\end{aligned}$$

이므로 $f+g$도 D에서 평등연속이다.

3. $f(D)$가 유계가 아니라고 하자. $n \in \mathbb{N}$에 대하여

$$f(x_n) > n$$

인 $x_n \in D$이 존재한다. 이때 $\{x_n : n \in \mathbb{N}\} \subset D$이고 D가 유계이므로 볼차노-바이어스트라스 정리에 의하여 수렴하는 부분수열 $\{x_{n_k}\}$가 존재한다. 따라서 $\{x_{n_k}\}$는 코시수열이고 f가 D에서 평등연속이므로 $\{f(x_{n_k})\}$도 코시수열이다. 그러므로 $\{f(x_{n_k})\}$는 수렴해야 하지만 $k \in \mathbb{N}$에 대하여

$$f(x_{n_k}) \ge k$$

이므로 $\lim_{k\to\infty} f(x_{n_k}) = \infty$가 되어 모순이다. 그러므로 $f(D)$는 유계이다.

5. f는 $[-1, 1]-\{0\}$에서 연속이다. 압착정리에 의하여

$$\lim_{x\to 0} f(x) = 0 = f(0)$$

이므로 f는 $x=0$에서도 연속이다. 따라서 f는 $[-1, 1]$에서 연속이다.
f가 유계인 폐구간 $[-1, 1]$에서 연속이므로 f는 $[-1, 1]$에서 평등연속이다.

7. (1) $\left\{1-\frac{1}{n}\right\} \subset (0, 1)$이고 $\lim_{n\to\infty}\left(1-\frac{1}{n}\right) = 1$ 이므로 $\left\{1-\frac{1}{n}\right\}$은 코시수열이다.
하지만 $\left\{g\left(1-\frac{1}{n}\right)\right\} = \{-n\}$은 수렴하지 않으므로 $\left\{g\left(1-\frac{1}{n}\right)\right\}$은 코시수열이 아니다.
따라서 g는 $(0, 1)$에서 평등연속이 아니다.

9. (1) 임의의 $\epsilon > 0$에 대하여 $\delta = \frac{\epsilon}{2} > 0$으로 선택한다. $|x-y| < \delta$인 임의의 $x, y \in \mathbb{R}$에 대하여

$$\begin{aligned}&|f(x)-f(y)|\\&= \left|\frac{1}{x^2+1}-\frac{1}{y^2+1}\right|\\&= \frac{|x+y|}{(x^2+1)(y^2+1)}|x-y|\\&\le \left(\frac{|x|}{(x^2+1)(y^2+1)}\right.\\&\quad \left.+\frac{|y|}{(x^2+1)(y^2+1)}\right)|x-y|\\&\le 2|x-y|\\&< \epsilon\end{aligned}$$

이므로 f는 $\mathbb{R}$에서 평등연속이다.

5.1절 연습문제

1. (1) $f'(x) = 4x^3 - 9x^2 + 2$
(3) $f'(x) = 2x(-x^3 - x + 1) + (x^2-1)(-3x^2-1)$

3. (1) f가 $x=1$에서 연속이려면

$$\lim_{x\to 1^+} f(x) = \lim_{x\to 1^-} f(x) = f(1)$$

이어야 한다. 따라서 $a+b=1$인 모든 실수 a와 b에 대하여 f는 $x=1$에서 연속이다.

5. (1)

$$\begin{aligned}f'(0) &= \lim_{h\to 0}\frac{f(h)-f(0)}{h}\\&= \lim_{h\to 0}\frac{\sqrt[3]{h}}{h} = \lim_{h\to 0}\frac{1}{\sqrt[3]{h^2}} = \infty\end{aligned}$$

이므로 f는 $x=0$에서 미분불가능하다.

7. (1) $f(x)=\begin{cases} x^2, & x \geq 0 \\ -x^2, & x < 0 \end{cases}$ 이므로

$a>0$이면

$$f'(a)=\lim_{h\to0}\frac{f(a+h)-f(a)}{h} = \lim_{h\to0}\frac{2ah+h^2}{h}=2a$$

이다.

$a<0$ 이면

$$f'(a)=\lim_{h\to0}\frac{f(a+h)-f(a)}{h} = \lim_{h\to0}\frac{-(2ah+h^2)}{h}=-2a$$

이다.

$a=0$일 때

$$f'(0)=\lim_{h\to0}\frac{f(h)-f(0)}{h} = \lim_{h\to0}h=0$$

이다.

따라서 $f'(x)=\begin{cases} 2x, & x \geq 0 \\ -2x, & x < 0 \end{cases}$ 이므로

모든 $x\in\mathbb{R}$ 에 대하여 $f'(x)=2|x|$이다.

9. (1) $\lim_{x\to a}\frac{f(x)-f(a)}{\sqrt{x}-\sqrt{a}}$

$=\lim_{x\to a}\frac{f(x)-f(a)}{x-a}(\sqrt{x}+\sqrt{a})$

$=f'(a)(2\sqrt{a})$

$=2b\sqrt{a}$

5.2절 연습문제

1. (1) f는 $(-\infty,0)\cup(2,\infty)$에서 증가하고 $(0,2)$에서 감소한다.

(3) h는 $(-\infty,-1)\cup(1,\infty)$에서 증가하고 $(-1,0)\cup(0,1)$에서 감소한다.

3. [해의 존재성]

$f(x)=x^3+3x+1$이라 하면 f는 3차 다항함수이므로 f는 $[-1,1]$에서 연속이다. $f(-1)=-3$, $f(1)=5$ 이므로 중간값정리에 의하여 $f(c)=0$인 $c\in(-1,1)$가 존재한다.

[해의 유일성]

$c_1, c_2\in(-1,1)$에 대하여 $f(c_1)=0$이고 $f(c_2)=0$라 하면 롤의 정리에 의하여 $f'(d)=0$인 d가 c_1과 c_2 사이에 존재하여야 한다. 하지만 $f'(x)=3x^2+3>0$이므로 모순이다.

5. $f(x)=\ln x$라 하면 f는 $[1, 1.1]$에서 연속이고 $(1, 1.1)$에서 미분가능하므로 평균값정리에 의하여

$$\frac{f(1.1)-f(1)}{1.1-1}=f'(c)=\frac{1}{c}$$

인 $c\in(1, 1.1)$가 존재한다. 따라서 $\frac{1}{1.1}<\frac{1}{c}<1$이므로 $\frac{1}{1.1}<\frac{\ln 1.1}{0.1}<1$이다.

그러므로 $\frac{1}{11}<\ln 1.1<\frac{1}{10}$이다.

7. f는 $[-1,1]$에서 연속이지만 $x=0$에서 미분가능하지 않으므로 롤의 정리의 조건을 만족하지 않는다. 따라서 롤의 정리를 적용할 수 없다.

9. $x\in\mathbb{R}$ 에 대하여 $g(x)=f(x)-\frac{1}{4}x^4$이면 모든 $x\in\mathbb{R}$ 에 대하여 $g'(x)=0$이다. 따라서 g는 $\mathbb{R}$ 에서 상수함수이므로 적당한 $c\in\mathbb{R}$가 존재하여 $g(x)=c$이다. 그러므로 모든 $x\in\mathbb{R}$ 에 대하여 $f(x)=\frac{1}{4}x^4+c$이다.

5.3절 연습문제

1. (1) 로피탈의 법칙에 의하여

$$\lim_{x\to0}\frac{1-\cos x}{x^2}=\lim_{x\to0}\frac{\sin x}{2x}$$
$$=\lim_{x\to0}\frac{\cos x}{2}$$
$$=\frac{1}{2}$$

이다.

(3) 로피탈의 법칙에 의하여

$$\lim_{x\to0}\frac{\sin^2\frac{x}{4}}{x^2}=\lim_{x\to0}\frac{2\sin\frac{x}{4}\cos\frac{x}{4}\cdot\frac{1}{4}}{2x}$$
$$=\frac{1}{16}$$

이다.

3. (1) 로피탈의 법칙에 의하여

$$\lim_{x\to0^+}x^2\ln x=\lim_{x\to0^+}\frac{\ln x}{\frac{1}{x^2}}=\lim_{x\to0^+}\frac{\frac{1}{x}}{-\frac{2}{x^3}}$$
$$=\lim_{x\to0^+}\left(-\frac{x^3}{2x}\right)=0$$

이다.

(3) $t=\dfrac{1}{x}$ 이라 하면

$$\lim_{x\to\infty}\sin\frac{1}{x}\ln x=\lim_{t\to0^+}\sin t\ln\frac{1}{t}$$
$$=-\lim_{t\to0^+}\sin t\ln t$$

이다. 로피탈의 법칙에 의하여

$$\lim_{t\to0^+}\sin t\ln t=\lim_{t\to0^+}\frac{\ln t}{\frac{1}{\sin t}}$$
$$=\lim_{t\to0^+}\frac{\frac{1}{t}}{-\frac{\cos t}{\sin^2 t}}$$
$$=\lim_{t\to0^+}\left(-\frac{\sin^2 t}{t\cos t}\right)=0$$

이므로 $\displaystyle\lim_{x\to\infty}\sin\frac{1}{x}\ln x=0$ 이다.

5. (1) $y=\left(\dfrac{x}{x-2}\right)^x$ 이라 하자. 그러면

$\ln y=x\ln\dfrac{x}{x-2}$ 이다. 따라서

$$\lim_{x\to\infty}\ln y=\lim_{x\to\infty}\frac{\ln\frac{x}{x-2}}{\frac{1}{x}}$$
$$=\lim_{x\to\infty}\frac{\frac{1}{x}-\frac{1}{x-2}}{-\frac{1}{x^2}}$$
$$=\lim_{x\to\infty}\frac{2x^2}{x(x-2)}=2$$

이다. 따라서 $\displaystyle\lim_{x\to\infty}\left(\frac{x}{x-2}\right)^x=e^2$ 이다.

(3) $y=(\cos x)^{\frac{1}{x^2}}$ 이라 하자. 그러면

$\ln y=\dfrac{\ln\cos x}{x^2}$ 이다. 따라서

$$\lim_{x\to0}\ln y=\lim_{x\to0}\frac{\ln\cos x}{x^2}$$
$$=\lim_{x\to0}\frac{-\sin x}{2x\cos x}=-\frac{1}{2}$$

이다. 따라서 $\displaystyle\lim_{x\to0}(\cos x)^{\frac{1}{x^2}}=e^{-\frac{1}{2}}$ 이다.

7. (1) 식을 변형한 후 로피탈의 법칙을 적용한다.

$$\lim_{x\to\frac{\pi}{2}^-}(\tan x-\sec x)=\lim_{x\to\frac{\pi}{2}^-}\left(\frac{\sin x-1}{\cos x}\right)$$
$$=\lim_{x\to\frac{\pi}{2}^-}\frac{\cos x}{-\sin x}=0$$

9. 로피탈의 법칙을 n번 적용한다.

$$\lim_{x\to\infty}\frac{e^x}{x^n}=\lim_{x\to\infty}\frac{e^x}{nx^{n-1}}$$

$$= \lim_{x\to\infty} \frac{e^x}{n(n-1)x^{n-2}}$$

$$= \cdots = \lim_{x\to\infty} \frac{e^x}{n!} = 0$$

5.4절 연습문제

1. (1) $f(x) = \begin{cases} x^3, & x \ge 0 \\ -x^3, & x < 0 \end{cases}$ 이므로

$$\lim_{h\to 0^+} \frac{f(h)-f(0)}{h} = 0 = \lim_{h\to 0^-} \frac{f(h)-f(0)}{h}$$

이므로 $f'(0) = 0$ 이다. 따라서

$f'(x) = \begin{cases} 3x^2, & x \ge 0 \\ -3x^2, & x < 0 \end{cases}$ 이므로

$$\lim_{h\to 0^+} \frac{f'(h)-f'(0)}{h} = 0 = \lim_{h\to 0^-} \frac{f'(h)-f'(0)}{h}$$

이므로 $f''(0) = 0$ 이다.

3. $f'(x) = \dfrac{a}{ax} = \dfrac{1}{x} = x^{-1}$ 이다.

$f''(x) = -x^{-2}$, $f^{(3)}(x) = (-1)(-2)x^{-3}$,
$f^{(4)}(x) = (-1)(-2)(-3)x^{-4}$

이므로

$$f^{(n)}(x) = (-1)(-2)\cdots(-(n-1))x^{-n} = (-1)^{n-1}(n-1)!x^{-n}$$

이다.

5. (1) 미분가능하면 연속이므로 f'은 구간 I에서 연속이다.

7. (1) 수학적 귀납법을 이용하여 증명한다.
$n=1$ 일 때 $f'(x) = \dfrac{2}{x^3}e^{-1/x^2}$ 이므로
$P_1(x) = 2x^3$ 이면 $f'(x) = P_1\left(\dfrac{1}{x}\right)e^{-1/x^2}$

이다.
$n=k$ 일 때 $f^{(k)}(x) = P_k\left(\dfrac{1}{x}\right)e^{-1/x^2}$ 이라 가정하자.
$n=k+1$ 일 때

$$f^{(k+1)}(x) = P_k'\left(\frac{1}{x}\right)\left(-\frac{1}{x^2}\right)e^{-1/x^2} + P_k\left(\frac{1}{x}\right)\left(\frac{2}{x^3}\right)e^{-1/x^2}$$

이므로

$$P_{k+1}\left(\frac{1}{x}\right) = P_k'\left(\frac{1}{x}\right)\left(-\frac{1}{x^2}\right) + P_k\left(\frac{1}{x}\right)\left(\frac{2}{x^3}\right)$$

이라 하면 $P_{k+1}(x)$는 다항함수이고

$$f^{(k+1)}(x) = P_{k+1}\left(\frac{1}{x}\right)e^{-1/x^2}$$

이다.

(3) 수학적 귀납법을 이용하여 증명한다.
$n=1$ 일 때 (2)에 의하여

$$f'(0) = \lim_{x\to 0} \frac{f(x)-f(0)}{x-0} = \lim_{x\to 0} \frac{f(x)}{x} = \lim_{x\to 0} \frac{1}{x}e^{-1/x^2} = 0$$

이다.
$n=k$ 일 때 $f^{(k)}(0) = 0$ 이라 가정하자.
$n=k+1$ 일 때 (1)과 (2)에 의하여

$$f^{(k+1)}(0) = \lim_{x\to 0} \frac{f^{(k)}(x)-f^{(k)}(0)}{x-0} = \lim_{x\to 0} \frac{1}{x}P_k\left(\frac{1}{x}\right)e^{-1/x^2} = 0$$

이다.

9. $p>0$일 때 $\lim_{n\to\infty} \dfrac{p^n}{(n+1)!} = 0$ 이다.
테일러 정리에 의하여
$R_n(x) = \dfrac{e^c}{(n+1)!}(x-x_0)^{n+1}$ 이고 이때 c는 x와 x_0 사이의 값이다.
따라서

$$\lim_{n\to\infty} R_n(x) = \lim_{n\to\infty} \frac{e^c}{(n+1)!}(x-x_0)^{n+1} = 0$$

이다.

6.1절 연습문제

1. $U(\mathcal{P}, f) = \frac{1}{2} \cdot 3 + \frac{1}{2} \cdot \frac{9}{4} + 1 \cdot 3$

$+ \frac{1}{2} \cdot \frac{17}{4} + \frac{1}{2} \cdot 6$

$= \frac{43}{4}$

$L(\mathcal{P}, f) = \frac{1}{2} \cdot \frac{9}{4} + \frac{1}{2} \cdot 0 + 1 \cdot 0$

$+ \frac{1}{2} \cdot 3 + \frac{1}{2} \cdot \frac{17}{4}$

$= \frac{19}{4}$

3. $[a, b]$의 임의의 분할 $\mathcal{P}$에 대하여 $U(\mathcal{P}, f) = 3$이고 $L(\mathcal{P}, f) = 3$이다. 따라서

$$\overline{\int_a^b} f = 3 = \underline{\int_a^b} f$$

이므로 f는 $[a, b]$에서 리만적분 가능하다.

5. f가 $[0, 3]$에서 유계이므로

$\underline{\int_0^3} f \le \overline{\int_0^3} f$ 이다.

이제, $\overline{\int_0^3} f \le \underline{\int_0^3} f$ 임을 보임으로써 $\overline{\int_0^3} f = \underline{\int_0^3} f$ 임을 증명하기로 한다.

임의의 $\epsilon > 0$에 대하여 $\mathcal{P} = \{x_0, x_1, \cdots, x_n\}$가 $i = 1, 2, \cdots, n$에 대하여 $\Delta x_i < \epsilon$인 $[0, 3]$의 분할이라 하면 적당한 $j \in \{1, 2, \cdots, n\}$에 대하여

$$U(\mathcal{P}, f) - L(\mathcal{P}, f) = \Delta x_j$$

이므로

$$U(\mathcal{P}, f) - L(\mathcal{P}, f) < \epsilon \qquad (1)$$

이 성립한다. 따라서

$$\begin{aligned}\overline{\int_0^3} f &= \inf\{U(Q, f) : Q\text{는 } [0, 3]\text{의 분할}\} \\ &\le U(\mathcal{P}, f) \\ &< L(\mathcal{P}, f) + \epsilon \\ &\le \sup\{L(Q, f) : Q\text{는 } [0, 3]\text{의 분할}\} + \epsilon \\ &= \underline{\int_0^3} f + \epsilon\end{aligned}$$

이고 $\epsilon > 0$은 임의의 양수이므로

$$\overline{\int_0^3} f \le \underline{\int_0^3} f$$

이다. 상적분과 하적분의 정의로부터

$$\overline{\int_0^3} f = \underline{\int_0^3} f$$

이다.

7. $[0, 1]$의 임의의 분할 $\mathcal{P}$에 대하여 $L(\mathcal{P}, f) = 0$이므로 $\underline{\int_0^1} f = 0$이다. 또한 $\overline{\int_0^1} f = \frac{1}{2}$ 이므로 f는 $[0, 1]$에서 리만적분 불가능하다.

9. (1) $[a, b] = [0, 1]$이라 하자.

$f(x) = \begin{cases} 1, & x \in \mathbb{Q} \\ -1, & x \in \mathbb{Q}^c \end{cases}$이라 하면 $|f|$는 $[0, 1]$에서 리만적분 가능하지만 f는 $[0, 1]$에서 리만적분 불가능하다.

6.2절 연습문제

1. $c = 0$ 이면 $\int_a^b cf = c\int_a^b f$는 당연히 성립한다.

$c > 0$이고 $\mathcal{P}$를 $[a, b]$의 분할이라 하자. 그러면

$$U(\mathcal{P}, cf) = c\,U(\mathcal{P}, f),$$
$$L(\mathcal{P}, cf) = cL(\mathcal{P}, f)$$

이다. 따라서

$$\begin{aligned}
&c\overline{\int_a^b} f \\
&= c \cdot \inf U(\mathcal{P}, f) : \mathcal{P}\text{는 } [a, b]\text{의 분할}\} \\
&= \inf \{cU(\mathcal{P}, f) : \mathcal{P}\text{는 } [a, b]\text{의 분할}\} \\
&= \inf \{U(\mathcal{P}, cf) : \mathcal{P}\text{는 } [a, b]\text{의 분할}\} \\
&= \overline{\int_a^b} cf
\end{aligned}$$

이다. 같은 방법으로 $c\underline{\int_a^b} f = \underline{\int_a^b} cf$이다.
$f \in \Re[a, b]$ 이므로

$$c\overline{\int_a^b} f = c\underline{\int_a^b} f$$

이고

$$\overline{\int_a^b} cf = \underline{\int_a^b} cf$$

이다. 따라서 $cf \in \Re[a, b]$이고 $\int_a^b cf = c\int_a^b f$
이다.
$c<0$인 경우도 같은 방법으로 증명한다.

3. (1) $g(x) = |x|$라 하면 g는 $\mathbb{R}$에서 연속이므로 정리 2.13에 의하여

$$g \circ f = |f| \in \Re[a, b]$$

이다.
(3) (2)에 의하여

$$\begin{aligned}
&\left|\int_{-1}^1 x^2 \cos(e^x)\frac{1}{1+x^2}\,dx\right| \\
&\leq \int_{-1}^1 \left|x^2 \cos(e^x)\frac{1}{1+x^2}\right| dx \\
&\leq \int_{-1}^1 x^2\,dx = \frac{2}{3}
\end{aligned}$$

이다.

5. (1) 정리 2.13을 이용하여 $f^2 \in \Re[a, b]$임을 증명한 후

$$ab = \frac{1}{4}((a+b)^2 - (a-b)^2)$$

을 이용한다.
$h(x) = x^2$이라 하면 h는 $\mathbb{R}$에서 연속이므로 정리 2.13에 의하여

$$f^2 = h \circ f \in \Re[a, b] \qquad (1)$$

이다. $f, g \in \Re[a, b]$이므로 정리 2.8에 의하여 $f+g \in \Re[a, b]$이고 $f-g \in \Re[a, b]$이다. 그러므로 (1)과 정리 2.8에 의하여

$$fg = \frac{1}{4}((f+g)^2 - (f-g)^2) \in \Re[a, b]$$

이다.

7.
$$f(x) = \begin{cases} 1, & x \in \mathbb{Q} \\ -1, & x \in \mathbb{Q}^c \end{cases},$$
$$g(x) = \begin{cases} -1, & x \in \mathbb{Q} \\ 1, & x \in \mathbb{Q}^c \end{cases}$$

이라 하면 $[0, 1]$에서 $p \equiv 1$이고 $q \equiv -1$이므로 $p, q \in \Re[0, 1]$이다. 하지만 $f \not\in \Re[0, 1]$이고 $g \not\in \Re[0, 1]$이다.

9. f가 $x = x_0$에서 연속이므로 적당한 $\delta > 0$가 존재하여 모든 $x \in (x_0 - \delta, x_0 + \delta) \subset [a, b]$에 대하여 $\frac{1}{2}f(x_0) < f(x)$이다. 따라서

$$\int_a^b f \geq \int_{x_0-\delta}^{x_0+\delta} f \leq \int_{x_0-\delta}^{x_0+\delta} \frac{1}{2}f(x_0) = f(x_0)\delta > 0$$

이다.

6.3절 연습문제

1. (1) $\frac{10}{121}e^{11} + \frac{1}{121}$ (3) $2\ln 2 - 1$

3. (1) $\sin 1$

5. (1) $F'(x) = e^{\sin x^3} \cdot 3x^2$ 이므로
$F'(2) = e^{\sin 8} \cdot 12$이다.

7. 적당한 $c \in [0, 1]$에서 $f(c) > 0$이라 가정하자. $\epsilon = \dfrac{f(c)}{2} > 0$에 대하여 f가 $x = c$에서 연속이므로 적당한 $\delta > 0$가 존재하여 $|x - c| < \delta$인 모든 $x \in [0, 1]$에 대하여

$$f(x) > \frac{f(c)}{2}$$

이다. 따라서

$$\begin{aligned} \int_0^1 f &= \int_0^{c-\delta} f + \int_{c-\delta}^{c+\delta} f + \int_{c+\delta}^1 f \\ &\geq \int_{c-\delta}^{c+\delta} f \\ &\geq \frac{f(c)}{2} \cdot 2\delta > 0 \end{aligned}$$

이므로 모순이다.

9. m과 M을 각각 $[a, b]$에서 f의 최댓값과 최솟값이라 하자. 임의의 $x \in [a, b]$에 대하여 $g(x) \geq 0$이므로 $mg(x) \leq f(x)g(x) \leq Mg(x)$이다.
만일 $\int_a^b g > 0$이면 $m < \dfrac{\int_a^b fg}{\int_a^b g} < M$이므로 적분의 평균값정리로부터

$$f(c) = \frac{\int_a^b fg}{\int_a^b g}$$

인 $c \in [a, b]$가 존재한다.
만일 $\int_a^b g = 0$이면 $\left|\int_a^b fg\right| \leq \left|M\int_a^b g\right| = 0$이므로 $\int_a^b fg = 0$이다. 따라서 임의의 $c \in [a, b]$에 대하여

$$\int_a^b f(x)g(x)\,dx = f(c)\int_a^b g(x)\,dx$$이다.

6.4절 연습문제

1. (1) $\dfrac{3}{2}$ (3) $-\infty$

3. (1) ∞

5. $rt = s$라 하면 $rdt = ds$이다. 따라서

$$\begin{aligned} \int_0^\infty t^{a-1} e^{-rt}\,dt &= \int_0^\infty \left(\frac{s}{r}\right)^{a-1} e^{-s} \frac{1}{r}\,ds \\ &= \frac{1}{r^a}\int_0^\infty s^{a-1}e^{-s}\,dx \\ &= r^{-a}\,\Gamma(a) \end{aligned}$$

이다.

7. $p \geq 0$이면

$$\begin{aligned} \int_0^\infty \frac{x^p}{1+x}\,dx &\geq \int_1^\infty \frac{x^p}{1+x}\,dx \\ &\geq \int_1^\infty \frac{x^p}{2x}\,dx \\ &= \frac{1}{2}\int_1^\infty x^{p-1}\,dx = \infty \end{aligned}$$

이므로 발산한다.
$p < 0$이면 $p = -q$라 하자. 이때 $q > 0$이다.

$$\begin{aligned} \int_0^\infty \frac{x^p}{1+x}\,dx &= \int_0^\infty \frac{1}{x^q(1+x)}\,dx \\ &= \int_0^\infty \frac{1}{x^q + x^{1+q}}\,dx \\ &\leq \int_0^\infty \frac{1}{x^{1+q}}\,dx < \infty \end{aligned}$$

이므로 수렴한다.

9. $f(x) = \dfrac{1}{\sqrt{x}}$이면

$$\int_0^1 f = \int_0^1 \frac{1}{\sqrt{x}}\, dx = \lim_{c\to 0^+}\int_c^1 \frac{1}{\sqrt{x}}\, dx = \lim_{c\to 0^+}(2-2\sqrt{c}) = 2$$

이므로 $(0, 1]$에서 f의 특이적분은 수렴한다. 하지만

$$\int_0^1 f^2 = \int_0^1 \frac{1}{x}\, dx = \lim_{c\to 0^+}\int_c^1 \frac{1}{x}\, dx = \lim_{c\to 0^+}(\ln 1 - \ln c) = \infty$$

이므로 $(0, 1]$에서 f^2의 특이적분은 발산한다.

6.5절 연습문제

1. 함수 α가 $x=\frac{2}{3}$에서 불연속이지만 f가 $x=\frac{2}{3}$에서 연속이므로 예제 5.6과 같은 방법으로 $\int_0^1 f\, d\alpha = 1$임을 증명한다.

3. $\mathcal{P}=\{x_0, x_1, x_2, \cdots, x_n\}$가 $[a, b]$의 분할일 때 $k=1, 2, 3, \cdots, n$에 대하여

$$m_k = \inf\{f(x) : x\in[x_{k-1}, x_k]\},$$
$$M_k = \sup\{f(x) : x\in[x_{k-1}, x_k]\}$$

라 하자. 그러면

$$L(\mathcal{P}, f, \alpha) = \sum_{k=1}^{n} m_k \Delta\alpha_k \le \sum_{k=1}^{n} M_k \Delta\alpha_k = U(\mathcal{P}, f, \alpha)$$

이다.

5. $[0,1]$의 분할 $\mathcal{P}$에 대하여

$$L(\mathcal{P}, -f, \alpha) = -U(\mathcal{P}, f, \alpha)$$

이다. 따라서

$$\underline{\int_0^1} (-f)\, d\alpha$$
$$= \inf\{L(\mathcal{P}, -f, \alpha) : \mathcal{P}\text{는 } [0, 1]\text{의 분할}\}$$
$$= \inf\{-U(\mathcal{P}, f, \alpha) : \mathcal{P}\text{는 } [0, 1]\text{의 분할}\}$$
$$= -\sup\{-U(\mathcal{P}, f, \alpha) : \mathcal{P}\text{는 } [0, 1]\text{의 분할}\}$$
$$= -\overline{\int_0^1} f\, d\alpha$$

이다.

7. $\mathcal{P}^*$가 $\mathcal{P}$의 세분이면 리만-스틸체스 상합과 하합의 정의로부터

$$L(\mathcal{P}, f, \alpha) \le L(\mathcal{P}^*, f, \alpha) \le U(\mathcal{P}^*, f, \alpha) \le U(\mathcal{P}, f, \alpha)$$

이다. 따라서 $\mathcal{P}$와 $\mathcal{K}$가 $[a, b]$의 분할일 때

$$L(\mathcal{P}, f, \alpha) \le L(\mathcal{P}\cup\mathcal{K}, f, \alpha) \le U(\mathcal{P}\cup\mathcal{K}, f, \alpha) \le U(\mathcal{K}, f, \alpha)$$

이므로

$$L(\mathcal{P}, f, \alpha) \le U(\mathcal{K}, f, \alpha)$$

이다. 따라서

$$\underline{\int_a^b} f\, d\alpha$$
$$= \sup\{L(\mathcal{P}, f, \alpha) : \mathcal{P}\text{는 } [a, b]\text{의 분할}\}$$
$$\le U(\mathcal{K}, f, \alpha)$$

이고 같은 방법으로

$$\underline{\int_a^b} f\, d\alpha$$
$$\le \inf\{U(\mathcal{K}, f, \alpha) : \mathcal{K}\text{는 } [a, b]\text{의 분할}\}$$
$$= \overline{\int_a^b} f\, d\alpha$$

이다.

9. α가 상수함수이면 당연히 성립한다.
이제 α가 상수함수가 아니라고 가정하자.
임의의 $\epsilon > 0$에 대하여 실수의 조밀성에 의하여

$$0 < \beta < \frac{\epsilon}{\alpha(b) - \alpha(a)}$$

인 $\beta \in \mathbb{R}$가 존재한다. f가 $[a, b]$에서 연속이므로 f는 $[a, b]$에서 평등연속이다. 따라서 $\beta > 0$에 대하여 적당한 $\delta > 0$가 존재하여 $|x-y| < \delta$인 모든 $x, y \in [a, b]$에 대하여

$$|f(x) - f(y)| < \beta \qquad (1)$$

이다. 이제 모든 $i = 1, 2, \cdots, n$에 대하여

$$\Delta\alpha_i = \alpha(x_i) - \alpha(x_{i-1}) < \delta$$

인 $[a, b]$의 분할 $\mathcal{P} = \{x_0, x_1, x_2, \cdots, x_n\}$를 선택하면 (1)로부터 $i = 1, 2, \cdots, n$에 대하여

$$M_i - m_i \le \beta$$

이다. 따라서

$$\begin{aligned} &U(\mathcal{P}, f, \alpha) - L(\mathcal{P}, f, \alpha) \\ &= \sum_{i=1}^{n} (M_i - m_i)\Delta\alpha_i \\ &\le \beta \sum_{i=1}^{n} \Delta\alpha_i \\ &< \epsilon \end{aligned}$$

이므로 리만-스틸체스 적분판별법에 의하여 $f \in \mathfrak{R}_\alpha[a, b]$이다.

7.1절 연습문제

1. (1) $S_n = \frac{2}{3}\left(-\frac{1}{2} - \left(-\frac{1}{2}\right)^{n+1}\right)$,

$\lim_{n\to\infty} S_n = -\frac{1}{3}$ 이므로 $\sum_{n=1}^{\infty}\left(-\frac{1}{2}\right)^n$은 수렴한다.

(3) $S_n = \frac{2}{5}\left(-\frac{3}{2} - \left(-\frac{3}{2}\right)^{n+1}\right)$,

$\lim_{n\to\infty} S_n$은 존재하지 않으므로 $\sum_{n=1}^{\infty}\left(-\frac{3}{2}\right)^n$은 발산한다.

(5) $S_n = \dfrac{\frac{e}{\pi} - \left(\frac{e}{\pi}\right)^{n+1}}{1 - \frac{e}{\pi}}$,

$\lim_{n\to\infty} S_n = \dfrac{\frac{e}{\pi}}{1 - \frac{e}{\pi}}$ 이므로 $\sum_{n=1}^{\infty}\left(\frac{e}{\pi}\right)^n$은 수렴한다.

3. $$\frac{1}{4n^2-1} = \frac{1}{(2n-1)(2n+1)} = \frac{1}{2}\left(\frac{1}{2n-1} - \frac{1}{2n+1}\right)$$

이므로

$$\begin{aligned} &\sum_{n=1}^{\infty}\frac{1}{4n^2-1} \\ &= \frac{1}{2}\sum_{n=1}^{\infty}\left(\frac{1}{2n-1} - \frac{1}{2n+1}\right) \\ &= \frac{1}{2}\lim_{k\to\infty}\sum_{n=1}^{k}\left(\frac{1}{2n-1} - \frac{1}{2n+1}\right) \\ &= \frac{1}{2}\lim_{k\to\infty}\left(1 - \frac{1}{2k+1}\right) \\ &= \frac{1}{2} \end{aligned}$$

이다.

5. $\frac{1}{k}\left(1 + \frac{1}{2} + \frac{1}{3} + \cdots + \frac{1}{k}\right)$

7. $$\sum_{n=1}^{\infty}\frac{1}{n(n+1)} = \lim_{k\to\infty}\sum_{n=1}^{k}\frac{1}{n(n+1)} = \lim_{k\to\infty}\left(1 - \frac{1}{k+1}\right) = 1$$

이고

$$\sum_{n=1}^{\infty} \frac{1}{(n+1)(n+2)}$$
$$= \lim_{k\to\infty} \sum_{n=1}^{k} \frac{1}{(n+1)(n+2)}$$
$$= \lim_{k\to\infty} \left(\frac{1}{2} - \frac{1}{k+2} \right) = \frac{1}{2}$$

이다. 따라서

$$\frac{1}{1\cdot2\cdot3} + \frac{1}{2\cdot3\cdot4} + \frac{1}{3\cdot4\cdot5} + \cdots$$
$$= \sum_{n=1}^{\infty} \frac{1}{n(n+1)(n+2)}$$
$$= \frac{1}{2} \sum_{n=1}^{\infty} \left(\frac{1}{n(n+1)} - \frac{1}{(n+1)(n+2)} \right)$$
$$= \frac{1}{2} \left(1 - \frac{1}{2} \right) = \frac{1}{4}$$

이다.

9. 단축급수의 성질을 이용한다.

$$S_k = \sum_{n=3}^{k} \frac{n-1}{n!}$$
$$= \sum_{n=3}^{k} \left(\frac{1}{(n-1)!} - \frac{1}{n!} \right)$$
$$= \frac{1}{2!} - \frac{1}{k!}$$

이므로

$$\sum_{n=3}^{\infty} \frac{n-1}{n!} = \lim_{k\to\infty} S_k = \frac{1}{2!} = \frac{1}{2}$$

이다.

7.2절 연습문제

1. (1) 비교판정법에 의하여 $\sum_{n=1}^{\infty} \frac{1}{n^4+3n}$은 수렴한다.

(3) 극한비교판정법에 의하여 $\sum_{n=1}^{\infty} \frac{2n+6}{n^3-3n}$은 수렴한다.

(5) 비판정법에 의하여 $\sum_{n=1}^{\infty} \frac{n^3}{n!}$은 수렴한다.

(7) 적분판정법에 의하여 $\sum_{n=2}^{\infty} \frac{1}{n \ln n}$은 발산한다.

(9) 비판정법에 의하여 $\sum_{n=1}^{\infty} 4^n \frac{n!}{(2n)!}$은 발산한다.

3. (i) $p=1$ 일 때

$$\int_1^{\infty} \frac{1}{x} dx = \lim_{n\to\infty} \int_1^{n} \frac{1}{x} dx$$
$$= \lim_{n\to\infty} (\ln n) = \infty$$

이므로 $p=1$ 일 때 $\sum_{n=1}^{\infty} \frac{1}{n^p}$ 은 발산한다.

(ii) $p \neq 1$일 때

$$\int_1^{\infty} \frac{1}{x^p} dx = \lim_{n\to\infty} \int_1^{n} \frac{1}{x^p} dx$$
$$= \lim_{n\to\infty} \frac{1}{-p+1} (n^{-p+1} - 1)$$

이다.

만일 $p>1$이면 $\lim_{n\to\infty} n^{-p+1} = 0$이므로 $\int_1^{\infty} \frac{1}{x^p} dx$는 수렴한다.

따라서 $p>1$이면 $\sum_{n=1}^{\infty} \frac{1}{n^p}$ 은 수렴한다.

만일 $p<1$이면 $\lim_{n\to\infty} n^{-p+1} = \infty$이므로 $\int_1^{\infty} \frac{1}{x^p} dx$는 발산한다.

따라서 $p<1$이면 $\sum_{n=1}^{\infty} \frac{1}{n^p}$은 발산한다.

그러므로 $\sum_{n=1}^{\infty} \frac{1}{n^p}$은 $p \leq 1$일 때 발산하고 $p>1$일 때 수렴한다.

5. (1) 양항급수 $\sum_{n=1}^{\infty} a_n$이 수렴하므로 $\lim_{n\to\infty} a_n = 0$이다. $\{a_n\}$은 수렴하는 수열이므로 유계이다. 따라서 적당한 $M>0$이

존재하여 모든 $n \in \mathbb{N}$에 대하여 $|a_n| \le M$이 성립한다.
따라서

$$\sum_{n=1}^{\infty} a_n^2 \le \sum_{n=1}^{\infty} M a_n$$

이고 부등식의 우변이 수렴하므로 비교판정법에 의하여 $\sum_{n=1}^{\infty} a_n^2$도 수렴한다.

7. $n \in \mathbb{N}$에 대하여

$$x_n = \sqrt{a_n}\ ,\ y_n = \frac{1}{n}$$

이라 하면 가정에 의하여 $\sum_{n=1}^{\infty} x_n^2$은 수렴하고 p급수판정법에 의하여 $\sum_{n=1}^{\infty} y_n^2$도 수렴한다.
또한

$$\sum_{n=1}^{\infty} x_n y_n \le \sum_{n=1}^{\infty} x_n^2 + \sum_{n=1}^{\infty} y_n^2$$

이므로 비교판정법에 의하여 $\sum_{n=1}^{\infty} x_n y_n$은 수렴한다. 따라서 $\sum_{n=1}^{\infty} \frac{\sqrt{a_n}}{n}$은 수렴한다.

9. $$\lim_{n\to\infty} \frac{\frac{a^{n+1}}{\sqrt{(n+1)!}}}{\frac{a^n}{\sqrt{n!}}} = \lim_{n\to\infty} \frac{a}{\sqrt{n+1}} = 0 < 1$$

이므로 비판정법에 의하여 $\sum_{n=1}^{\infty} \frac{a^n}{\sqrt{n!}}$은 수렴한다.

7.3절 연습문제

1. (1) $\sum_{n=1}^{\infty} \frac{(-1)^n n}{n+3}$은 발산한다.

(3) $\sum_{n=1}^{\infty} \frac{(-1)^n (n!)^2}{(2n)!}$은 절대수렴한다.

(5) $\sum_{n=1}^{\infty} \frac{(-1)^n (n^3+1)}{3n^{9/2}+7n^2}$은 절대수렴한다.

3. (1) $n \in \mathbb{N}$에 대하여

$$a_n = (-1)^n \frac{1}{n}\ ,\ b_n = (-1)^{n+1} \frac{1}{n}$$

이라 하면 교대급수판정법에 의하여 $\sum_{n=1}^{\infty} a_n$과 $\sum_{n=1}^{\infty} b_n$은 모두 수렴한다.

$c_n = \frac{1}{n},\ d_n = -\frac{1}{n}$이므로

$c_n = \max\{a_n,\ b_n\} = \frac{1}{n}$이고

$\sum_{n=1}^{\infty} c_n = \sum_{n=1}^{\infty} \frac{1}{n}$은 p급수판정법에 의하여 발산한다.

5. 임의의 $n \in \mathbb{N}$에 대하여

$$|a_n b_n| \le |a_n|^2 + |b_n|^2 = a_n^2 + b_n^2$$

이고 가정에 의하여 $\sum_{n=1}^{\infty} a_n^2 < \infty$이며 $\sum_{n=1}^{\infty} b_n^2 < \infty$이므로 비교판정법에 의하여 $\sum_{n=1}^{\infty} a_n b_n$은 절대수렴한다.

7. α가 양의 유리수이고 $|x| < 1$일 때 $\lim_{n\to\infty} n^{\alpha+2} x^n = 0$이다. 따라서 $\{n^{\alpha+2} x^n\}$은 유계인 수열이므로 모든 $n \in \mathbb{N}$에 대하여

$$|n^{\alpha+2} x^n| \le M$$

인 $M > 0$이 존재한다. 따라서

$$|n^{\alpha} x^n| \le \frac{M}{n^2}$$

이고 비교판정법에 의하여 모든 $x \in (-1, 1)$에 대하여 $\sum_{n=1}^{\infty} n^{\alpha} x^n$은 절대수렴한다.

9. (1) $\{b_n\} = \{1, 1, -1, 1, 1, -1, \cdots\}$이므로

수열 $\{B_n\}=\left\{\sum_{k=1}^{n} b_k\right\}$는 유계가 아니다. 따라서 디리클레판정법을 적용할 수 없다.

8.1절 연습문제

1. (1) $\lim_{n\to\infty}\lim_{m\to\infty} f(m,n)$는 우선 n을 고정하고 $\lim_{m\to\infty}$를 계산한 후 그 결과에 $\lim_{n\to\infty}$를 계산한다. 반면에 $\lim_{m\to\infty}\lim_{n\to\infty} f(m,n)$는 우선 m을 고정하고 $\lim_{n\to\infty}$를 계산한 후 그 결과에 $\lim_{m\to\infty}$를 계산한다.

(3) $\lim_{m\to\infty}\lim_{n\to\infty}\left(\dfrac{n^2-m^2}{n^2+m^2}\right)=\lim_{m\to\infty} 1=1$

3. (1) $x_0\in\mathbb{R}$일 때 $x_0<n_0$인 $n_0\in\mathbb{N}$가 존재하고 $n_0<n$인 모든 자연수 n에 대하여 $f_n(x_0)=1$이므로 $\lim_{n\to\infty} f_n(x_0)=1$이다. 따라서 점별극한함수는 상수함수 $f\equiv 1$이다.

5. (1) 모든 $n\in\mathbb{N}$에 대하여 $x=0$일 때 $f_n(0)=0$이고 $x=1$일 때 $f_n(1)=1$이다.

$x\in(0,1)$이면 $\dfrac{1}{N}<x$인 $N\in\mathbb{N}$이 존재한다. 따라서 $n\geq N$인 모든 자연수 n에 대하여 $x\in\left[\dfrac{1}{n},1\right]$이므로 $\lim_{n\to\infty} f_n(x)=1$이다. 따라서 함수열 $\{f_n\}$의 점별극한함수는

$$f(x)=\begin{cases}0, & x=0\\ 1, & x\in(0,1]\end{cases}$$

이다.

7. $n\in\mathbb{N}$에 대하여 $f_n'(x)=\dfrac{1-nx^2}{(1+nx^2)^2}$이므로 $x=\pm\sqrt{\dfrac{1}{n}}$에서 $f_n'(x)=0$이다.

따라서 f_n은 $x=\sqrt{\dfrac{1}{n}}$에서 최댓값을 갖고 $x=-\sqrt{\dfrac{1}{n}}$에서 최솟값을 갖는다.

$n\in\mathbb{N}$에 대하여

$$M_n=\sup_{x\in\mathbb{R}}|f_n(x)-f(x)|=\frac{1}{2\sqrt{n}}$$

이므로 $\lim_{n\to\infty} M_n=0$이다. 그러므로 함수열 $\{f_n\}$은 $\mathbb{R}$에서 $f\equiv 0$으로 평등수렴한다.

9. $x\in\left[-\dfrac{1}{2},\dfrac{1}{2}\right]$에 대하여 $h(x)=\dfrac{1}{1-x}$이라 하자. $n\in\mathbb{N}$에 대하여

$$M_n=\sup_{x\in\left[-\frac{1}{2},\frac{1}{2}\right]}|h_n(x)-h(x)|$$

$$=\sup_{x\in\left[-\frac{1}{2},\frac{1}{2}\right]}\left|\frac{x^n}{1-x}\right|=\left(\frac{1}{2}\right)^{n-1}$$

이므로 $\lim_{n\to\infty} M_n=0$이다. 따라서 함수열 $\{h_n\}$은 $\left[-\dfrac{1}{2},\dfrac{1}{2}\right]$에서 h로 평등수렴한다.

8.2절 연습문제

1. (1) 임의의 $\epsilon>0$에 대하여 함수열 $\{f_n\}$이 f로 평등수렴하므로 적당한 $N_1\in\mathbb{N}$이 존재하여 $n\geq N_1$인 모든 자연수 n과 모든 $x\in D$에 대하여

$$|f_n(x)-f(x)|<\frac{\epsilon}{2}$$

이 성립한다. 또한 함수열 $\{g_n\}$이 g로 평등수렴하므로 적당한 $N_2\in\mathbb{N}$가 존재하여 $n\geq N_2$인 모든 자연수 n과 모든 $x\in D$에 대하여

$$|g_n(x)-g(x)|<\frac{\epsilon}{2}$$

이 성립한다.

이제 $N=\max\{N_1, N_2\}$라 하면 $n \geq N$인 모든 자연수 n과 모든 $x \in D$에 대하여

$$\begin{aligned}&|(f_n(x)+g_n(x))-(f(x)+g(x))|\\&\leq |f_n(x)-f(x)|+|g_n(x)-g(x)|\\&< \frac{\epsilon}{2}+\frac{\epsilon}{2}=\epsilon\end{aligned}$$

이므로 함수열 $\{f_n+g_n\}$도 D에서 $f+g$로 평등수렴한다.

3. $n \in \mathbb{N}$에 대하여

$$f_n(x)=x+\frac{1}{n}, \quad g_n(x)=x+\frac{1}{n}$$

이라 하자. 함수열 $\{f_n\}$과 함수열 $\{g_n\}$은 모두 $\mathbb{R}$에서 $h(x)=x$로 평등수렴하지만 함수열 $\{f_n g_n\}$은 $\mathbb{R}$에서 평등수렴하지 않는다.

5. 임의의 $\epsilon>0$에 대하여 함수열 $\{f_n\}$이 D에서 f로 평등수렴하므로 적당한 $N \in \mathbb{N}$이 존재하여 $n \geq N$인 모든 자연수 n과 임의의 $x \in D$에 대하여

$$|f_n(x)-f(x)|<\frac{\epsilon}{3}$$

이 성립한다. 또한 f_N이 D에서 평등연속이므로 적당한 $\delta>0$가 존재하여 $|x-y|<\delta$인 임의의 $x, y \in D$에 대하여

$$|f_N(x)-f_N(y)|<\frac{\epsilon}{3}$$

이 성립한다. 따라서 $|x-y|<\delta$인 임의의 $x,\ y \in D$에 대하여

$$\begin{aligned}&|f(x)-f(y)|\\&\leq |f(x)-f_N(x)|+|f_N(x)-f_N(y)|\\&\quad+|f_N(y)-f(y)|\\&< \frac{\epsilon}{3}+\frac{\epsilon}{3}+\frac{\epsilon}{3}=\epsilon\end{aligned}$$

이므로 f는 D에서 평등연속이다.

7. $n \in \mathbb{N}$에 대하여

$$f_n(x)=\begin{cases}\dfrac{1}{n}, & x \in [0, 1] \cap \mathbb{Q}\\ 0, & x \in [0, 1] \cap \mathbb{Q}^c\end{cases}$$

이면 f_n은 모든 $x \in [0, 1]$에서 불연속이지만 함수열 $\{f_n\}$은 $[0, 1]$에서 연속함수인 $f \equiv 0$으로 평등수렴한다.

9. (1) 평등수렴한다.

8.3절 연습문제

1. $x_0 \in \mathbb{R}$일 때 $x_0<n$인 $n \in \mathbb{N}$이 존재한다. $n_0=\inf\{n \in \mathbb{N} : x_0<n\}$이라 하면

$$\sum_{n=1}^{\infty} f_n(x_0)=\sum_{n=1}^{n_0} f_n(x_0)<\infty$$

이므로 $\sum_{n=1}^{\infty} f_n$은 $\mathbb{R}$에서 점별수렴한다.

3. $n \in \mathbb{N}$에 대하여 $S_n=\sum_{k=1}^{n} f_k$라 하면 S_n은 유한개의 연속함수의 합이므로 D에서 연속이다. $\sum_{n=1}^{\infty} f_n$이 D에서 f로 평등수렴하므로 함수열 $\{S_n\}$은 D에서 f로 평등수렴한다. 2절의 정리 2.1에 의하여 f는 D에서 연속이다.

5. $k \in \mathbb{N}$에 대하여 $S_k(x)=\sum_{n=0}^{k} x^n$이라 하면 $\left[0, \frac{1}{2}\right]$에서 함수열 $\{S_k\}$의 점별극한함수는 $S(x)=\dfrac{1}{1-x}$이다. $k \in \mathbb{N}$에 대하여

$$M_k=\sup_{x \in \left[0, \frac{1}{2}\right]} |S_k(x)-S(x)| \leq \frac{1}{2^k}$$

이므로 $\lim_{k\to\infty} M_k = 0$이다. 따라서 함수열 $\{S_k\}$는 $\left[0, \frac{1}{2}\right]$에서 S로 평등수렴한다. 그러므로

$$\begin{aligned}\sum_{n=0}^{\infty}\int_0^{\frac{1}{2}} x^n\, dx &= \lim_{k\to\infty}\sum_{n=1}^{k}\int_0^{\frac{1}{2}} x^n\, dx \\ &= \lim_{k\to\infty}\int_0^{\frac{1}{2}}\sum_{n=1}^{k} x^n\, dx \\ &= \lim_{k\to\infty}\int_0^{\frac{1}{2}} S_k(x)\, dx \\ &= \int_0^{\frac{1}{2}} S(x)\, dx \\ &= \int_0^{\frac{1}{2}} \frac{1}{1-x}\, dx = \ln 2\end{aligned}$$

이다.

7. (1) 평등수렴하지 않는다.
(3) 평등수렴한다.

9. (1) $n\in\mathbb{N}$에 대하여 $f_n(x) = \frac{x^n}{n!}$이라 하면 모든 $x\in[-a, a]$에 대하여

$$|f_n(x)| = \left|\frac{x^n}{n!}\right| \le \frac{a^n}{n!}$$

이다. $M_n = \frac{a^n}{n!}$이라 하면 $\sum_{n=1}^{\infty} M_n$은 비판정법에 의하여 수렴한다. 따라서 바이어스트라스 M 판정법에 의하여 $\sum_{n=1}^{\infty}\frac{x^n}{n!}$은 $[-a, a]$에서 평등수렴한다.

8.4절 연습문제

1. (1)

$$\alpha = \lim_{n\to\infty}\sqrt[n]{\frac{1}{3^n}} = \frac{1}{3}$$

이다. $|x+1|=3$일 때 멱급수의 수렴성을 알아보자.

$x=-4$이면

$\sum_{n=1}^{\infty}\frac{1}{3^n}(x+1)^n = \sum_{n=1}^{\infty}(-1)^n$은 발산한다.

$x=2$이면

$\sum_{n=1}^{\infty}\frac{1}{3^n}(x+1)^n = \sum_{n=1}^{\infty}1^n$은 발산한다.

따라서 $\sum_{n=1}^{\infty}\frac{1}{3^n}(x+1)^n$이 수렴하는 구간은 $(-4, 2)$이다.

3. (1)

$$\beta = \lim_{n\to\infty}\left|\frac{\frac{1}{2^{n+1}(n+2)}}{\frac{1}{2^n(n+1)}}\right| = \frac{1}{2}$$

이다.
$|x-1|=2$일 때 멱급수의 수렴성을 알아보자.

$x=-1$이면

$\sum_{n=1}^{\infty}\frac{(x-1)^n}{2^n(n+1)} = \sum_{n=1}^{\infty}\frac{(-1)^n}{n+1}$은 수렴한다.

$x=3$이면

$\sum_{n=1}^{\infty}\frac{(x-1)^n}{2^n(n+1)} = \sum_{n=1}^{\infty}\frac{1}{n+1}$은 발산한다.

따라서 $\sum_{n=1}^{\infty}\frac{(x-1)^n}{2^n(n+1)}$이 수렴하는 구간은 $[-1, 3)$이다.

5. (1) $f(x) = \sum_{n=0}^{\infty}\frac{1}{2}\left[-\left(\frac{x+3}{2}\right)\right]^n$

7. 계산의 편의를 위하여 $c=0$이라 하자. 로피탈의 법칙에 의하여 $\lim_{n\to\infty}\sqrt[n]{n} = 1$이다. 또한 $x\neq 0$에 대하여

$$\lim_{n\to\infty}\sqrt[n]{|x|^{n-1}} = \lim_{n\to\infty}|x|^{\frac{n-1}{n}} = |x|$$

이다. 따라서

$$\begin{aligned}&\lim_{n\to\infty}\sqrt[n]{n|a_n||x|^{n-1}} \\ &= \lim_{n\to\infty}\sqrt[n]{|a_n|}\lim_{n\to\infty}\sqrt[n]{n|x|^{n-1}}\end{aligned}$$

$$= |x| \lim_{n \to \infty} \sqrt[n]{|a_n|}$$

이다.

$R = \infty$ 이면 $\sum_{n=1}^{\infty} n a_n (x-c)^{n-1}$ 은 모든 $x \in \mathbb{R}$ 에 대하여 수렴한다.

$0 < R < \infty$ 이면 $\sum_{n=1}^{\infty} n a_n (x-c)^{n-1}$ 은 $|x| < R$ 에서 수렴하고 $|x| > R$ 에서 발산한다.

그러므로 $\sum_{n=1}^{\infty} n a_n (x-c)^{n-1}$ 의 수렴반경도 R 이다.

9. $\mathrm{Tan}^{-1} x$ 의 매클로린 급수는

$$\mathrm{Tan}^{-1} x = x - \frac{x^3}{3} + \frac{x^5}{5} - \frac{x^7}{7} + \cdots$$

이다. 따라서 급수에 $x = 1$ 을 대입하면

$$\frac{\pi}{4} = \mathrm{Tan}^{-1}(1) = 1 - \frac{1}{3} + \frac{1}{5} - \frac{1}{7} + \cdots$$

이다.

참고문헌

1. 김광환, 《해석학 입문》, 청문각, 2004.
2. 노정학 외, 《해석학 입문》, 교우사, 2004.
3. 양영오, 《해석학의 이해》, 경문사, 2005.
4. 장건수 외, 《알기쉬운 해석학》, 대선, 2007.
5. 정동명 외, 《실해석학 개론》, 경문사, 2007.
6. Derek G. Ball, *An Introduction to Real Analysis*, Pergamon Press, 1973.
7. R. G. Bartle and D. R. Sherbert, *An Introduction to Real Analysis*, John Wiley & Sons, 1999.
8. J. Bass, *Exercise in Mathematics*, Academic Press, 1966.
9. K. G. Binmore, *Mathematical Analysis*, Cambridge University Press, 1982.
10. David A. Brannon, *A First Course in Mathematical Analysis*, Cambridge University Press, 2006.
11. Mark Bridge, *Real Analysis: Constructive Approach*, Wiley, 2007.
12. Andrew Browder, *Mathematical Analysis: An Introduction*, Springer Verlag, 1996.
13. N. L. Carothers, *Real Analysis*, Cambridge University Press, 2000.
14. S. A. Douglass, *Introduction to Mathematical Analysis*, Addison-Wesley, 1996.
15. Edward Gaughan, *Introduction to Analysis*, Brooks/Cole, 1998.
16. W. Kosmala, *A Friendly Introduction to Analysis: Single and Multivariable*, Pearson, 2003.
17. Steven R. Lay, *Analysis with an Introduction to Proof*, Prentice Hall, 1990.
18. J. E. Marsden and J. J. Hoffman, *Elementary Classical Analysis*, Freeman, 1993.
19. Arthur Mattuck, *Introduction to Analysis*, Prentice Hall, 1999.
20. W. R. Parzynski and P. W. Zipse, *Introduction to Mathematical Analysis*, McGraw Hill, 1983.
21. M. H. Protter and C. B. Morrey, *A First Course in Real Analysis*, Springer Verlag, 1991.
22. M. A. Robdera, *A Concise Approach to Mathematical Analysis*, Springer Verlag, 2003.
23. Kenneth A. Ross, *Elementary Analysis : The Theory of Calculus*, Springer Verlag, 2003.
24. Walter Rudin, *Principles of Mathematical Analysis*, McGraw Hill, 1976.
25. Manfred Stoll, *Introduction to Real Analysis*, Addison-Wesley, 2000.
26. Saul Stahl, *Real Analysis: A Historical Approach*, John Wiley & Sons, 1999.
27. William F. Trench, *Introduction to Real Analysis*, Free File in Internet.

찾아보기

ㅂ

ㅅ

ㅇ

ㅎ

기타

저자와의
협의하에
인지를
생략합니다

해석 개론 | 제2판 |

지은이 함남우
펴낸이 조경희
펴낸곳 경문사
펴낸날 2013년 10월 1일 1판 1쇄
2017년 3월 2일 2판 1쇄
2021년 3월 5일 2판 2쇄
등 록 1979년 11월 9일 제1979-000023호
주 소 04057, 서울특별시 마포구 와우산로 174
전 화 (02)332-2004 팩스 (02)336-5193
이메일 kyungmoon@kyungmoon.com

값 27,000원

ISBN 978-89-6105-995-4